职业教育“十三五”规划教材

电工电子技术技能与实践

欧阳锷 陈 军 王为民 主编

化学工业出版社

·北 京·

本书共13章，第1～4章内容为电工技术部分，第5～13章内容为电子技术部分。全书主要内容包括安全用电、直流电路、单相正弦交流电路、三相正弦交流电路、半导体器件、放大电路、正弦波振荡器、集成运算放大器、直流稳压电源、组合逻辑电路、时序逻辑电路、D/A和A/D转换器、半导体存储器等，并穿插实训内容。本书可作为高职、中职、技师学院相关专业的教材，也可作为世界技能大赛赛前辅导用书。本书配套有习题集（内含参考答案）。

图书在版编目（CIP）数据

电工电子技术技能与实践/欧阳锷，陈军，王为民主编．—北京：化学工业出版社，2019.11

职业教育“十三五”规划教材

ISBN 978-7-122-35183-8

Ⅰ.①电…　Ⅱ.①欧…②陈…③王…　Ⅲ.①电工技术-职业教育-教材②电子技术-职业教育-教材　Ⅳ.①TM②TN

中国版本图书馆CIP数据核字（2019）第197674号

责任编辑：潘新文　　装帧设计：韩　飞

责任校对：宋　玮

出版发行：化学工业出版社（北京市东城区青年湖南街13号　邮政编码100011）

印　　装：高教社（天津）印务有限公司

787mm×1092mm　1/16　印张16¾　字数409千字　2020年1月北京第1版第1次印刷

购书咨询：010-64518888　　售后服务：010-64518899

网　　址：http://www.cip.com.cn

凡购买本书，如有缺损质量问题，本社销售中心负责调换。

定　　价：48.00元

前　言

电工电子技术是职业院校工科类多数专业重要的专业基础课程，通过学习，学生可学到必需的电工电子基本知识，掌握电工电子技术基本操作技能，获得必要的故障问题分析处理能力，为将来进一步培养和提高电工电子技术岗位相关技能、职业素养和实践创新能力打下坚实的基础。

本教材以电工电子技术基础知识和基本技能为主线，以实践应用为目标，在保证科学性的前提下，删繁就简，对专业知识点的讲解做到重点突出、详略得当、面向实践应用，根据职业院校的培养目标，将基础知识讲解、课内讨论与技能实践训练有机结合起来，深入浅出，针对性强，使得学生能够轻松掌握电工电子基础知识和技能。全书共分 13 章，其中第 1～4 章为电工技术部分，第 5～13 章为电子技术部分。全书内容包括安全用电、直流电路、单相正弦交流电路、三相正弦交流电路、半导体器件、放大电路、正弦波振荡器、集成运算放大器、直流稳压电源、组合逻辑电路、时序逻辑电路、D/A 和 A/D 转换器、半导体存储器等，并合理穿插实训内容。本书配套有习题集（含参考答案），与本书同时出版。

本教材由广东省交通运输技师学院欧阳锷、广东省岭南工商第一技师学院陈军、广东省技师学院王为民任主编，广东省高级技工学校邱吉锋、谢志平、广东省中山市技师学院谢统辉、安徽省宣城市机械电子工程学校（广德县高级技工学校）汪浩根任副主编，广东省技师学院曾伟业、广东省交通运输技师学院李晓强、山东淄博技师学院宋光辉、深圳市龙岗职业技术学校尹勇、中山市技师学院卢中华、山东东营市技师学院王光梅、安徽阜阳技师学院张娉、海南省洋浦技工学校李松柏、上海工业学校张帆、广东省技师学院廖兴、湖南省郴州技师学院徐湘和任参编。广东省电子信息技师学院杨旭方、重庆工程职业技术学院付少华、广东省技师学院张国良任主审。本教材在还得到夏青、黄存足、郑楚云、赵冬晚、肖建章、李勇、袁建军、张秋妍、薛林、杨莉、张志芳、曹志艳、王云汉等老师的大力协助和支持，在此一并表示衷心感谢！本教材适用性广，可供各类职业院校、技师学院、中专、技校相关专业使用，也可作为世界技能大赛赛前辅导用书。

限于编者水平，本书难免存在疏漏欠妥之处，敬请广大师生批评指正。

编者

2019.8

目 录

第 1 章 安全用电 ······ 1

1.1 电能的生产、输送、变换和分配 ······ 1
1.1.1 电能的生产 ······ 2
1.1.2 电能的输送 ······ 2
1.1.3 电能的变换（变电） ······ 2
1.1.4 电能的分配（配电） ······ 2
1.2 触电急救 ······ 3
1.2.1 触电方式 ······ 3
1.2.2 触电事故的特点 ······ 4
1.2.3 触电急救 ······ 4
1.2.4 外伤救护 ······ 6
1.3 电工安全操作规程 ······ 7
1.3.1 一般规定 ······ 7
1.3.2 安装规定 ······ 7
1.3.3 安全规程 ······ 8
1.3.4 用电维修 ······ 9
1.4 电气防火防爆 ······ 9
1.4.1 危险场所分类 ······ 10
1.4.2 电气火灾爆炸成因和应对措施 ······ 10
1.5 心肺复苏法触电急救实训 ······ 11
本章小结 ······ 12

第 2 章 直流电路 ······ 13

2.1 电路的概念 ······ 13
2.1.1 电路 ······ 13
2.1.2 电路的组成及作用 ······ 13
2.1.3 电路图 ······ 14
2.1.4 电路的状态 ······ 14
2.1.5 电路的基本物理量及额定值 ······ 14
2.1.6 电路的基本参数测量 ······ 19

2.2 简单电路的分析 19
2.2.1 部分电路欧姆定律 19
2.2.2 全电路欧姆定律 20
2.2.3 电源电动势和内阻的测量 20
2.2.4 电阻的测量和识别 21
2.2.5 电阻的串联电路 22
2.2.6 电阻的并联电路 22
2.2.7 电阻的混联电路 23
2.2.8 电路中各点电位的计算 24
2.2.9 获得最大功率的条件 24
2.3 复杂电路的分析 25
2.3.1 基尔霍夫定律 26
2.3.2 支路电流法 26
2.3.3 节点电压法 27
2.3.4 电压源、电流源及其等效变换 29
2.3.5 戴维南定理 32
2.3.6 叠加定理 33
2.4 万用表使用实训 34
本章小结 35
第3章 单相正弦交流电路 37
3.1 单相正弦交流电 37
3.1.1 交流电的概念 37
3.1.2 单相正弦交流电的产生 37
3.1.3 正弦交流电的三要素 38
3.1.4 正弦交流电的相量图表示法 42
3.2 电阻、电感、电容元件电路 42
3.2.1 纯电阻电路 43
3.2.2 纯电感交流电路 44
3.2.3 纯电容交流电路 45
3.2.4 电阻、电感和电容串联的电路 47
3.3 磁场与电场 49
3.3.1 磁场 49
3.3.2 磁场的基本物理量 50
3.3.3 磁场对电流的作用 51
3.4 电磁感应 52
3.4.1 电磁感应现象 52
3.4.2 楞次定律 53
3.4.3 法拉第电磁感应定律 53
3.4.4 直导线切割磁感线产生感应电动势 54

3.5 自感和互感 55
3.5.1 自感 55
3.5.2 互感 56
3.6 家用照明电路安装实训 57
3.6.1 认识单控白炽灯照明线路元件 58
3.6.2 安装单控白炽灯照明线路 59
3.6.3 安装连接元件 61
3.6.4 通电试验 61
3.6.5 故障检修 62
本章小结 65

第4章 三相交流电路 67

4.1 三相正弦交流电路 67
4.1.1 三相正弦交流电动势的产生 68
4.1.2 三相电源的连接 68
4.2 电能表 69
4.3 三相异步电动机控制线路 75
4.3.1 三相异步电动机的基本原理 75
4.3.2 常用的低压控制元件 77
4.3.3 三相异步电动机控制线路 80
4.3.4 三相异步电动机的控制 81
4.4 三相异步电动机接触器自锁控制线路安装实训 85
4.5 三相电动机接触器联锁正反转控制线路安装实训 91
本章小结 95

第5章 半导体器件识别与检测 97

5.1 半导体基本知识 97
5.1.1 本征半导体 97
5.1.2 杂质半导体 98
5.1.3 PN结 99
5.2 晶体二极管 100
5.2.1 二极管的结构与电路符号 100
5.2.2 二极管伏安特性 100
5.2.3 二极管主要参数 101
5.2.4 二极管类别及用途 101
5.3 晶体三极管 102
5.3.1 三极管结构与符号 102
5.3.2 三极管放大偏置及电流分配关系 103
5.3.3 三极管的特性曲线 103
5.3.4 三极管主要参数 105

5.4 场效应管 105
5.4.1 场效应管分类 105
5.4.2 结型场效应管 105
5.4.3 绝缘栅型场效应管 107
5.5 二极管和三极管的识别与检测实训 109
本章小结 111

第6章 放大电路 112

6.1 放大电路概述 112
6.2 共发射极放大电路 114
6.2.1 共发射极放大电路的组成 114
6.2.2 共发射极放大电路的工作原理 115
6.2.3 共发射极放大电路的性能指标 117
6.3 静态工作点稳定的放大电路 118
6.3.1 温度对静态工作点的影响 118
6.3.2 分压偏置电路的组成和原理 119
6.4 多级放大器 121
6.4.1 多级放大器的组成 121
6.4.2 多级放大器的级间耦合方式 121
6.4.3 多级放大器的分析 122
6.5 反馈放大电路 123
6.5.1 反馈放大电路的组态及判别 124
6.5.2 反馈放大电路的增益及反馈深度 124
6.5.3 负反馈对放大电路性能的改善 125
6.6 功率放大器 126
6.6.1 单管功率放大器 127
6.6.2 乙类OTL功率放大器 128
6.6.3 乙类OTL功率放大器的主要参数 128
6.6.4 甲乙类OTL功率放大器简介 129
6.7 OTL功率放大电路的安装与调试实训 130
本章小结 133

第7章 正弦波振荡器 135

7.1 RC正弦波振荡器 135
7.1.1 振荡电路的振荡条件 135
7.1.2 RC正弦波振荡电路原理 136
7.2 LC正弦波振荡器 137
7.3 石英晶体正弦波振荡器 138
7.4 红绿灯闪烁器制作与调试实训 140
7.4.1 认识发光二极管 141

7.4.2 制作并调试红绿灯闪烁器电路 141
7.5 电子琴的制作与调试实训 142
7.5.1 认识电路器件 143
7.5.2 制作并调试电子琴电路 144
本章小结 145

第8章 集成运算放大器 147

8.1 集成运算放大器的组成和特点 147
8.2 集成运算放大器的主要技术指标 148
8.3 集成运算放大器基本电路 148
8.4 集成运算放大器的应用 151
8.5 LM386音响功率放大电路制作与调试实训 158
本章小结 160

第9章 直流稳压电源 161

9.1 直流稳压电源的组成 161
9.1.1 半波整流 161
9.1.2 桥式整流电路 161
9.1.3 RC充放电电路 163
9.1.4 滤波电路 163
9.1.5 稳压电路 165
9.2 串联型直流稳压电源 166
9.3 集成稳压器 168
9.3.1 三端集成稳压器的组成 168
9.3.2 三端集成稳压器的主要参数指标 168
9.3.3 三端集成稳压器的基本应用 169
9.4 串联直流稳压电源电路制作调试实训 170
9.5 三端集成稳压电路制作调试实训 171
本章小结 173

第10章 组合逻辑电路 174

10.1 数字信号与数字电路 174
10.2 逻辑代数基础 175
10.2.1 数制与编码 175
10.2.2 逻辑代数定律与逻辑函数化简 177
10.3 基本门电路 179
10.3.1 “与”逻辑和“与”门电路 179
10.3.2 “或”逻辑与“或”门电路 179
10.3.3 “非”逻辑与“非”门电路 180
10.4 CMOS门电路 181

10.4.1 CMOS管的定义与结构特性 181
10.4.2 CMOS反相器 181
10.4.3 CMOS“或非”门电路 183
10.4.4 CMOS传输门电路 183
10.5 TTL门电路 184
10.5.1 TTL“与非”门电路 184
10.5.2 TTL集电极开路的门电路 185
10.6 门电路的其他问题 186
10.7 组合逻辑电路的分析与设计 187
10.7.1 组合逻辑电路的分析 187
10.7.2 组合逻辑电路的设计 188
10.8 加法器 189
10.8.1 半加器 189
10.8.2 全加器 190
10.9 编码器 191
10.9.1 编码器的电路结构和工作原理 191
10.9.2 优先编码器 192
10.10 译码器 193
10.10.1 译码器的电路结构与工作原理 193
10.10.2 七段数码显示译码器 194
10.11 数据选择器 195
10.12 数值比较器 196
10.13 TTL集成门电路功能测试实训 197
10.13.1 认识数字电路实验箱和TTL集成门电路 197
10.13.2 测试TTL集成门电路逻辑功能 200
10.13.3 门电路多余引脚的处理 201
10.14 8位抢答器制作与调试实训 202
10.14.1 分析电路工作原理 202
10.14.2 制作并调试8位抢答器电路 207
本章小结 208

第11章 时序逻辑电路 209

11.1 RS触发器 209
11.2 JK触发器 210
11.3 T触发器和D触发器 211
11.4 寄存器 211
11.5 同步时序逻辑电路的分析方法 213
11.6 计数器 215
11.6.1 二进制计数器 215
11.6.2 非二进制计数器 221

11.6.3 集成计数器的应用 225
11.7 555定时器 229
11.8 轻触双稳态开关电路制作调试实训 231
11.9 二十四进制计数器的制作调试实训 232
11.10 数字钟的制作实训 234
本章小结 238

第12章 数模与模数转换器 240

12.1 D/A转换器 240
12.2 A/D转换器 243
12.2.1 A/D转换器工作原理 243
12.2.2 A/D转换器的主要电路形式 245
12.2.3 AD转换器的主要技术指标 246
12.3 可控串联型稳压电源制作调试实训 246
12.3.1 电路元器件的装配与布局 248
12.3.2 可控串联型稳压电源焊接和检查 249
12.3.3 调试串联型稳压电源电路 249
本章小结 249

第13章 半导体存储器 250

13.1 只读存储器ROM 250
13.1.1 ROM的分类 250
13.1.2 ROM的结构及工作原理 250
13.1.3 ROM的应用 251
13.1.4 可编程ROM 251
13.1.5 可擦可编程ROM 252
13.2 随机读写存储器RAM 252
13.2.1 RAM的分类 252
13.2.2 RAM的基本结构及工作原理 252
13.2.3 RAM容量的扩展 253
本章小结 254

参考文献 256

第1章

安全用电

【知识目标】

① 了解电能的生产、输送、变换和分配。

② 掌握触电急救常识。

③ 了解电工安全操作规程和电气消防知识。

【技能目标】

掌握触电急救方法。

1.1 电能的生产、输送、变换和分配

电能在供给用户使用之前，通常要经过发电、输电、变电和配电等环节。通常把发电和用电环节之间的输送和分配环节称为电力网。现代化电力网通常把多个发电厂并联起来，对电能进行统一的调度和分配，以加强供电的可靠性。图 1-1-1 所示为电力网示意图。

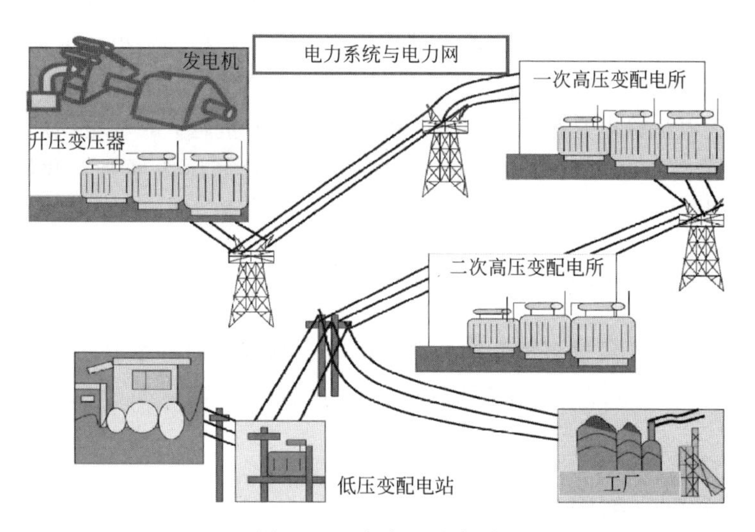

图 1-1-1　电力网示意图

图 1-1-2 所示为用电环节示意图。

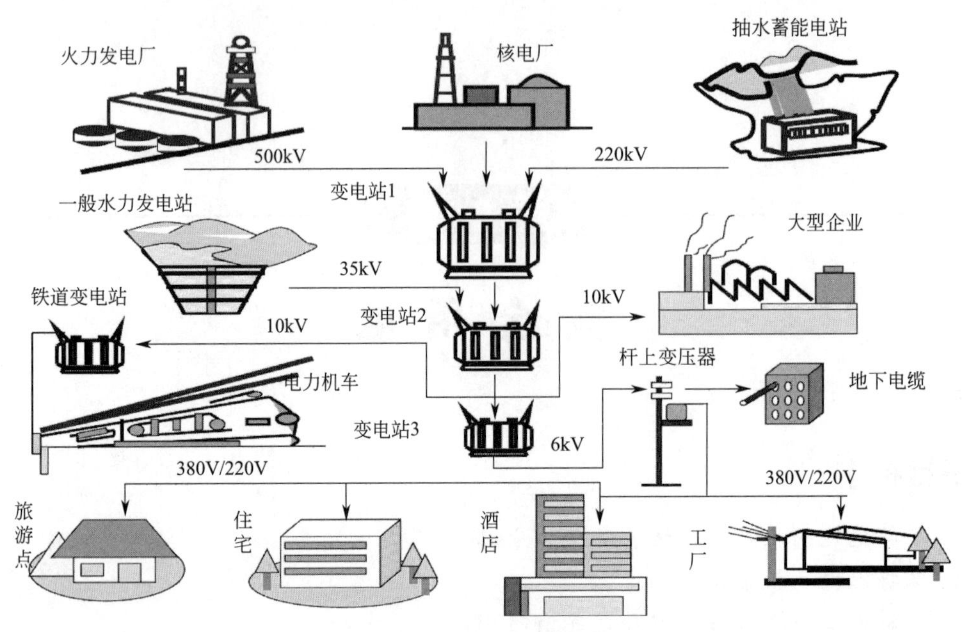

图 1-1-2　用电环节示意图

1.1.1　电能的生产

电能的生产按所用原始能源可分为火力发电、水力发电、核能发电、风力发电、太阳能发电、潮汐能发电、地热能发电、沼气发电等多种。电厂的电能生产规模大小用装机容量（即一个电厂发电机组的总功率）表示。为了便于电能的集中输出和控制，一个电厂的各台机组通常都并联起来，称为并车。

1.1.2　电能的输送

将电能通过不同电压等级的线路输送到用户那里的过程称为输电，电力网一般采用高电压输电。根据焦耳-楞次定律，电流通过导体时产生的热量与通过导体的电流的平方成正比，因此采用低电压大电流输电是很不经济的。电力系统的容量越大，输电距离越长，就越需要把输电电压升得很高。电力网输电线路分为高压级和超高压级两种，我国高压输电采用35kV，超高压输电采用110kV、220kV、330kV、500kV和750kV等。

1.1.3　电能的变换（变电）

电能从电厂到用户要经过多级变换。在大型电力系统中通常设有一个或几个变电中心，称为中心变电站，用来指挥、调度和监视电力网的运行，确保整个电力网的运行稳定与安全。

1.1.4　电能的分配（配电）

配电包括电业系统对用户的电力分配和用户内部对用电设备的电力分配两种。电业系统的配电是围绕着电力供应这一中心的，故也可把配电称为供电。配电电压的高低通常决定于用户的分布、用电性质、负载密度和特殊要求等。常用的高压配电电压为 10kV 和 6kV，低压配电电压为 380V/220V；用电量大的用户也有需要用 35kV 高压或 110kV 超高压直接供电的，称为高压用户。

1.2　触电急救

1.2.1　触电方式

人体触电一般分为直接接触触电和间接接触触电两种主要触电方式。

1.2.1.1　直接接触触电

人体直接触及或过分靠近电气设备及线路的带电体而发生的触电称为直接接触触电。单相触电、两相触电、电弧伤害都属于直接接触触电。

当人体直接碰触带电设备或线路的一相导体时，电流流过人体而发生的触电现象称为单相触电。在中性点接地电网中发生单相触电时，如果人体站在干燥的绝缘地板上，由于人体与大地间有很大的绝缘电阻，通过人体的电流很小，不会出现危险；如果地板潮湿，就有触电危险。在中性点不接地的电网中发生的单相触电分两种情况。在低压电网中，线路对地电容很小，流过人体的电流主要取决于线路绝缘电阻，正常情况下设备的绝缘电阻相当大，流过人体的电流很小，一般不至于造成对人体的伤害，但当线路绝缘电阻下降时会对人体产生危害。在高压电网中，线路对地电容较大，流过人体的电流会危及触电者的安全。

人体同时触及带电设备或线路中的两相导体而发生的触电称为两相触电。两相触电时，作用于人体上的电压为线电压，电流从一相导体经人体流入另一相导体，因此两相触电的危害要比单相触电严重得多。

电弧伤害是指气体间隙被强电场击穿时电流流过气体而使人遭受电击。人体过分接近高压带电体时所引起的电弧以及带负荷拉、合刀闸时产生的电弧对人体的危害往往是致命的。电弧能对人体造成严重烧伤，烧伤部位多见于手部、胳膊、脸部及眼睛，而电弧辐射对眼睛的刺伤后果更为严重；被电弧熔化了的金属颗粒还会侵蚀皮肤，使皮肤组织金属化，伤痕往往经久不愈。

1.2.1.2　间接接触触电

当电气设备绝缘损坏，发生接地短路故障（俗称“碰壳”或“漏电”）时，其金属外壳会带电，此时人体触及这些外壳会发生间接接触触电。

当电气设备发生单相接地故障时，电流经接地体或导线落地点呈半球形向地中流散，在接地电流入地点处电位最高，随着离入地点的距离增大，地面电位呈先急后缓的下降趋势，在离接地电流入地点 10m 处，电位已下降至电流入地点电位的 8%。在离接地电流入地点 20m 以外的地面，可以认为电位为零。电工技术上所谓的“地”就是指零电位处的地（而非电流入地点周围 20m 之内的地），通常我们所说的电气设备对地电压也是指带电体对零电位处的电位差。

如果人体的两个部位（通常是手和脚）同时触及漏电设备的外壳和地面，人体所承受的电位差称为接触电压，人体受接触电压作用而导致的触电称为接触电压触电；在以接地电流入地点为圆心、半径20m的范围内行走的人，两脚之间所承受的电位差称跨步电压，跨步电压随人体离接地电流入地点的距离和跨步的大小而改变，人体受到跨步电压作用时，电流从一只脚经人体到另一只脚再到大地，触电者会脚发麻、腿抽筋，如果跌倒，电流可能改变路径而流经人体重要器官，使人致命；跨步电压触电还可发生在架空导线接地故障点或导线断落点附近、防雷接地装置附近等。

接触电压和跨步电压的大小与接地电流的大小、土壤电阻率、设备接地电阻及人体位置等因素有关，严禁裸臂赤脚操作电气设备。

1.2.1.3 高压电场伤害

在超高压输电线路和配电装置周围存在着强大的电场，处在电场内的物体会因静电感应作用而产生感应电压，当人触及这些物体时会受到伤害。研究表明，在超高压线路或设备附近站立或行走的人往往会感到不舒服，精神紧张，毛发耸立，皮肤有刺痛的感觉，甚至还会在头与帽子间、脚与鞋之间产生火花。

1.2.1.4 高频电磁场伤害

频率超过0.1MHz的电磁场称为高频电磁场。高频电磁场对人体的伤害主要表现为神经系统功能失调和明显的心血管症状。在高强度高频电磁场中长期工作受到的伤害可能发展成痼疾，甚至遗传给后代。

1.2.1.5 静电伤害

静电感应及绝缘体间的摩擦起电是产生静电的主要原因。静电的特点是电压高（有时可高达数万伏），但能量不大。发生静电电击时，静电电流往往瞬间即逝，一般不至于有生命危险。静电放电火花或电弧会引燃周围物质，引发火灾或爆炸事故。石油、化工、橡胶、印刷、染织、造纸等行业的静电伤害事故较多，所以应严加防备。

1.2.1.6 雷击危害

雷击是一种自然灾害，其特点是电压高、电流大、作用时间短。雷击能毁坏建筑设施，引起火灾和爆炸事故，造成人畜伤亡。

1.2.2 触电事故的特点

触电事故具有季节性，夏秋季节多雨潮湿，人体多汗，皮肤电阻下降，触电事故发生率较高。触电事故具有行业特征，化工、冶金、矿山、建筑等行业的触电事故发生率较高，多发生在非专职电工人员身上，而且农村的发生率高于城市，这与安全用电知识普及程度、组织管理水平及安全措施完善程度有关。

1.2.3 触电急救

触电事故发生后必须迅速组织抢救。先要尽快使触电者脱离电源，用最快的速度在现场采取积极措施保护伤员生命，减轻伤情，并迅速联系医疗部门救治。如果触电者失去知觉、心跳停止，不能轻率地认定触电者死亡，而应看作是“假死”，施行急救。

使触电者脱离低压电源可用拉、切、挑、拽、垫五种方法。

① 拉：指就近拉开电源开关，拔出插头或瓷插式熔断器。

② 切：用带有绝缘柄的利器切断电源线。切断时应防止带电导线断落触及周围人员。多芯胶合线应分相切断，以防短路伤人。

③ 挑：如果导线搭落在触电者身上或压在身下，可用干燥的木棒、竹竿等挑开导线，或用干燥的绝缘绳套拉导线或触电者，使触电者脱离电源。

④ 拽：救护人员可戴上手套或在手上包缠干燥的绝缘物品拖拽触电者，使之脱离电源。如果触电者的衣裤是干燥的，又没有紧缠在身上，救护人可直接用一只手抓住触电者不贴身的衣裤将其脱离电源，但要注意拖拽时切勿触及触电者的皮肤。也可站在干燥的木板、橡胶垫等绝缘物上用一只手将触电者拖拽开来。

⑤ 垫：如果触电者由于痉挛手指紧握导线，或导线缠绕在身上，可先用干燥的木板塞进触电者身下，使其与地绝缘，然后再把电源切断。

使触电者脱离高压电源的方法与脱离低压电源的方法有所不同。通常的做法是：

① 立即电话通知有关供电部门拉闸停电；

② 如果电源开关离触电现场不太远，则可戴上绝缘手套，穿上绝缘靴，拉开高压断路器，或用绝缘棒拉开高压跌落熔断器，以切断电源；

③ 往架空线路抛挂裸金属软导线，人为造成线路短路，迫使继电保护装置动作，从而使电源开关跳闸；抛挂前先将短路线的一端固定在铁塔或接地引线上，另一端系重物，抛掷短路线时应注意防止电弧伤人或断线危及人员安全，也要防止重物砸伤人；

④ 在确认线路无电之前，救护人员不可盲目进入断线落地点周围 8～10m 的范围内，以防跨步电压触电，进入该范围时应穿上绝缘靴，或临时双脚并拢跳跃接近触电者，触电者脱离带电导线后，应迅速被带至距断线落地点 8～10m 以外进行触电急救。

使触电者脱离电源的注意事项：

① 救护人不得用金属和潮湿物品作为救护工具；

② 救护人不得徒手触及触电者的皮肤和潮湿的衣服；

③ 在拉拽触电者脱离电源的过程中，救护人宜单手操作；

④ 当触电者位于高位时，应采取措施预防触电者在脱离电源后坠地；

⑤ 夜间发生触电事故时，应考虑切断电源后的临时照明问题，以便进行现场救护。

对脱离电源的触电者进行现场救护时，要将触电者迅速移至通风干燥处，使其仰卧，将上衣和裤带放松，观察瞳孔是否放大，观察是否有呼吸，摸一摸颈动脉有无搏动，听一听有无心跳，然后将触电者身体及头部同时偏向一侧，张开其嘴，用手指清除口腔中的假牙、血块等异物，使其呼吸道畅通；对于有心跳而无呼吸的触电者，应采用口对口人工呼吸法进行急救，首先使触电者的鼻孔朝天，头后仰，然后用一只手捏紧触电者的鼻子，另一只手托在触电者颈后，将颈部上抬，救护者自己先深呼吸，然后紧贴触电者的嘴巴大口吹气，使触电者胸部扩张后立即放松触电者口、鼻，并让其胸部自然回缩，以使其呼气；如此反复进行，每 5 秒吹气一次，坚持连续进行，不可间断，直到触电者苏醒为止。

对于有呼吸而心脏停跳的触电者，应采用胸外心脏挤压法进行急救，如图 1-2-1 所示。

① 使触电者仰卧在硬板上或地上，颈部枕垫软物，使头部稍后仰，松开衣服和裤带，急救者跪跨在触电者腰部位置。

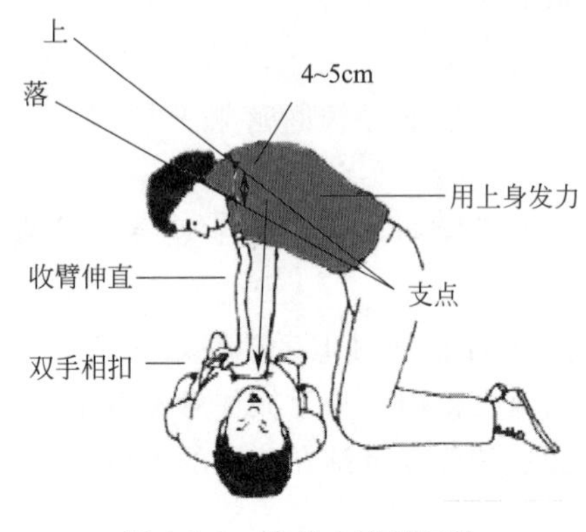

图 1-2-1　胸外心脏挤压法

② 急救者将右手掌根部按于触电者胸骨中下$\frac{1}{3}$处，中指指尖对准其颈部凹陷的下缘，当胸放一手掌，左手掌复压在右手背上，掌根用力下压 3～4cm（10 岁以下为 2～3cm），然后突然放松，挤压与放松的动作要有节奏，每秒钟进行一次，连续进行不可中断，直到触电者苏醒为止。按压要点如下：a. 两肩位于触电者胸骨正上方，两臂伸直，肘关节固定不屈，两手掌根相叠，手指翘起；b. 以髋关节为支点，利用上身的重力，垂直将触电者的胸骨向下压；c. 按压时用力不垂直有可能造成身体滚动，影响按压效果。

③ 对于呼吸和心跳都已停止的触电者，应同时采用口对口人工呼吸法和胸外心脏挤压法进行急救。如图 1-2-2 所示。如果是一个人实施急救，应每吹 2～3 次气，挤压心脏 10～15 次，且速度都应快些；如果是两个人急救，则每 5s 吹气一次，每秒挤压心脏一次，两人同时进行。

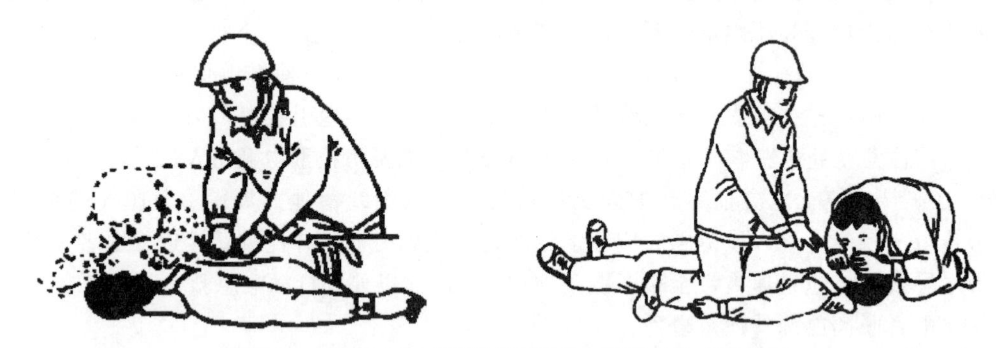

图 1-2-2　口对口人工呼吸法和胸外心脏挤压法交替进行

注意，在现场抢救中既不能打强心针也不能泼冷水。

1. 2. 4　外伤救护

触电事故发生时，触电者常会出现各种外伤，外伤救护的一般做法如下。

（1）对于一般性的外伤创面，可用无菌生理盐水或清洁的温开水冲洗后再用消毒纱布或干净的布包扎，然后将伤员送往医院。救护人员不可用手直接触摸伤口，也不准在伤口上随便用药。

（2）伤口大出血时，要立即用清洁的手指压迫出血点上方，也可用止血橡皮带使血流中断，同时将出血肢体抬高或高举，以减少出血量，并火速送医院处理。如果伤口出血不严重，可将消毒纱布或干净的布料叠几层，盖在伤口处压紧止血。

（3）高压触电造成的电弧灼伤往往深达骨骼，处理十分复杂，现场可先用无菌生理盐水冲洗，再用酒精涂擦，然后用消毒被单或干净布片包好，速送医院处理。

（4）对于因触电摔跌而骨折的触电者，应先止血、包扎，然后用木板、竹板、木棍等将骨骼临时固定，速送医院处理。发生腰椎骨折时，应使伤员平卧在平硬木板上，并将腰椎躯干及两下肢一并固定，以防瘫痪，搬动时要数人合作，保持平稳，不能扭曲。

（5）若遇有颅脑外伤，应使伤员平卧并保持气道通畅；若有呕吐，应扶好头部和身体，使之同时侧转，以防止呕吐物造成窒息；耳鼻有液体流出时，不要用棉花堵塞，只可轻轻拭去，以利降低颅内压力；颅脑有外伤时，病情可能复杂多变，要禁止给予饮食并速送医院进行救治。

1.3 电工安全操作规程

电工安全操作规程是国家规定的电力施工操作时必须遵守的规章制度。

1.3.1 一般规定

（1）电工属于特种作业工种，只有通过当地劳动部门组织的统一考试并领取全国统一的特种作业人员操作证才能上岗作业，并且每三年复审一次。

（2）电工作业必须两人同时作业，一人作业，一人监护。

（3）在全部停电或部分停电的电气线路（设备）上工作时必须断开电源，并采取防止突然串电的措施，必要时应作短路线保护。

（4）检修电气设备（线路）时，应先将电源切断（拉断刀闸，取下保险），把配电箱锁好，并挂上“有人工作，禁止合闸”警示牌，或派专人看护。

（5）所有绝缘检验工具应妥善保管，存放在干燥、清洁的工具柜内，并按规定定期检查、校验，使用前必须先检查是否良好，方可使用。

（6）在带电设备附近作业时严禁使用钢（卷）尺测量有关尺寸。

（7）用锤子打接地电极时，握锤的手不准戴手套，扶接地电极的人应在侧面用工具将电极卡紧、稳住；使用冲击钻、电钻或钎子打眼或仰面打眼时应戴防护镜。

（8）用感应法干燥电箱或变压器时其外壳应接地。

（9）使用手持电动工具时，机壳应接地良好，严禁将外壳接地线和工作零线拧在一起插入插座，必须使用二线带地或三线带地插座。

（10）配线时必须选用合适的剥线钳口，不得损伤线芯，削线头时，刀口要向外，用力要均匀。

（11）电气设备所用保险丝的额定电流应与其负荷容量相适应，禁止以大代小或用金属丝代替保险丝。

（12）工作前必须做好充分准备，由工作负责人根据要求向全体人员讲解安全措施及注意事项，并明确分工，对于患有相关疾病者、请长假复工者、缺乏经验的人员及有思想情绪的人员，不能安排重要技术作业和登高作业。

（13）作业人员在工作前不许饮酒，工作中必须穿戴整齐，精神集中，不准擅离职守。

1.3.2 安装规定

（1）施工现场供电应采用三相五线制，所有电气设备的金属外壳及电线管必须与专用保护零线可靠连接；对产生振动的设备，其保护零线的连接点不少于两处；保护零线不得装设开关或熔断器。

（2）保护零线应单独敷设，不作他用。除在配电室或配电箱处接地外，还应在线路中间处和终端处重复接地，并应与保护零线相连接，其接地电阻不大于 10Ω。

(3) 保护零线的截面应不小于工作零线的截面，同时必须满足机械强度的要求，保护零线架空敷设的间距大于12m时，保护零线必须选择小于$10mm^2$的绝缘铜线或小于$16mm^2$的绝缘铝线。

(4) 与电气设备相连接的保护零线应采用截面不小于$2.5mm^2$的绝缘多股铜芯线，保护零线的统一标志为绿/黄双色线，在任何情况下不准用绿/黄线作负荷线。

(5) 单相线路的零线截面与相线相同，三相线路工作零线和保护零线截面不小于相线截面的50%。

(6) 架空线路的线间距离不得小于0.3m。架空线相序排列：面向负荷从左侧起为L1、N、L2、L3、PE（注：L1、L2、L3为相线，N为工作零线，PE为保护零线）。

(7) 在一个架空线路档距内，每一层架空线的接头数不得超过该层导线条数的50%，且一条导线只允许有一个接头；在跨越铁路、公路、河流、电力线路的档距内不得有接头。

(8) 架空线路宜采用混凝土杆或木杆，混凝土杆不得有露筋、环向裂纹和扭曲，木杆不得腐朽，其梢径应不小于130mm；电杆埋设深度宜为杆长的1/10加0.6m，但在松软土质处应适当加大埋设深度或采用卡盘等加固。

(9) 橡胶电缆架空敷设时，应沿墙壁或电杆用绝缘子固定，严禁使用金属裸线作绑线，固定点间距的选取应保证橡胶电缆能承受自身负荷；橡胶电缆的最大弧垂点距地不得小于2.5m。

(10) 配电箱、开关箱应装在干燥、通风及常温场所，并且要防雨、防尘、加锁，箱门上要有“有电危险”标志，箱内分路开关要标明用途；固定式箱底离地高度应为1.3～1.5m，移动式箱底离地高度应为0.6～1.5m；箱内工作零线和保护零线应分别用接线端子分开敷设，箱内电器和线路安装必须整齐，并每月检修一次；金属后座及外壳必须作保护接零；箱内不得放置任何杂物。

(11) 总配电箱和开关箱中的两级漏电保护器的额定漏电动作电流和额定漏电动作时间应合理匹配，使之具有分级保护的功能；每台用电设备应有各自专用的开关箱，实行“一机一闸”制，安装漏电保护器。

(12) 配电箱、开关箱的进出线口应在箱底面，严禁设在箱体的上面、侧面、后面或箱门外，进出线应加护套，分成束，并作防水弯，导线束不得与箱体进出口直接接触，移动式配电箱和开关箱进出线必须采用橡胶绝缘电缆。

(13) 电动建筑机械或手移电动工具的开关箱内必须装设隔离开关和过负荷、短路、漏电保护装置，其负荷线必须按其容量选用无接头的多股铜芯橡胶保护套软电缆或塑料护套软线，导线接头应牢固可靠，绝缘良好。

(14) 照明变压器必须使用双绕组型，严禁使用自耦变压器，照明开关必须控制火线，使用行灯时电源电压不超过36V。

(15) 安装设备电源线时应先安装用电设备一端，再安装电源一端，拆除时反向进行。

1.3.3 安全规程

1.3.3.1 高压隔离开关操作顺序

断电顺序如下：①断开各分路低压空气开关和隔离开关；②断开低压总开关；③断开高压油开关；④断开高压隔离开关。

送电操作顺序和断电顺序相反。

1.3.3.2　低压开关操作顺序

断电操作顺序如下：

①断开低压各分路空气开关和隔离开关；②断开低压总开关。

送电顺序与断电相反。

1.3.3.3　倒闸操作规程

（1）高压双电源用户进行倒闸操作必须事先与供电局联系，按规定进行，不得私自随意倒闸。

（2）倒闸操作必须先送合空闲的一路，再停止原来的一路，以免用户受影响。

（3）发生故障未查明原因时不得进行倒闸操作。

（4）两个倒闸开关在每次操作后均应立即上锁，同时挂警告牌。

（5）倒闸操作必须由二人进行（一人操作、一人监护）。

1.3.4　用电维修

（1）检修工具、仪器等要经常检查，保持良好状态，不准使用不合格的检修工具和仪器。

（2）电机和电器拆除检修后，其线头应及时用绝缘包布包扎好，高压电机和高压电器拆除后其线头必须短路接地。

（3）在高、低压电气设备线路上工作必须停电进行，一般不准带电作业。

（4）停电后的设备及线路在接地线前应用合格的验电器按规定进行验电，确认无电后方可操作，携带式接地线应为柔软的裸铜线，其截面不小于 $25mm^2$，不应有断股和断裂现象。

（5）接拆地线应由两人进行，一人监护，一人操作，应戴好绝缘手套，接地线时，先接地线端，后接导线端，拆地线时先拆导线端，后拆地线端。

（6）应根据电杆大小选用脚扣、踏板，上杆时跨步应合适，脚扣不应相撞，安全带松紧要合适、系牢，结扣应放在前侧的左右。

（7）登杆作业前必须检查木杆根部有无腐朽、空心现象（松木杆不大于 1/4，杉木杆不大于 1/3），原有拉线、帮桩是否良好；混凝土杆应检查外观是否平整、光滑、无外露钢筋、无明显裂纹，杆体无显著倾斜及下沉现象。

（8）杆上及地面工作人员均应戴安全帽，并在工作区域内做好监护工作，防止行人、车辆穿越，传递材料应用带绳或系工具袋传递，禁止上下抛掷。

（9）在雷雨及 6 级以上大风天气不可进行杆上作业。

（10）现场变（配）电室应有两人值班；对于小容量的变（配）电室，单人值班时不论高压设备是否带电，均不准从事检修工作。

（11）在高压带电区域内工作时，操作者与带电设备的距离应符合安全规定，运送工具、材料时应与带电设备保持一定的安全距离。

1.4　电气防火防爆

电气火灾的特点是火势凶猛、蔓延迅速，既可造成人员伤亡，又可造成设备、线路及建筑物的重大破坏，还可造成大范围、长时间的停电，带来很大损失，同时存在触电的危险，使扑救变得更加困难，所以必须做好电气防火工作。

1.4.1 危险场所分类

按照可燃物质的状态，可将火灾场所分为H-1级、H-2级和H-3级。H-1级是指有可燃液体的火灾危险场所；H-2级是指含有悬浮状或堆积状的可燃粉尘或可燃纤维（它们不可能形成爆炸性混合物，但具有火灾危险）的场所；H-3级是指有固体状可燃物质的火灾危险场所。

按照发生爆炸事故的危险程度，可将爆炸危险场所划分为两类。第一类场所含有可燃气体或液体，它们能与空气形成爆炸性混合物，可分为Q-1级、Q-2级、Q-3级。Q-1级是正常情况下就能形成爆炸性混合物的场所；Q-2级是仅在不正常情况下才能形成爆炸性混合物的场所；Q-3级也是仅在不正常情况下才能形成爆炸性混合物的场所，但形成爆炸性混合物的可能性较小。第二类是含有悬浮状可燃粉尘或纤维，它们可与空气形成爆炸性混合物，可分为G-1级和G-2级。G-1级是指正常情况下就能形成爆炸性混合物的场所；G-2级是指仅在不正常情况下才能形成爆炸性混合物的场所。

1.4.2 电气火灾爆炸成因和应对措施

1.4.2.1 电气线路和设备过热

由于短路、过载、铁损过大、接触不良、机械磨损、通风散热条件恶化等原因，电气线路和设备的整体或局部温度升高，从而容易引发电气火灾和爆炸。

1.4.2.2 电火花和电弧

电气线路和设备发生短路或接地故障、绝缘子闪络、接头松脱、碳刷冒火、过电压放电、熔断器熔体熔断、开关操作以及继电器触点断开闭合等时，都会产生电火花和电弧。电火花和电弧能直接引燃或引爆易燃易爆物质，电弧还会导致金属熔化、飞溅，从而引燃可燃物品。

1.4.2.3 静电放电

静电放电火花可引起火灾和爆炸。输油管道中油流与管壁摩擦、皮带与皮带轮间摩擦、传送带与物料间互相摩擦等都能产生静电火花，从而会引起火灾和爆炸。

1.4.2.4 电热和照明设备使用不当

电热和照明设备使用时不遵守安全技术要求也是引起火灾和爆炸的原因之一。

1.4.2.5 电气防火防爆措施

发生火灾和爆炸必须具备两个条件：一是环境中存在有足够数量和浓度的可燃或易爆物质，称危险源，如煤气、石油气、酒精蒸气、各种可燃粉尘、纤维等；二是要有引燃引爆源，又称火源，如明火、电火花、电弧和高温物体。因此电气防火防爆措施应着力于排除上述危险源和火源。

排除可燃易爆物质的措施包括：①保持良好的通风，以便把可燃易爆气体、可燃蒸气、粉尘和纤维的浓度降低至爆炸浓度下限之下；②加强存有可燃易爆物质的生产设备、容器、管道和阀门等的密封。

排除电气火源的措施包括：

①正常运行时能够产生火花、电弧和危险高温的非防爆电气装置应安装在危险场所之外；②在危险场所应尽量不用或少用携带式电气设备；③在危险场所，应根据危险场所的级别合理选用电气设备的类型，并严格按照规范安装和使用，在爆炸危险场所必须使用防爆电气设备；④危险场所的电气线路应满足防火防爆要求。

其中土建方面的防火防爆措施如下：①采用耐火材料建筑；②充油设备间应保持防火间距；③装设储油排油设施，以预防阻止火势蔓延；④电工建筑或设施尽量远离危险场所。

预防和消除静电火花的措施为：①用工艺控制法控制静电的产生；②利用静电接地、增湿、静电中和、静电屏蔽和添加抗静电添加剂等方法防止静电荷积累。

1.4.2.6　电气灭火

（1）先断电后灭火。当发生电气火灾时，应立即切断电源，然后进行扑救。夜间断电灭火应有临时照明措施。切断电源时应有选择地进行，尽量局部断电，同时要注意安全，防止触电。不得带负荷拉闸或隔离开关。拉闸和剪断导线时应使用绝缘工具，并注意防止断落导线伤人或短路。

（2）带电灭火的安全要求。带电灭火时，应使用干式灭火器或二氧化碳灭火器进行灭火，不得使用泡沫灭火剂或用水灭火。用水枪带电灭火时，宜采用泄漏电流小的喷雾水枪，并将水枪喷嘴接地。灭火人员应戴绝缘手套、穿绝缘靴或均压服操作。喷嘴至带电体的距离：110kV及其以下者不应小于3m，220kV及其以上者不应小于5m。使用不导电的灭火器灭火时，灭火器机体的喷嘴至带电体的距离：10kV及其以下者不应小于0.4m，35kV及其以上者不应小于0.6m。

（3）充油设备灭火的安全要求。充油设备着火时，应在灭火的同时考虑油的安全排放，并设法将油火隔离；旋转电机着火时，应防止轴和轴承由于着火和灭火造成冷热不均而变形，不得使用干粉、砂子、泥土灭火，以防损伤设备绝缘。

另外，在救火过程中，灭火人员应占据合理的位置，与带电部分保持安全距离，以防发生触电事故。

1.5　心肺复苏法触电急救实训

实训任务

① 徒手心肺复苏演练。

② 触电急救演练。

实训目标

① 掌握心肺复苏要领。

② 掌握触电急救要领。

③ 结合课堂知识，加深触电危害认识。

（1）进行模拟人的心肺复苏操作，实训教师事先演示心肺复苏法触电急救步骤，然后学生分组实施。

（2）实训教师讲解触电急救过程中须注意的事项。

（3）实训时，一切行动听实训教师安排，做好实训记录，不得离开队伍单独行动，以免发生危险。

（4）实训时要加强用电安全意识，实训过程中不得乱触动各种按钮、开关，避免触电事故发生。

电力能源从生产到供给用户使用，通常都要经过发电、输电、变电和配电等环节。触电是指电流流过人体时对人体产生伤害；触电可分为电击和电伤两种类型。电流对人体的危害程度与流过人体的电流的强度、通电持续时间、电流的频率、电流经过的人体部位（途径）以及触电者的身体状况等多种因素有关。人身触电的方式一般分为直接接触触电和间接接触触电两种触电方式，此外高压电场、高频电磁场、静电感应、雷击等也会对人体造成伤害。当发生触电时，应迅速将触电者脱离电源，及时拨打急救电话，还应进行必要的现场诊断和抢救。首先进行现场诊断，根据情况采用“口对口人工呼吸法”或“胸外心脏挤压法”急救。在各种不同环境条件下，如果人体接触到一定电压的带电体后，身体各部分组织不发生任何损害，则该电压称为安全电压；安全电压是为防止触电事故而采用的由特定电源供电的电压。为确保安全，电气操作人员必须遵守电工安全操作规程。电气火灾和爆炸危害性极大，必须做好电气防火与防爆工作。

第2章

直流电路

【知识目标】

① 掌握电路的概念及电路的状态；掌握电路的基本物理量。

② 掌握欧姆定律的应用；掌握电阻电路的各种连接形式。

③ 掌握基尔霍夫定律的应用；掌握戴维南定理、叠加定理的应用。

【技能目标】

① 学会用万用表正确测量电路的基本物理量。

② 学会简单电路的安装。

2.1 电路的概念

2.1.1 电路

电路是由各种元器件或电工设备按一定方式连接起来的电流流通的路径，图 2-1-1 所示为简单的直流电路。

2.1.2 电路的组成及作用

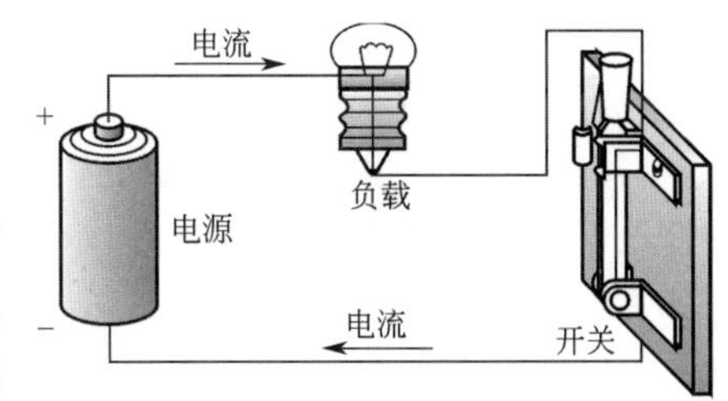

图 2-1-1 简单的直流电路

实际电路的种类很多，不同电路的形式和结构也各不相同，但一般都由电源、负载、连接导线、控制器件四部分组成。实际应用中电路实现的功能是多种多样的，但总体上可概括为两个方面：一是进行能量的传输、分配和转换，二是实现信号的传递与处理。

① 电源（供能）：为电路提供电能的设备和器件（如电池、发电机等）。

② 负载（耗能）：消耗电能的设备和器件（如灯泡等）。

③ 控制器件：控制电路工作状态的器件或设备（如开关等）。

④ 连接导线：将元器件按一定方式连接起来（如各种电缆线等）。

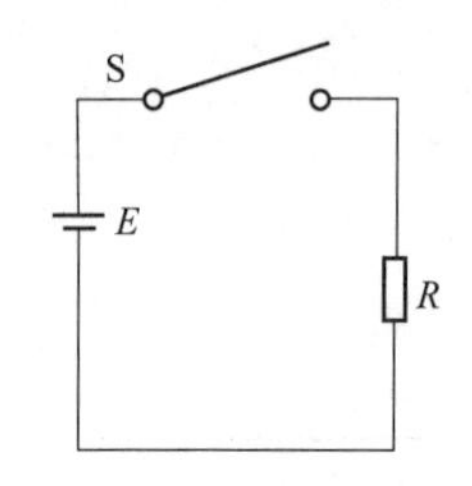

图 2-1-2 电路图

2.1.3 电路图

由理想电路元件构成的电路称为电路模型，也叫实际电路的电路原理图，简称电路图，如图 2-1-2 所示。理想电路元件简称电路元件。为了便于使用数学方法对电路进行分析，可将电路实体中的各种元器件用一些能够表征它们主要电磁特性的理想电路元件（模型）来代替，而对它们的实际的结构、材料、形状等非电磁特性不予考虑。表 2-1-1 所示为常用理想电路元件符号。

表 2-1-1 常用理想电路元件符号

名称	图形符号	文字符号	名称	图形符号	文字符号
电池	─┤├─	E	熔断器	─▭─	FU
电阻器	─▭─	R	开关	─o⁄ o─	S
电流表	─(A)─	PA	发电机	─(G)─	G
电压表	─(V)─	PV	电动机	─(M)─	M

2.1.4 电路的状态

① 通路（闭路）：电源与负载接通，电路中有电流通过，元器件获得一定的电压和电功率，进行能量转换。见图 2-1-3(a)。

② 断路（开路）：电路中没有电流通过，又称为空载状态。见图 2-1-3(b)。

③ 短路：电源未经负载而直接由导线（导体）构成通路，此时输出电流比正常工作时大得多，如果没有保护措施，电源或电器会被烧毁，甚至发生火灾。所以通常要在电路中安装熔断器等保护装置，以免发生短路时出现不良后果。见图 2-1-3(c)。

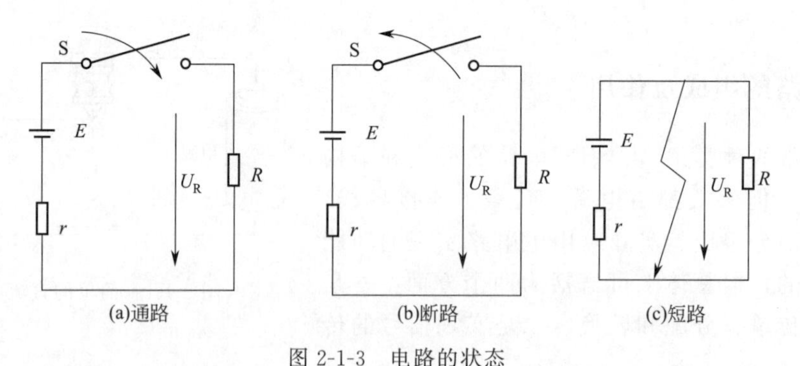

图 2-1-3 电路的状态

2.1.5 电路的基本物理量及额定值

2.1.5.1 电流

（1）电流的基本概念。电路中电荷沿着导体作定向移动形成电流。

① 电流的方向规定为正电荷移动的方向（或负电荷移动的反方向）。

② 电流大小用单位时间内通过导体横截面的电量来进行度量，称为电流强度（简称电流），用符号 I 或 i 表示。设在 $\Delta t=t_2-t_1$ 时间内通过导体横截面的电荷量为 $\Delta q=q_2-q_1$，则在 Δt 时间内的电流强度可用数学公式表示为

$$i(t)=\frac{\Delta q}{\Delta t}$$

式中，Δt 为很小的时间间隔，时间的国际单位为秒（s），电量 Δq 的国际单位为库仑（C），电流 $i(t)$ 的国际单位为安培（A）。常用的电流单位还有微安（μA）、毫安（mA）、千安（kA）等，它们与安培A的换算关系为

$$1\text{kA}=10^3\text{A}=10^6\text{mA}=10^9\mu\text{A}$$

（2）电流按其性质分为以下几种。

① 直流电流。如果电流的大小及方向都不随时间变化，即在单位时间内通过导体横截面的电量相等，则称之为稳恒电流或恒定电流，简称为直流（Direct Current），记为DC或dc，直流电流要用大写字母 I 表示，用公式表示为

$$I=\frac{\Delta q}{\Delta t}=\frac{Q}{t}=\text{常数}$$

直流电流 I 与时间 t 的关系为一条与时间轴平行的直线，如图2-1-4所示。

② 交流电流。如果电流的大小和方向均随时间变化，则称为交流电流。在电路分析中，一种极为重要的交流电流是正弦交流电流，其随时间按正弦规律作周期性变化，一般直接称为交流（Alternating Current），记为AC或ac，交流电流的瞬时值要用小写字母 i 或 $i(t)$ 表示。如图2-1-5所示。

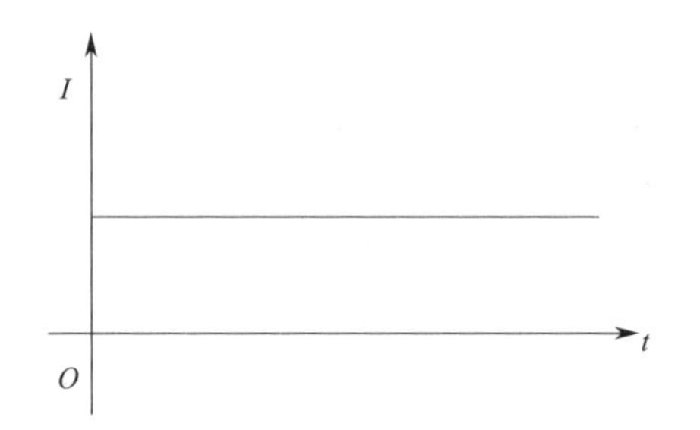

图2-1-4 直流电流波形

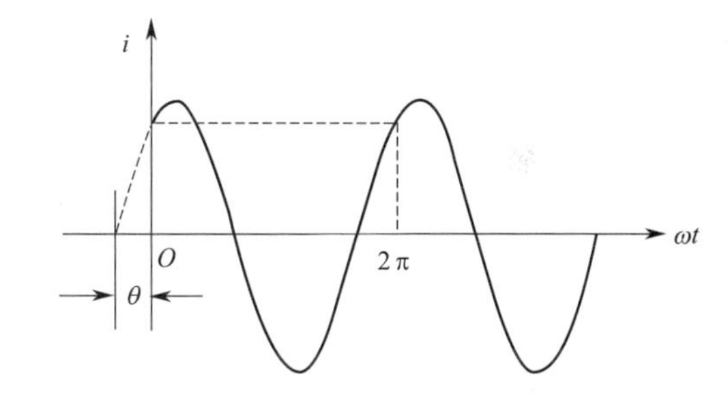

图2-1-5 交流电流波形

2.1.5.2 电压

（1）电压的基本概念。带电体的周围存在着电场，电场对处在电场中的电荷产生力的作用。当电场力使电荷移动时，电场力对电荷做功。电场力把单位正电荷 Q 从电场中的 a 点移动到 b 点所做的功称为 a、b 两点间的电压，用 U_{ab} 表示。U_{ab} 的方向规定为由第一脚标（a）指向第二脚标（b）。

电压的国际单位为伏特（V）。常用的电压单位还有微伏（μV）、毫伏（mV）、千伏（kV）等，它们与伏特（V）的换算关系为

$$1\text{kV}=10^3\text{V}=10^6\text{mV}=10^9\mu\text{V}$$

（2）电压按其性质分直流电压和交流电压。如果电压的大小及方向都不随时间变化，则

称之为稳恒直流电压或恒定直流电压，简称直流电压，用大写字母 U 表示。如果电压的大小及方向随时间按正弦规律作周期性变化，则称为正弦交流电压，简称交流电压。交流电压的瞬时值要用小写字母 u 或 $u(t)$ 表示。

2.1.5.3 电位

（1）电位的基本概念。在电路中任意选择一个参考点，电路中某一点与此参考点之间的电压就称为该点的电位。电位的符号一般用 φ 表示，如 A 点的电位记作 φ_A，电位的国际单位也是伏特（V）。

注意：①参考点的选择是任意的，电路中各点的电位都是相对于参考点而言的。当参考点变化时，各个点的电位也随之改变；②通常取参考点的电位为零，因此参考点又叫做零电位点，在电路图中用符号“⊥”表示，接大地则用符号“⏚”表示；③电位有正负之分，比参考点高的电位取“+”，比参考点低的电位取“－”；④在一般的电子线路中，通常取电源的一个电极作为参考点；在工程技术中则选择电路的接地点作为参考点。

（2）电位与电压的关系如下。

① 电压就是电路中任意两点之间的电位差。如 A、B 两点之间的电压为

$$U_{AB}=\varphi_A-\varphi_B$$

② 电位也属于电压，就是电路中某一点到参考点的电位差。设参考点为 O 点，即 $\varphi_O=0$，则电路中 A 点的电位为

$$\varphi_A=U_{AO}=\varphi_A-\varphi_O$$

2.1.5.4 电动势

在电源的内部产生一种对电荷的作用力，叫电源力，电源力在移动电荷的过程中要做功。规定电源力将单位正电荷从电源负极 b 移到正极 a 所做的功叫作电源的电动势 E。电动势的方向规定为由电源的负极 b（或低电位）指向电源的正极 a（或高电位）。

电动势的国际单位为伏特（V）。电源电动势与电源电压大小相等，方向相反。

2.1.5.5 电阻

物体（导体）对电流的阻碍作用称为该物体（导体）的电阻，用符号 R 表示。电阻跟导体的长度 l 成正比，跟导体的横截面积 S 成反比，并与导体的材料性质 ρ 有关。用公式表示为

$$R=\rho\frac{l}{S}$$

式中 R——导体的电阻，Ω；

ρ——材料的电阻率，Ω· m；

l——金属导体的长度，m；

S——金属导体的横截面积，m^2。

常用的电阻单位还有兆欧（MΩ）、千欧（kΩ）等，它们之间的换算关系为

$$1M\Omega=10^3k\Omega=10^6\Omega$$

一般金属材料的电阻随温度变化的规律可由下式表示

$$R_2=R_1+\alpha R_1(t_2-t_1)$$

式中　R_2——金属材料在温度 t_2 时的电阻；

R_1——金属材料在温度 t_1 时的电阻；

α——金属材料的电阻温度系数，1/℃；

t_1，t_2——环境温度，℃。

电阻元件对电流具有阻碍作用，它消耗电能，并将电能转化为热能、光能等能量。电阻元件也简称为电阻。

电阻的倒数称为电导，用 G 表示。用公式表示为

$$G=\frac{1}{R}$$

电导的国际单位为西门子（S）。

表 2-1-2 所示为几种材料的电阻率。

表 2-1-2　几种材料的电阻率（20℃）

材料名称	电阻率 $\rho/(\Omega \cdot m)$	电阻温度系数 $\alpha/(1/℃)$	材料名称	电阻率 $\rho/(\Omega \cdot m)$	电阻温度系数 $\alpha/(1/℃)$
银	1.6×10^{-8}	0.0036	铁	9.8×10^{-8}	0.0062
铜	1.7×10^{-8}	0.004	碳	1.0×10^{-5}	0.0005
铝	2.8×10^{-8}	0.0042	锰铜	4.4×10^{-7}	0.000006
钨	5.5×10^{-8}	0.0044	康铜	4.8×10^{-7}	0.000005

2.1.5.6　电功率

电流在单位时间内所做的功称为电功率。

① 电功率的正负　通常把耗能元件吸收的电功率写成正数，把供能元件发出的电功率写成负数。

② 电功率的大小等于电流所做的功 W 与做功的时间 t 之比，用 P 表示，公式为

$$P=\frac{W}{t}$$

功率的国际单位为瓦特（W），常用的单位还有千瓦（kW）、毫瓦（mW），它们之间的换算关系为

$$1\text{kW}=10^3\text{W}=10^6\text{mW}$$

通常所说的电功率为有功功率。

电功率与电压、电流的关系为：

$$P=UI$$

2.1.5.7　电功

电流所做的功简称电功（即电能）。电流在一段电路上所做的功 W 等于这段电路两端的电压 U、电路中的电流 I 和通电时间 t 三者的乘积。用公式表示为

$$W=UIt$$

电功的国际单位为焦耳（J）。通常电功用千瓦时（kW·h）来表示，也叫作度（电），即

$$1\text{度(电)}=1\text{kW}\cdot\text{h}=3.6\times10^6\text{J}$$

【例 2-1】 有一功率为 60W 的电灯，每天使用它照明的时间为 4 小时，如果每月按 30 天计算，那么每月消耗的电能为多少度？合为多少焦耳？

解： 该电灯每月工作时间 $t=4\times30=120(\text{h})$，则 $W=Pt=60\times120=7200(\text{W}\cdot\text{h})=7.2(\text{kW}\cdot\text{h})=7.2$(度)。即每月消耗的电能为 7.2 度，合为 $3.6\times10^6\times7.2\approx2.6\times10^7(\text{J})$。

2.1.5.8 焦耳定律

电流通过导体时使导体发热的现象称为电流的热效应，产生的热量叫焦耳热。焦耳定律用公式表示为

$$Q=I^2Rt$$

式中 I——通过导体的直流电流或交流电流的有效值，A；

R——导体的电阻值，Ω；

t——通过导体电流持续的时间，s；

Q——焦耳热，J。

【例 2-2】 某电烤箱电阻为 5Ω，工作电压为 220V，问通电 15min 能放出多少热量？消耗的电能是多少度？

解：

$$\text{热量 } Q=I^2Rt=\frac{U^2}{R}t=\frac{220^2}{5}\times15\times60=8.712\times10^6(\text{J})$$

$$\text{电能 } W=\frac{8.712\times10^6\text{J}}{3.6\times10^6\text{J/度}}=2.42\text{ 度}$$

2.1.5.9 电气设备的额定值

电流的热效应有不利的一面，例如，电动机在运行中发热不仅浪费电能，而且会加速绝缘材料的老化，严重时会发生事故，因此在电气设备中应采取防护措施，以避免由电流的热效应所造成的危害。许多电气设备的机壳上都装有散热孔，有的电动机里还装有风扇，都是为了加快散热。

电气设备和元器件长期安全正常工作时所允许的最大电压、最大电流、最大功率分别称为额定电压、额定电流、额定功率。

额定电压——电气设备或元器件在正常工作条件下允许施加的最大电压。

额定电流——电气设备或元器件在正常工作条件下允许通过的最大电流。

额定功率——电气设备或元器件在额定电压和额定电流下消耗的功率，即允许消耗的最大功率。

根据电气设备或元器件实际功率的大小，将其工作状态分为额定工作状态、轻载状态、过载（超载）状态。

额定工作状态——电气设备或元器件在额定功率下工作的状态，也称满载状态。

轻载状态——电气设备或元器件在低于额定功率下工作的状态，在轻载状态时电气设备不能得到充分利用或根本无法正常工作。

过载（超载）状态——电气设备或元器件在高于额定功率下工作的状态，过载时电气设备很容易被烧坏或造成严重事故。

电气设备或元器件在额定工作状态下才能安全可靠、经济、合理地运行。轻载和过载都是不正常的工作状态，一般是不允许出现的。

2.1.6　电路的基本参数测量

电路的基本参数有电流、电压等，可分别用电流表、电压表等测量。电流表如图 2-1-6 所示。电流表的接线如图 2-1-7 所示，将电流表串联到被测电路中。

图 2-1-6　电流表

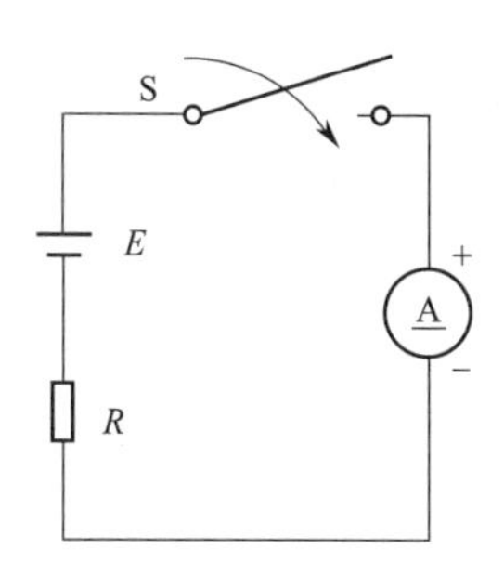

图 2-1-7　电流表的接线

电压表如图 2-1-8 所示。电压表的接线如图 2-1-9 所示，将电压表并联到被测电路中。

图 2-1-8　电压表

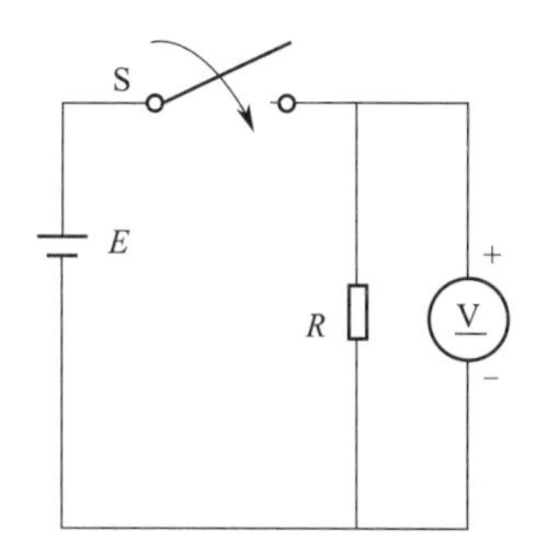

图 2-1-9　电压表的接线

2.2　简单电路的分析

可运用欧姆定律及电阻串、并联公式进行简单化简、计算的电路叫简单电路。

2.2.1　部分电路欧姆定律

只含有负载而不包含电源的一段电路称为部分电路。如图 2-2-1 所示。

部分电路欧姆定律：流过导体中的电流与导体两端的电压成正比，与导体的电阻成反比。用公式表示为

$$I=\frac{U}{R}$$

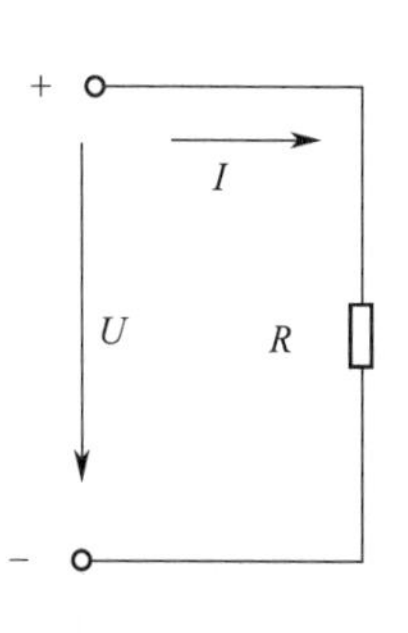

图 2-2-1　部分电路

【例 2-3】 有一只 60W/220V 的电灯，将它接在 220V 的电源上使用时，流过灯泡的电流是多少？灯泡的电阻又是多少？

解： 电流

$$I=\frac{P}{U}=\frac{60}{220}=0.2727(\mathrm{A})$$

电阻

$$R=\frac{U}{I}=\frac{220}{0.2727}=806.7(\Omega)$$

2.2.2　全电路欧姆定律

全电路是含有电源的闭合电路，如图 2-2-2 所示，包括负载（用电器）和导线等。电源内部的电路称为内电路，如发电机的线圈、电池内的溶液等。电源内部的电阻称为内电阻，简称内阻（r）。电源外部的电路称外电路，外电路中的电阻称为外电阻（R）。

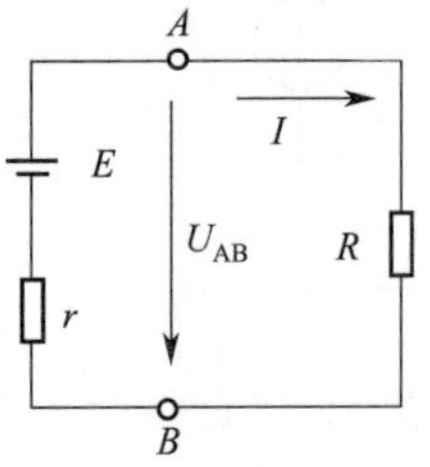

图 2-2-2　全电路

闭合电路中的电流与电源的电动势成正比，与电路的总电阻（内电阻与外电阻之和）成反比。用公式表示为

$$I=\frac{E}{R+r}$$

式中　I——闭合电路中的电流，A；

E——电源的电动势，V；

$R+r$——电路的总电阻，Ω。

【例 2-4】 图 2-2-2 所示电路中，已知电源的电动势 $E=24\text{V}$，内阻 $r=2\Omega$，负载电阻 $R=10\Omega$。求（1）电路中的电流 I；（2）负载电阻两端的电压 U_R；（3）内阻两端的电压 U_r。

解： 电流　$I=\frac{E}{R+r}=\frac{24}{10+2}=2(\text{A})$

负载电阻两端的电压　$U_R=IR=2\times10=20(\text{V})$

内阻两端的电压　$U_r=Ir=2\times20=4(\text{V})$

2.2.3　电源电动势和内阻的测量

电源电动势在数值上等于电源没有接入负载时两极 A、B 间的开路电压 U_{OC}。测量电路如图 2-2-3 所示，其中 $E=U_{OC}=$电压表的读数。

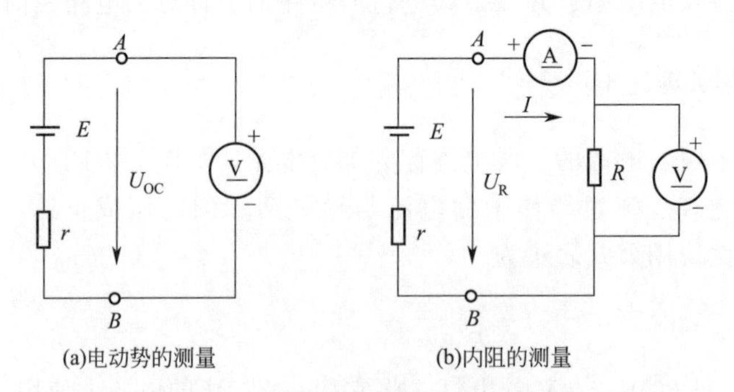

图 2-2-3　电源电动势及其内阻的测量

根据全欧姆定律

$$I=\frac{E}{R+r}$$

有
$$r=\frac{E-U_R}{I}$$

所以测量出 E、U_R、I 的大小即可算出 r 的大小。

2.2.4　电阻的测量和识别

电阻的测量如图 2-2-4 所示，电阻用万用表的欧姆挡测量。

① 测量电路中的电阻时应先切断电源，不能带电测量。

② 先要估计被测电阻的大小，选择合适的倍乘挡，然后进行欧姆调零，即将两支表笔相触，旋动欧姆调零电位器，使指针指在零位。

③ 测量时双手不可碰及电阻的引脚和表笔金属体，以免接入人体电阻，引起测量误差。

④ 测量电路中某一电阻时，应将电阻的一端断开，以免接入其他电阻。

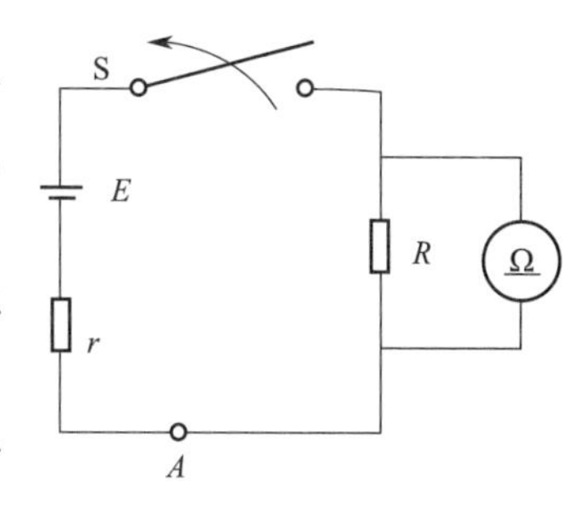

图 2-2-4　电阻的测量

电阻器的主要指标有以下几个。

① 标称阻值。为了便于生产，同时满足实际使用的需要，国家规定了电阻的标称系列值。电阻器的标称阻值应为系列值的 10^n 倍，其中 n 为整数。

② 允许偏差。电阻器的标称阻值与实际阻值不完全一致，存在误差（偏差）。设 R 为实际阻值，R_H 为标称阻值，允许偏差的表达式为：$(R-R_H)/R_H$。允许偏差表示电阻的准确度，常用百分数表示，如±5%、±2%等。

③ 标称功率。也称为额定功率，是指在一定的条件下，电阻器长期连续工作所允许消耗的最大功率。

简要介绍一下电阻器的标注方法。电阻器的额定功率、阻值、偏差等性能指标可以用数字和文字符号直接标在电阻器的表面上，也可以用色环标在电阻器的表面，色环标志法是用颜色表示元件的各种参数并直接标志在产品上的一种标志方法。采用色环标志的电阻器，颜色醒目，标志清晰，不易褪色，从各个方向都能看清楚阻值和偏差，有利于电气设备的装配、调试和检修，因此国际上广泛地采用色环标志法。各种固定电阻器色标符号如表 2-2-1 所示，辨认这种电阻时要从左至右进行，最左边为第一环，有四环或五环两种。

表 2-2-1　各种固定电阻器色标符号

颜色	有效数字	倍乘	允许偏差/%	颜色	有效数字	倍乘	允许偏差/%
银色	—	10^{-2}	±10	黄色	4	10^4	—
金色	—	10^{-1}	±5	绿色	5	10^5	±0.5
黑色	0	10^0	—	蓝色	6	10^6	±0.2
棕色	1	10^1	±1	紫色	7	10^7	±0.1
红色	2	10^2	±2	灰色	8	10^8	—
橙色	3	10^3	—	白色	9	10^9	+50 −20

【例 2-5】 四环和五环电阻的色标如图 2-2-5 所示，试求出它们阻值的大小及允许偏差。

解： 四环电阻的电阻值为：$26\times10^3=26000(\Omega)=26(\text{k}\Omega)$，允许偏差为±5%。

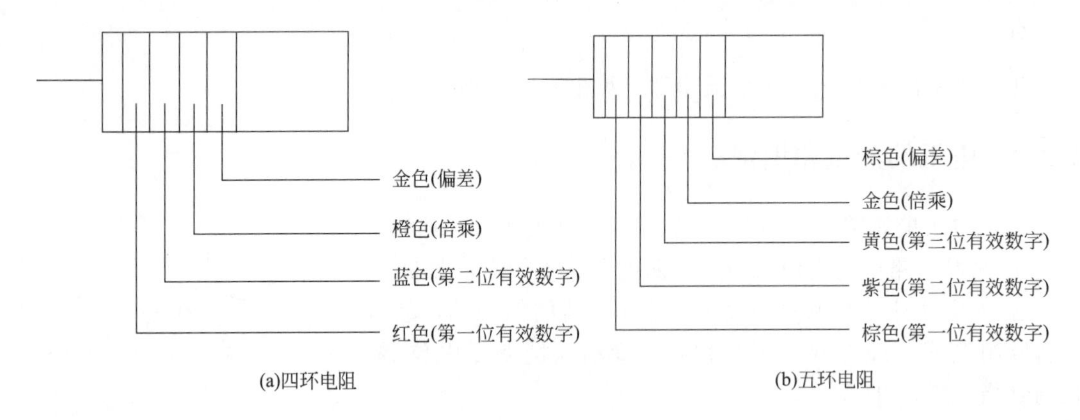

图 2-2-5　电阻的色标

五环电阻的电阻值为：$174\times10^{-1}=17.4(\Omega)$，允许偏差为±1%。

2.2.5　电阻的串联电路

把两个或两个以上的电阻一个接一个地连接成一串，使电流只有一条通路的连接方式叫做电阻的串联。如图 2-2-6 所示。串联电路的特点：①流过各个电阻的电流一样，且等于总电流；②电路两端的电压等于各个电阻两端的电压之和；③电路两端的等效电阻（即总电阻）等于各个电阻之和。

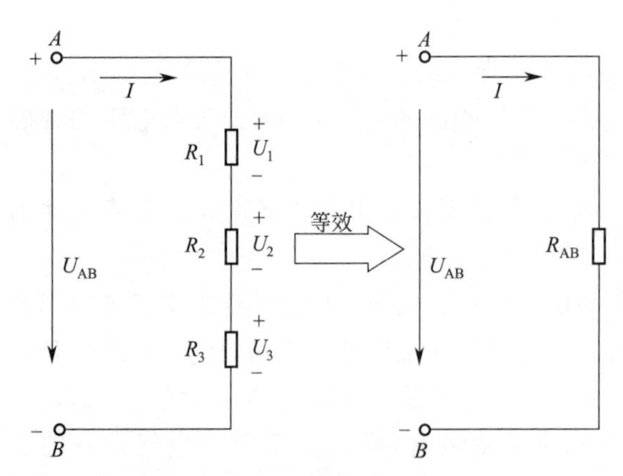

图 2-2-6　电阻的串联及其等效电路

在计算中，经常遇到两个电阻串联的电路，当给定总电压时，每个电阻上的电压分别为

$$\begin{cases} U_1=\dfrac{R_1}{R_1+R_2}U_{AB} \\ U_2=\dfrac{R_2}{R_1+R_2}U_{AB} \end{cases}$$

2.2.6　电阻的并联电路

把两个或两个以上的电阻接在电路中相同点之间，承受同一电压，这样的连接方式叫作电阻的并联，如图 2-2-7 所示。并联电路的特点：①各并联电阻的两端电压相等，且等于总电压；②电路的总电流等于各电阻的电流之和；③总电阻（即等效电阻）的倒数等于各并联电阻倒数之和。

在并联电路的计算中，最常见的是两个电阻并联的情况，分流公式为

$$\begin{cases} I_1=\dfrac{R_2}{R_1+R_2}I \\ I_2=\dfrac{R_1}{R_1+R_2}I \end{cases}$$

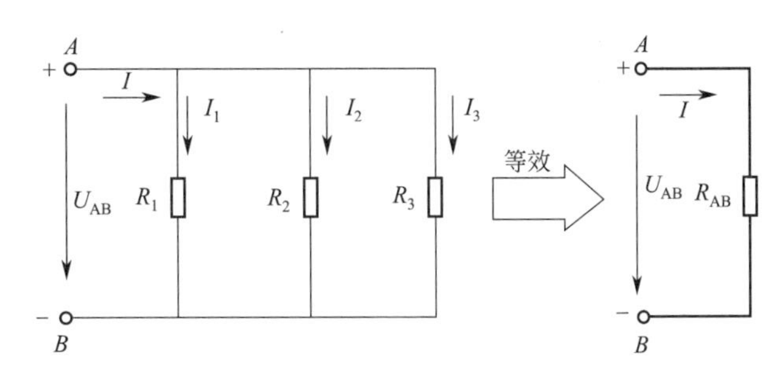

图 2-2-7　电阻的并联及其等效电路

2.2.7　电阻的混联电路

电路中电阻既有串联又有并联的连接方式称为混联，如图 2-2-8 所示。

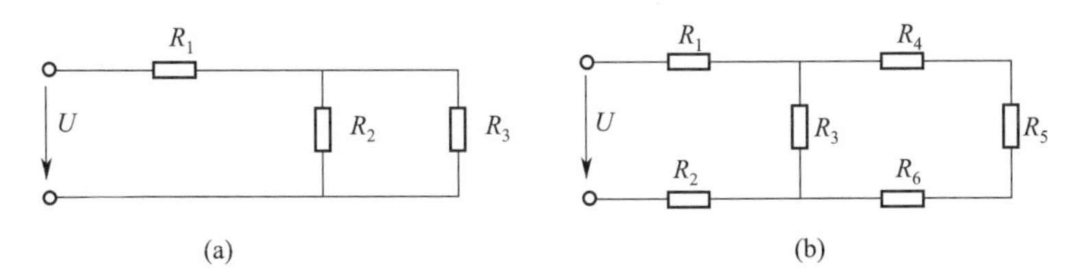

图 2-2-8　电阻的混联电路

混联电路的特点：①通过同一电流的各电阻一定是串联关系；②连接在共同点间的各支路一定是并联关系；③通常连接导线的电阻可忽略不计，因此电位相等的连接线可收缩为一点。反之，一个接点可拉长为一根导线。

一般通过画等效电路图求混联电路的等效电阻，步骤如下：

① 分析混联电路，并在原电路图中给每一个连接点标注一个字母（即同一个电位点只标注一个字母）。

② 按顺序将各字母沿水平方向排列，待求端的字母置于始端和终端。

③ 最后将各电阻依次填入相应的字母之间。

④ 根据电阻的串联、并联的关系求出待求端的等效电阻。

【例 2-6】　图 2-2-9 所示电路中，已知 $R_1=R_2=R_3=4\Omega$，$R_4=R_5=8\Omega$。求电路中 A、B 间的等效电阻 R_{AB}。

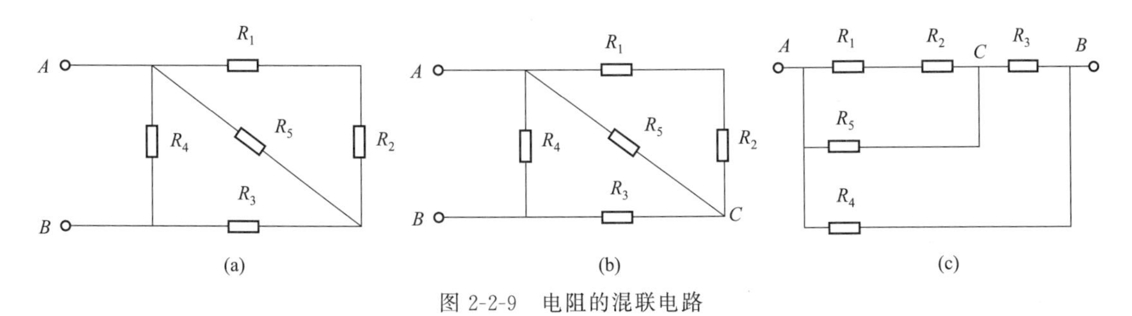

图 2-2-9　电阻的混联电路

解： 在原电路图中标注字母 A、B、C，如图（b）所示。将 A、B、C 各点沿水平方向排列，如图（c）所示。将 R_1～R_5 各电阻依次填入相应的字母之间，如图（c）所示。由等

效电路求等效电阻R_{AB}，即

$$R_{12}=R_1+R_2=4+4=8(\Omega)$$

$$R_{125}=R_{12}//R_5=\frac{R_{12}\times R_5}{R_{12}+R_5}=\frac{8\times 8}{8+8}=4(\Omega)$$

$$R_{1253}=R_{125}+R_3=4+4=8(\Omega)$$

$$R_{AB}=R_{1253}//R_4=4(\Omega)$$

2.2.8 电路中各点电位的计算

在电路分析中经常要应用电位的概念来分析电路的工作原理。在检查各种电气设备时，也经常通过测量电路中电位的方法来分析判断电路的故障部位。电路中各点电位的计算方法如下。

（1）分析电路的基本情况。根据已知条件和电路结构，求出部分电路或某些元件上的电流和电压的大小和方向。

（2）选定零电位点。有两种情况，一种是电路中已经指定了零电位点，另一种是电路中尚未指定，可任意选定，但应根据研究问题的方便而定。

（3）计算电路中各点的电位。电位也是电压，因此电位的计算就是电压的计算。电位计算过程中，必须灵活应用电路基本定律和有关求解方法。

【例 2-7】 图 2-2-10 所示电路中$E=6\text{V}$，$R_1=1\Omega$，$R_2=2\Omega$，$R_3=3\Omega$。分别以c点和d点作为参考点，求各点的电位和电压U_{ab}。

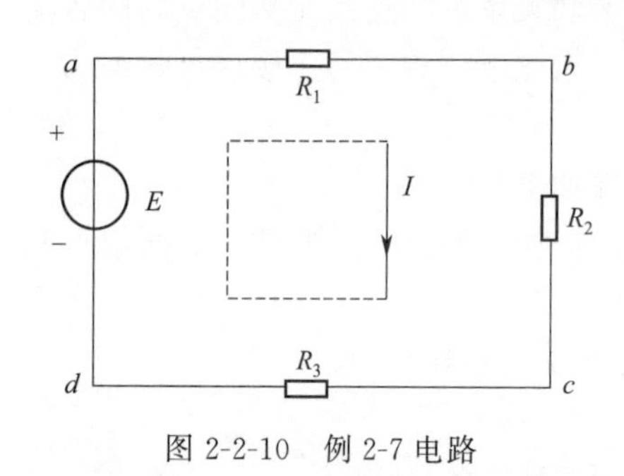

图 2-2-10 例 2-7 电路

解：（1）以c点作为参考点，由全电路欧姆定律有

$$I=\frac{E}{R_1+R_2+R_3}=\frac{6}{1+2+3}=1(\text{A})$$

所以

$$V_b=IR_2=1\times 2=2(\text{V})$$

$$V_a=I(R_1+R_2)=1\times(1+2)=3(\text{V})$$

$$V_d=-IR_3=-1\times 3=-3(\text{V})$$

$$U_{ab}=V_a-V_b=3-2=1(\text{V})$$

（2）以d点作为参考点，即$V_d=0$，$I=1\text{A}$，有

$$V_a=6(\text{V})$$

$$V_c=IR_3=1\times 3=3(\text{V})$$

$$V_b=I(R_2+R_3)=1\times(2+3)=5(\text{V})$$

2.2.9 获得最大功率的条件

任何电路都无例外地进行着从电源到负载的功率传输，由于电源有内阻，所以电源提供的总功率为内阻消耗的功率与负载消耗的功率之和。若内阻消耗的功率增大，则负载获得的功率就小。由于电源的内阻一般是固定值，因而负载获得的功率就与负载的大小有密切关系。那么，在什么条件下负载才能从电源获得最大功率呢？由欧姆定律有

$$I=\frac{E}{R+r}$$

则负载R获得的功率为

$$P=I^2R=\left(\frac{E}{R+r}\right)^2\times R=\frac{E^2R}{(R+r)^2}=\frac{E^2R}{R^2+2Rr+r^2}=\frac{E^2R}{R^2-2Rr+4Rr+r^2}$$

$$=\frac{E^2R}{(R-r)^2+4Rr}=\frac{E^2}{\frac{(R-r)^2}{R}+4r}$$

显然，由于式中 E、r 都可以近似看作常数，只有在分母为最小值，即 $R=r$ 时，P 才能达到最大值。其最大值为

$$P_{max}=\frac{E^2}{4R}=\frac{E^2}{4r}$$

所以负载获得最大功率的条件是：负载电阻等于电源内阻。由于负载获得的最大功率就是电源输出的最大功率，因而这一条件也是电源输出最大功率的条件。

负载功率（或电源输出功率）随负载 R 变化的曲线，称为负载功率关系曲线，见图 2-2-11。

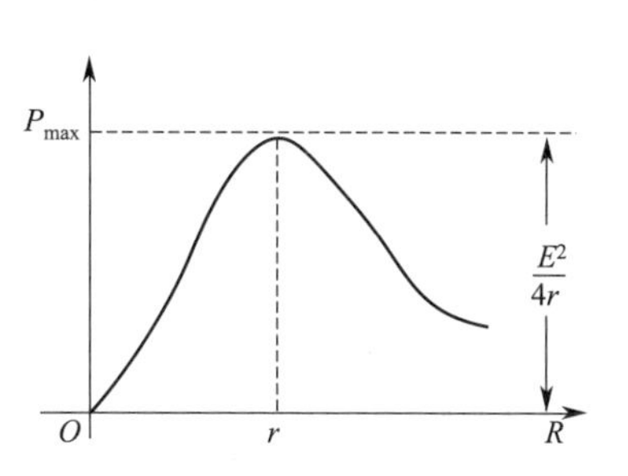

图 2-2-11　负载功率关系曲线

当负载获得最大功率时，由于 $R=r$，因而内阻上消耗的功率和负载消耗的功率相等，这时效率只有 50%，显然是不高的。在电子技术中，有些电路主要考虑使负载获得最大功率，效率高低属于次要问题，因而电路总是尽可能工作在 $R=r$ 附近。这种工作状态一般也称为“匹配”状态。而在电力系统中，总是希望尽可能减少电源内部损失，以提高输电效率，故必须使 $I^2r\ll I^2R$，即 $r\ll R$。

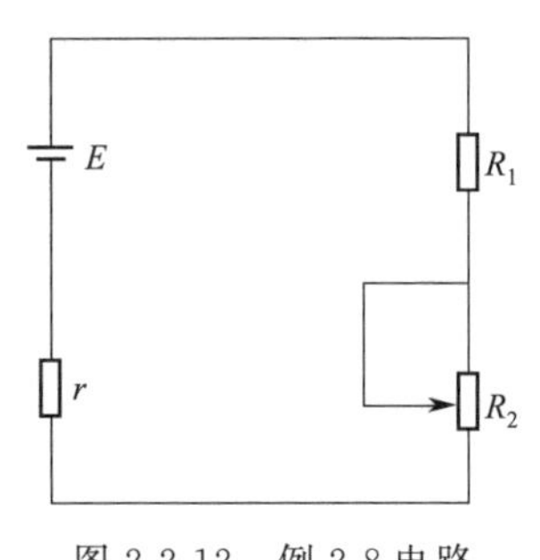

图 2-2-12　例 2-8 电路

【例 2-8】 图 2-2-12 所示电路中，$R_1=4\Omega$，电源电动势 $E=36V$，内阻 $r=0.5\Omega$，R_2 为变阻器。要使变阻器获得的功率最大，R_2 的阻值应是多大？这时 R_2 获得的功率是多大？

解：可以把 R_1 看成是电源内阻的一部分，则内阻为 (R_1+r)。根据负载获得最大功率的条件，有

$$R_2=R_1+r=4+0.5=4.5(\Omega)$$

则 R_2 获得的最大功率为

$$P_{max}=\frac{E^2}{4R}=\frac{36^2}{4\times4.5}=72(W)$$

2.3　复杂电路的分析

无法用电阻串、并联关系进行简化的电路叫复杂电路，如图 2-3-1 所示。复杂电路不能直接用欧姆定律来求解，但可用基尔霍夫定律来分析。复杂电路的几个常用名词如下。

支路：一个完整电路的一段无分支电路。如图 2-3-1 中的 $A\to E_1\to R_1\to B$，$A\to R_3\to B$，$A\to E_2\to R_2\to B$。

节点：三条或三条以上支路的连接点，如图 2-3-1 中的 A 点、B 点。

回路：电路中任意闭合路径。如图 2-3-1 中的 $A\to E_1\to R_1\to B\to R_3\to A$，$A\to E_2\to R_2\to B\to R_3\to A$，$A\to E_1\to R_1\to B\to R_2\to E_2\to A$。

网孔：回路内部不含跨接支路的回路。如图 2-3-1 中的 $A\to E_1\to R_1\to B\to R_3\to A$，$A\to$

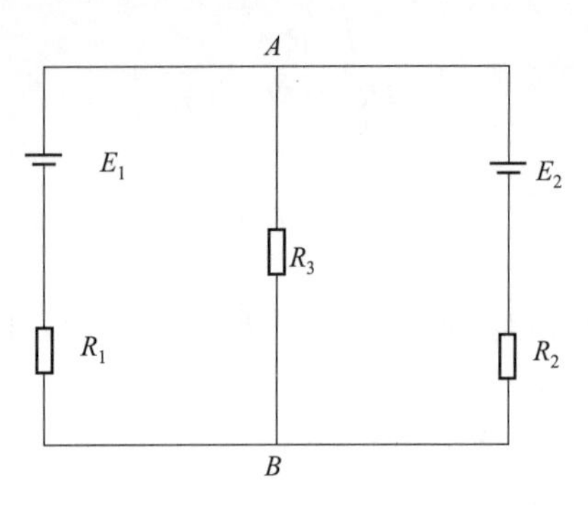

图 2-3-1 复杂电路

$E_2 \to R_2 \to B \to R_3 \to A$。

2.3.1 基尔霍夫定律

(1) 基尔霍夫第一定律(节点电流定律):在任一瞬间,流入某一节点的电流之和恒等于流出该节点的电流之和。即$\sum I_{入} = \sum I_{出}$。

例如对图 2-3-2 中的 A 点,有 $I_1 + I_2 = I_3$。

节点电流定律也适合于电路中任意假定的封闭面,例如图 2-3-3 中有 $I_B + I_C = I_E$。

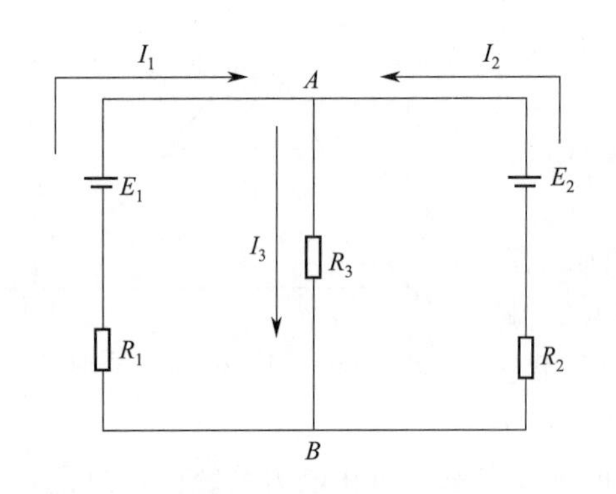

图 2-3-2 节点电流(A 点)

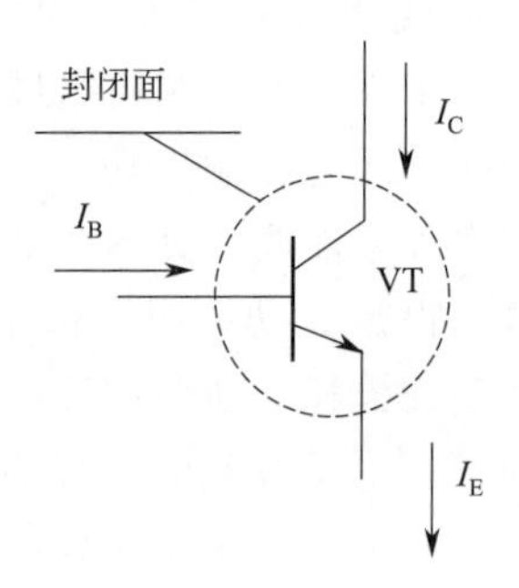

图 2-3-3 电路中假定的封闭面

(2) 基尔霍夫第二定律(回路电压定律):在任一闭合回路中,各段电路电压的代数和恒等于零。即$\sum U = 0$。

例如对图 2-3-4 中的回路 $A \to R_1 \to B \to R_2 \to E \to A$,有 $U_1 + U_2 + (-U_3) = 0$。

回路电压定律也适合于不完全闭合的假想回路,如在图 2-3-5 中有 $U + IR_1 + (-E) = 0$。

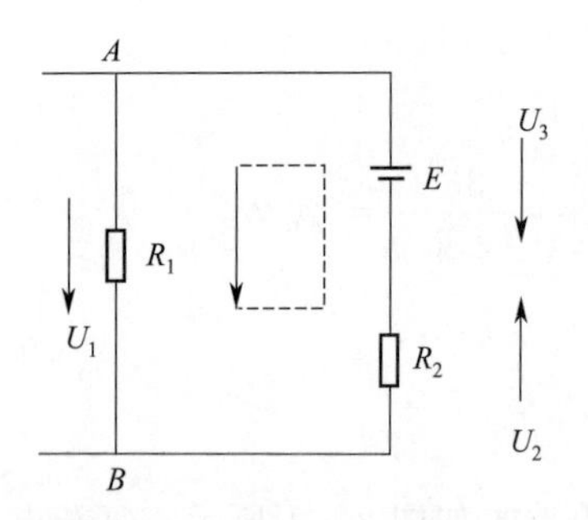

图 2-3-4 回路电压为零

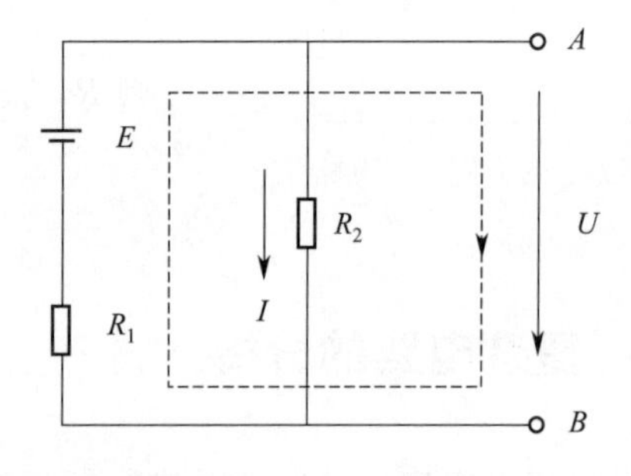

图 2-3-5 不完全闭合假想回路

2.3.2 支路电流法

支路电流法就是以各支路电流为待求量,运用节点电流、回路电压定律列出电路的方程组,从而解出各支路电流,它是求解复杂电路中各支路电流的一种基本方法。支路电流法的解题步骤如下。

① 标出各支路电流的参考方向，并根据节点电流定律列出节点电流方程。注意：m 个节点只能列出（$m-1$）个节点电流独立方程。

② 标出各段电路的电压参考方向和各回路绕行方向，并根据回路电压定律列出回路电压方程。注意：

a. 对于一个具有 n 条支路、m 个节点（$n>m$）的复杂电路，需要列出 n 个方程来联立求解。由于已经有了（$m-1$）个节点电流独立方程，因此只需要列出 $n-(m-1)$ 个回路电压独立方程。

b. 标电压参考方向时，电阻的电压参考方向与电流参考方向一致，电源的电压参考方向由电源的高电位点指向低电位点。

c. 根据回路电压定律列出回路电压方程，当电阻的电压参考方向与回路绕行方向一致时，电阻的电压取“+”值，反之则取“−”值；当电源的电压参考方向与回路绕行方向一致时，电源的电压取“+”值，反之则取“−”值。

③ 将已知量代入方程。

④ 求解联立方程，并判断各支路的电流方向。

注意：当解得的电流为“+”值时，电流的实际方向与电流的参考方向一致；当解得的电流为“−”值时，电流的实际方向与电流的参考方向相反。

【例 2-9】 图 2-3-6 所示电路中，$E_1=18\text{V}$，$E_2=9\text{V}$，$R_1=R_2=1\Omega$，$R_3=4\Omega$，求各支路的电流。

解：（1）各支路电流的参考方向如图 2-3-6 所示，根据节点电流定律列方程，节点 A：$I_1+I_2=I_3$。

（2）各段电路的电压参考方向和各回路绕行方向如图 2-3-6 所示，根据回路电压定律列方程。

回路①：$R_1I_1+R_3I_3+(-E_1)=0$

回路②：$R_2I_2+R_3I_3+(-E_2)=0$

（3）将已知量代入方程：

$$\begin{cases} I_1+I_2=I_3 \\ I_1+4I_3+(-18)=0 \\ I_2+4I_3+(-9)=0 \end{cases}$$

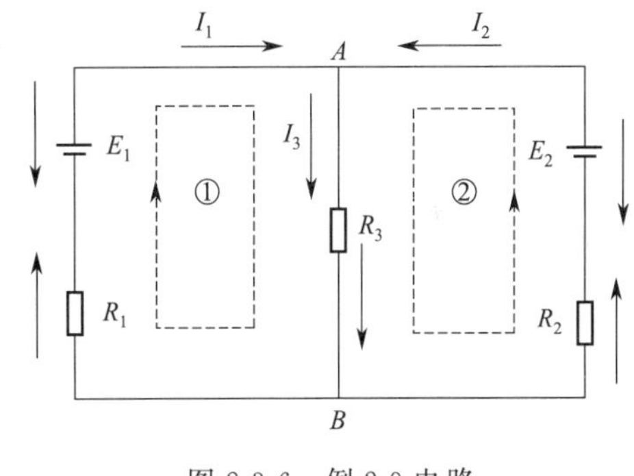

图 2-3-6　例 2-9 电路

（4）求解联立方程，并判断各支路的电流方向：

$$\begin{cases} I_1=6\text{A}(\text{实际方向与参考方向一致}) \\ I_2=-3\text{A}(\text{实际方向与参考方向相反}) \\ I_3=3\text{A}(\text{实际方向与参考方向一致}) \end{cases}$$

2.3.3　节点电压法

在进行电路分析计算时，经常遇到一些节点较少、支路较多的电路，此时使用支路电流法会显得很麻烦，而利用节点电压法将会使电路的解题过程简化。

以各节点相对参考点的电压为未知量，再根据节点电流定律列出独立节点的电流方程求解的方法称为节点电压法。因节点对参考点的电压是节点的电位，所以又可称为节点电位法，它是求解复杂电路中各支路电流的一种基本方法。

节点电压法的解题步骤如下。

① 标出节点电压的参考方向。

② 标出各支路电流的参考方向，并根据节点电流定律列出节点电流方程。

③ 确定各段电路的电压参考方向（电阻的电流、电压参考方向一致，电源电压的参考方向由高电位指向低电位）和回路的绕行方向，并根据回路电压律列出回路电压方程。

④ 由回路电压方程写出各支路电流的表达式。

⑤ 将各支路电流的表达式代入节点电流方程，求解出节点电压。

⑥ 将节点电压代入节点电流方程，求解出各支路电流（并判断电流的方向）。

【例 2-10】 图 2-3-7 所示电路的参数如下：$E_1=10\text{V}$，$E_2=20\text{V}$，$E_3=30\text{V}$，$R_1=R_2=10\Omega$，$R_3=R_4=20\Omega$，用节点电压法求解各支路电流。

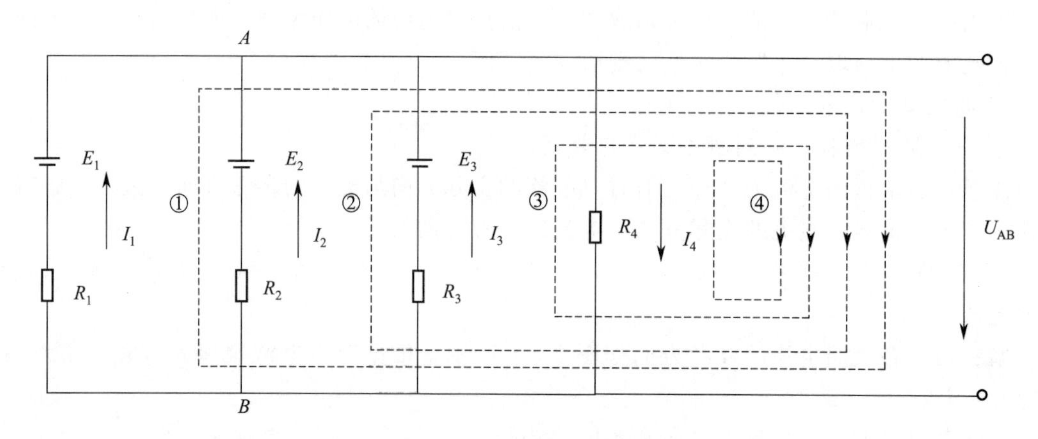

图 2-3-7 节点电压法

解：（1）节点电压和各支路电流的参考方向见图 2-3-7。

（2）根据节点电流定律列出节点电流方程，节点 A：$I_1+I_2+I_3+(-I_4)=0$。

（3）确定各段电路的电压参考方向，回路的绕行方向如图 2-3-7 所示，根据回路电压定律列出回路电压方程：

回路①：$I_1R_1+(-E_1)+U_{\text{AB}}=0$

回路②：$I_2R_2+(-E_2)+U_{\text{AB}}=0$

回路③：$I_3R_3+(-E_3)+U_{\text{AB}}=0$

回路④：$(-I_4R_4)+U_{\text{AB}}=0$

（4）由回路电压方程写出各支路电流的表达式。

支路 1：$I_1=\dfrac{E_1-U_{\text{AB}}}{R_1}$；支路 2：$I_2=\dfrac{E_2-U_{\text{AB}}}{R_2}$；

支路 3：$I_3=\dfrac{E_3-U_{\text{AB}}}{R_3}$；支路 4：$I_4=\dfrac{U_{\text{AB}}}{R_4}$

（5）将各支路电流的表达式代入节点电流方程，求解出节点电压。有

$$I_1+I_2+I_3+(-I_4)=0$$

$$\left(\frac{E_1-U_{\text{AB}}}{R_1}\right)+\left(\frac{E_2-U_{\text{AB}}}{R_2}\right)+\left(\frac{E_3-U_{\text{AB}}}{R_3}\right)+\left(-\frac{U_{\text{AB}}}{R_4}\right)=0$$

经整理，有

$$U_{AB}=\frac{\frac{E_1}{R_1}+\frac{E_2}{R_2}+\frac{E_3}{R_3}}{\frac{1}{R_1}+\frac{1}{R_2}+\frac{1}{R_3}+\frac{1}{R_4}}=15(\mathrm{V})$$

(6) 将节点电压代入节点电流方程，求解出各支路电流（并判断电流的方向）。

支路 1：$I_1=\frac{E_1-U_{AB}}{R_1}=-0.5(\mathrm{A})$（电流实际方向与电流参考方向相反）；

支路 2：$I_2=\frac{E_2-U_{AB}}{R_2}=0.5(\mathrm{A})$（电流实际方向与电流参考方向相同）；

支路 3：$I_3=\frac{E_3-U_{AB}}{R_3}=0.75(\mathrm{A})$（电流实际方向与电流参考方向相同）；

支路 4：$I_4=\frac{U_{AB}}{R_4}=0.75(\mathrm{A})$（电流实际方向与电流参考方向相同）。

2.3.4 电压源、电流源及其等效变换

一个实际的电源既可用电压源表示，又可用电流源表示。掌握电压源和电流源的概念以及它们之间的等效变换，能使某些复杂电路的分析简单化。

电压源分实际电压源和理想电压源。

① 实际电压源。用一个恒定电动势 E 与内阻 r 串联表示的电源称为实际电压源，如图 2-3-8 所示，大多数电源，如干电池、蓄电池、发电机等都可以这样表示。

当电压源向负载 R 输出电压时，如图 2-3-9 所示，电源的端电压 U 总是小于它的恒定电动势 E。端电压 U 与输出电流 I 之间有如下关系：

$$U=E-Ir$$

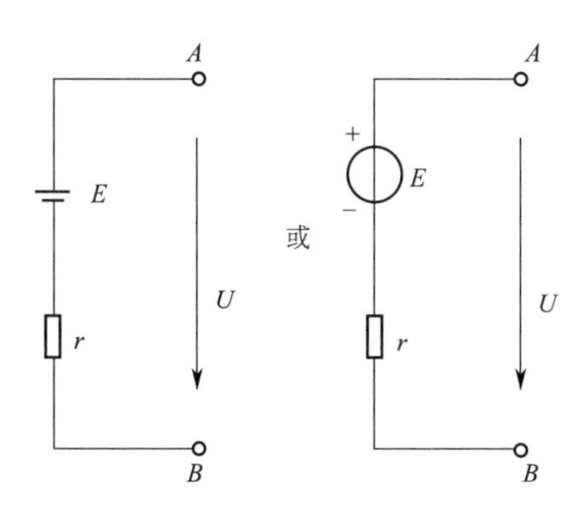

图 2-3-8　实际电压源

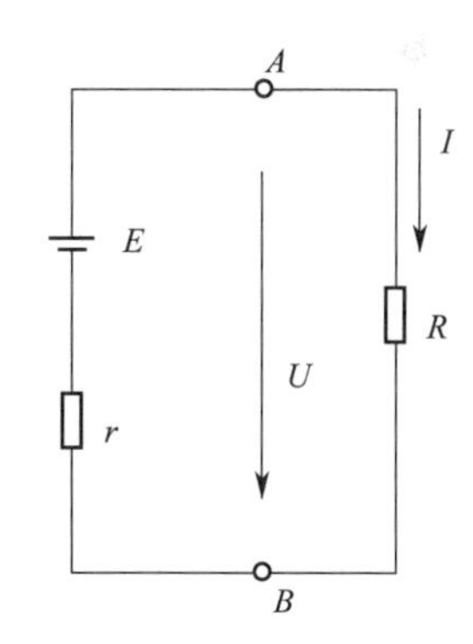

图 2-3-9　实际电压源电路

式中，E、r 均为常数。所以随着 I 的增加，内阻 r 上的内电压 Ir 增大，输出端电压 U 就降低，因此要求电压源的内阻 r 越小越好。

② 理想电压源。当内阻 $r=0$ 时，不管负载变动时输出电流 I 如何变化，电源始终输出恒定的电压 $U=E$。把内阻 $r=0$ 的电压源叫理想电压源，如图 2-3-10 所示。

在实际应用中，稳压电源、新电池或内阻 r 远远小于负载电阻 R 的电源都可以看作是

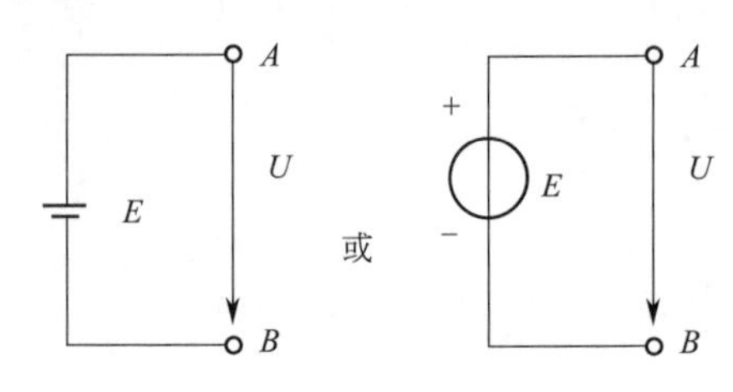

图 2-3-10　理想电压源

理想电压源。理想电压源的输出电压 U 不随负载 R 变化，也不受输出电流的影响。实际上理想电压源是不存在的，因为电源总是存在着内阻。

电流源分实际电流源和理想电流源。

① 实际电流源。用一个恒定电流 I_S 与内阻 r' 并联表示的电源称为电流源，如图 2-3-11 所示。实际应用中的稳流电源、光电池、串励直流发电机等均是实际电流源。

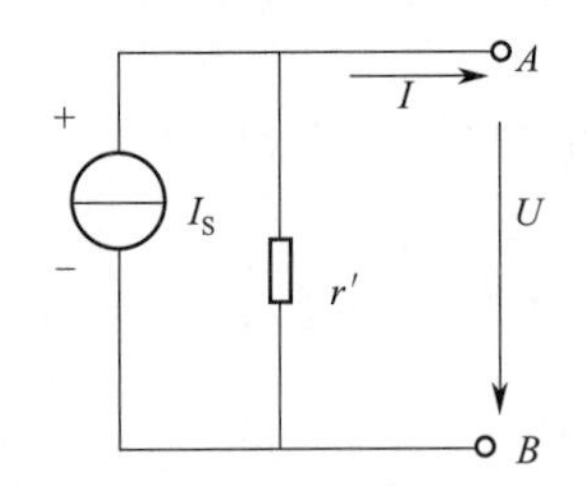

图 2-3-11　实际电流源（1）

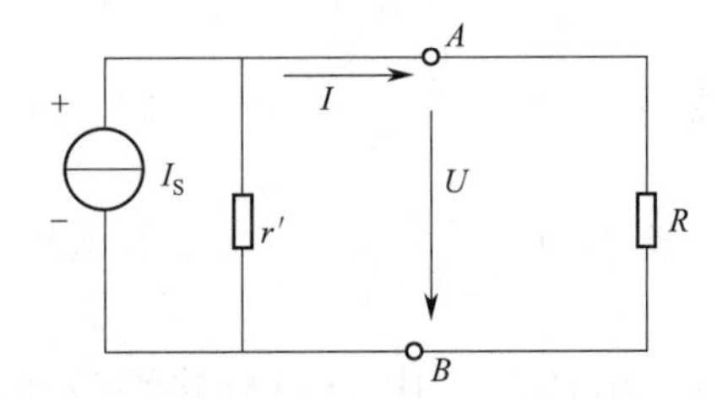

图 2-3-12　实际电流源（2）

当电流源向负载 R 输出电流时，如图 2-3-12 所示，它所输出的电流 I 总是小于电流源恒定电流 I_S。电流源的端电压 U 与输出电流 I 之间有如下关系：

$$I=I_S-\frac{U}{r'}$$

由上式可知，电流源内阻 r' 越大，由负载变化而引起的电流变化就越小。即电流源输出越稳定，I 越接近 I_S。

② 理想电流源。如果电流源内阻 r' 为无穷大，则不论负载如何变化，它所输出的电流 I 恒定不变，且等于电流源的恒定电流 I_S，即 $I=I_S$。所以内阻 $r\to\infty$ 的电流源称为理想电流源，如图 2-3-13 所示。理想电流源的端电压 U 与负载电阻 R 的大小有关，即

$$U=IR=I_SR$$

可见，负载电阻 R 越大，U 也越大。实际上理想电流源是不存在的，因为电源内阻不可能为无穷大。

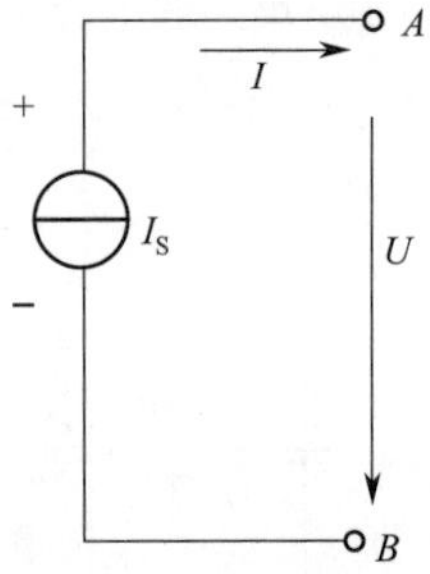

图 2-3-13　理想电流源

当一个电压源和一个电流源的外特性相同时，对外电路来说，这两个电源是等效的。也就是说，在满足一定条件的前提下，两种电源之间能够实现等效变换。由于电压源的 U 与 I 的关系是 $U=E-Ir$，即

$$I=\frac{E}{r}-\frac{U}{r}$$

又由于电流源的 U 与 I 的关系是 $I=I_S-\frac{U}{r'}$，为了保证电源外特性完全相同（即输出的电流 I、电压 U 相同），等式右侧的两项必须对应相等。

① 把电压源等效为电流源，则有

$$\begin{cases}I_S=\dfrac{E}{r}\\ r'=r\end{cases}$$

② 把电流源等效为电压源，则有

$$\begin{cases}E=r'I_S\\r=r'\end{cases}$$

可见，实际电压源与实际电流源的等效变换条件是：实际电压源与实际电流源的内阻相等，而且实际电流源的恒定电流 I_S 等于实际电压源的短路电流 E/r。如图 2-3-14 所示。

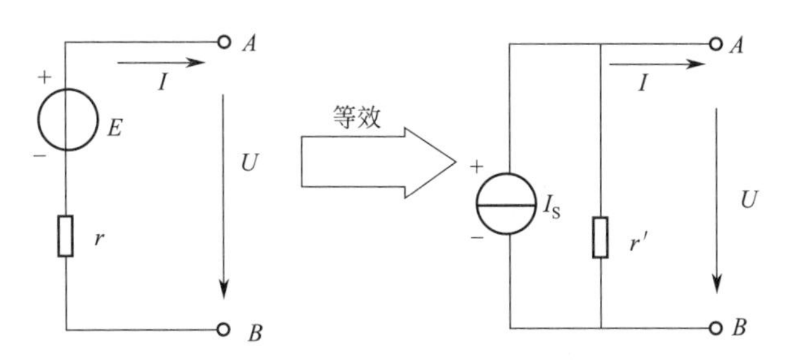

图 2-3-14　实际电压源与实际电流源等效变换

两种电源等效变换时应注意：①等效变换仅仅是对外电路而言，对于电源内部并不等效；②在变换过程中，电压源的电动势 E 的方向和电流源的电流 I_S 的方向必须保持一致，即电压源电动势 E 的方向与电流源电流 I_S 的方向一致；③理想电压源与理想电流源之间不能进行等效变换。

【例 2-11】 用电源等效变换的方法求解图 2-3-15 所示复杂电路中的电流 I。

解：(1) 将图(a) 中电压源（$E=6$V，$r=2\Omega$）变换为电流源（$I_S=3$A，$r=2\Omega$），如图(b) 所示。

(2) 将图(b) 中电流源（$I_S=2$A，$r=2\Omega$）和电流源（$I_S=3$A，$r=2\Omega$）变换为电流源（$I_S=5$A，$r=1\Omega$），如图(c) 所示。

(3) 将图(c) 中电流源（$I_S=5$A，$r=1\Omega$）和电流源（$I_S=1$A，$r=4\Omega$）变换为电压

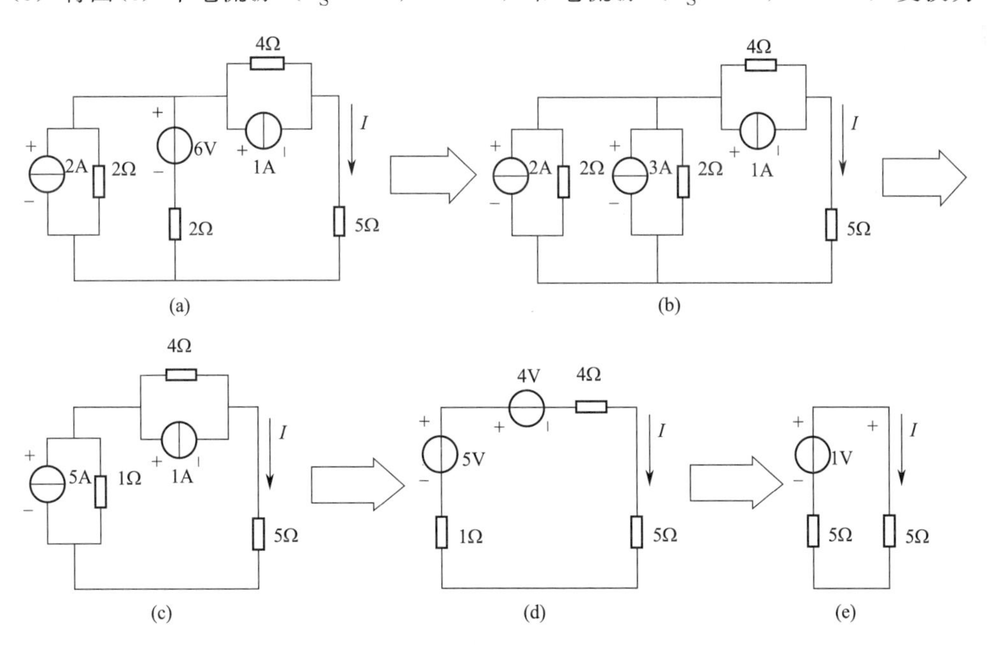

图 2-3-15　例 2-11 电路

源（E＝5V，r＝1Ω）和电压源（E＝4V，r＝4Ω），如图(d) 所示。

（4）将图(d) 中电压源（E＝5V，r＝1Ω）和电压源（E＝4V，r＝4Ω）合并为一个电压源（E＝1V，r＝5Ω），如图(e) 所示。

（5）由图(e) 所示电路，根据全欧姆定律求解电流 I：

$$I=\frac{E}{R+r}=\frac{1}{5+5}=0.1(\mathrm{A})$$

2.3.5 戴维南定理

对于一个复杂电路，当只需要求出其某一条支路的电流时，除了用电源等效变换的方法求解外，用戴维南定理计算也较为简便。先介绍电路中的几个名词。

① 二端网络。任何具有两个出线端的部分电路都称为二端网络。

② 含源（有源）二端网络。含有电源的二端网络称为含源（有源）二端网络。

③ 无源二端网络。不含有电源的二端网络称为无源二端网络。

④ 二端线性网络。含有线性元件（如电阻元件）的二端网络称为二端线性网络。

戴维南定理：任何一个含源二端线性网络都可以用一个等效电源来代替，这个等效电源的电动势 E 等于该网络的开路电压 U_{OC}，内阻 r 等于该网络内所有电源不作用，仅保留内阻时网络两端的输入电阻（等效电阻）R_O。

用戴维南定理计算复杂电路某一条支路的电流，其解题步骤如下。

① 把电路分解为含源二端网络和待求支路。

② 求出含源二端网络的开路电压 U_{OC}（即等效电源的电动势 E）。

③ 将含源二端网络的电源置零（即将电压源短路处理，电流源开路处理），仅保留电源内阻；画出无源二端网络，并求网络两端的输入电阻（等效电阻）R_O。

④ 画出含源二端网络的等效电路，等效电路中的电源电压 E 等于开路电压 U_{OC}，等效电阻等于 R_O。并把待求支路接上，求出待求支路电流 I。

【例 2-12】 用戴维南定理求解图 2-3-16(a) 所示复杂电路中的电流 I。

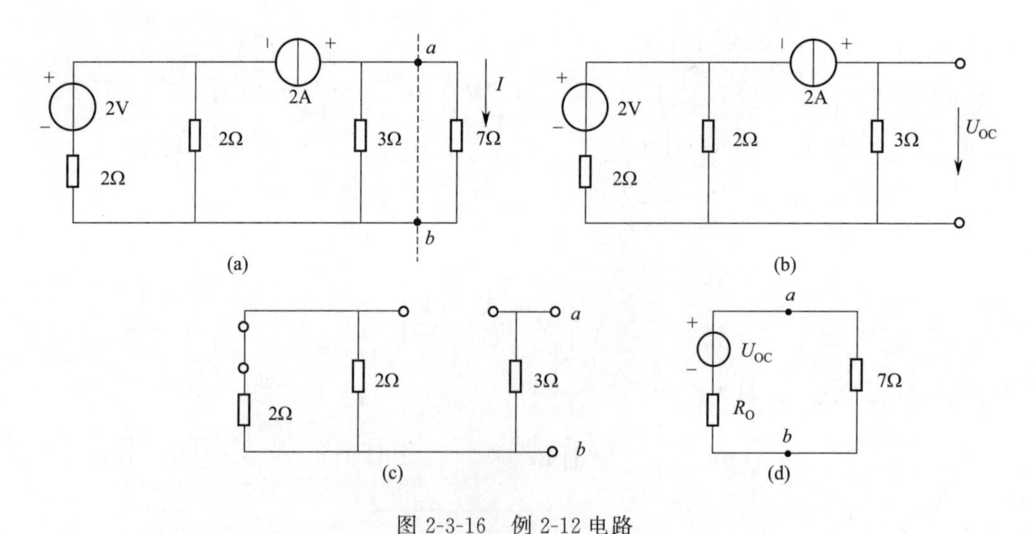

图 2-3-16 例 2-12 电路

解：（1）把电路分解为含源二端网络和待求支路，如图(a) 所示。

（2）求出含源二端网络的开路电压 U_{OC}（即等效电源的电动势 E），如图(b) 所示，开路电压 U_{OC} 即为电流为 2A 的电流源在 3Ω 电阻上的电压降，即

$$U_{OC}=IR=2\times3=6(\mathrm{V})$$

（3）将含源二端网络的电源置零（即将电压源短路处理，电流源开路处理），仅保留电源内阻，画出无源二端网络，如图(c) 所示；求出网络两端的输入电阻（等效电阻）R_O，即

$$R_O=R_{ab}=3\Omega$$

（4）画出含源二端网络的等效电路，等效电路中的电源电压 E 等于开路电压 U_{OC}，等效电阻等于 R_O，并把待求支路接上，如图(d) 所示，求出待求支路电流 I，即

$$I=\frac{E}{R+R_O}=\frac{U_{OC}}{R+R_O}=\frac{6}{3+7}=0.6(\mathrm{A})$$

2.3.6　叠加定理

电路的参数不随外加电压及电路中的电流而变化，并且电压与电流成正比，这样的电路叫线性电路。叠加定理是线性电路的基本定理之一，它反映了线性电路的基本性质。

叠加定理的内容：在线性电路中，每一个元件上的电压或电流等于各个独立电源单独作用时在该元件上产生的电压或电流的代数和。

用叠加定理计算复杂电路的电压、电流，其解题步骤如下。

① 将原电路分解为由各个独立电源单独作用的简单电路。注意：当一个独立电源单独作用时，其他的独立电源均置零（即将电压源短路处理，电流源开路处理），仅保留独立电源内阻。

② 在原电路及简单电路中标出每条支路电流的参考方向或电压的参考方向。

③ 计算各个简单电路的电流分量或电压分量。

④ 将各个简单电路中各相应的支路电流分量进行叠加，或电压分量进行叠加，求出原电路的电流或电压。

注意：若简单电路中分量的参考方向与原电路中总量的参考方向一致，叠加时取“+”值，反之则取“−”值。

【例 2-13】 已知 $E=2\mathrm{V}$，$R_1=R_2=2\Omega$，$I_S=2\mathrm{A}$，用叠加定理求解图 2-3-17 所示复杂电路中的支路电流 I_1 和 I_2。

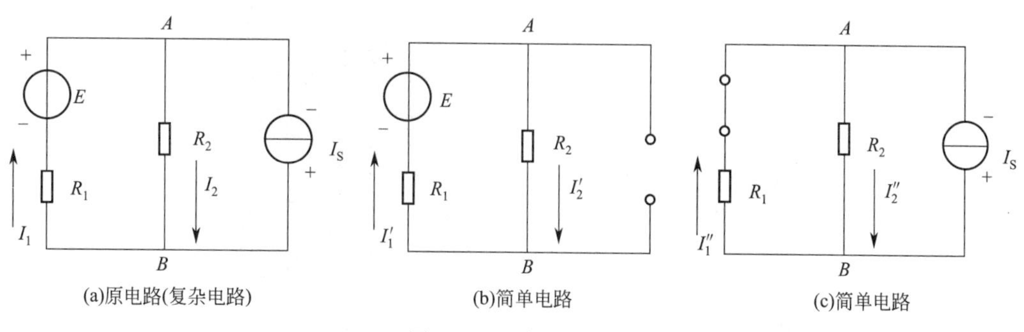

图 2-3-17　例 2-13 图

解：（1）将原电路分解为由各个独立电源单独作用的简单电路，见图（b）、图（c）。

（2）在图中标出每条支路电流的参考方向。

(3) 计算各个简单电路的电流分量。

如图(b) 所示，根据全欧姆定律有

$I_1'=I_2'=\frac{E}{R_1+R_2}=\frac{2}{2+2}=0.5(\mathrm{A})$ (电流实际方向与电流参考方向一致) 如图(c) 所示，根据两个电阻并联分流公式有

$I_1''=\frac{R_2}{R_1+R_2}I_S=\frac{2}{2+2}\times 2=1(\mathrm{A})$ (电流实际方向与电流参考方向一致)

$I_2''=-\frac{R_1}{R_1+R_2}I_S=-\frac{2}{2+2}\times 2=-1(\mathrm{A})$ (电流实际方向与电流参考方向相反)

(4) 求出原电路的电流 I_1 和 I_2，将各个简单电路中各相应的支路电流分量 I_1'、I_2' 和 I_1''、I_2'' 进行叠加，即

$I_1=I_1'+I_1''=0.5+1=1.5(\mathrm{A})$ (实际方向与参考方向一致)；

$I_2=I_2'+I_2''=0.5+(-1)=-0.5(\mathrm{A})$ (实际方向与参考方向相反)。

2.4 万用表使用实训

实训任务

使用万用表测量直流电路中电压和电流。

实训目标

① 掌握万用表的正确使用方法；学会用万用表测量直流电压和电流。

② 熟悉简单直流电路的接线方法。

万用表具有多种用途，它可以测量电流、电压、电阻等量，具有多个量程，有的还可以测量电容、电感等。万用表具有携带方便、操作简便等优点，在电工电子维修和测试中广泛使用。万用表有指针式和数字式两类，见图 2-4-1。

指针式万用表

数字式万用表

图 2-4-1 万用表

（1）实训器材

① 电源设备：直流稳压电源 1 台。

② 仪表工具：指针式（或数字式）万用表 1 块或 2 块。

③ 器件：1kΩ 电阻一只，开关 1 只，导线若干。

（2）实训步骤

① 在实验板上按照图 2-4-2 接好电路。将 1 块万用表调在 10V 直流电压挡，并联到被测电路中测量电压，另一块万用表调在 50mA 直流电流挡，串联到被测电路中测量电流（也可只用 1 块万用表分别测量）。

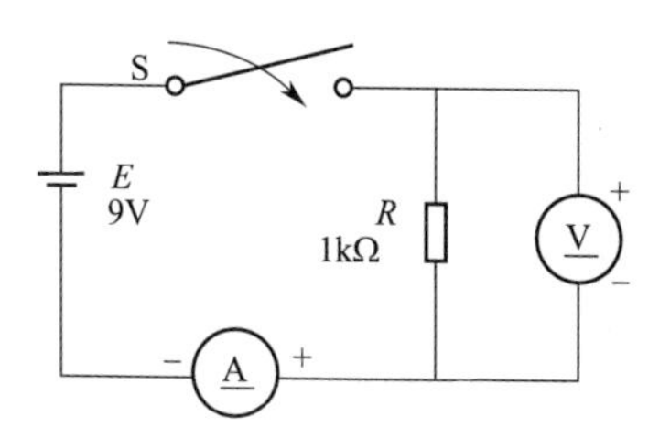

图 2-4-2　用万用表测量直流电压、电流

② 检查电路正确无误后，合上电源开关 S。

③ 将测量结果填入表 2-4-1。

表 2-4-1　电路测量结果

电量 / 读数	U/V	I/mA
电压表读数		—
电流表读数	—	

（3）注意事项

① 负载不得短路，以免烧毁电源。

② 电路测量时一定要先确认万用表挡位，以免烧毁万用表。

③ 注意万用表的极性，红表笔接“+”，黑表笔接“−”。

④ 万用表的红表笔切忌插错位置，特别是不要插在电流孔来测量电压，否则会损坏万用表。

⑤ 在使用万用表测量时，不能在测量的同时换挡，否则易损坏万用表，应先断开表笔换挡后再测量。

⑥ 通电过程中，如果发现元器件发热过快、冒烟、打火等异常情况，应先切断电源，仔细检查并排除故障，然后才可以继续通电实验。

电流流通的路径称为电路。电路一般都是由电源、负载、连接导线、控制装置组成。由理想电路元件构成的电路称为实际电路元件的电路模型，也叫实际电路的电路原理图，简称电路图。电路的基本物理量有电流、电压、电位、电动势、电阻（电导）、电功率、电功等。

电路中电荷沿着导体作定向移动形成电流。电场力把单位正电荷从电场中的 a 点移动到 b 点所做的功称为 a、b 两点间的电压，用 U_{ab} 表示。在电路中任意选择一个参考点，电路中某一点到参考点的电压就称为该点的电位。电位的符号用 φ 表示。如 A 点的电位记作 φ_A。电源力将单位正电荷从电源负极 b 移到正极 a 所做的功叫做电源的电动势 E。物体（导体）对电流的阻碍作用称为该物体（导体）的电阻，用符号 R 表示。电流在单位时间内所做的功称为电功率。电流所做的功简称电功（即电能）。

电气设备和元器件长期安全正常工作时所允许的最大电压、最大电流、最大功率分别称为额定电压、额定电流、额定功率。根据电气设备或元器件实际功率的大小，其工作状态分为额定工作状态、轻载状态、过载（超载）状态。电路的电压、电流可分别用电压表、电流表测量。运用欧姆定律及电阻串、并联公式能进行化简计算的电路叫简单电路。

部分电路的欧姆定律的内容：流过导体中的电流与导体两端的电压成正比，与导体的电阻成反比。全电路欧姆定律的内容：闭合电路中的电流与电源的电动势成正比，与电路的总电阻（内电路电阻与外电路电阻之和）成反比。

电阻可以用万用表的欧姆挡测量。把两个或两个以上的电阻一个接一个地连接成一串，使电流只有一条通路的连接方式叫作电阻的串联。把两个或两个以上的电阻接在电路中相同点之间，承受同一电压，这样的连接方式叫作电阻的并联。电路中电阻既有串联又有并联的连接方式称为混联。电路中各点电位的计算步骤：①分析电路的基本情况；②选定零电位点；③计算电路中各点的电位。

基尔霍夫第一定律（也称节点电流定律）：在任一瞬间，流入某一节点的电流之和恒等于流出该节点的电流之和。基尔霍夫第二定律（也称回路电压定律）：在任一闭合回路中，各段电路电压的代数和恒等于零。支路电流法就是以各支路电流为待求量，运用节点电流、回路电压定律列出电路的方程组，从而解出各支路电流。以各节点相对参考点的电压为未知量，再根据节点电流定律列出独立节点的电流方程求解的方法称为节点电压法。一个实际的电源既可用电压源表示，又可用电流源表示。用一个具有恒定电动势 E 的电源与内阻 r 串联表示的电源称为电压源。用一个具有恒定电流 I_S 的电源与内阻 r' 并联表示的电源称为电流源。当一个电压源和一个电流源的外特性相同时，对外电路来说，这两个电源是等效的，也就是说在一定条件下两种电源之间能够实现等效变换。理想电压源和理想电流源不能进行等效变换。

第3章

单相正弦交流电路

【知识目标】

① 了解正弦交流电的产生和特点。理解正弦交流电的有效值、频率、初相位及相位差的概念。掌握正弦交流电的三种表示方法。

② 了解电容器、电感的结构和类型，理解容抗、感抗的概念，掌握电容和电感的特性。能正确使用万用表大致判断电容器和电感器的好坏。

③ 了解纯电阻交流电路、纯电感交流电路、纯电容交流电路中电压与电流之间的相位关系和数量关系。理解交流电路中瞬时功率、有功功率和无功功率的概念。

④ 理解电感和电容的储能特性。理解交流电路中电抗、阻抗和阻抗角的概念。

⑤ 了解 RLC 串联电路中电压与电流之间的关系。了解 RLC 串联谐振电路的特点及其应用。了解 RLC 并联电路中电压与电流之间的相位关系和数量关系。了解 RLC 并联谐振电路的特点和应用。理解感性负载并联电容提高功率因数的原理。

【技能目标】

① 学会选择室内照明线路的导线。认识常用照明线路元件。

② 正确识读单控白炽灯照明线路图。学会护套线的配线和单控白炽灯照明线路安装。学会白炽灯照明线路中常见故障的检修。

3.1 单相正弦交流电

3.1.1 交流电的概念

交流电与直流电的根本区别是：直流电的方向不随时间的变化而变化，交流电的方向则随时间的变化而变化。电源只有一个交变电动势的交流电称为单相交流电。图 3-1-1 所示为直流电和各种交流电波形。实际应用的交流电并不仅限于正弦交流电，锯齿波和方波交流电都是非正弦交流电。本章如没有特别说明，所讲的交流电都是指正弦交流电。

3.1.2 单相正弦交流电的产生

生产和日常生活中使用的正弦交流电是交流发电机产生的。图 3-1-2 所示是最简单的交

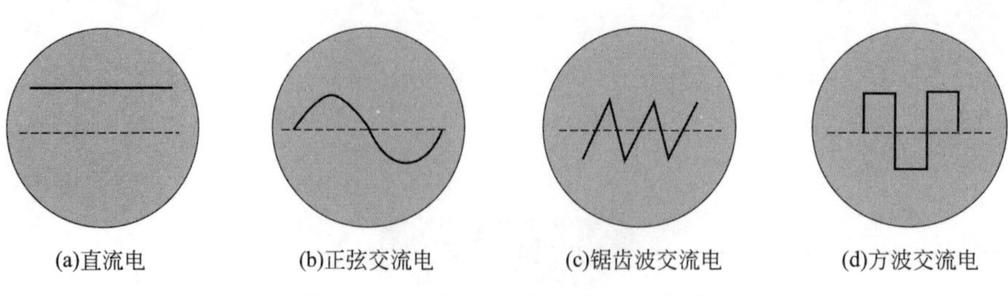

图 3-1-1　直流电和各种交流电波形

流发电机的原理图，其主要包括固定在机壳上的一对磁极和可以绕轴自由转动的圆柱形电枢。气隙中的磁感应强度沿电枢周围按正弦规律分布，且磁感线垂直于电枢表面。当电枢转动时（原动机带动），嵌在电枢中的线圈作切割磁感线运动，产生感应电动势；线圈的两端分别与装在电枢转轴上的两个彼此绝缘的滑环（铜环）相接，滑环经过电刷与外电路连接。

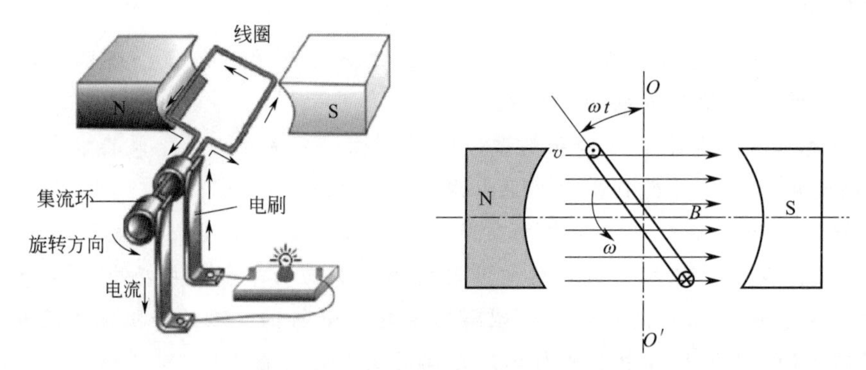

图 3-1-2　简易交流发电机发电原理图

以一匝线圈为例，设线圈在磁场中以角速度 ω 逆时针匀速转动。当线圈平面垂直磁感线时，各边都不切割磁感应线，没有感应电动势，此平面为中性面，如图 3-1-2 中 OO' 所示。将磁极间的磁场看作匀强磁场，设磁感应强度为 B，磁场中线圈切割磁感线的一边长度为 L，平面从中性面开始转动，经过时间 t，线圈转过的角度为 ωt，这时，其单侧线圈切割磁感线的线速度 v 与磁感线的夹角也为 ωt，所产生的感应电动势为 $e'=BLv\sin\omega t$。所以整个线圈所产生的感应电动势为 $e=2BLv\sin\omega t$，如图 3-1-3 所示。

$2BLv$ 为感应电动势的最大值，设为 E_m，则

$$e=E_m\sin\omega t$$

上式为正弦交流电动势的瞬时值表达式，也称解析式。若从线圈平面与中性面成一夹角 φ_0 时开始计时，则公式变为

$$e=E_m\sin(\omega t+\varphi_0)$$

正弦交流电压、电流等表达式与此相似。

3.1.3　正弦交流电的三要素

正弦量的特征表现在变化的快慢、变化的大小及初始值三个方面，分别用频率（或周期）、幅值（或有效值）和初相位来表示。描述正弦交流电的三个基本量称为正弦交流电的三要素，下面结合图 3-1-4 进行说明。

（1）正弦交流电的周期、频率和角频率。

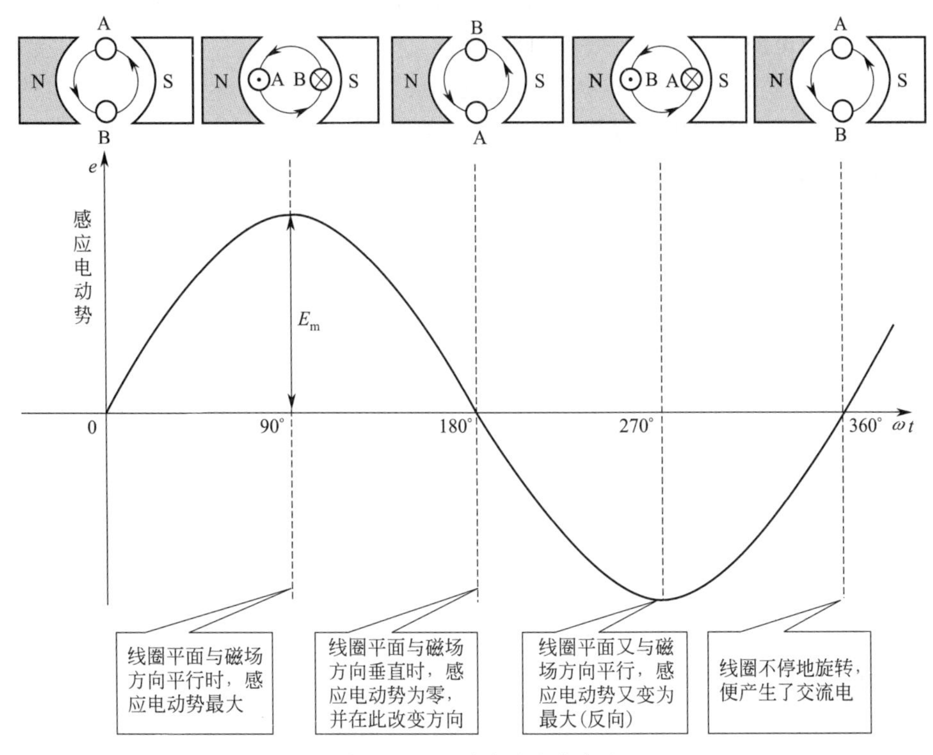

图 3-1-3　正弦交流电的产生

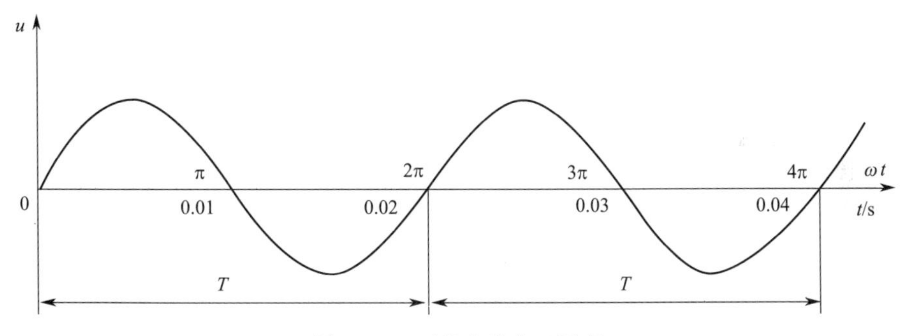

图 3-1-4　正弦交流电三要素

① 周期　交流电每重复变化一次所需的时间称为周期，用符号 T 表示，单位是秒（s）。

② 频率　交流电在每秒内重复变化的次数称为频率，用符号 f 表示，单位是赫兹（Hz）。根据定义可知周期和频率互为倒数，即

$$f=\frac{1}{T}$$

③ 角频率　正弦交流电每秒内变化的电角度称为角频率，用符号 ω 表示，单位是弧度/秒（rad/s）；因为正弦交流电变化一周可用 2π 弧度（或 360°）来计量，所以角频率为

$$\omega=\frac{2\pi}{T}=2\pi f$$

我国电力工频为 50Hz，其周期、角频率各为

$$T=1/f=1/50=0.02(\mathrm{s})$$

$$\omega = 2\pi f = 314(\text{rad/s})$$

（2）正弦交流电的最大值、有效值和平均值。

① 最大值　正弦交流电在一个周期内所能达到的最大瞬时值称为正弦交流电的最大值（又称峰值、幅值）。最大值用大写字母加下标 m 表示，如 E_m、U_m、I_m。

② 有效值　使交流电和直流电加在同样阻值的电阻上，如果在相同的时间内产生的热量相等，就把这一直流电的大小叫做相应交流电的有效值。有效值用大写字母表示，如 E、U、I，见图 3-1-5 。

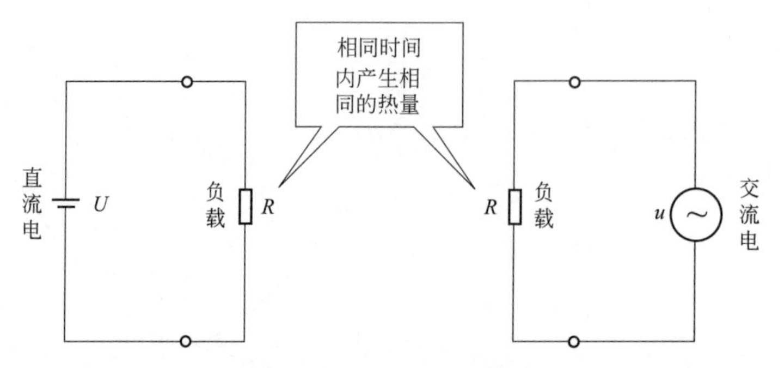

图 3-1-5　交流电的有效值

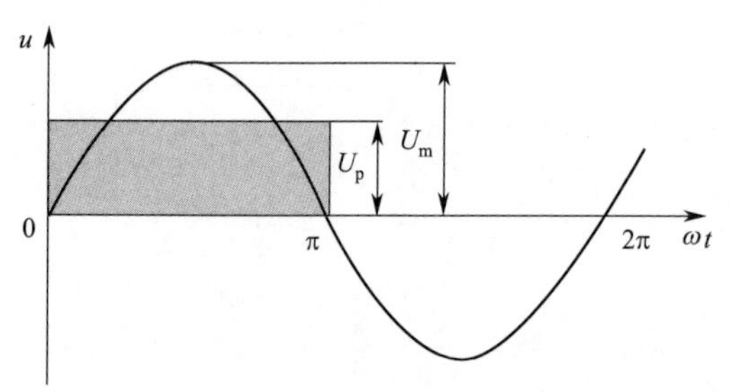

图 3-1-6　正弦交流量的平均值用半个周期的平均值表示

正弦交流电的有效值和最大值之间有如下关系：有效值 $=\frac{1}{\sqrt{2}}\times$ 最大值 $\approx 0.707\times$ 最大值

电工仪表测出的交流电数值及通常所说的交流电数值都是指有效值。

③ 平均值　规定半个周期内的正弦交流电平均值的绝对值为正弦交流电的平均值。见图 3-1-6。正弦电动势、正弦电压和电流的平均值分别用符号 E_p、U_p、I_p 表示。

平均值与最大值之间的关系是：$E_p=\frac{2}{\pi}E_m$，$U_p=\frac{2}{\pi}U_m$，$I_p=\frac{2}{\pi}I_m$。

有效值与平均值之间的关系是：$E=\frac{\pi}{2\sqrt{2}}E_p\approx 1.1E_p$，$U=\frac{\pi}{2\sqrt{2}}U_p\approx 1.1U_p$，$I=\frac{\pi}{2\sqrt{2}}I_p\approx 1.1I_p$。

（3）正弦交流电的相位与相位差。

① 相位　在式 $e=E_m\sin(\omega t+\varphi_0)$ 中，$(\omega t+\varphi_0)$ 表示在任意时刻线圈平面与中性面所成的角度，这个角度称为相位角，也称相位或相角，它反映了交流电变化的进程，正弦量在 $t=0$ 时的相位称为初相位，也称初相角或初相，见图 3-1-7。

② 相位差　两个同频率交流电的相位之差称为相位差，用符号 φ 表示，即

$$\varphi=(\omega t+\varphi_1)-(\omega t+\varphi_2)=\varphi_1-\varphi_2$$

若两个交流电同时达到零值或最大值，即两者的初相位相等，则称它们同相位，简称同相；若一个交流电达到正的最大值时，另一个交流电同时达到负的最大值，则它们的初相位相差 180°，称反相位，简称反相；若两个正弦交流电相位差等于 90°，则称它们正交。见图 3-1-8。

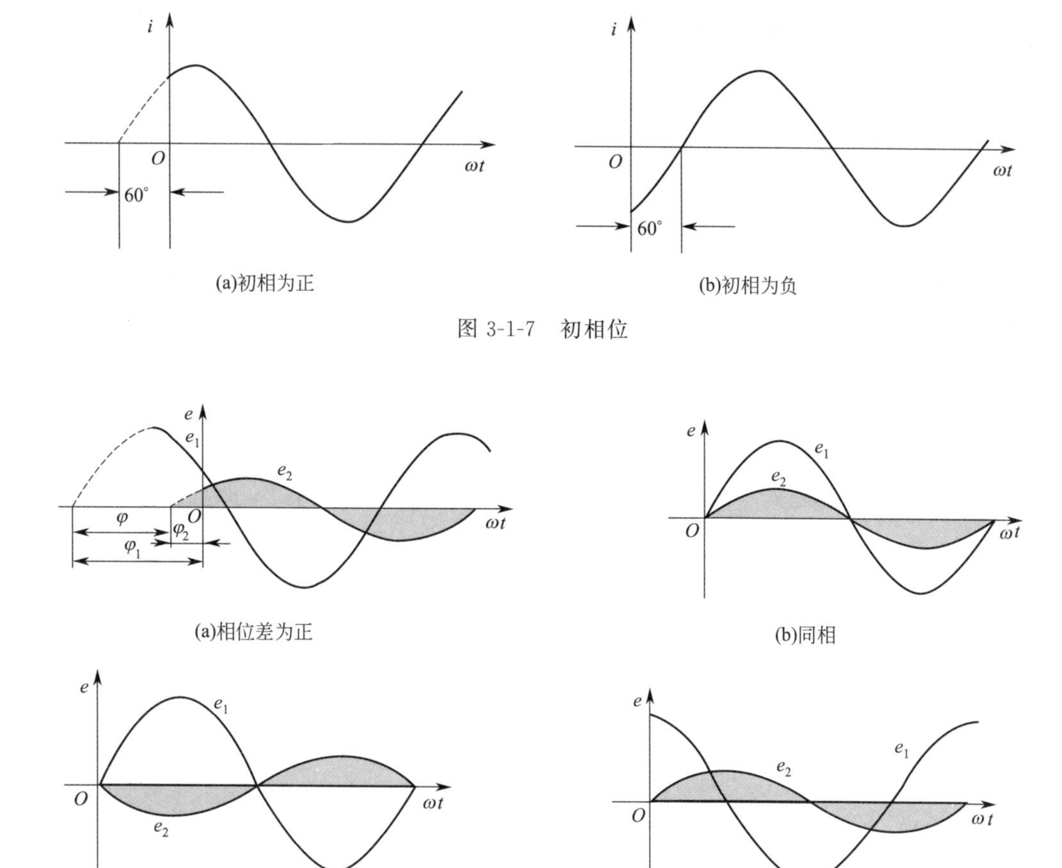

(a)初相为正　(b)初相为负

图 3-1-7　初相位

(a)相位差为正　(b)同相　(c)反相　(d)正交

图 3-1-8　两个同频率交流电的相位关系

正弦交流电的最大值反映了正弦交流电的变化范围，角频率反映了正弦交流电的变化快慢，初相位反映了正弦交流电的起始状态。它们是表征正弦交流电的三个重要物理量。

图 3-1-9 中，两正弦电动势分别是：$e_1=100\sqrt{2}\sin(100\pi t+60°)$ V，$e_2=65\sqrt{2}\sin(100\pi t-30°)$ V，试说出各电动势的最大值和有效值、频率、周期、相位、初相位、相位差。

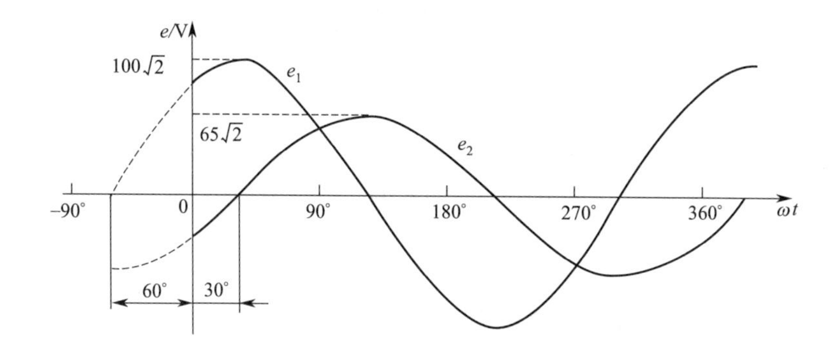

图 3-1-9　两个正弦波电动势

3.1.4 正弦交流电的相量图表示法

上节提到一个正弦量具有幅值、频率及初相位三个特征或要素，它们可以用一些特殊方法表示，以进行分析与计算。在对正弦交流电路进行较为复杂的分析计算时，常会遇到两个相同频率的正弦量相加减，在实际应用中常采用相量图表示法来解决这一问题。正弦量可以用一个有向线段来表示：这个有向线段的长度对应有效值，线段与参考方向的夹角对应初相位，这个有向线段代表的量就称为相量，一般用$\dot{E}$、$\dot{U}$、$\dot{I}$等符号来表示，和波形图、解析式一样，相量图本质上也是正弦量的一种表示方法，其画法如下。

(1) 确定参考方向，一般以直角坐标系 X 轴正方向为参考方向。

(2) 作一有向线段，其长度对应正弦量的有效值，其与参考方向的夹角为正弦量的初相。若初相为正，则用从参考方向沿逆时针旋转得出的角度来表示；若初相为负，则用从参考方向沿顺时针旋转得出的角度来表示。图 3-1-10 所示就是 $u_1=3\sqrt{2}\sin(314t+30°)$V 对应的相量图。

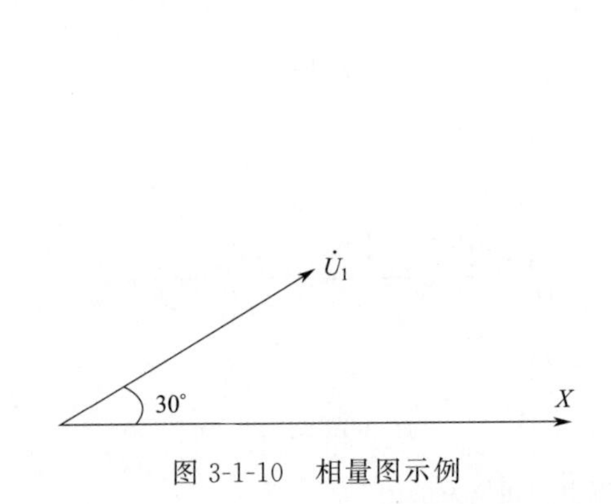

图 3-1-10 相量图示例

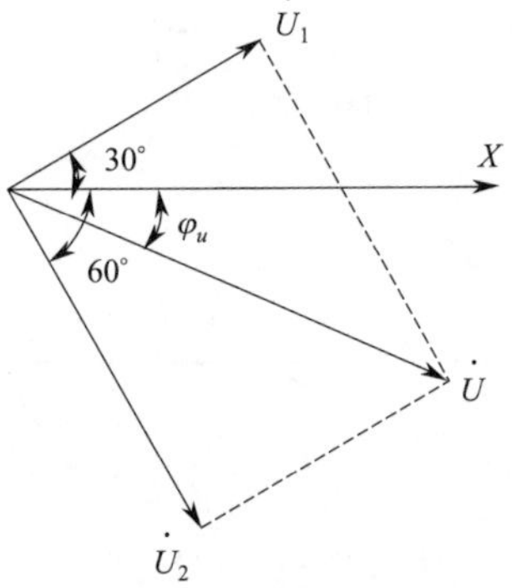

图 3-1-11 相量求和

将相同频率的几个正弦量的相量画在同一个图中，就可以采用平行四边形法则来对它们进行加减运算。如图 3-1-11 所示，相量和的长度表示正弦量和的有效值，相量和与 X 轴正方向的夹角即为正弦量和的初相，角频率不变。

由图 3-1-11 可以很方便地求出 u_1+u_2 的瞬时值表达式：

$$U=\sqrt{U_1^2+U_2^2}=\sqrt{3^2+4^2}=5(\text{V})$$

$\varphi=\arctan\dfrac{U_2}{U_1}=\arctan\dfrac{4}{3}\approx 53°$（$u_1$ 的超前 u 的角度）。

于是可得 $u=u_1+u_2$ 的三要素：$U=5\text{V},\omega=314\text{rad/s},\varphi_u=\varphi_1-\varphi=30°-53°=-23°$

所以 $u=5\sqrt{2}\sin(314t-23°)$V

值得注意的是，只有正弦周期量才能用相量表示，相量不能表示非正弦周期量。只有同频率的正弦量才能画在同一相量图上，不同频率的正弦量不能画在一个相量图上，否则就无法比较和计算了。

3.2 电阻、电感、电容元件电路

由负载和交流电源组成的电路叫交流电路。应用欧姆定律、基尔霍夫定律求解交流电路时，同一电路的电动势、电压和电流，可任意设定一个量的参考方向，则另两个的方向就与之相关联，如：设定了电压的参考方向以后，电动势的方向要与电压的方向相反，电流的方向要与电压的方向相同。

3.2.1　纯电阻电路

只有电阻作为交流电路中负载的电路叫纯电阻电路。负载用电阻 R 表示，电压、电流方向如图 3-2-1 所示。

设加在电阻两端的电压为 $u_R=U_{Rm}\sin\omega t$，根据欧姆定律，通过电阻中的电流为

$$I=u_R/R=U_{Rm}\sin\omega t/R=I_m\sin\omega t$$

式中，$I_m=U_{Rm}/R$，是通过电阻中的最大电流。将上式两边除以$\sqrt{2}$，得

$$I=U_R/R$$

在正弦电压作用下，纯电阻电路中，电阻中通过的电流也是一个同频率的正弦交流电流，且与加在电阻两端的电压同相位，电流与电压的瞬时值、最大值、有效值都符合欧姆定律：

$$i=\frac{u}{R}=\frac{U_m\sin\omega t}{R}$$

$$I_m=\frac{U_m}{R}$$

$$I=\frac{U}{R}$$

在任一瞬间，电阻中电流瞬时值与同一瞬间电阻两端电压的瞬时值的乘积称为电阻获取的瞬时功率，用 p_R表示：

$$p_R=ui=\frac{U_m^2}{R}\sin^2\omega t$$

瞬时功率曲线如图 3-2-1 所示，由于纯电阻电路中电压与电流同相，所以瞬时功率始终大于 0，表明电阻总是取用电能，因而是一种耗能元件。

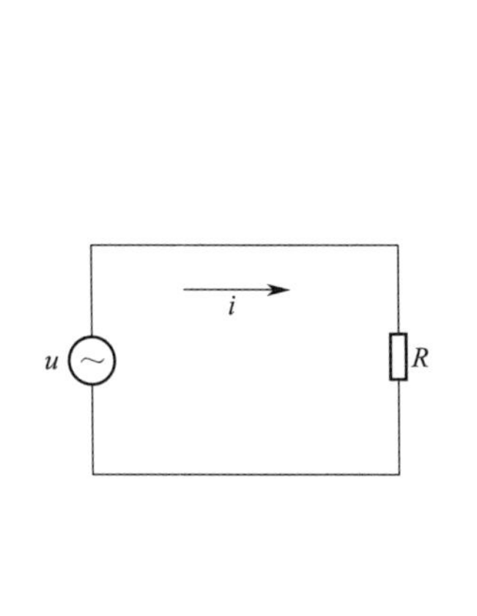

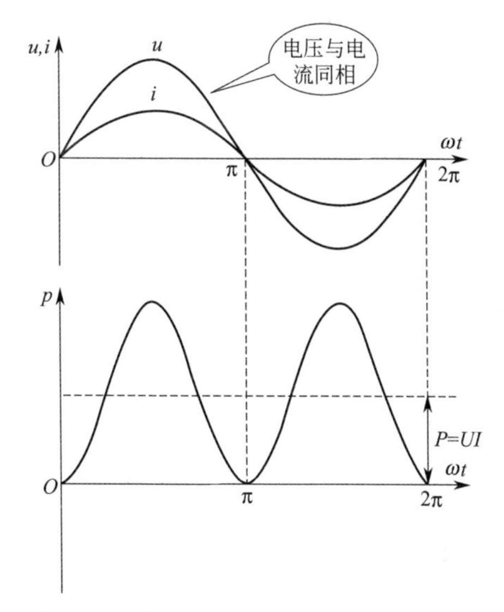

图 3-2-1　纯电阻电路及相关曲线

由于瞬时功率不便计算和测量，所以通常用电阻在交流电一个周期内消耗的功率的平均值来表示功率的大小，称为平均功率。平均功率又称有功功率，用 P 表示，单位是瓦特（W）。数学推导证明，平均功率等于瞬时功率最大值的一半，且有

$$P=UI=I^2R=\frac{U^2}{R}$$

3.2.2 纯电感交流电路

用直流电阻和分布电容可忽略的电感线圈作交流电路负载的电路称为纯电感电路，如图 3-2-2 所示。其中电感器 L 的主要参数如下。

① 电感量。电感量是反映电感器抗拒电流变化能力的一个物理量，简称电感，用符号 L 表示，单位是亨利（H）。常取毫亨（mH）和微亨（μH）作为电感量的单位。

② 品质因数。品质因数也称 Q 值，是衡量电感器储存能量损耗率的一个物理量。它在数值上等于电感器在某一频率的交流电压下工作时所呈现的感抗与其等效损耗电阻之比，即 $Q=\frac{\omega L}{R}=\frac{2\pi fL}{R}$。品质因数的高低与电感器的直流电阻、线圈骨架、内芯材料以及工作频率等有关。

③ 分布电容。电感器的相邻线圈之间在某种意义上具有电容器的结构，称为分布电容。分布电容的存在对电感是不利的 ，但一般情况下分布电容容量比较小，为皮法级，在工作频率较高时分布电容的影响不可忽视。

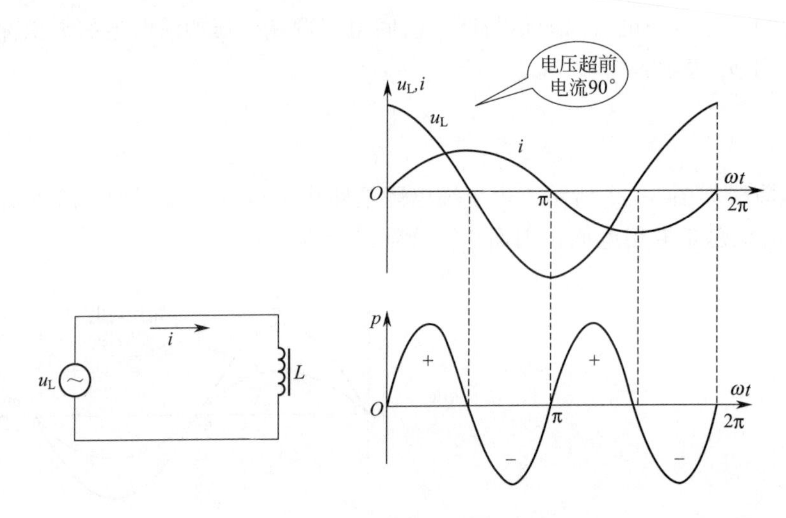

图 3-2-2 纯电感电路及相关曲线

在纯电感电路中，电感两端的电压比电流超前 90°，即电流比电压滞后 90°。电流与电压的有效值之间的关系符合欧姆定律，即 $I=\frac{U_L}{X_L}$ 。

纯电感电路在一个周期内吸收的能量与释放的能量相等，也就是说纯电感电路不消耗能量，电路的平均功率为零。

不同的电感与电源之间转换能量的规模不同，通常用瞬时功率的最大值来反映电感与电源之间转换能量的规模，称为无功功率，用 Q_L 表示，单位是乏（Var）。其计算式为

$$Q_L = U_L I = I^2 X_L = \frac{U_L^2}{X_L}$$

必须指出，无功功率并不是“无用功率”，“无功”的实质是指能量发生互逆转换，而元件本身并没有消耗电能。实际上许多具有电感性质的电动机、变压器等都是根据电磁转换原理利用无功功率工作的。

3.2.3 纯电容交流电路

3.2.3.1 电容器

电容器的基本结构如图 3-2-3 所示。电容器按电容量是否可变分为固定电容器和可变电容器；按绝缘介质的不同又可分为空气电容器、纸介电容器、云母电容器、陶瓷电容器、涤纶电容器、聚苯乙烯电容器、金属化纸质电容器、电解电容器、钽电容电容器等。图 3-2-4 所示为纸介电容器。图 3-2-5 所示为电容器外形。

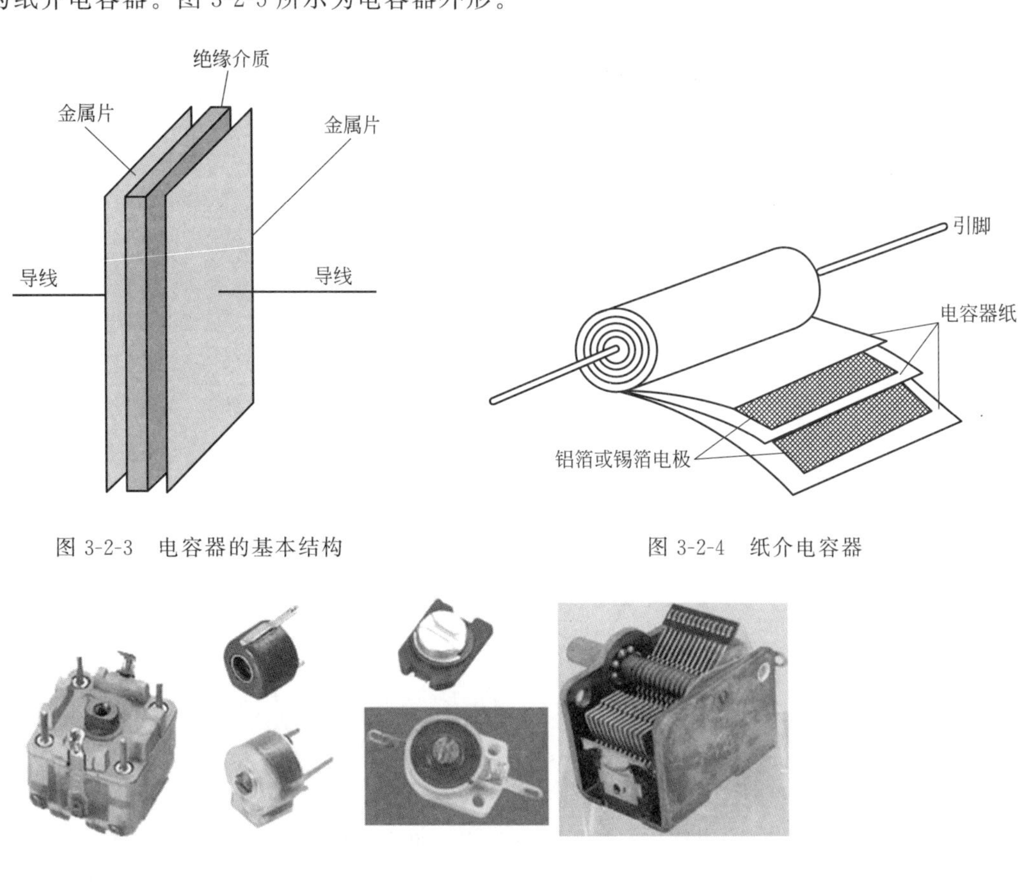

图 3-2-3 电容器的基本结构

图 3-2-4 纸介电容器

图 3-2-5 电容器外形

图 3-2-6 所示为电容器的图形符号。

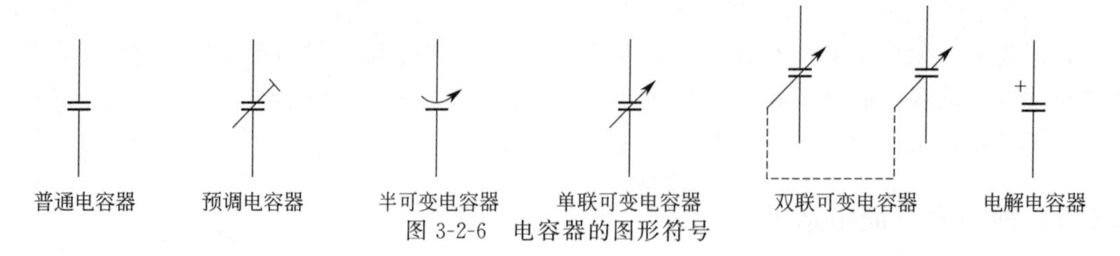

图 3-2-6　电容器的图形符号

电容器储存电荷的能力用电容量表示，它在数值上等于电容器在单位电压作用下所储存的电荷量。电容的单位是法拉（F），常用单位为微法（μF）和皮法（pF）。

用介质损耗和分布电感都可以忽略不计的电容元件作正弦交流电路负载的电路叫纯电容电路，如图 3-2-7 所示。图 3-2-8 所示为纯电容电路的电压、电流、功率波形图。

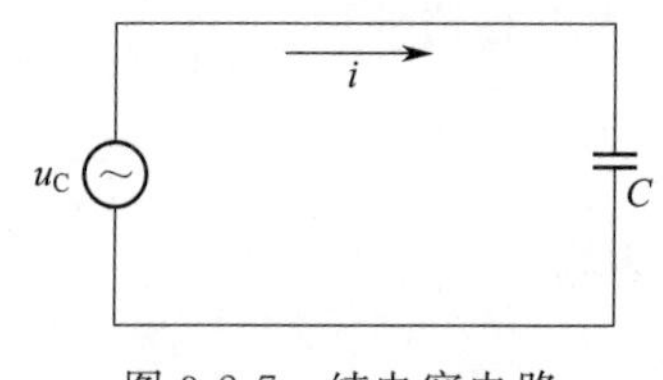

图 3-2-7　纯电容电路

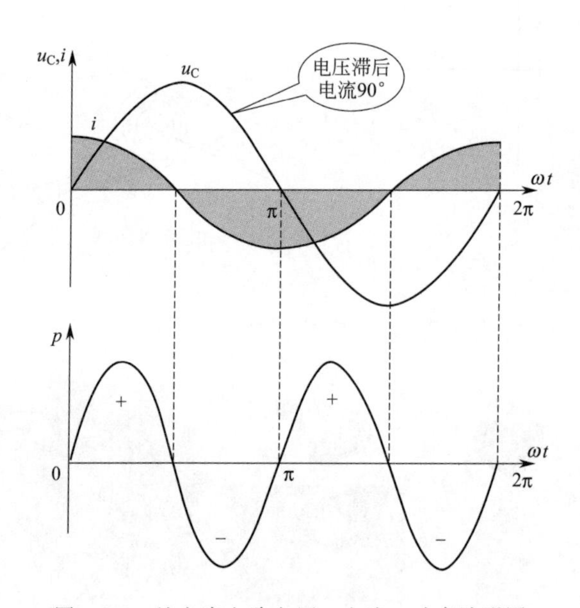

图 3-2-8　纯电容电路电压、电流、功率波形图

3.2.3.2　纯电容交流电路的特点

在纯电容交流电路中，电压比电流滞后 90°，即电流比电压超前 90°；电流与电压的有效值之间符合欧姆定律，即

$$I=\frac{U}{X_C}$$

与纯电感电路的分析方法相同，由图 3-2-8 可知，电容也是一种储能元件，将图中电压

和电流的波形同一瞬间的值相乘，便可以得到瞬时功率曲线。若瞬时功率为正值，说明电容从电源吸收能量，转换为电场能储存起来；若瞬时功率为负值，说明电容又将电场能转换为电能返还给电源。纯电容交流电路的平均功率为零，说明纯电容不消耗功率，其无功功率为

$$Q_C=UI=I^2X_C=\frac{U^2}{X_C}$$

3.2.4 电阻、电感和电容串联的电路

实际中的电容器与电感线圈串联的电路都可以简化等效为电阻、电感和电容器串联的电路（以下用RLC串联表示），前面所讨论的交流电路都可以看成是RLC串联电路的特例。因此讨论RLC串联电路的特性是非常重要的。

3.2.4.1 RLC串联电路中电压与电流的关系

RLC串联电路的总电压瞬时值等于多个元件上电压瞬时值之和，见图3-2-9，即

$$u=u_R+u_L+u_C$$

由于u_R、u_L和u_C的相位不同，所以总电压的有效值不等于各个元件上电压有效值之和。理论分析表明，总电压的有效值应按下式计算：

$$U=\sqrt{U_R^2+(U_L-U_C)^2}$$

将$U_R=IR$、$U_L=IX_L$、$U_C=IX_C$代入上式，可得

$$U=I\sqrt{R^2+(X_L-X_C)^2}=I\sqrt{R^2+X^2}=IZ$$

式中，$X=X_L-X_C$，称为电抗，$Z=\sqrt{R^2+X^2}$，称为阻抗，单位都是Ω。

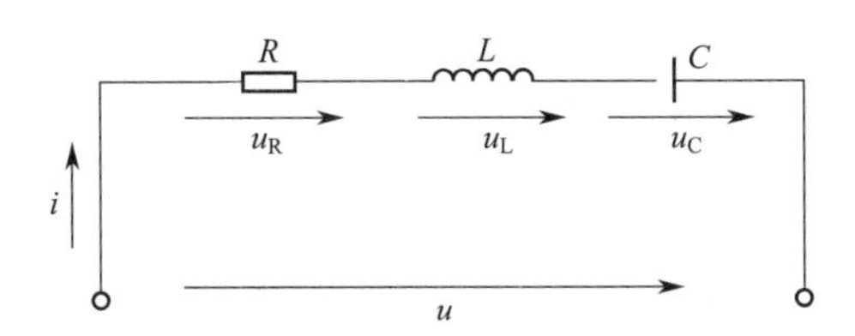

图3-2-9 RLC串联电路

图3-2-10中，φ称为阻抗角，是总电压与电流的相位差，并有

$$\varphi=\arctan\frac{U_L-U_C}{U_R}=\arctan\frac{X_L-X_C}{R}$$

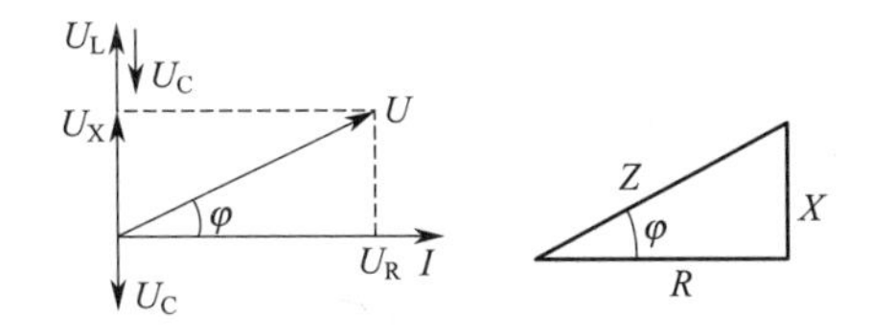

图3-2-10 RLC串联电路电压相量和阻抗三角形

在RLC串联电路中，根据R、L、C参数以及电源频率f的不同，电路可能出现以下三种情况。

（1）电感性电路。当 $X_L>X_C$ 时，$U_L>U_C$，阻抗角>0，电路呈电感性，电压超前于电流。

（2）电容性电路。当 $X_L<X_C$ 时，$U_L<U_C$，阻抗角<0，电路呈电容性，电压滞后于电流。

（3）电阻性电路。当 $X_L=X_C$ 时，$U_L=U_C$，阻抗角=0，电路呈电阻性，且总阻抗最小，电压和电流同相。电感和电容的无功功率恰好相互补偿。电路的这种状态称为串联谐振。

3.2.4.2 视在功率和功率因数

（1）视在功率。电压与电流有效值的乘积定义为视在功率，用 S 表示，单位为 V·A。视在功率 S 与有功功率 P 和无功功率 Q 的关系为：$S=\sqrt{P^2+Q^2}$，$P=S\cos\varphi$，$Q=S\sin\varphi$。

有功功率 P 和无功功率 Q 的平方和等于 S^2，即

$$P^2+Q^2=(UI)^2\times(\cos^2\varphi+\sin^2\varphi)=S^2$$

根据 Q 值也可判断 RLC 串联电路特性：①$Q>0$，电感性电路；②$Q<0$，电容性电路；③$Q=0$，电路呈纯阻性，谐振电路。

为了便于记忆 RLC 串联电路的参数关系，图 3-2-11 列出了电压三角形、阻抗三角形和功率三角形。

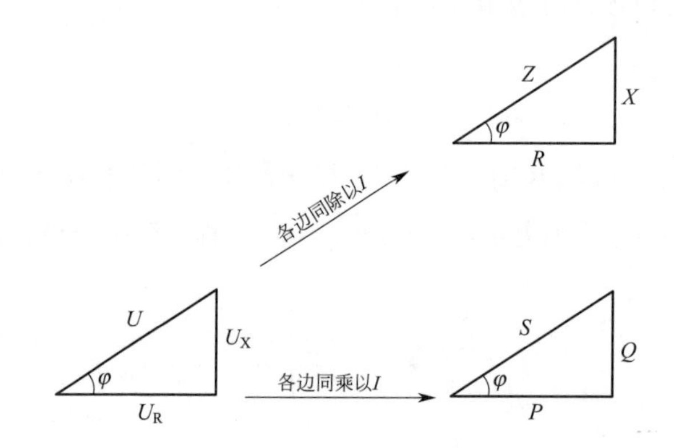

图 3-2-11　电压三角形、阻抗三角形和功率三角形

（2）功率因数。$\cos\varphi=\dfrac{P}{S}$ 称为功率因数。功率因数反映了负载中有功功率所占电源输出功率的比例。功率因数越大，说明负载消耗的有功功率越多，而与电源交换的无功功率则越小。例如电灯、电炉的功率因数为 1，说明它们只消耗有功功率；异步电动机功率因数为 0.7～0.9，说明它们工作时需要一定数量的无功功率。电力系统中的大多数负载是感性负载（如电动机、变压器），功率因数较低，由此引起的后果是：①电源设备的容量不能得到充分利用；②在线路上引起较大的电压降和功率损失。为了减少电能损耗，改善供电质量，就必须提高功率因数。功率因数是高压供电线路的运行指标之一。

提高功率因数的方法：①提高用电设备自身的功率因数，一般感性负载的用电设备，应尽量避免在轻载状态下运行，因为轻载（或空载）时功率因数比满载时的功率因数小得多；②并接电容器补偿，针对电力系统中大多为感性负载的特点，采取在负载两端并接电容器的方法来提高功率因数，称为并联补偿。

3.3　磁场与电场

3.3.1　磁场

我们知道，当两个磁极靠近时，它们之间会发生相互作用，同名磁极相互排斥，异名磁极相互吸引。两个磁极互不接触，却存在相互作用力，这是因为在磁体周围的空间中存在着一种特殊的物质——磁场。磁极之间的作用力就是通过磁场进行传递的。

为了形象地说明磁场的存在，我们来做一个小实验。在玻璃上均匀地撒一层铁屑，然后把一块蹄形磁体放在玻璃下面。细铁屑在磁场里被磁化成“小磁针”，轻敲玻璃板，铁屑能在磁场作用下转动，静止后有规则地排列起来，显示出磁场的分布（图 3-3-1）。在 N 极和 S 极附近铁屑密集，说明越接近磁极，磁场越强。

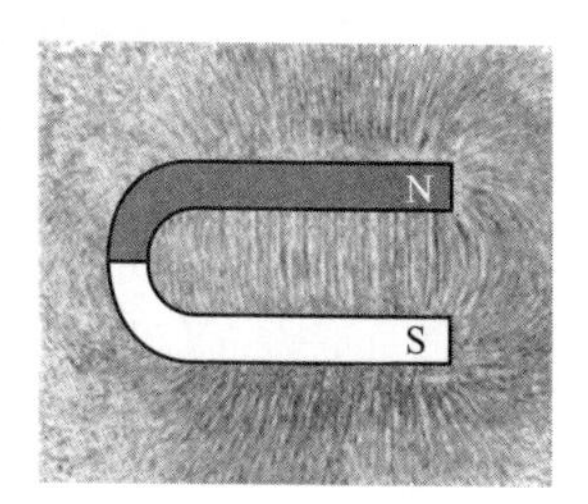

图 3-3-1　用铁屑模拟磁场分布

根据铁屑的分布和磁场中各点的小磁针 N 极的指向。用一些互不交叉的闭合曲线来描述磁场，这样的曲线称为磁感线，见图 3-3-2、图 3-3-3 。磁感线上每一点的切线方向就是该点的磁场方向。磁感线的方向定义为：在磁体外部由 N 极指向 S 极，在磁体内部由 S 极指向 N 极。磁感线的疏密程度表现了各处磁场的强弱。

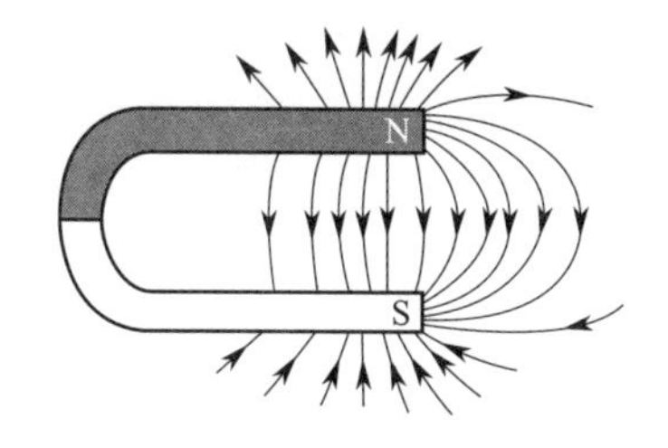

图 3-3-2　蹄形磁铁的磁感线

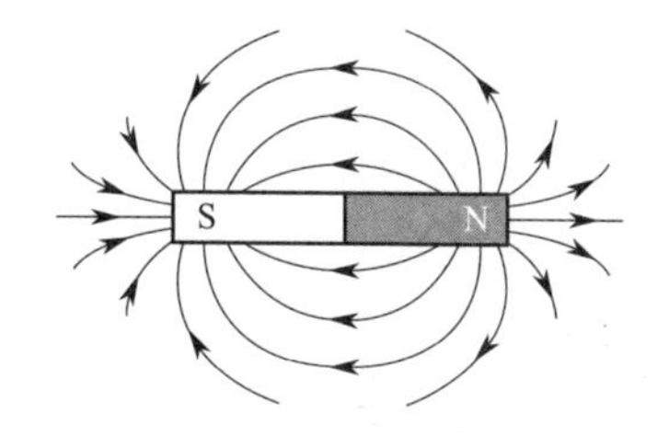

图 3-3-3　条形磁铁的磁感线

在磁场的某一区域里，如果磁感线是一些方向相同分布均匀的平行直线，则称这一区域磁场为匀强磁场，如图 3-3-4 所示。

把一个小磁针放在通电导线旁，小磁针会转动（图 3-3-5）。这表明电流周围存在着磁场。电流产生磁场的现象称为电流的磁效应。

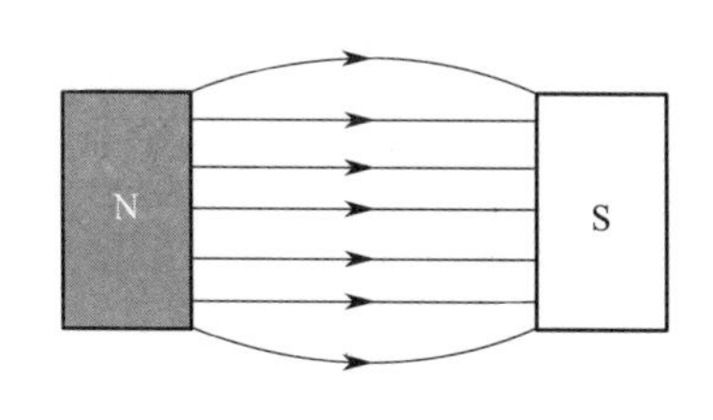

图 3-3-4　匀强磁场

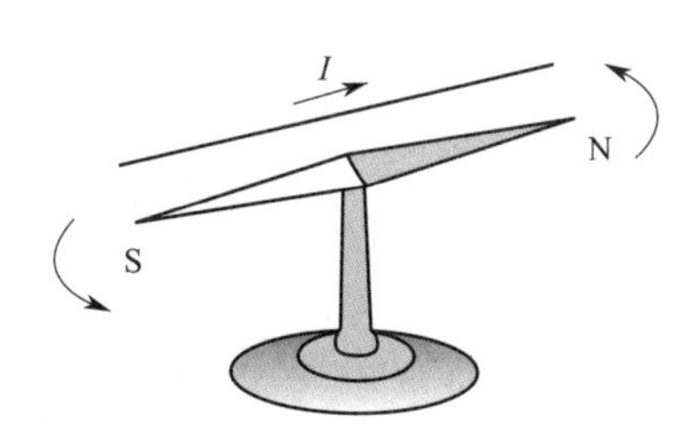

图 3-3-5　通电导线使磁针偏转

通电长直导线及通电螺线管周围的磁场方向可用右手螺旋定则（也称安培定则）来确定，方法如下：

通电长直导线	通电螺线管 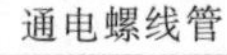
用右手握住导线，让伸直的大拇指所指的方向跟电流的方向一致，则弯曲的四指所环绕的方向就是磁感线的环绕方向	用右手握住通电螺线管，让弯曲的四指所环绕的方向跟电流的方向一致，则大拇指所指的方向就是螺线管内部磁感线的方向，也就是指向通电螺线管的磁场的 N 极
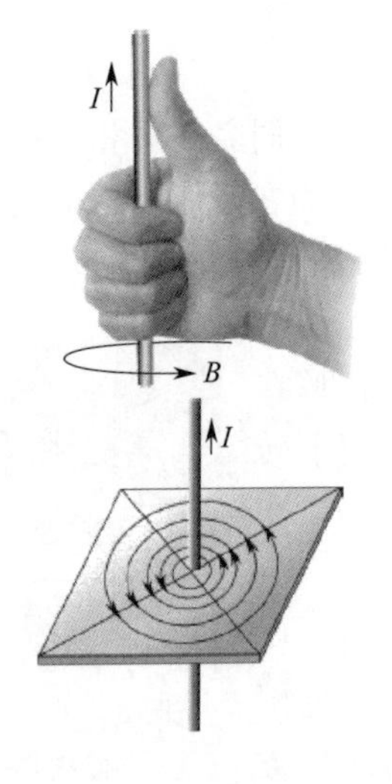	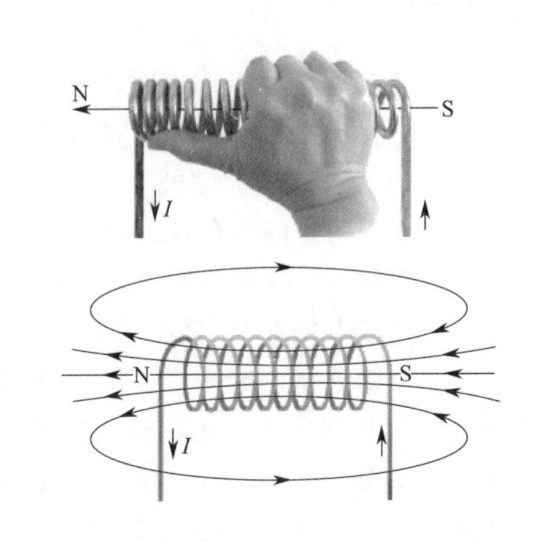

3.3.2 磁场的基本物理量

（1）磁感应强度。磁场的强弱用磁感应强度表示，它的大小是这样定义的：将 1m 长的导线垂直于磁场方向放入磁场中，并通以 1A 的电流，如果导线受到的磁场力为 1N，则导线所处的磁场的磁感应强度为 1 特斯拉（T）。磁感应强度符号为 B，国际单位是特斯拉（T），简称特。某点处磁感应强度的方向就是该点的磁场方向。磁场越强，磁感应强度越大；磁场越弱，则磁感应强度越小。

（2）磁通。为了定量地描述磁场在某一范围内的分布及变化情况，引入磁通这一物理量。设在磁感应强度为 B 的均匀磁场中，有一个与磁场方向垂直的平面，面积为 S，我们把 B 与 S 的乘积定义为穿过这个面积的磁通量，简称磁通，用 Φ 表示，并有

$$\Phi=BS$$

磁通的单位是韦伯（Wb），简称韦。如果磁场不与所讨论的平面垂直，则应以这个平面在垂直于磁场 B 的方向的投影面积 S' 与 B 的乘积来表示磁通。见图 3-3-6 。由 $\Phi=BS$ 可得 $B=\Phi/S$ ，这表示磁感应强度等于穿过单位面积的磁通，所以磁感应强度又称磁通密度。当面积一定时，通过该面积的磁感线越多，磁通就越大，磁感越强。

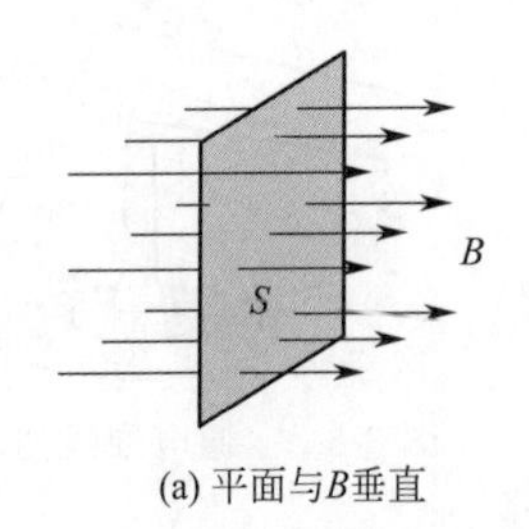

(a) 平面与B垂直

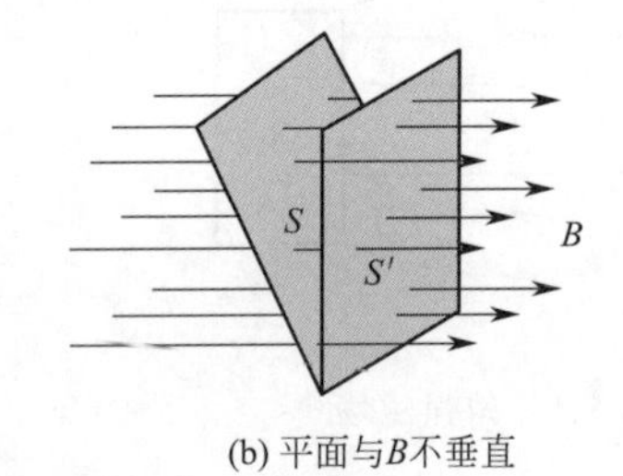

(b) 平面与B不垂直

图 3-3-6 磁通

（3）磁导率。磁导率是一个用来表示媒介质导磁性能的物理量，用 μ 表示，其单位为

H/m（亨/米）。真空中的磁导率为

$$\mu_0=4\pi\times10^{-7}\,\mathrm{H/m}$$

相对磁导率 $\mu_r=\dfrac{\mu}{\mu_0}$。根据相对磁导率的大小，可以把物质分为三类：

顺磁物质——磁导率稍大于1的一类物质，如空气、铝、铂等；

反磁物质——磁导率稍小于1的一类物质，如氢、铜等；

铁磁物质——磁导率远大于1的一类物质，如铁、钴、镊、硅钢、铁氧体等。

3.3.3　磁场对电流的作用

（1）磁场对通电直导线的作用。如图3-3-7所示，在蹄形磁体两极所形成的均匀磁场中悬挂一段直导线，让导线方向与磁场方向保持垂直，导线通电后，可以看到导线因受力而运动。通常把通电导体在磁场中受到的力称为电磁力，也称安培力。

通电导线长度一定时，电流越大，电流所受电磁力越大；电流一定时，通电导线处于磁场的部分越长，电磁力也越大。通电直导线在磁场内的受力方向可用左手定则来判断。如图3-3-8所示，平伸左手，使大拇指与其余四个手指垂直，并且都跟手掌在同一个平面内，让磁感线垂直穿入掌心，并使四指指向电路的方向，则大拇指所指的方向就是通电导体所受电磁力的方向。

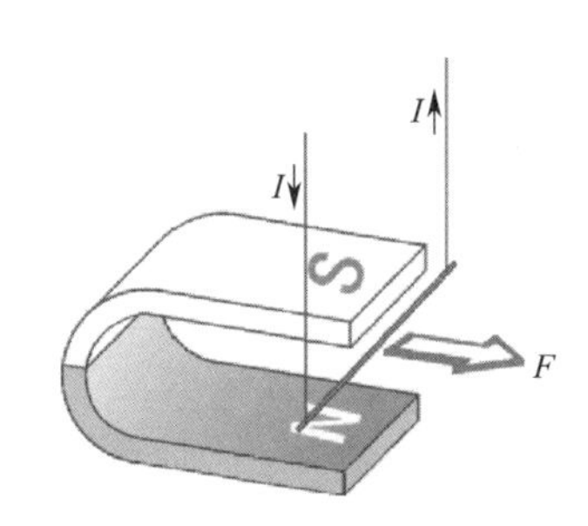

图3-3-7　通电直导线在磁场中受到电磁力

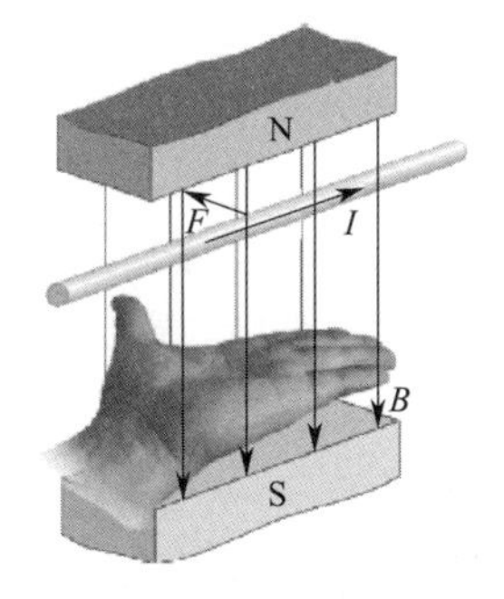

图3-3-8　左手定则

一个垂直于磁场的通电直导线在磁场中受到的电磁力 F 的大小由下式决定：

$$F=BIl$$

式中，B——磁感应强度；I——电流强度；l——导线长度。

如果通电导线跟磁场方向不垂直，而是成一个夹角 α，则磁场对导线的作用力比垂直时要小：$F=BIl\sin\alpha$；如果两者平行，即 $\alpha=0$，则作用力为零。

如图3-3-9所示，当给两条相距较近且相互平行的直导线通以相同方向的电流时，它们相互吸引，当通以相反方向的电流时，它们相互排斥。这是由于每个电流都处在另外一个电流的磁场中，因而每个电流都受到电磁力的作用。我们可以先用右手螺旋法则判断一个电流产生的磁场的方向，再用左手定则判断另一个电流在这个磁场中所受电磁力的方向。

（2）磁场对通电线圈的作用。如图3-3-10所示，在直流电动机的两磁极间的均匀磁场中放入一个线圈，当给线圈通入电流时，它就会在电磁力的作用下旋转起来。线圈的旋转方向可按左手定则判断，当线圈平面和磁感线平行时，线圈在N极一侧的有效部分所受电磁力向下，在S极一侧的有效部分所受电磁力向上，线圈按顺时针方向转动，这时线圈所产生的转矩最大。当线圈

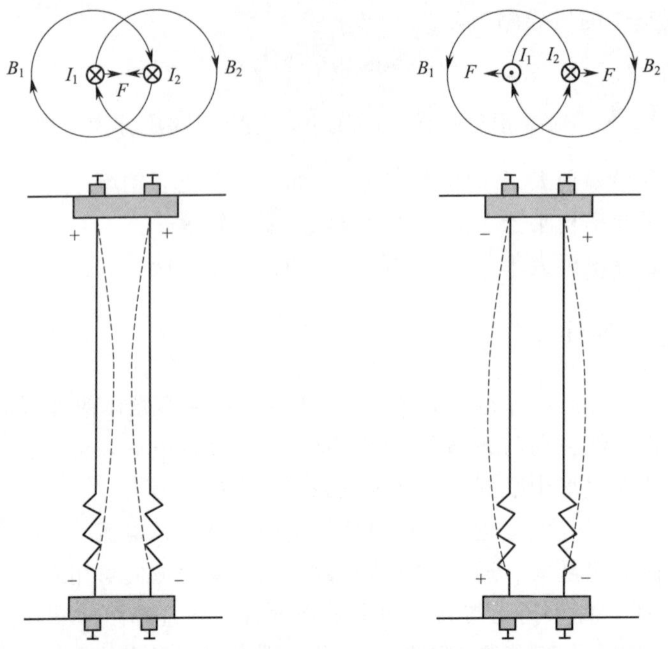

(a) 通入同方向电流的平行导线相互吸引　　(b) 通入反方向电流的平行导线相互排斥

图 3-3-9　通电平行直导线间的相互作用

平面与磁感线垂直时，电磁转矩为零，但由于惯性，线圈仍继续转动。通过转向器的作用，与电源负极相连的电刷 A 始终与转到 N 极一侧的导线相连，电流方向恒为由 A 流出线圈；与电源正极相连的电刷 B 始终与转到 S 极一侧导线相连，电流方向恒为由 B 流入线圈。因此，线圈始终能按顺时针方向连续旋转。由于这种电动机的电源是直流电源，所以称直流电动机，此外，利用永久磁铁来使通电线圈偏转的磁电式仪表也都是利用这一原理制成的（图 3-3-11）。

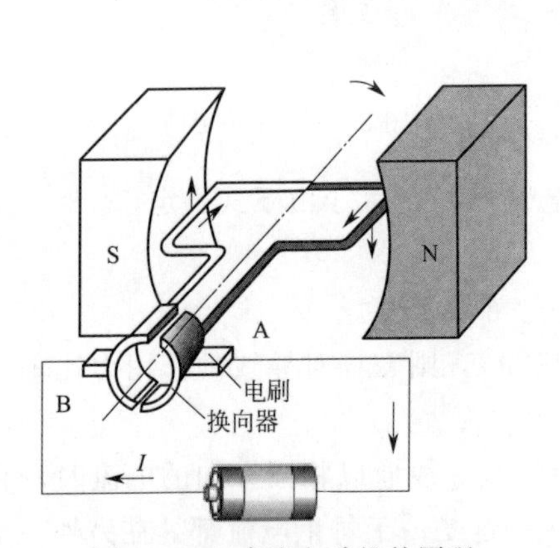

图 3-3-10　直流电动机的原理

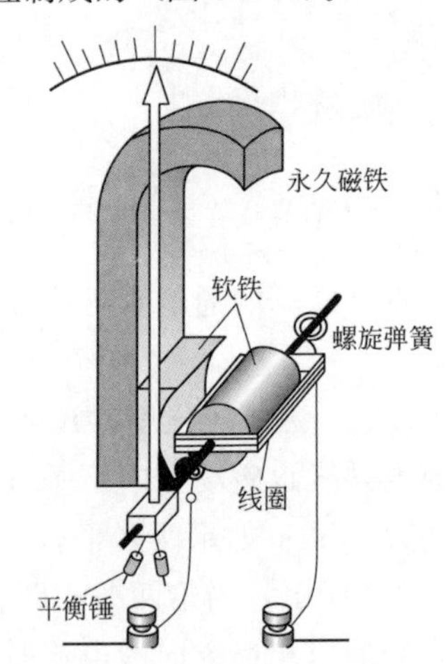

图 3-3-11　磁电式仪表的原理

3.4　电磁感应

3.4.1　电磁感应现象

电流能产生磁场，那么磁场能否产生电流呢？如图 3-4-1 所示，将一条形磁铁放置在线圈中，当其静止时，检流计的指针不偏转，但将它迅速地插入或拔出时，检流计的指针都会发生偏转，这说明线圈中产生了电流，这种磁场产生电流的现象称为电磁感应现象，产生的电流称为感应电流，产生感应电流的电动势称为感应电动势。感应电流的产生与磁通的变化有关。当穿过闭合电路的磁通发生变化时，闭合电路中就有感应电流。

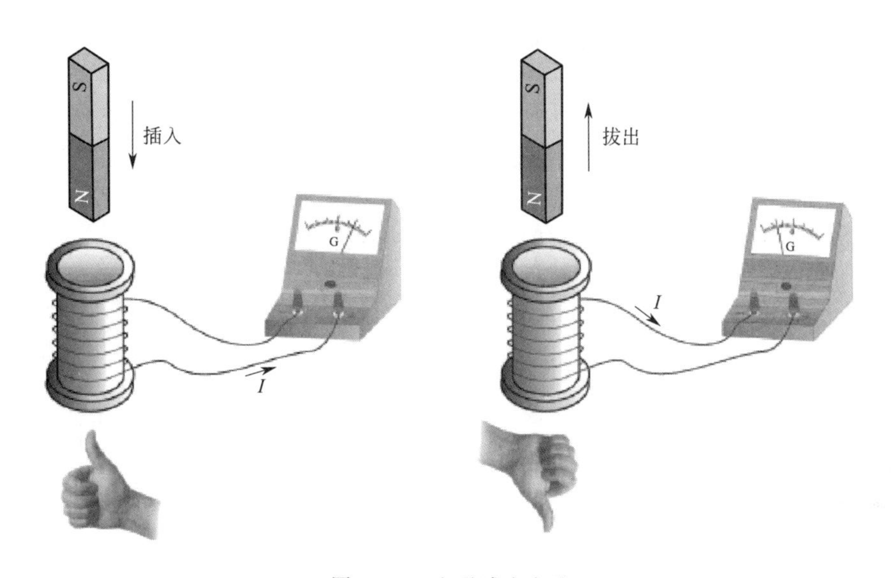

图 3-4-1　电磁感应实验

3.4.2　楞次定律

上述实验表明，在线圈回路中产生感应电动势和感应电流的原因是磁铁的插入和拔出导致线圈中的磁通发生了变化。楞次定律指出了磁通的变化与感应电动势在方向上的关系，即：感应电流产生的磁通总要阻碍引起感应电流的磁通的变化。当把磁铁插入线圈时，线圈中的磁通将增加，根据楞次定律，感应电流的磁场应阻碍磁通的增加，则线圈感应电流磁场的方向应为上 N 下 S，再用右手螺旋法则可判断出感应电流的方向是由右端流进检流计。如果将磁铁放进线圈后静止不动，由于线圈中的磁通不发生变化，所以感应电流为零。如果把线圈看成是一个电源，则感应电流流出端为电源的正极。

3.4.3　法拉第电磁感应定律

在上述实验中，如果改变磁铁插入或拔出的速度，就会发现，磁铁运动速度越快，指针偏转角越大，反之越小。而磁铁插入或拔出的速度反映的是线圈中磁通变化的速度。法拉第电磁感应定律指出：线圈中感应电动势的大小与线圈中磁通的变化率成正比。如果用 $\Delta\Phi$ 表示在时间间隔 Δt 内一个单匝线圈中的磁通变化量，则一个单匝线圈产生的感应电动势的大小为

$$e=\frac{\Delta\Phi}{\Delta t}$$

N 匝线圈的感应电动势的大小为

$$e=N\frac{\Delta\Phi}{\Delta t}$$

感应电动势的方向需要根据楞次定律进行判定，在电路计算中，应根据实际方向与参考方向的关系确定其正负。

3.4.4 直导线切割磁感线产生感应电动势

如图 3-4-2 所示，在匀强磁场中放置一段直导线，其两端分别与检流计相接，形成一个回路。当导线做切割磁感线运动时，检流计指针偏转，表明回路中产生了感应电流。

如图 3-4-3 所示，伸直右手四指，并使拇指与四指垂直；让磁感线垂直穿过掌心，使拇指指向导体运动方向，四指所指方向就是感应电动势的方向。此即右手定则。

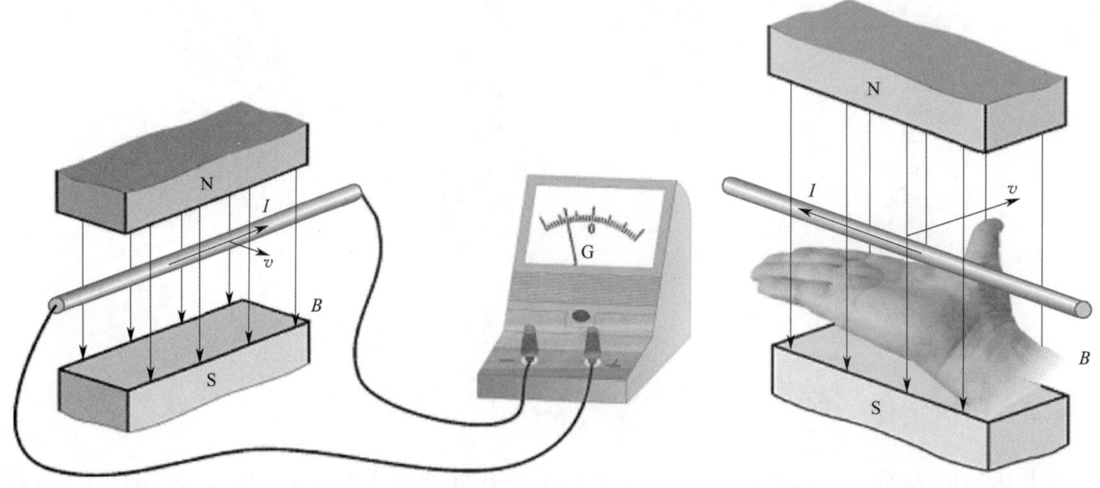

图 3-4-2　直导线切割磁感线　　图 3-4-3　右手定则示意图

当电流方向、导体运动方向和磁感线方向三者互相垂直时，导体中的感应电动势为

$$e=BLv$$

如果导体运动方向与磁感线方向有一夹角 α（图 3-4-4），则导体中的感应电动势为

$$e=BLv\sin\alpha$$

发电机就是利用导线切割磁感线产生感应电动势的原理发电的，将导线做成线圈，使其在磁场中转动，就可得到连续的电流（图 3-4-5）。

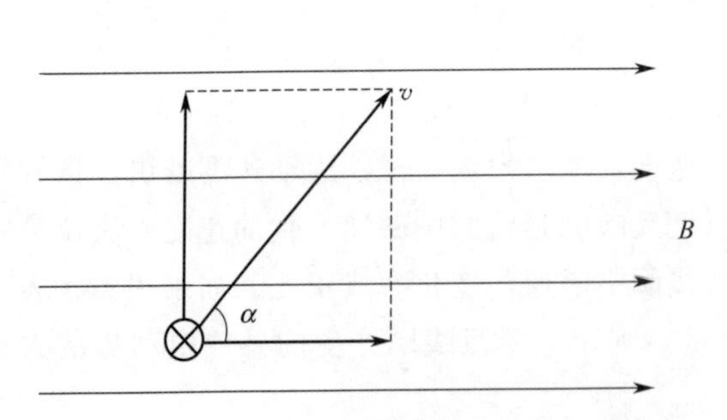

图 3-4-4　导体运动方向与磁感线方向有一个夹角 α

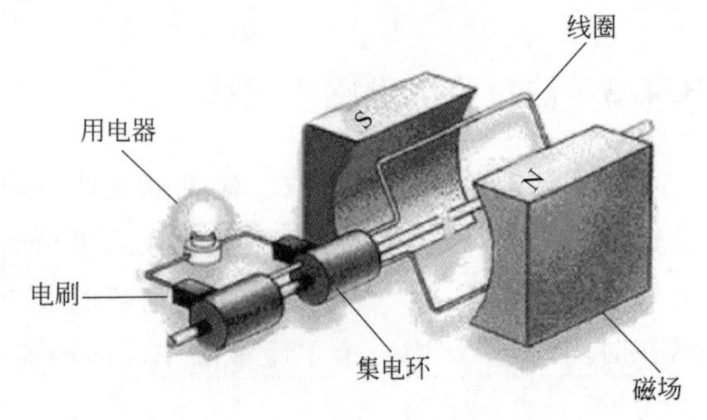

图 3-4-5　发电机原理图

3.5　自感和互感

3.5.1　自感

自感现象是一种特殊的电磁感应现象，它是由于回路自身电流变化而引起的。当流过线圈的电流发生变化时，穿过线圈的磁通量也随之变化，从而产生了自感电动势。图 3-5-1 所示是观察自感现象的实验电路。当开关 S 闭合后，灯泡 VD1 立即发光，而 VD2 不亮；断开开关 S 后，VD1 熄灭，VD2 闪亮。原来，断开开关后，通过线圈 L 的电流突然减小，线圈中产生一个很强的感应电动势，以阻止电流减小，虽然这时电源已经被切断，但线圈 L 和 VD2 组成了回路，在这个回路中有较大的感应电流通过，所以 VD2 闪亮。这种由于流过线圈自身的电流发生变化而引起的电磁感应现象称为自感现象，简称自感。在自感现象中产生的感应电动势称为自感电动势。

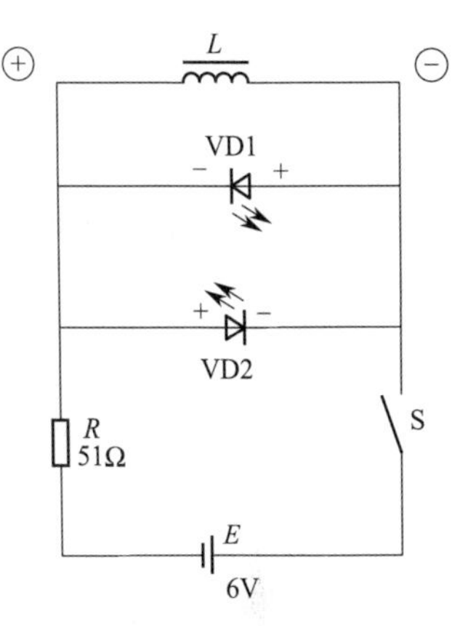

图 3-5-1　自感实验电路

自感电动势的方向可结合楞次定律和右手螺旋定则来确定，见图 3-5-2。

当线圈中通入电流后，每匝线圈所产生的磁通称为自感磁通。为了衡量不同线圈产生自感磁通的能力，引入自感系数（又称电感）这一物理量，用 L 表示，它在数值上等于一个线圈中通过单位电流时所产生的自感磁通，即

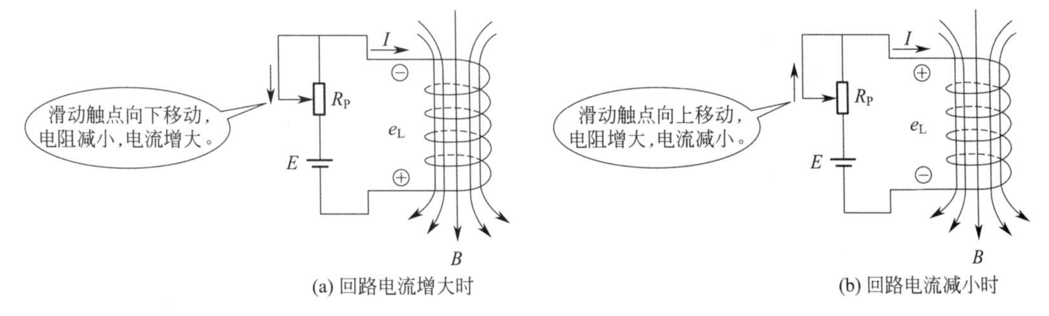

(a) 回路电流增大时　　(b) 回路电流减小时

图 3-5-2　自感电动势的方向

$$L=\frac{N\Phi}{I}$$

有铁芯的线圈的电感要比空心线圈的电感大得多。

自感电动势的计算式为

$$e_L=N\frac{\Delta\Phi}{\Delta t}$$

式中　L——自感系数，与线圈匝数、形状、大小及周围磁介质的磁导率有关；

$\Delta\Phi$——穿过回路的磁通量的变化量。

在有铁芯的线圈中通入交流电时，会有交变的磁场穿过铁芯，这时会在铁芯内部产生自感电动势并形成电流，由于这种电流形如旋涡，故称涡流。工业上常利用涡流效应进行金属

冶炼和锻件预加热，见图 3-5-3 和图 3-5-4。

为了减小涡流损耗，一般将电源变压器的铁芯制成多层结构，并用薄层绝缘材料将各层隔开，见图 3-5-5。

3.5.2 互感

互感现象是另一种特殊的电磁感应现象。图 3-5-6 的实验电路中，在开关 S 闭合或断开的瞬间以及改变 R_P 的阻值时，检流计的指针都会发生偏转。这是因为当线圈 A 中的电流发生变化时，通过线圈的磁通也发生变化，该磁通的变化必然又影响线圈 B，使线圈 B 中产生感应电动势和感应电流。

图 3-5-3 高频电炉冶炼金属

图 3-5-4 锻件预加热

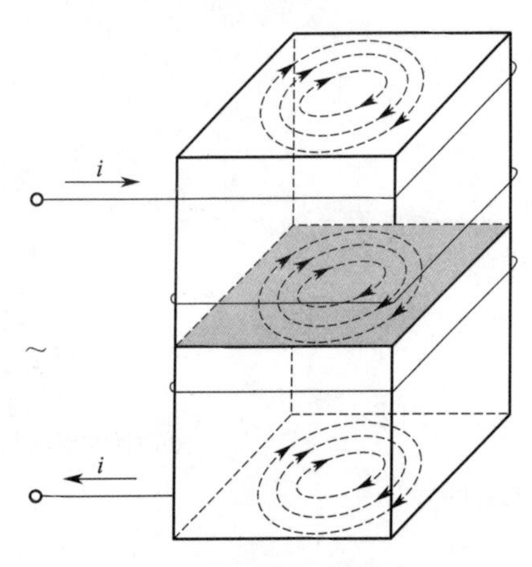

(a) 单层铁芯涡流损耗大

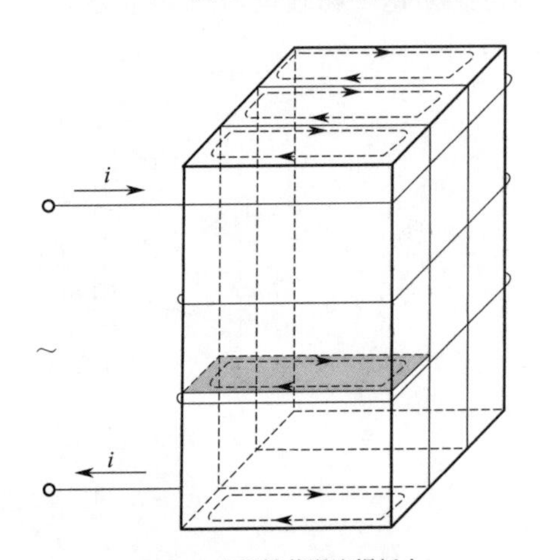

(b) 多层铁芯涡流损耗小

图 3-5-5 采用多层铁芯减小涡流损耗

这种由于一个线圈中的电流发生变化而在另一线圈中产生电磁感应的现象称为互感现象，简称互感。由互感产生的感应电动势称为互感电动势，用 e_M 表示。为描述一个线圈中电流的变化在另一个线圈中产生互感电动势的大小，引入互感系数（简称互感）这一物理量，用 M 表示，互感的单位是 H。互感系数与两个线圈的匝数、几何形状、相对位置以及周围介质等因素有关。互感现象遵从法拉第电磁感应定律。互感电动势大小的计算式为

$$e_{2M}=N_2\frac{\Delta\Phi_{12}}{\Delta t}=M\frac{\Delta I_1}{\Delta t}$$

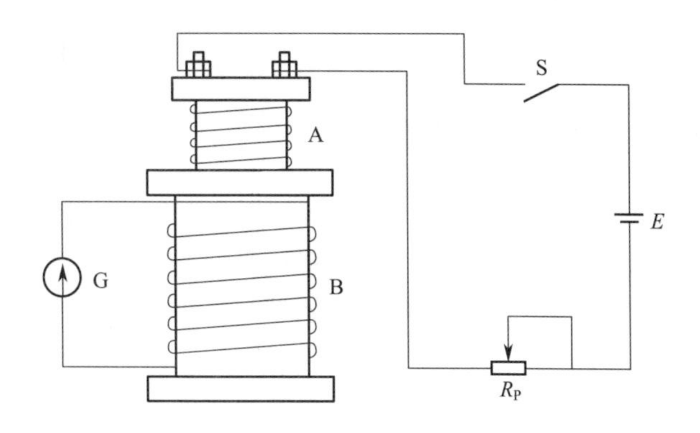

图 3-5-6　互感实验电路

互感电动势方向也应根据楞次定律判定。应用互感可以方便地将能量或信号由一个线圈传递到另一个线圈。当两个或两个以上线圈彼此耦合时，常常需要知道互感电动势的极性，当然这可根据楞次定律来判断，但比较复杂，尤其是对于已经制造好的互感器，从外观上无法知道线圈的绕向，因而判断互感电动势的极性就更加困难。利用线圈同名端可以很容易地判断互感电动势的极性以及了解线圈的绕向。我们把由于线圈绕向一致，感应电动势的极性始终保持一致的端子称为线圈的同名端，用“·”或“*”表示。见图 3-5-7。

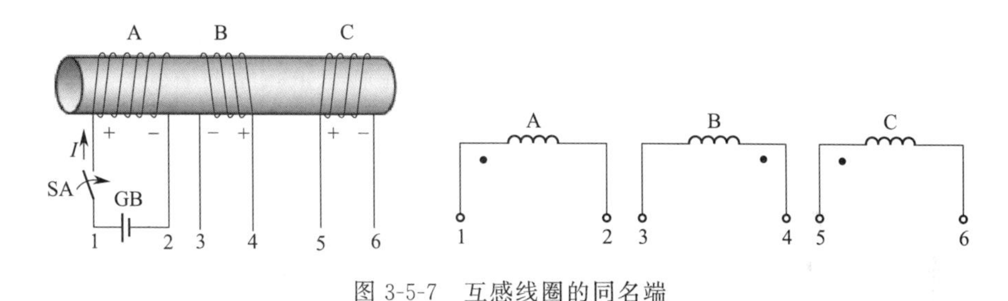

图 3-5-7　互感线圈的同名端

如图 3-5-7，中 1、4、5 就是一组同名端。下面分析在开关 SA 闭合瞬间各线圈感应电动势的极性：SA 闭合瞬间，A 线圈有电流 i 从 1 端流进，根据楞次定律，在 A 线圈两端产生自感电动势，极性为左正右负，利用同名端可确定 B 线圈的 4 端和 C 线圈的 5 端皆为互感电动势的正端。

3.6　家用照明电路安装实训

实训任务

完成单控白炽灯照明线路的安装与维护。

实训目标

① 认识常用的照明线路元件。

② 正确识读单控白炽灯照明线路图。

③ 掌握安装白炽灯照明线路的步骤。

④ 学会白炽灯照明线路故障检修。

3.6.1 认识单控白炽灯照明线路元件

在照明线路中，用一只单控开关来控制照明灯具的亮、灭的控制方式称为单控照明线路。单控照明线路是应用广泛的一种基本线路，适用于分散就近控制。本次实训需要准备的器材包括常用电工工具、螺口平灯座、护套线、明装接线盒、漏电保护断路器、塑料圆木、导轨、塑料钢钉线卡、紧固螺钉、绝缘胶布、螺口白炽灯。所用的白炽灯是较早应用的照明光源之一，白炽灯的发光效率较低，一般用于室内照明或局部照明。常用的白炽灯有螺口和插口两种接口形式，如图 3-6-1 所示。常用白炽灯灯座如图 3-6-2 所示。

图 3-6-1　常用白炽灯的接口形式

图 3-6-2　常用白炽灯灯座

开关的作用是接通和断开电路，常见的开关有拉线开关、扳动开关、跷板开关、旋钮开关。现代家庭照明线路中主要采用跷板开关，见图 3-6-3，其中所谓的“联”又称为“位”，是指一个开关选择性地控制几条线路；“单控”指只能控制一条线路的通断。

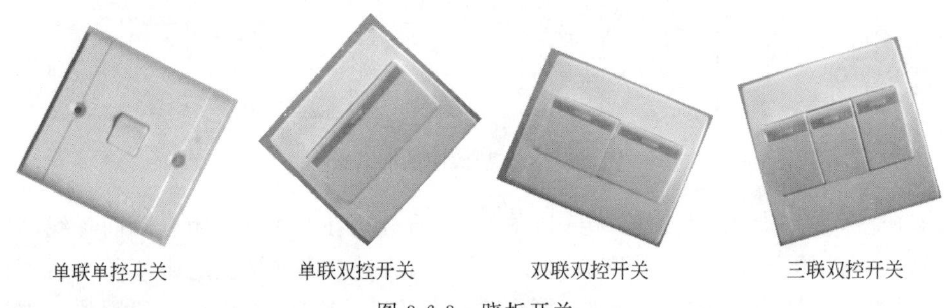

单联单控开关　　单联双控开关　　双联双控开关　　三联双控开关

图 3-6-3　跷板开关

单控开关有两个接线端；双控开关有三个接线端，中间为公共接线端，上下两个为开关控制接线端，如图 3-6-4 所示；“双控”指能控制两条线路的通断，但两条线路不会同时开启，也不会同时断开。

提示：双控开关可以作为单控开关用，使用时选择公共接线端和任一个控制接线端。

采用单相 220V 电源供电的电气设备通常应选用单极二线式或二极二线式漏电断路器，所谓的“极”，是指在漏电断路器在保护时能同时断开几根线；漏电保护装置的额定值应能满足被保护供电线路的安全运行要求。低压配电系统中装设漏电保护装置是防止触电事故发生的有效措施，同时可预防因漏电而引发的电气火灾及设备损坏事故。家庭照明系统中用的漏电保护装置一般为漏电保护断路器，由断路器和漏电保护装置构成，具有漏电、过载、短路保护功能，一般分为单极、二极、三极、四极，见图 3-6-5。

单联单控开关

单联双控开关

图 3-6-4　单控开关与双控开关

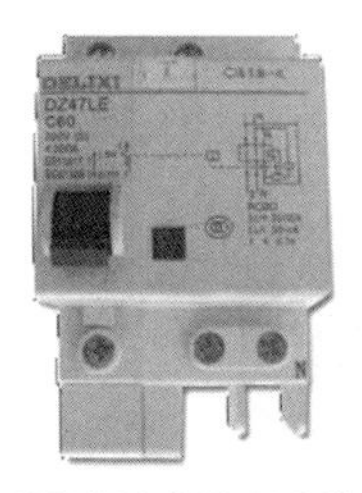

单极漏电保护断路器

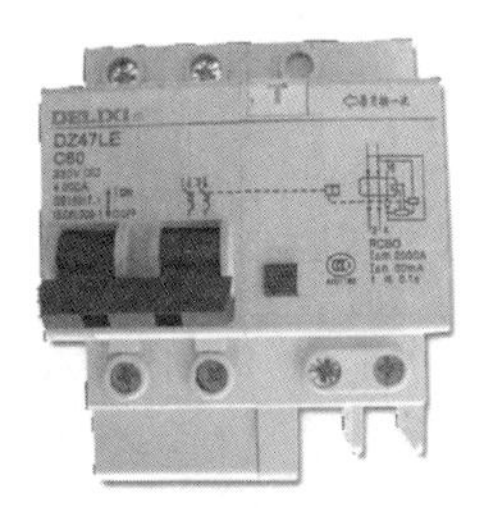

二极漏电保护断路器

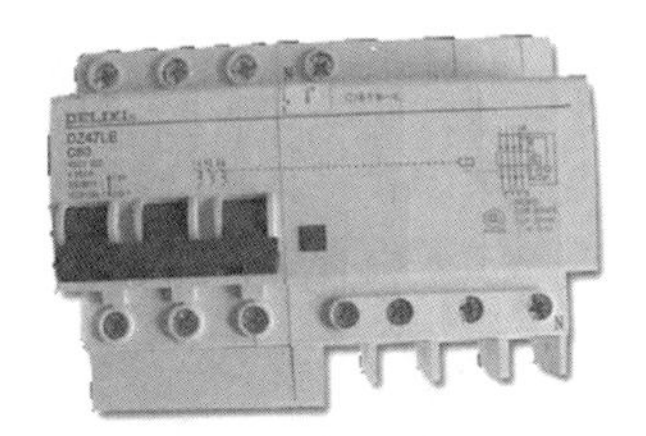

三极漏电保护断路器

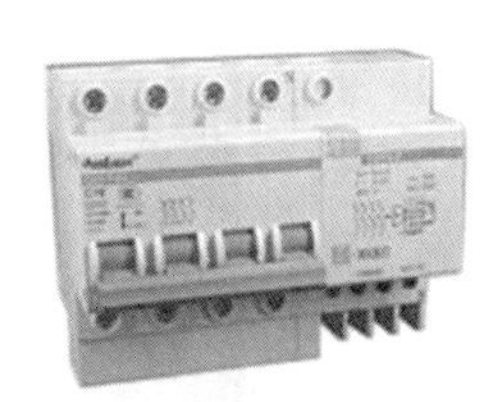

四极漏电保护断路器

图 3-6-5　漏电保护断路器

3.6.2　安装单控白炽灯照明线路

单控白炽灯照明线路如图 3-6-6 所示，接通电源，合上漏电保护断路器 QF，合上开关 SA，有电流流过白炽灯 EL，灯泡点亮；断开开关 SA，灯泡熄灭。

单控白炽灯照明线路安装图如图 3-6-7 所示。本任务中采用线管明装方式，选取 ϕ20mm 塑料线管，1.5mm^2 的塑料铜芯导线。

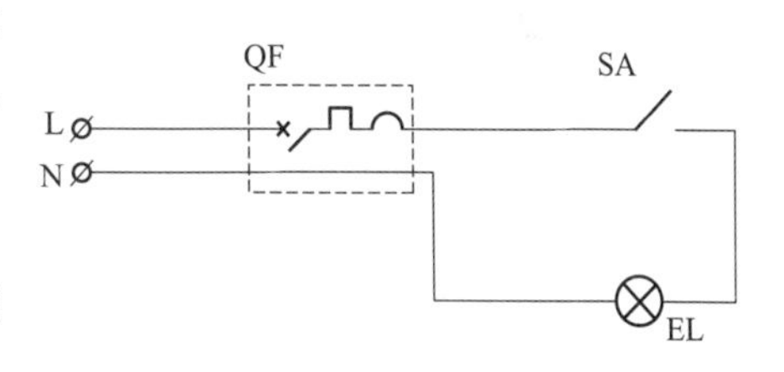

图 3-6-6　单控白炽灯照明线路图

在电工板上安装单控白炽灯照明线路。

(1) 定位划线。根据单控白炽灯照明线路安装图标注的尺寸和要求，画出走线路径和各元件位置。具体操作步骤如下：①根据平面图确定元件位置，做好记号，画出走线路径；②安装固定漏电保护断路器的导轨；③固定接线盒。见图 3-6-8。

操作提示：根据布置图确定电源、开关、灯座的位置，用笔做好记号，实际安装时开关盒离地面高度应为 1.3 米，与门框的距离一般为 150～200 毫米。

(2) 护套线的配线。首先确定导线根数。如图 3-6-9 所示，此处需要两根线；BVV2×1.5mm^2 表示选用截面积为 1.5mm^2 的聚氯乙烯铜芯绝缘两芯护套线（BVV 表示聚氯乙烯铜芯绝缘套线，2 表示两芯，1.5 表示导线的截面积）。

护套线敷设见图 3-6-10。

操作提示：

- 两固定线卡之间的距离为 150～300mm。

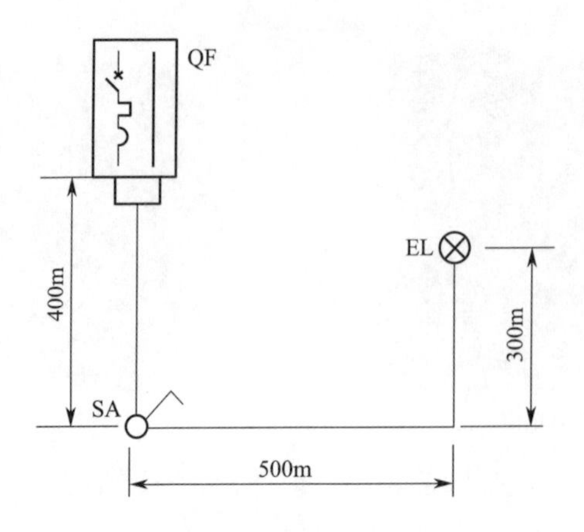

图 3-6-7　单控白炽灯照明线路安装图

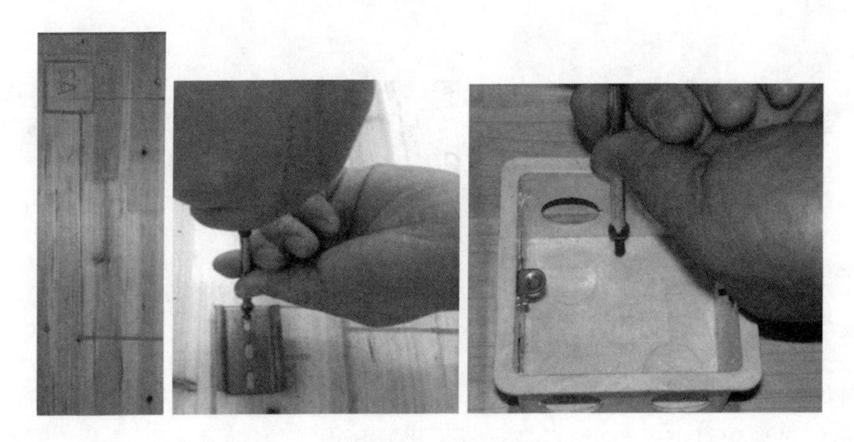

图 3-6-8　定位划线

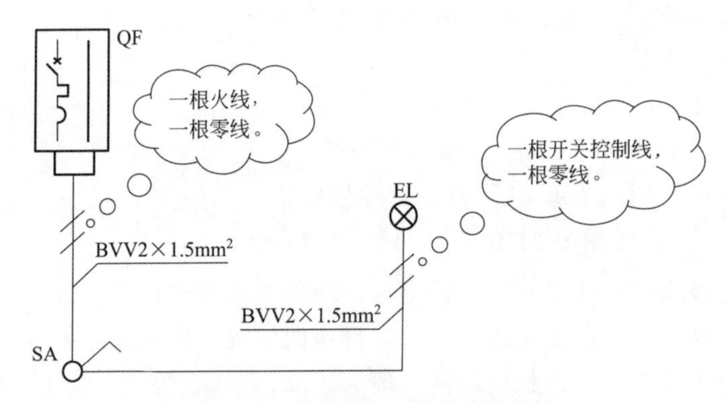

图 3-6-9　单控白炽灯照明线路配线

● 护套线转弯时，用手将导线捋平后弯曲成型，折弯半径不得小于导线直径的 6 倍，转弯前后应各用一个线卡夹持。

● 护套线进出元器件时应安装一个线卡夹持。

● 护套线的敷设要做到横平竖直。

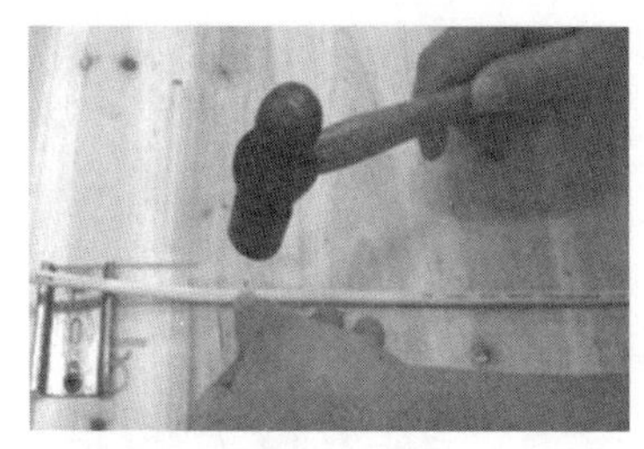

(a) 放线、固定线卡

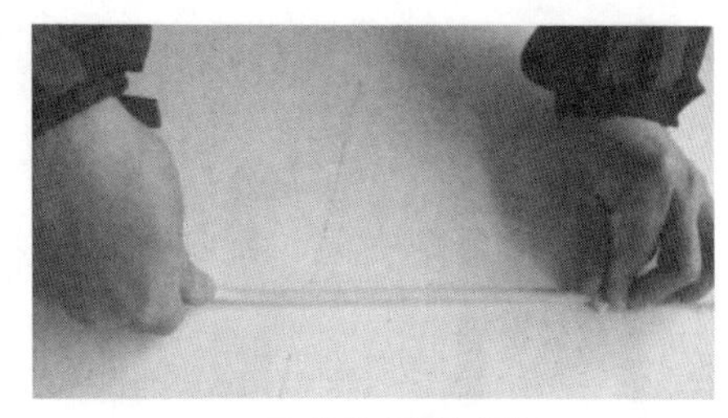

(b) 收紧夹持护套线

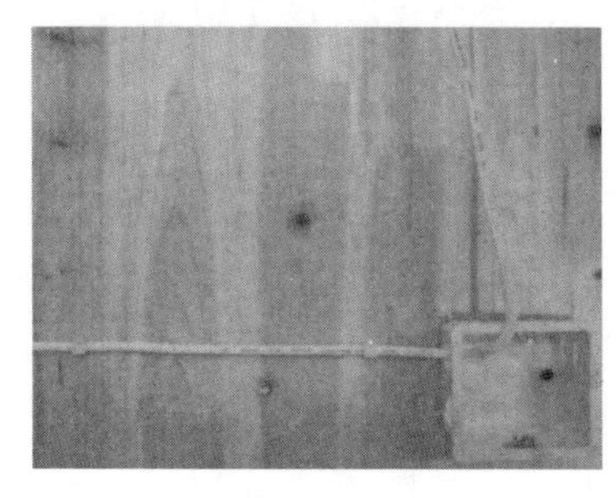

(c) 在接线盒处剪断

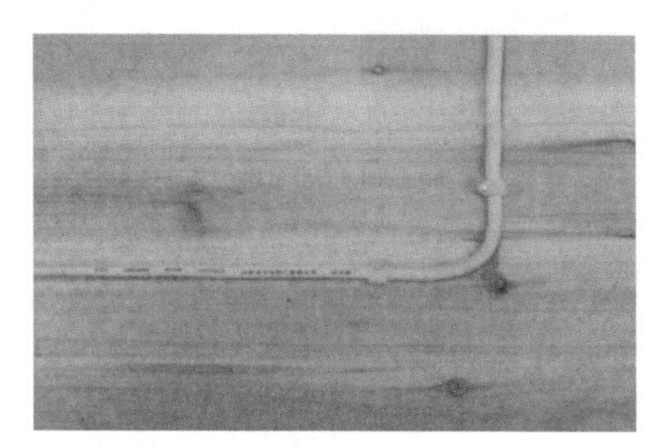

(d) 转角的处理

图 3-6-10　单控白炽灯照明线路护套线敷设

3.6.3　安装连接元件

（1）安装连接开关。步骤如下：

① 剥去护套层，将零线的绝缘层去除；

② 将零线直接连接并作绝缘恢复处理；

③ 剥去火线的绝缘层约 10mm；

④ 安装开关；

⑤ 连接好开关；

⑥ 固定开关面板。

（2）安装与连接灯座。步骤如下：

① 对塑料圆木进行预处理；

② 剥去护套层，穿入穿线孔并固定塑料台；

③ 安装灯座；

④ 利用尖嘴钳做连接圈；

⑤ 连接并固定灯座。

操作提示：螺口平灯座有两个接线桩，来自开关的受控火线必须连接到中心舌簧片的接线桩，零线连接到螺纹圈接线桩。压接圈应顺时针弯曲，保证拧紧的时候不会松开。要安装并连接漏电保护断路器，单控白炽灯照明线路漏电保护断路器的安装方法见图 3-6-11。

操作提示：做到连接处不露铜，也不能压绝缘皮。单极二线漏电保护断路器上有“N”标志，表示此接线端接零线，即黑线。

3.6.4　通电试验

通电之前除了根据电路图和接线图进行检查外，还要进行短路检查。

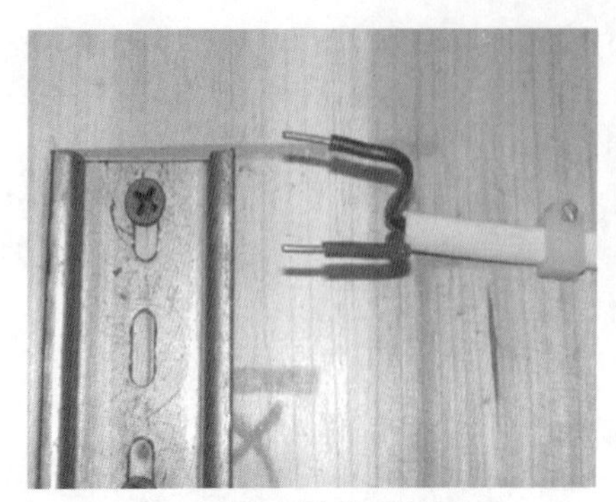

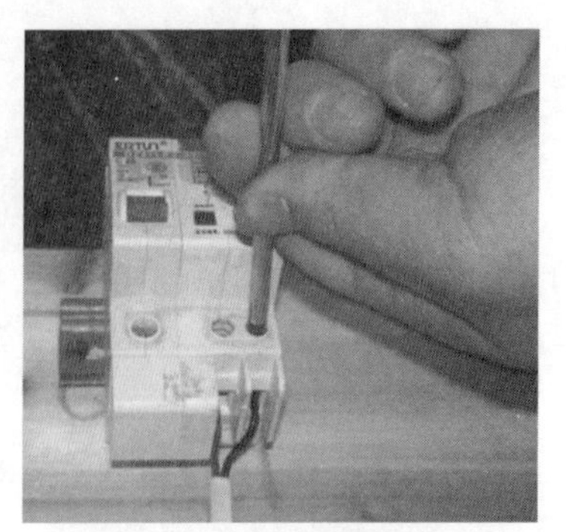

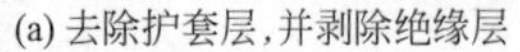

(a) 去除护套层，并剥除绝缘层　　(b) 安装漏电保护断路器

图 3-6-11　单控白炽灯照明线路漏电保护断路器的安装

（1）短路检查。不接负载（白炽灯不拧接上），万用表置于电阻 R×1 挡，将两表笔分别置于漏电保护断路器的出线端上进行检测，如图 3-6-12 所示。拨动开关，万用表指针都应不偏转，此时阻值为无穷大，如有偏转应检查是否接错。

（2）通电试验。安装白炽灯后接上电源，拨动开关，如图 3-6-13 所示，此时白炽灯应在开关的控制下亮和灭。

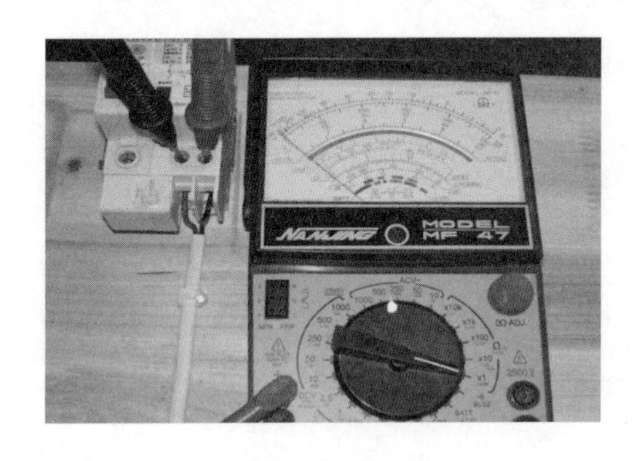

图 3-6-12　短路检查

图 3-6-13　单控白炽灯照明线路通电试验

3.6.5　故障检修

照明线路在运行中会因为各种原因而出现一些故障，照明线路的故障检修可分为三个步骤。

（1）了解故障现象。在维修时首先了解故障现象，这是保证整个维修工作顺利进行的前提。了解故障现象可通过询问当事人、观察故障现象等手段获取。

（2）故障现象分析。根据故障现象，利用电气原理图及布置图进行分析，确定能造成故障的大致范围，为检修提供方案。

（3）检修。利用验电笔、万用表等工具检测查找故障点，针对故障元件或线路进行维修或更换。

验电笔简称电笔，是用来检验低压电线和电气装置是否带电的辅助安全工具，有钢笔式、螺丝刀式和数字式三种，结构组成见图 3-6-14。普通验电笔的电压测量范围为 60～500V。使用验电笔时，大拇指应触及后端金属部分，见图 3-6-15。验电笔前端应加护套，保证验电时人体不碰及前端金属部分，否则易造成触电事故。验电笔一般不能作为螺钉旋具使用。

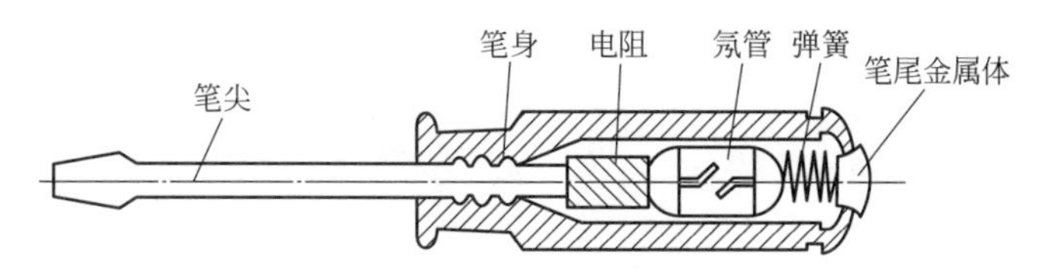

图 3-6-14　验电笔结构组成

(a) 验电笔正确使用方法

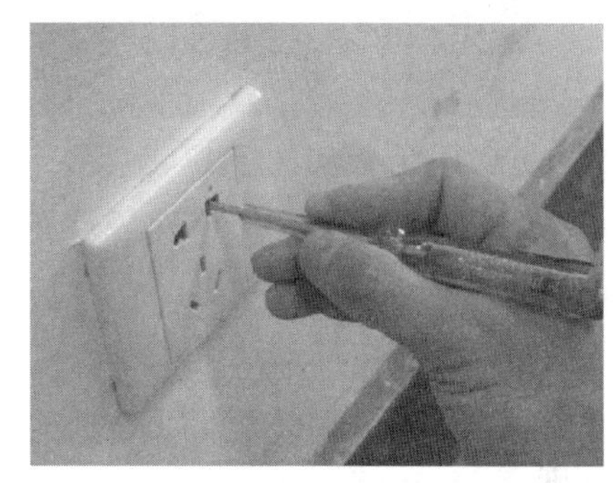

(b) 验电笔错误使用方法

图 3-6-15　验电笔的使用方法

用验电笔检测火线时氖泡应发光，检测零线时不发光，接通电源后检测火线各连接点时应正常发光，如果哪一点不发光，应检查与前一检测点之间的连线及一些连接，见图 3-6-16。

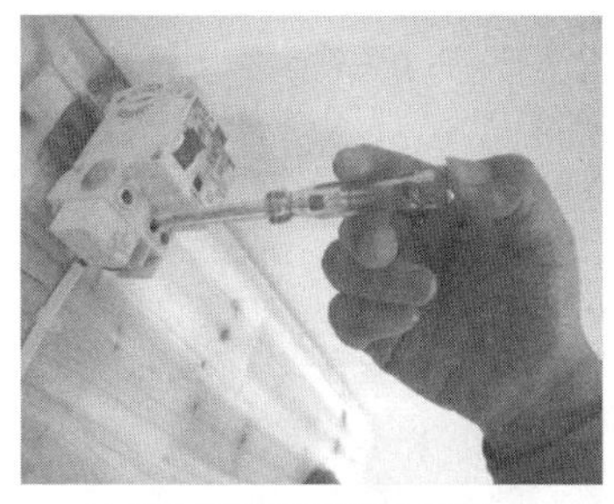

(a) 漏电保护断路器火线输出端

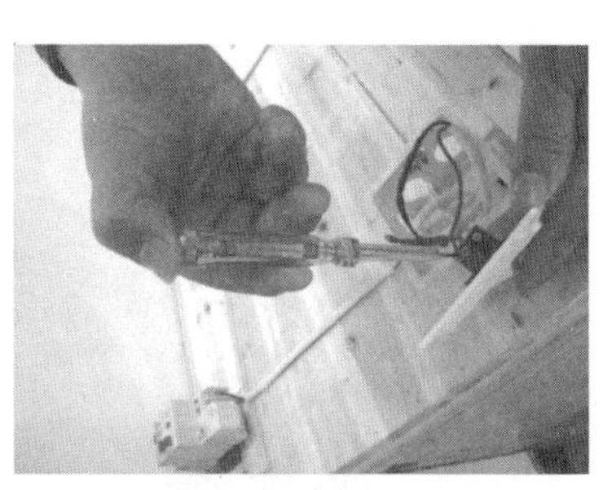

(b) 开关进线接线桩

(c) 开关出线接线桩

(d) 灯座中心舌簧

图 3-6-16　用验电笔检测火线

将万用表旋至交流 250V 挡，接通电源后两表笔接漏电保护断路器输出接线端，指针应指 220V，否则应检查电源进线及漏电保护断路器是否正常。检测灯座的两接线桩，闭合开关后也应指示 220V，否则应检查漏电保护断路器至灯座之间各连接点的连接。如图 3-6-17 所示。

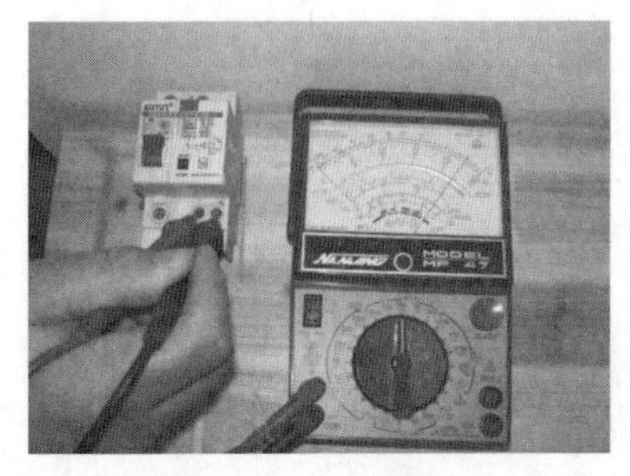

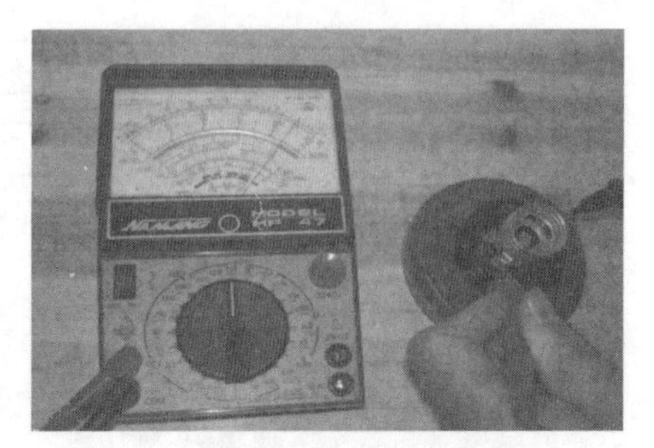

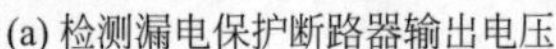
(a) 检测漏电保护断路器输出电压

(b) 检测灯座两接线端电压

图 3-6-17　用万用表检测线路

白炽灯照明线路故障检修实例如下。

(1) 故障现象：白炽灯不亮。

(2) 故障现象分析：根据电气原理图分析，能造成上述现象的原因应为灯泡、控制开关及相关线路故障，一般情况下灯泡钨丝烧断的可能性最大。

(3) 故障检修：先检查灯泡，可直接观察灯泡钨丝，如果烧断应更换同一电压等级的灯泡。然后检查开关，带电操作时可用验电笔分别测量控制开关进出桩头，在开关闭合时验电笔均应发光，如一端发光另一端不发光，说明开关损坏，应更换开关。注意验电笔在使用前应在带电的导体上进行测试，能发光则证明完好可用。然后检查灯座，灯座故障一般是中心舌头接触不良，可用小旋具将中心舌簧往上拨动。见图 3-6-18。

图 3-6-18　中心舌簧的检修

在上述检查都正常的情况下，应检查线路，根据原理图及线路的走向用验电笔逐点检查，正常情况是测相线各点时验电笔均发光，测零线各点时验电笔均不发光，若测试情况与上述不符，说明该段线路有故障。一般情况下导线在中间断裂的可能性很小，故障大多出现在导线与导线的连接处或开关、插座等的桩头并头处。白炽灯照明线路常见故障及检修方法见表 3-6-1。

表 3-6-1　白炽灯照明线路常见故障及检修方法

故障现象	产生原因	检修方法
灯泡不亮	灯泡钨丝烧断	调换新灯泡
	灯座或开关接线松动或接触不良	检查灯座和开关的接线并修复
	线路中有断路故障	用电笔检查线路的断路处并修复
开关合上后漏电开关自动关闭	灯座内两线头短路	检查灯座内两线头并修复
	螺口灯座中心铜片与螺旋铜圈短路	检查灯座，校准中心舌簧
	线路中发生短路或漏电	检查导线绝缘是否老化或损坏并修复
	用电量超过线路容量	减小负载
灯泡忽亮忽灭	灯丝烧断，但受振动后忽接忽离	更换灯泡
	灯座或开关接线松动	检查灯座和开关并修复
	电源电压不稳	检查电源电压

正弦交流电瞬时值表达式：$u=U_m\sin(2\pi ft+\varphi)$。

正弦交流电的三要素：最大值（振幅）、频率、初相，其中周期 $T=\frac{1}{f}$，角频率$\omega=2\pi f$。

正弦交流电有效值：$I=\frac{I_m}{\sqrt{2}}$，$U=\frac{U_m}{\sqrt{2}}$，$E=\frac{E_m}{\sqrt{2}}$。

正弦交流电平均值：$I_P=\frac{2}{\pi}I_m$，$U_P=\frac{2}{\pi}U_m$，$E_P=\frac{2}{\pi}E_m$。

单一参数交流电路的基本物理量见下表。

单一参数交流电路基本物理量

电路种类	电压与电流有效值的关系	电压与电流的相位关系	功率
纯电阻电路	$U=RI$	同相	$P=UI$
纯电感电路	$X_L=2\pi fL$ $U=X_LI$	电压超前电流 90°	$P=0$ $Q=UI$
纯电容电路	$X_C=\frac{1}{2\pi fC}$ $U=X_CI$	电压滞后电流 90°	$P=0$ $Q=UI$

RLC 串联电路的电压 $U=IZ$，阻抗 $Z=\sqrt{R^2+(X_L-X_C)^2}$。当 $X_L>X_C$ 时，电流滞后；当 $X_L<X_C$ 时，电流超前；当 $X_L=X_C$ 时，电流与电压同相，称为串联谐振。

有功功率 $P=UI\cos\varphi$；无功功率 $Q=UI\sin\varphi$；视在功率 $S=UI$；$\cos\varphi$ 称为功率因数。

磁铁周围和电流周围都存在着磁场。磁感线能形象地描述磁场，是互不交叉的闭合曲线，在磁体外部由 N 极指向 S 极，在磁体内部由 S 极指向 N 极；磁感线的切线方向表示磁场方向。电流产生的磁场的方向可用安培定则判断。磁场对处在磁场中的载流导体有电磁力作用，其方向用左手定则判断，电磁力的大小为 $F=BIL\sin\alpha$，其中 α 为载流直导体与磁感应强度方向的夹角。磁场与磁路的基本物理量有磁通、磁感应强度、磁导率、磁动势等。

产生感应电动势的条件是导体相对磁场运动而切割磁感应线，或线圈中的磁通发生变化。直导体切割磁感线产生的感应电动势 e 的方向用右手定则判断。

楞次定律：感应电流的磁场总是阻碍原磁通的变化。

法拉第电磁感应定律：线圈中感应电动势的大小与磁通的变化率成正比，即 $e=N\dfrac{\Delta\Phi}{\Delta t}$，通常用此式计算感应电动势的大小，而用楞次定律来判别感应电动势的方向。

由线圈本身电流变化而引起的电磁感应叫自感。自感电动势的大小与电流的变化率成正比，即 $e_L=N\dfrac{\Delta\Phi}{\Delta t}$。

互感是指一个线圈中的电流变化在另一耦合线圈中引起电磁感应。一个线圈中的互感电动势的大小正比于另一个线圈中电流的变化率。互感电动势的方向利用同名端判别较为简便。电感线圈是一储能元件，它可以将电能转换成磁能储存在线圈中。

第4章

三相交流电路

【知识目标】

① 了解三相电源的连接方法；掌握三相电源电动势的解析式及矢量图表示法。
② 掌握三相四线制电路的中线的作用；掌握单相电度表和三相电度表的基本原理。
③ 掌握三相异步电动机的基本工作原理和典型控制电路原理。

【技能目标】

① 掌握常用低压控制电器的动作原理及其操作。
② 能独立完成三相异步电动机自锁控制线路及正反转控制线路的安装与调试。

4.1 三相正弦交流电路

电能的生产、传输、分配和使用等各个环节构成一个完整的系统，叫作电力系统，如图4-1-1所示。

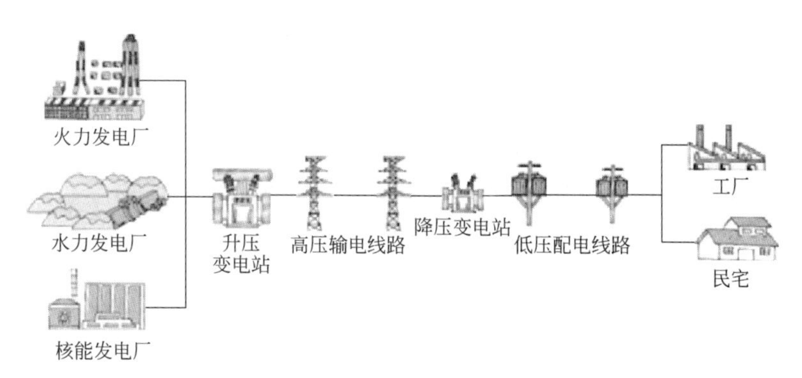

图4-1-1　电力系统

电力系统普遍采用三相交流电源供电，由三相交流电源供电的电路称为三相交流电路。三相交流电源含有三个频率相同、最大值（或有效值）相等、在相位上互差120°电角度的电动势，这三个电动势称为三相对称电动势。

三相交流电具有以下特点。

- 三相发电机比同功率的单相发电机体积小，省材料。

- 三相发电机使用和维修方便，运转时比单相发电机的振动小。
- 远距离输电时，采用三相交流输电可节约25%左右的材料。

4.1.1　三相正弦交流电动势的产生

图4-1-2所示为三相交流发电机，主要由转子和定子构成。定子中嵌有三个完全相同的绕组，这三个绕组在空间位置上彼此相差120°，各绕组的始端分别用A、B、C（或U1、V1、W1）表示，末端用X、Y、Z（或U2、V2、W2）表示，分别称为A（或U）相、B（或V）相、C（或W）相。

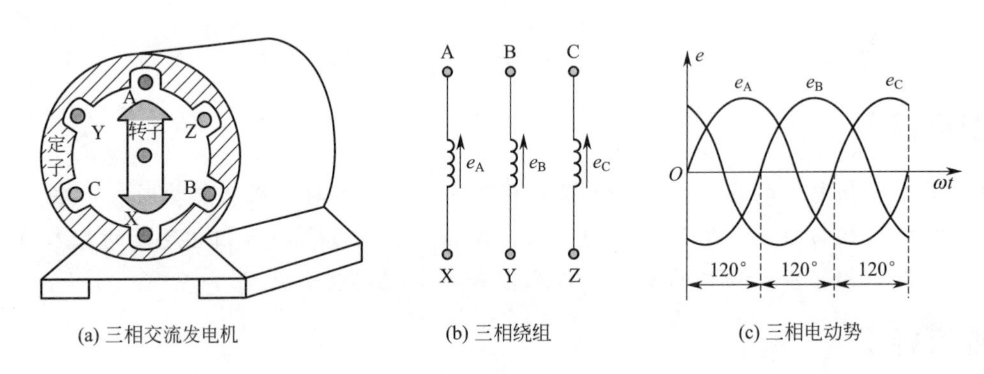

(a) 三相交流发电机　(b) 三相绕组　(c) 三相电动势

图4-1-2　三相交流发电机及三相绕组、三相电动势

当转子在原动机带动下以角速度ω作逆时针匀速转动时，三相定子绕组依次切割磁感线，产生三个对称的正弦交流电动势。电动势的参考方向选定为从线圈的末端指向始端，即电流从始端流出时为正，反之为负。由图4-1-2（c）可见，当磁极的N极转到A处时，A相的电动势到达正的最大值。经过120°后，磁极的N极转到B处，B相的电动势达到正的最大值。同理，再由此经过120°后，C相的电动势达到正的最大值，如此周而复始。这三相电动势的相位互差120°。三相交流电动势依次出现正的最大值的顺序称为三相电源的相序。A-B-C-A称为正（顺）相序，反之C-B-A-C称为负（逆）相序，电力系统一般采用正相序，正常运行时系统中的电压都是正相序的。往后，若无特殊说明，对称三相电压均按正相序处理。

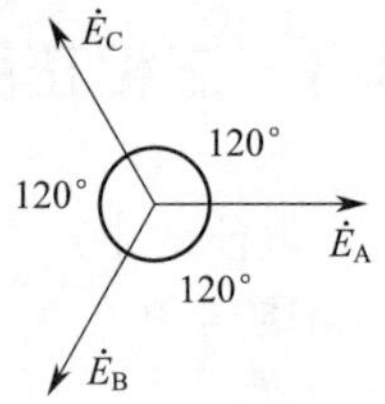

$\dot{E}_C$　120°　120°　$\dot{E}_A$　120°　$\dot{E}_B$

图4-1-3　三相对称电动势相量图

若以A相为参考正弦量，可得三相正弦交流电动势的解析式如下：

$$e_A=E_m\sin\omega t$$
$$e_B=E_m\sin(\omega t+120°)$$
$$e_C=E_m\sin(\omega t-120°)$$

三相正弦交流电动势属于三相对称电动势，满足以下特征：最大值相等，频率相同，相位互差120°。三相对称电动势的相量图（矢量图）如图4-1-3所示，可以看出三相对称电动势的相量和为零。

4.1.2　三相电源的连接

三相电源有星形（亦称Y形）接法和三角形（亦称△形）接法两种。将三相发电机三相绕组的末端（相尾）U2、V2、W2连接在一点，始端（相头）U1、V1、W1分别与负载相连，这种连接方法叫星形（Y 形）接法，如图 4-1-4 所示。从三相电源三个相头 U1、V1、W1 引出的三根导线叫作端线或相线，俗称火线，任意两个火线之间的电压叫作线电压。Y 形接法的公共连接点 N 叫作中点，从中点引出的导线叫作中线或零线。由三根相线和一根中线组成的输电方式叫作三相四线制（通常在低压配电中采用）。每相绕组始端与末端之间的电压（即相线与中线之间的电压）叫作相电压，它们的瞬时值用 u_1、u_2、u_3 来表示，显然这三个相电压也是对称的。相电压有效值 $U_1=U_2=U_3=U_P$。任意两相始端之间的电压（即火线与火线之间的电压）叫作线电压，它们的瞬时值用 u_{12}、u_{23}、u_{31} 来表示。Y 形接法相量图如图 4-1-5 所示，显然三个线电压也是对称的，有效值 $U_{12}=U_{23}=U_{31}=U_L=\sqrt{3}U_P$。线电压比相应的相电压超前 30°，如线电压 u_{12} 比相电压 u_1 超前 30°，线电压 u_{23} 比相电压 u_2 超前 30°，线电压 u_{31} 比相电压 u_3 超前 30°。

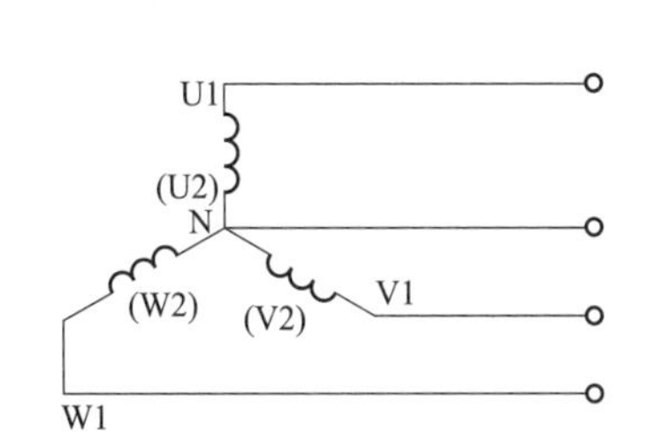

图 4-1-4　三相绕组的 Y 形接法

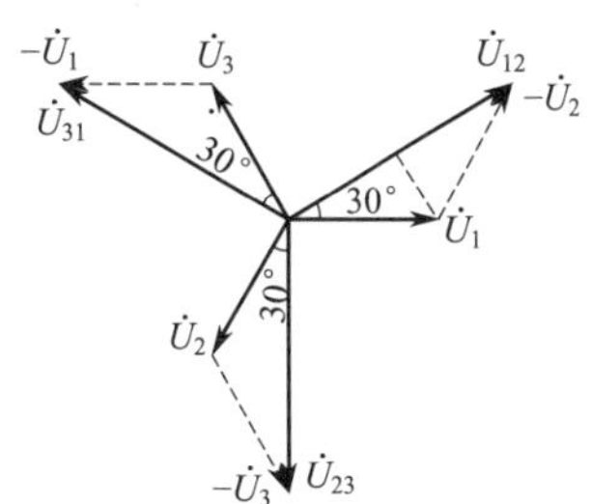

图 4-1-5　Y 形接法相量图

将三相发电机的第二绕组的始端 V1 与第一绕组的末端 U2 相连，第三绕组的始端 W1 与第二绕组的末端 V2 相连，第一绕组的始端 U1 与第三绕组的末端 W2 相连，并从三个始端 U1、V1、W1 引出三根导线，分别与负载相连，这种连接方法叫做三角形（△形）连接。显然这时线电压等于相电压，即 $U_L=U_P$，这种没有中线、只有三根相线的输电方式叫作三相三线制。

特别需要注意的是，在工业用电系统中，如果只引出三根导线（三相三线制），那么都是火线（没有中线），这时所说的三相电压均指线电压 U_L；而民用电源则需要引出中线，所说的电压均指相电压 U_P。

设某发电机三相绕组产生的电动势大小均为 $E=220$V，试求：(1) 三相电源为 Y 形接法时的相电压 U_P 与线电压 U_L；(2) 三相电源为△形接法时的相电压 U_P 与线电压 U_P。

解：(1) 三相电源 Y 形接法：相电压 $U_P=E=220$V，线电压 $U_L\approx\sqrt{3}U_P=380$V；

(2) 三相电源△ 形接法：相电压 $U_P=E=220$V，线电压 $U_L=U_P=220$ V。

4.2 电能表

电能表用于测量交流电路中电源输出（或负载消耗）的电能，一般称电度表，简称电表。图 4-2-1 所示为单相电能表的结构，其电流元件的线圈导线粗、匝数少，在电路中与负荷串联。电压元件的线圈匝数多、导线细，在电路中与负荷并联。

当电度表接入被测电路后，被测电路电压加在电压线圈上，被测电路电流通过电流线圈后产生两个交变磁通穿过铝盘，这两个磁通在铝盘上产生涡流，磁通与涡流相互作用而产生转动力矩，使铝盘转动。永久磁铁的磁通也穿过铝盘，铝盘转动时切割此

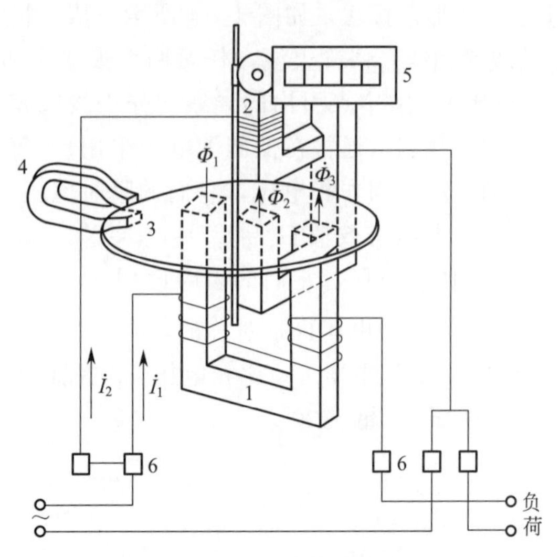

图 4-2-1　单相电能表的结构

1—电流元件；2—电压元件；3—铝盘；4—永久磁铁；

5—计数器；6—接线端柱

磁通，在铝盘上感应出电流，这电流和磁通相互作用而产生一个与铝盘旋转方向相反的制动力矩，使铝盘的转速达到均匀。由于磁通与电路中的电压和电流大小成一定比例，因而铝盘转动速度与电路中所消耗的电能也成一定比例，铝盘的转动经过蜗杆传到计数器，计数器自动累计线路中实际所消耗的电能。单相电度表用于测量单相线路的电能。测量三相四线制线路的电能必须采用三元件三相电度表；测量三相三线制线路的电能通常采用二元件三相电度表。

单相电度表分为直入式电度表和经互感器接线的电度表两类，直入式电度表又可分为跳入式（如图 4-2-2）和顺入式（如图 4-2-3）两种。

电度表的额定电压应与电源电压一致，额定电流应等于或略大于负荷电流；采用的独股绝缘铜导线的截面应满足负荷电流的需要，不应小于 2.5mm^2；电度表相线、零线不可接错，零线必须进表，零线火线不得反接，电源的相线要接电流线圈（否则会造成漏电且不安全）；表外线不得有接头，电压联片必须连接牢固。

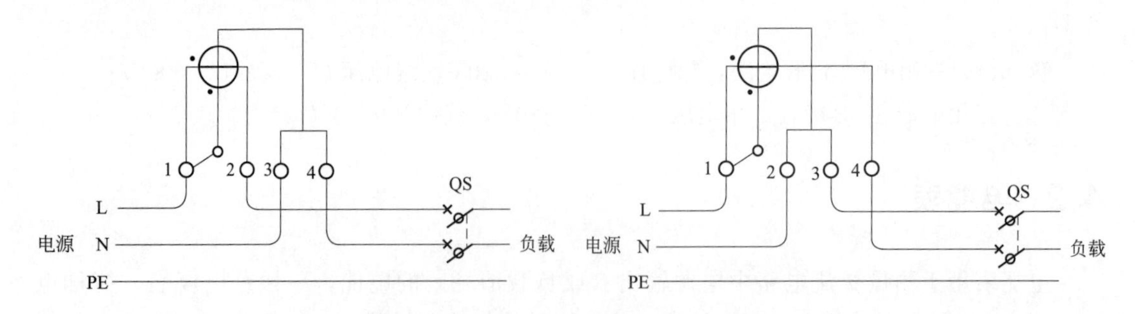

图 4-2-2　跳入式电度表接线

图 4-2-3　顺入式电度表接线

电度表经电流互感器接线如图 4-2-4 所示，电流互感器的一次额定电流应等于或略大于负荷电流；电流互感器应接在相线上，相线、零线不可接错，零线必须进表，为方便接线，尽可能选线圈式。电流互感器的极性要用对，K2 要接地（或接零）；二次线要使用绝缘铜导线，中间不得有接头，电压回路导线的截面应不小于 1.5mm²，电流回路导线的截面应不小于 2.5mm²；一次线按一次电流选；另外开关熔断器要接在负荷侧。

图 4-2-5 所示为单相电度表与三相电度表的接线对比图。

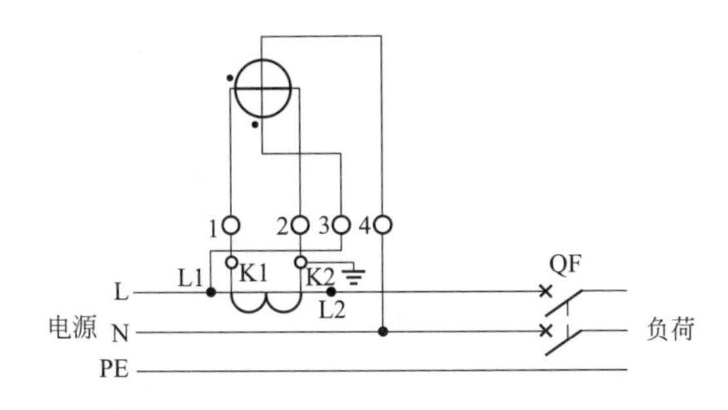

图 4-2-4　经电流互感器接线

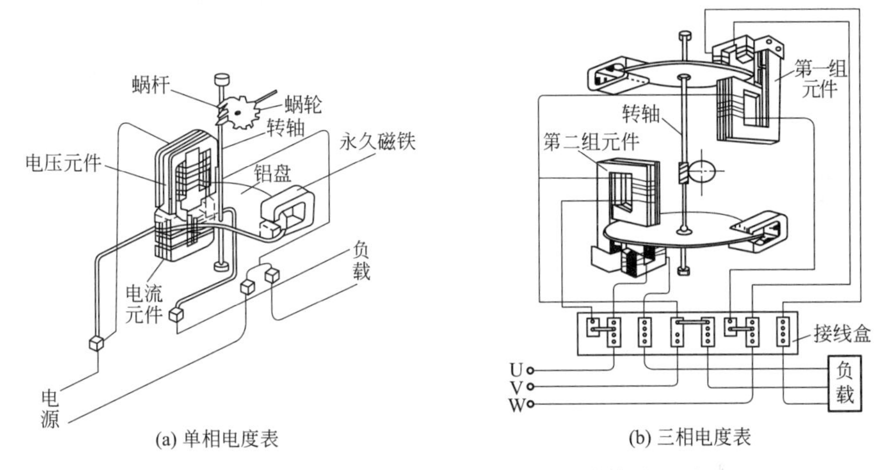

(a) 单相电度表　　(b) 三相电度表

图 4-2-5　单相电度表与三相电度表的接线对比图

三相电度表用于测量三相交流电路中电源输出（或负载消耗）的电能。它的工作原理与单相电度表完全相同，只是在结构上采用多组驱动部件，具有多个铝盘。

三相电度表可分为有功电度表和无功电度表；三相四线制有功电度表由三个驱动元件和装在同一转轴上的三个铝盘组成，它的读数直接反映了三相负载所消耗的电能。有些三相四线制有功电度表采用三组驱动部件作用于同一铝盘的结构，这种结构体积小、重量轻，减小了摩擦力矩，有利于提高灵敏度和延长使用寿命，但各个磁通的相互干扰不可避免地加大了，为此必须采取补偿措施，尽可能加大每组电磁元件之间的距离，转盘的直径相应地要大一些。三相三线制有功电度表采用两组驱动部件作用于装在同一转轴上的两个铝盘（或一个铝盘）的结构，其原理与单相电度表完全相同。

三相电度表按接线方法可分为直接式和间接式。直接式三相电度表的规格有 10A、20A、30A、50A、75A 和 100A 等，一般用于电流较小的电路；间接式三相电度表常用的规格是 5 A，与电流互感器连接，用于电流较大的电路。

三相四线制有功电度表（以 DT 型为例）相当于三个单相电度表驱动元件和制动元件的组合，即三相三元件电度表，主要用于三相四线制供电系统的电能计量（三相对称和不对称负载均可计量），它有 11 个带编号的接线端子，其中 1 号与 2 号、4 号与 5 号、7 号与 8 号接线端子用连接片连接，因此 2 号、5 号、8 号接线端子在表内部，不引出。1 号接电源 A 相（L1），4 号接电源 B 相（L2），7 号接电源 C 相（L3），10 号接电源零线 N，3 号为 A 相出线，6 号为 B 相出线，9 号为 C 相出线，11 号为零线 N 出线，如图 4-2-6 所示。

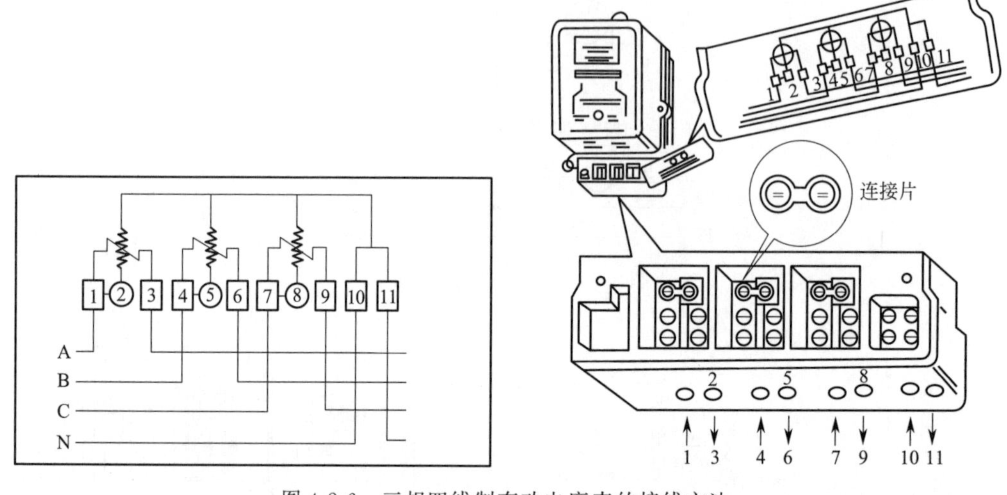

图 4-2-6　三相四线制有功电度表的接线方法

三相三线制有功电度表相当于两个单相电度表驱动元件和制动元件的组合，即三相二元件电能表，适用于三相三线制供电系统的电能计量和三相四线制供电系统的三相对称负载（如三相电动机）的电能计量。三相三线制有功电度表有 8 个带编号的接线端子，其中 1 号与 2 号、6 号与 7 号接线端子用连接片连接，因此 2 号、7 号接线端子在表内部，不引出。接线方法如图 4-2-7 所示。1 号接电源 A 相（L1），4 号接电源 B 相（L2），6 号接电源 C 相（L3），3 号接 A 相出线端，5 号接 B 相出线端，8 号接 C 相出线端。

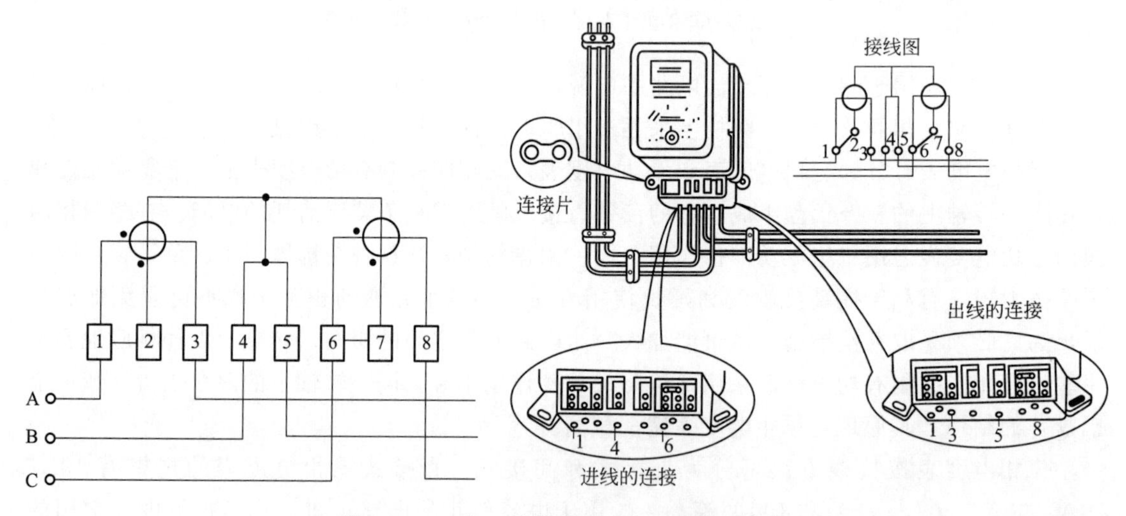

图 4-2-7　三相三线制有功电度表的接线方法

三相电度表与电流互感器相结合可以测量电流较大的线路。互感器是用来按比例变换交流电压或交流电流的仪器，包括变换交流电压的电压互感器和变换交流电流的电流互感器。互感器可扩大交流仪表的量程，在测量高电压时用来保证工作人员和仪表的安全，并有利于仪表生产的标准化，降低生产成本。

电流互感器实际上是一个降流变压器，能把一次侧的大电流变换成二次侧的小电流。一般电流互感器二次侧的额定电流为 5A。电流互感器的一次侧额定电流与二次侧额定电流之比叫作电流互感器的额定变流比。电流互感器的符号和接线如图 4-2-8 所示。

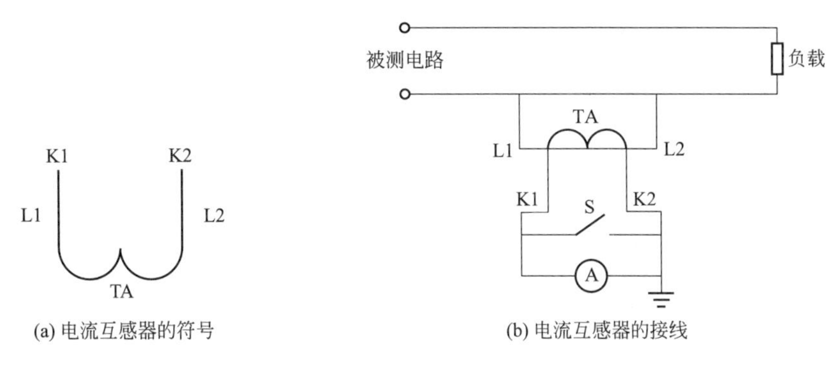

(a) 电流互感器的符号　　(b) 电流互感器的接线

图 4-2-8　电流互感器的符号和接线

电流互感器的一次侧要与被测电路串联，二次侧与电流表串联。电流互感器的二次侧在运行中绝对不允许开路，因此在电流互感器的二次侧回路中严禁加装熔断器。运行中需拆除或更换仪表时，应先将电流互感器的二次侧短路再进行操作。电流互感器的铁芯和二次侧的一端必须可靠接地。接在同一互感器上的仪表不能太多。

电压互感器实际上就是一个降压变压器，它能将一次侧的高电压变换成二次侧的低电压。电压互感器二次侧的额定电压一般为 100V。电压互感器一次侧额定电压与二次侧额定电压之比称为电压互感器的额定变压比。电压互感器的符号和接线如图 4-2-9 所示。

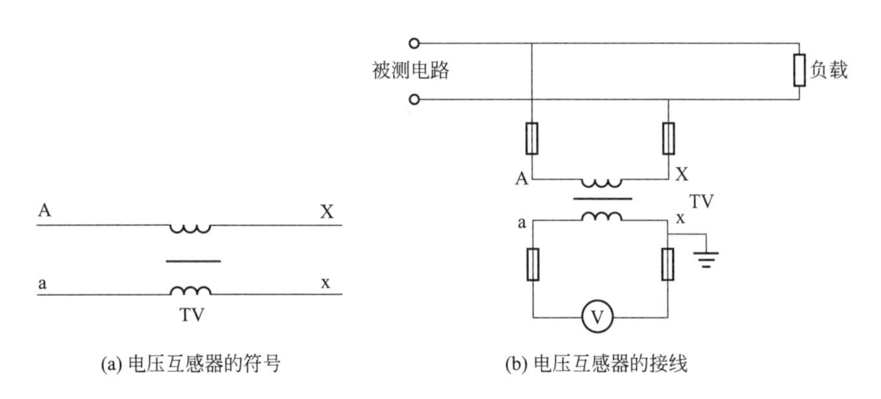

(a) 电压互感器的符号　　(b) 电压互感器的接线

图 4-2-9　电压互感器的符号和接线

电压互感器使用时必须正确接线。电压互感器的一次侧要与被测电路并联，二次侧与电压表并联。电压互感器的一次侧、二次侧在运行中绝对不允许短路，因此一次侧、二次侧都要加装熔断器。电压互感器的铁芯和二次侧的一端必须可靠接地。

间接式三相三线制电度表的接线需配用两只同规格的电流互感器。接线时，把总熔丝盒下接线桩引出来的 U 相和 W 相相线穿过电流互感器的一次侧，分别接到电度表的 2、7 接线桩上。V 相相线接到电度表 4 接线桩上，从接线桩 5 引出。两只电流互感器二次侧的“+”接线桩分别与电度表的 1、6 进线桩相连，“－”接线桩分别与电度表的 3、8 接线桩相连，并可靠接地，如图 4-2-10 所示。注意应将三相电度表接线盒内的两块连接片都拆下。

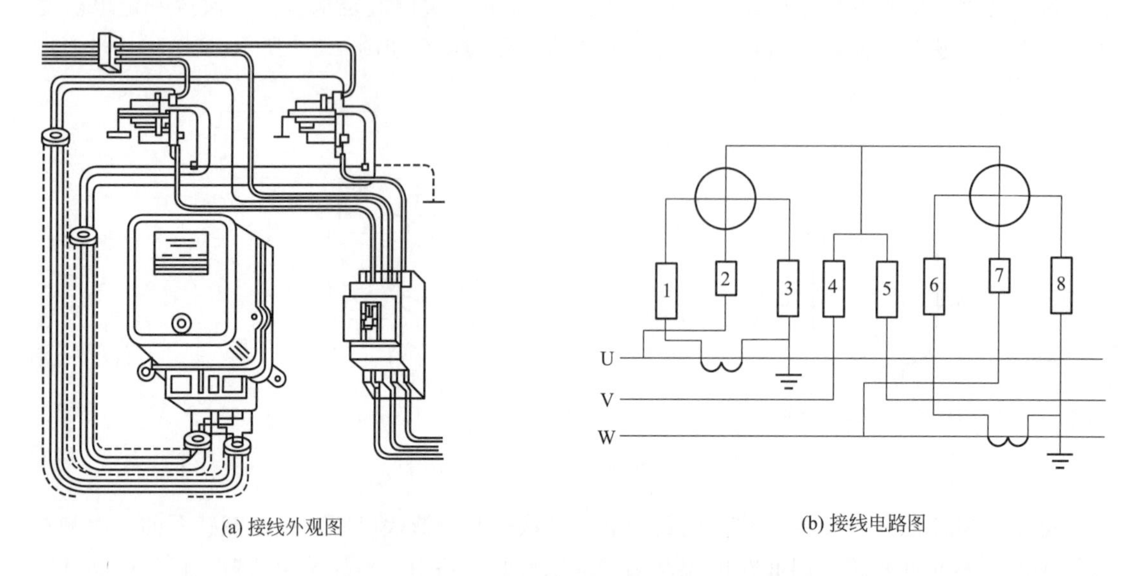

(a) 接线外观图

(b) 接线电路图

图 4-2-10　三相三线制电度表间接接线图

间接式三相四线制电度表的接线需配用三只相同规格的电流互感器。如图 4-2-11 所示。接线时把总熔丝盒下接线桩头引来的三根相线分别穿过三只电流互感器的一次侧，然后分别与电度表的 2、5、8 三个接线桩连接。三只电流互感器二次侧的“K1”接线桩与电度表的 1、4、7 三个进线桩连接。电流互感器二次侧的“K2”接线桩连接电度表的 3、6、9 三个出线桩头，并接地。最后把电源中性线与电度表的进线桩 10 连接。接线桩 11 用来连接中性线的出线。接线时注意应先将电度表接线盒内的三块连接片都拆下。

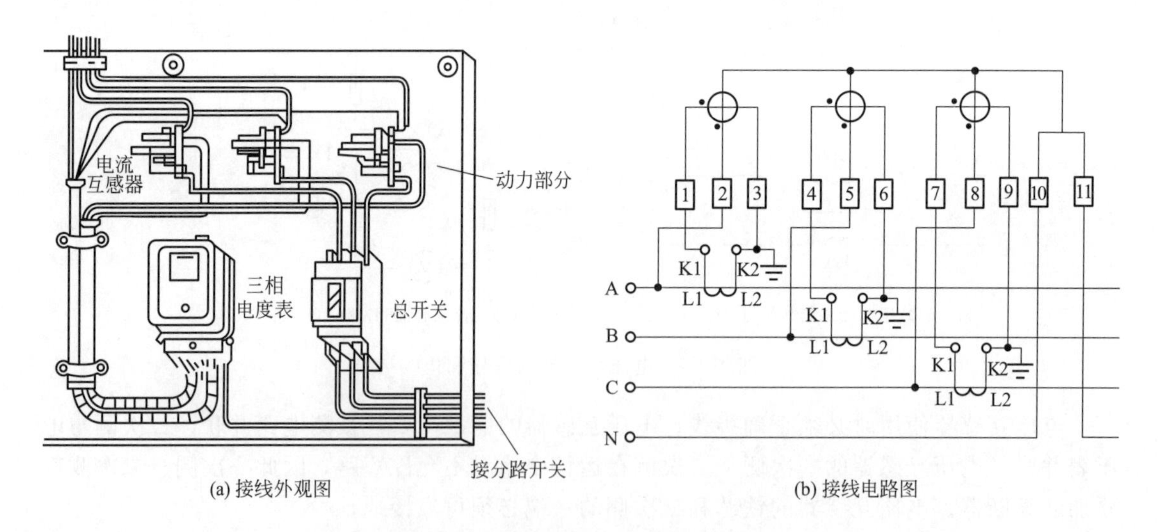

(a) 接线外观图

(b) 接线电路图

图 4-2-11　三相四线制电度表间接接线图

选择电度表量程时，应使电度表额定电压与负载额定电压相符，电度表额定电流应大于等于负载的最大电流。电度表的接线必须要遵守发电机端守则。通常情况下，电度表的发电机端已在内部接好，接线图印在端钮盒盖的里面，使用时只要按照接线图进行接线，一般不会发生铝盘反转的情况。

对直接接入电路的电度表以及与所标明的互感器配套使用的电度表，都可以直接读取被测电能。当电度表上标有“10×kW・h”，或“100×kW・h”字样时，应将表的读数乘以10或100，才是被测电能的实际值。当配套使用的互感器变比与电度表标明的不同时，必须将电度表的读数进行换算才能求得被测电能实际值。

通常电度表与配电装置装在一处，要安装在干燥、无振动和无腐蚀气体的场所，安装在配电装置的左方或下方，高度应在0.6～1.8m范围内（水平中心线距地面尺寸）。

4.3 三相异步电动机控制线路

4.3.1 三相异步电动机的基本原理

三相异步电动机具有结构简单、坚固耐用、运行可靠、维护方便等优点，其基本组成部分为定子（固定部分）和转子（旋转部分），此外还包括机座、端盖、轴承盖、接线盒及吊环等部件，如图4-3-1所示。通常直接称三相异步电动机为三相电动机或三相电机。

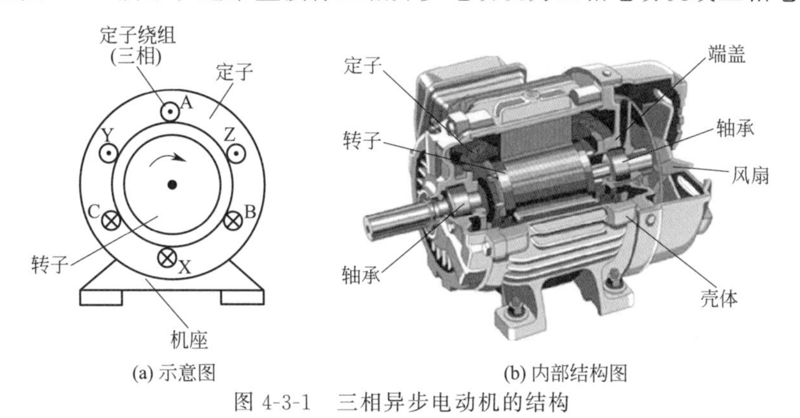

(a) 示意图　(b) 内部结构图

图4-3-1 三相异步电动机的结构

定子用来产生旋转磁场，是电动机磁路的一部分，由0.35～0.5mm厚表面涂有绝缘漆的薄硅钢片叠压而成，以减少交变磁通引起的涡流损耗，如图4-3-2所示。

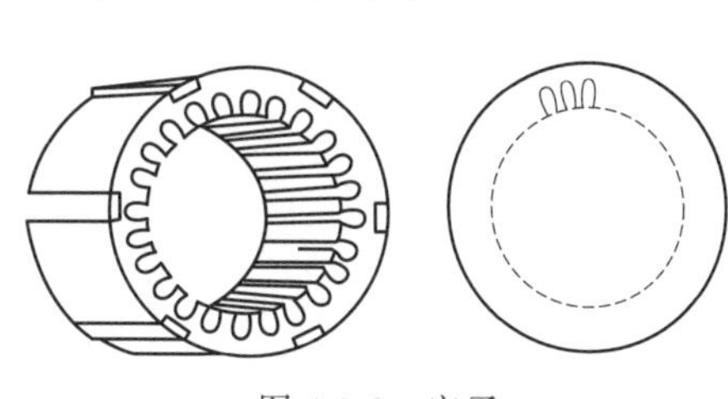
图4-3-2 定子

三相电动机有三相定子绕组，由三个在空间相差120°电角度且彼此独立的绕组组成，每个绕组即为一相，由若干线圈连接而成，通入三相对称电流时，就会产生旋转磁场。线圈由绝缘铜导线或绝缘铝导线绕制，中小型三相电动机多采用圆漆包线，大中型三相电动机的定子线圈则用较大截面的绝缘扁铜线或扁铝线绕制后再按一定规律嵌入定子铁芯槽内。定子三相绕组的六个出线端都引至接线盒上，首端分别标为U1、V1、W1，末端分别标为U2、V2、W2 。这六个出线端在接线盒里的排列如图4-3-3所示，可以接成星形或三角形。

三相电动机的转子绕组见图4-3-4。

三相电动机多采用笼型转子，在转子的每个槽里放上一根导条，两端用端环连接起来，

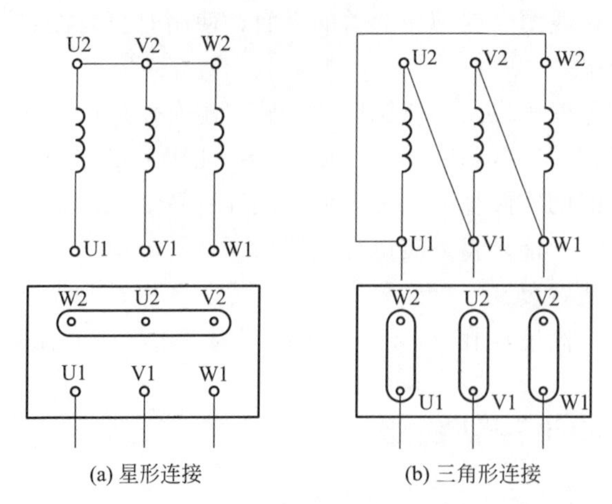

图 4-3-3　定子绕组出线端的排列

图 4-3-4　转子绕组

形成一个短路绕组，形状像鼠笼，因此又叫鼠笼转子。导条的材料有用铜的，也有用铝的。如果用的是铜料，就需要把事先做好的裸铜条插入转子铁芯的槽里，再用铜端环套在两端的铜条上，最后焊在一起。如果用的是铝料，就连同端环、风扇一次铸成。

三相交流电通入定子绕组后便形成了一个旋转磁场，其转速 $n_1=\dfrac{60f}{p}$，其中 f 为交流电频率，p 为磁极对数。旋转磁场的磁力线被转子导体切割，根据电磁感应原理，转子导体产生感应电动势，而转子绕组是闭合的，因此转子导体有电流流过。图 4-3-5 中，设旋转磁场按顺时针方向旋转，上半部转子导体的电动势和电流方向由里向外，用⊙表示，下半部则由外向里，用⊕表示。

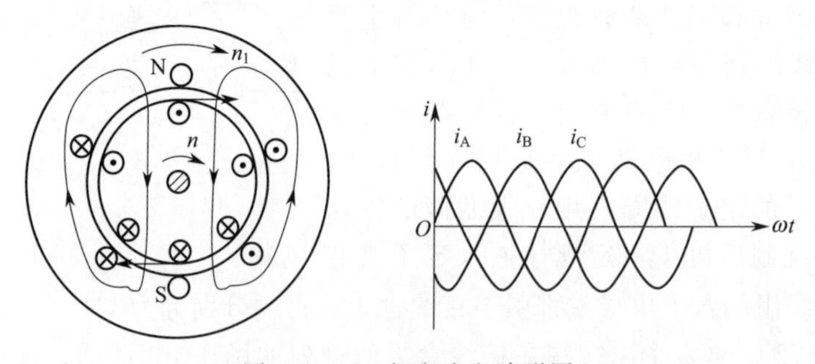

图 4-3-5　三相交流电波形图

定子旋转磁场以速度 n_0 旋转，转子导体中感生出电流，使导体受电磁力作用形成电磁转矩，推动转子以转速 n 顺 n_0 方向旋转，并从轴上输出一定大小的机械功率，如图 4-3-6

所示。

4.3.2　常用的低压控制元件

（1）刀开关。刀开关又叫闸刀开关，一般用在不频繁操作的低压电路中，用来接通和切断电源，有时也用来控制小容量电动机的直接启动与停机，符号如图 4-3-7 所示。刀开关的种类很多。按极数（刀片数）分为单极、双极和三极，按结构分为平板式和条架式，按操作方式分为直接手柄操作式、杠杆操作机构式和电动操作机构式；按转换方向分为单投和双投等。刀开关一般与熔断器串联使用，以便在短路或过负荷时熔断器熔断而自动切断电路。

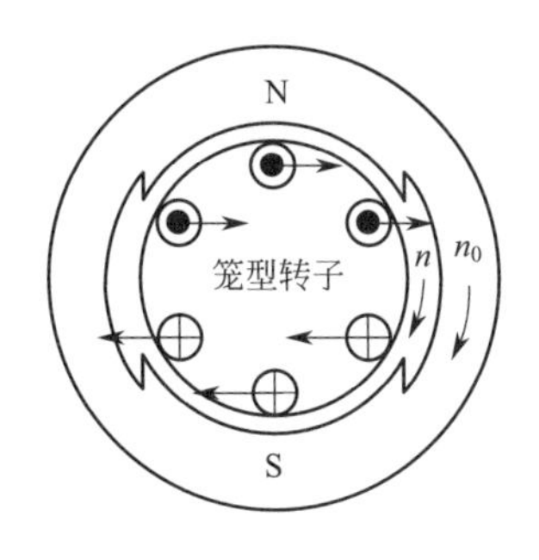

图 4-3-6　转子受力模型

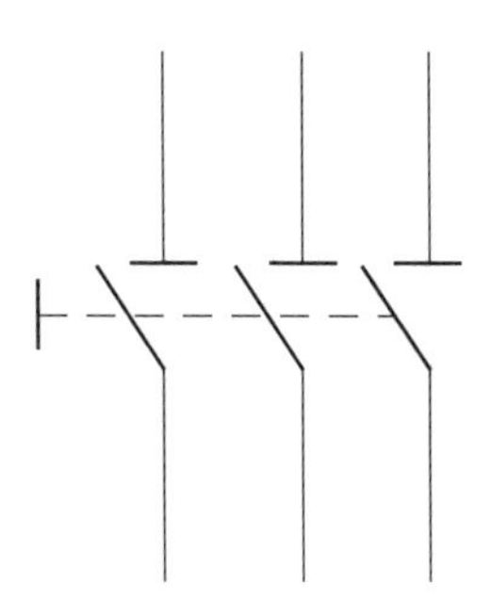

图 4-3-7　刀开关符号

（2）低压断路器。低压断路器又称自动空气开关，结构如图 4-3-8 所示，它是低压配电系统和电力拖动系统中非常重要的电器，具有操作安全、使用方便、工作可靠、安装简单、分断能力高等优点。符号如图 4-3-9 所示。

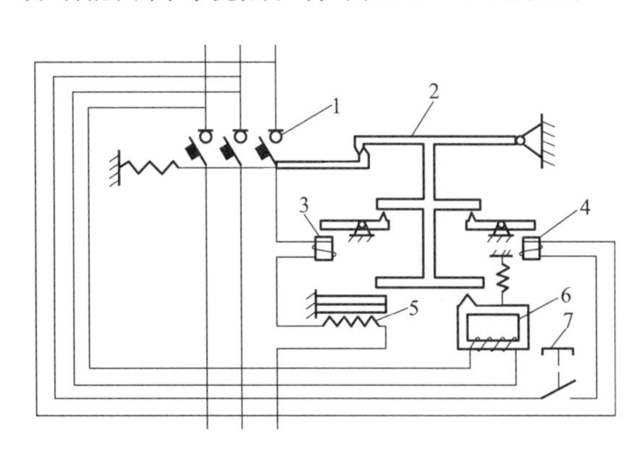

图 4-3-8　低压断路器结构

1—主触头；2—自由脱扣器；3—过电流脱扣器；4—分励脱扣器；5—热脱扣器；6—失压脱扣器；7—按钮

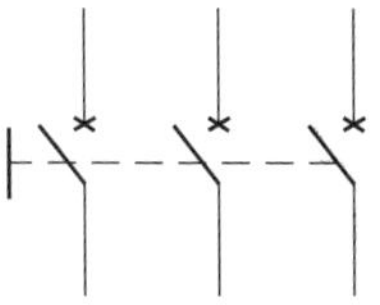

图 4-3-9　低压断路器的符号

断路器的额定工作电压应大于等于线路或设备的额定工作电压；断路器主电路额定工作电流要大于等于负载工作电流；断路器的过载脱扣整定电流应大于等于负载工作电流；断路器的额定通断能力应大于等于电路的最大短电流。

（3）按钮。按钮常用于接通、断开控制电路，它的结构和符号见图 4-3-10。按钮上的触点分为常开触点和常闭触点，因此按钮分为常开（动合）和常闭（动断）两种。由于按钮的结构特点，按钮一般只起发出“接通”和“断开”信号的作用。

（4）熔断器。熔断器如图 4-3-11 所示，主要作短路或过载保护用，串联在被保护的线

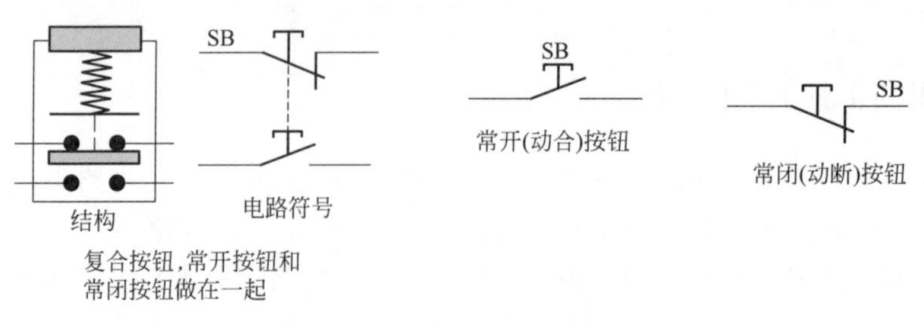

图 4-3-10　按钮的结构和符号

路中，线路正常工作时如同一根导线，起通路作用，当线路短路或过载时熔断器熔断，起到保护线路上其他电器设备的作用。熔断器的结构有管式、瓷插式、螺旋式等几种，其熔体（熔丝或熔片）用电阻率较高的易熔合金或截面积较小的导体制成。符号如图 4-3-12 所示。

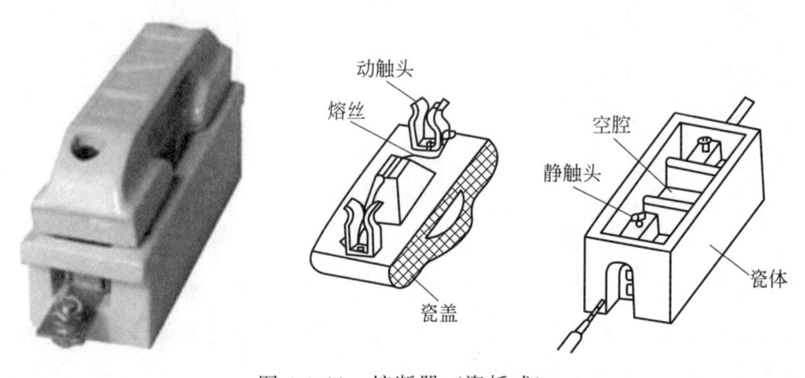

图 4-3-11　熔断器（瓷插式）

（5）接触器。接触器常用来接通和断开电动机或其他设备的主电路。图 4-3-13 所示是接触器的原理图，电磁线圈通电后，吸引铁芯使触头闭合。

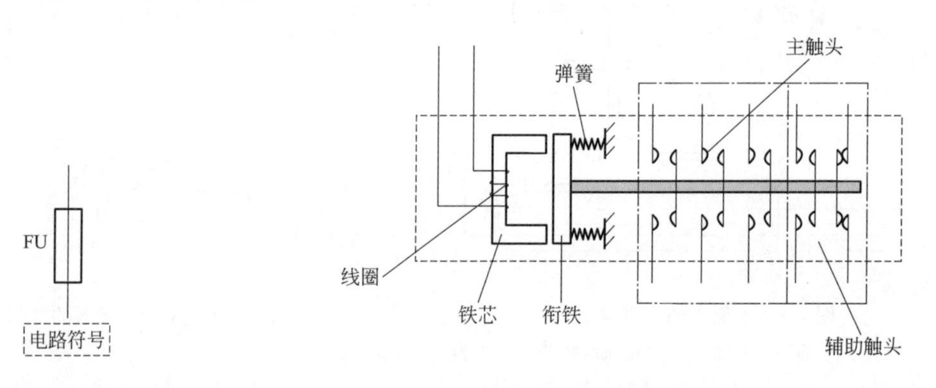

图 4-3-12　熔断器的符号

图 4-3-13　接触器原理图

接触器的触头分主触头和辅助触头两种。辅助触头通过的电流较小，常接在电动机的控制电路中；主触头能通过较大电流，常接在电动机的主电路中。当主触头断开时触点之间会产生电弧，会烧坏触头，并使电路分断时间拉长，因此必须采取灭弧措施。通常接触器的触头都做成桥式结构，它有两个断点，以降低触头断开时加在断点上的电压，使电弧容易熄灭；接触器各相间装有绝缘隔板，可防止短路。在额定电流较大的接触器中还专门设有灭弧装置。接触器的符号见图 4-3-14。在选用接触器时应注意它的额定电流、线圈电压及触头数量等。CJ10 系列接触器的主触头额定电流有 5A、10A、20A、40A、75A、120A 等几种。

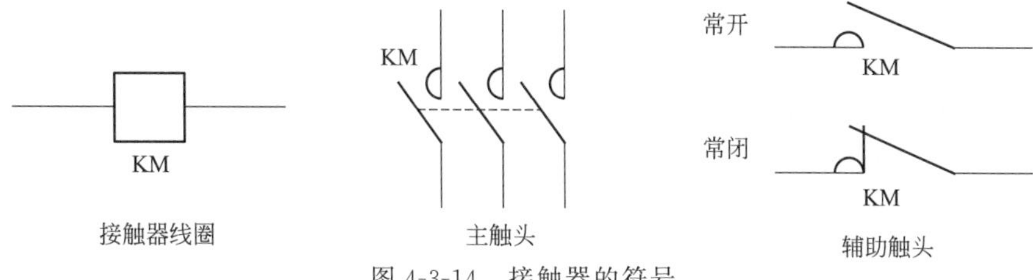

图 4-3-14　接触器的符号

（6）中间继电器。中间继电器的结构与接触器基本相同，只是体积较小，触点较多，通常用来传递信号和同时控制多个电路，也可以用来控制小容量的电动机或其他执行元件。符号如图 4-3-15 所示。常用的中间继电器为 JZ7 系列，其额定电流为 5A。

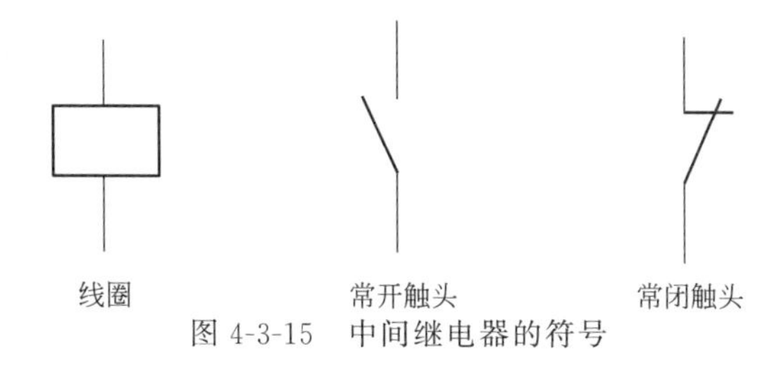

图 4-3-15　中间继电器的符号

（7）热继电器。热继电器（符号见图 4-3-16）是利用电流的热效应来推动机构使触头系统闭合或分断的保护电器，主要用于电动机的过载保护、断相保护、电流不平衡运行保护及电气设备发热状态控制。

安装热继电器时，其热元件串接于电动机的主电路中，而常闭触头串接于电动机的控制电路中。当电动机正常运行时，热元件产生的热量虽能使双金属片弯曲，但还不足以使热继电器的触头动作。当电动机过载时，双金属片弯曲位移增大，推动导板使常闭触头断开，从而切断电动机控制电路以起保护作用。热继电器动作后，要等双金属片冷却后自动复位，也可手动按下复位按钮复位。热继电器动作电流的调节可借助旋转凸轮来实现。

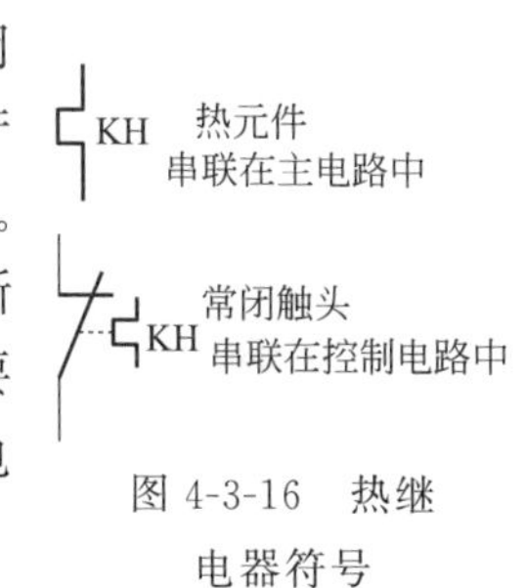

图 4-3-16　热继电器符号

三相异步电动机的电路中一般采用两相结构的热继电器（即在两相主电路中串接热元件），在特殊情况下，没有串接热元件的一相有可能过载（如三相电源严重不平衡、电动机绕组内部短路等），热继电器不动作，此时需采用三相结构的热继电器。

热继电器的型号表示方法如下：

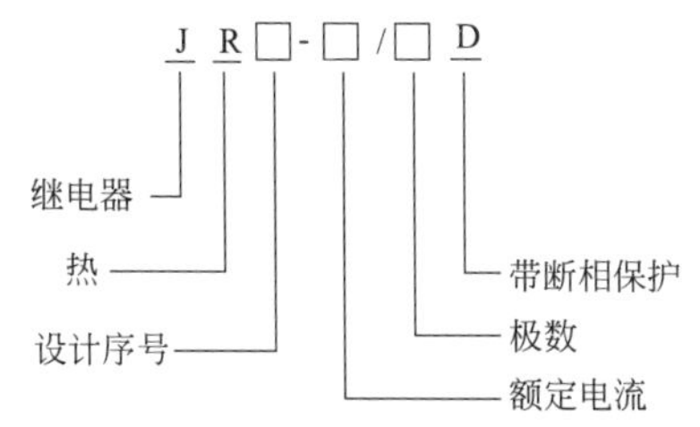

一般对于轻载启动、长期工作的电动机或间断性长期工作的电动机，选择二相结构的热继电器；对于电源电压的均衡性和工作环境较差或较少有人照管的电动机，或功率差别较大

的多台电动机，可选择三相结构的热继电器；而对于三角形连接的电动机，应选用带断相保护装置的热继电器。

热继电器的额定电流应略大于电动机的额定电流。热继电器的整定电流（指热继电器长时间不动作的最大电流，超过此值热继电器即动作）一般应等于电动机的额定电流；对过载能力差的电动机，可将热继电器的整定电流调整到电动机额定电流的0.6～0.8倍；对启动时间较长、拖动冲击性负载或不允许停车的电动机，热继电器的整定电流应调节到电动机额定电流的1.1～1.15倍。

在进行热继电器安装接线时，应清除触头表面污垢，以免电路不通或因接触电阻太大而影响热继电器的动作特性。热继电器进线端子标志为1/L1、3/L2、5/L3，与之对应的出线端子标志为2/T1、4/T2、6/T3。

热继电器除了接线螺钉外，其余螺钉均不得拧动，否则其保护特性即行改变；进行热继电器安装接线时必须切断电源；当热继电器与其他电器安装在一起时，应将它安装在其他电器的下方，以免其动作特性受到其他电器的影响；热继电器的主回路连接导线不宜太粗，也不宜太细，如连接导线过细，轴向导热性差，热继电器可能提前动作；反之，连接导线太粗，轴向导热快，热继电器可能动作滞后。当电动机启动时间过长或操作次数过于频繁时，热继电器会产生误动作，容易烧坏电器，故这种情况一般不用热继电器作过载保护。若热继电器双金属片出现锈斑，可用棉布蘸上汽油轻轻揩拭，切忌用砂纸打磨。主电路发生短路事故后，应检查发热元件和双金属片是否已经发生永久变形，若已变形，应更换。热继电器在出厂时均调整为自动复位形式，若要调为手动复位形式，可将热继电器侧面孔内螺钉倒拧三四圈即可。热继电器发生脱扣动作后，若要再次启动电动机，必须待热元件冷却后使热继电器复位，一般自动复位需5min，手动复位需2min。热继电器的整定电流必须按电动机的额定电流进行调整，在作调整时，绝对不允许弯折双金属片。为使热继电器的整定电流与负荷的额定电流相符，可以旋动调节旋钮，使所需的电流值对准白色箭头，旋钮上的电流值与整定电流值之间可能有误差，可在实际使用时按情况适当偏转。如需在两刻度之间整定电流值，可按比例转动调节旋钮，并在实际使用时适当调整。

4.3.3 三相异步电动机控制线路

（1）三相异步电动机的启动分为直接启动、降压启动、Y-△换接启动和自耦降压启动等。直接启动又称为全压启动，是利用闸刀开关或接触器将电动机直接在额定电压下启动，一般只用于小容量或容量远小于供电变压器的电动机。降压启动是在启动时降低加在定子绕组上的电压，以减小启动电流，待电动机转速上升到接近额定转速时再恢复到全压运行，适于大中型鼠笼式异步电动机的轻载或空载启动。Y-△换接启动是在启动时将三相定子绕组接成星形，待转速上升到接近额定转速时，再换成三角形，这样在启动时就可把定子每相绕组上的电压降到正常工作电压的$1/\sqrt{3}$，此方法只能用于正常工作时定子绕组为三角形连接的电动机。自耦降压启动是利用三相自耦变压器将电动机在启动过程中的端电压降低，当转速接近额定值时切除自耦变压器，这样能使启动电流和启动转矩减小。

（2）三相异步电动机的调速。调速就是在同一负载下能得到不同的转速，以满足生产过程的要求。三相异步电动机可通过三个途径进行调速：①改变电源频率；②改变磁极对数；③改变转差率。前两者是鼠笼式电动机的调速方法，后者是绕线式电动机的调速方法。通过改变电源频率可获得平滑且范围较大的调速效果，且可获得较硬的机械特性，但须有专门的变频装置，设备复杂，成本较高，应用范围不广。变极调速不能实现无级调速，但简单方便，常用在金属切削机床或其他生产机械上。在绕线式异步电动机的转子电路中可串入一个三相调速变阻器，通过改变转差率进行调速，此方法能平滑地调节绕线式电动机的转速，且设备简单、投资少，但变阻器增加了损耗，故常用于短时调速或调速范围不太大的场合。

（3）三相异步电动机的制动。制动是给电动机一个与转动方向相反的转矩，促使它在断开电源后很快地减速或停转，这时的转矩称为制动转矩。常见的电气制动方法有反接制动、能耗制动和发电反馈制动。

反接制动是当电动机快速转动而需停转时改变电源相序，使转子受一个与原转动方向相反的转矩而迅速停转。当转子转速接近零时，应及时切断电源，以免电机反转。为了限制电流，对功率较大的电动机进行制动时必须在定子电路（鼠笼式）或转子电路（绕线式）中接入电阻。这种方法比较简单，制动力强，效果较好，但制动过程中的冲击强烈，易损坏传动器件，且能量消耗较大，频繁进行反接制动会使电机过热。

能耗制动是在电动机脱离三相电源的同时，将定子绕组接入一直流电源，使直流电流通入定子绕组，于是在电动机中便产生一方向恒定的磁场，使转子受到与自身转动方向相反的制动力矩的作用，实现制动。由于这种方法是通过消耗转子的动能（转换为电能）来进行制动的，所以称为能耗制动。这种制动方式能量消耗小，制动准确而平稳，无冲击，但需要提供直流电流。

发电反馈制动的原理是当转子的转速超过旋转磁场的转速时，这时的电磁转矩是制动性质的。如当起重机快速下放重物时，重物拖动转子快速旋转，重物会受到电磁制动而等速下降。

4.3.4 三相异步电动机的控制

（1）点动控制。图4-3-17所示为点动控制电路。合上开关QS，三相电源被接入控制电路，但电动机还不能启动。按下按钮SB，接触器KM线圈通电，衔铁吸合，常开主触点接通，电动机定子绕组接通三相电源，启动运转。松开按钮SB，接触器KM线圈断电，衔铁松开，常开主触点断开，电动机因断电而停转。

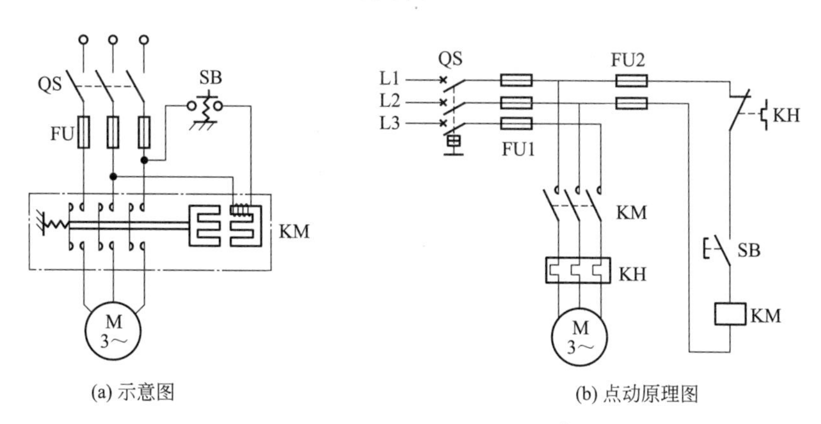

(a) 示意图

(b) 点动原理图

图4-3-17 点动控制电路

（2）接触器自锁控制。启动过程如下：合上电源开关QS，按下启动按钮SB2，接触器

KM线圈通电，与SB2并联的KM的辅助常开触点闭合，以保证松开按钮SB2后KM线圈持续通电，串联在电动机回路中的KM的主触点持续闭合，电动机连续运转，从而实现连续运转控制。停止过程如下：按下停止按钮SB1，接触器KM线圈断电，与SB2并联的KM的辅助常开触点断开，以保证松开按钮SB1后KM线圈持续失电，串联在电动机回路中的KM的主触点持续断开，电动机停转，如图4-3-18所示。接触器自锁控制电路还可实现短路保护、过载保护和零压保护。

串接在主电路中的熔断器FU起短路保护作用，一旦电路发生短路故障，熔体立即熔断，电动机立即停转。热继电器KH起过载保护作用，过载时热继电器的热元件发热，将其常闭触点断开，使接触器KM线圈断电，串联在电动机回路中的KM的主触点断开，电动机停转，同时KM辅助触点也断开，解除自锁。故障排除后若要重新启动，需按下热继电器的复位按钮，使其常闭触点复位（闭合）。接触器KM本身起零压（或欠压）保护作用，当电源暂时断电或电压严重下降时，接触器KM线圈的电磁吸力不足，衔铁自行释放，使主、辅触点自行复位，切断电源，电动机停转，同时解除自锁。

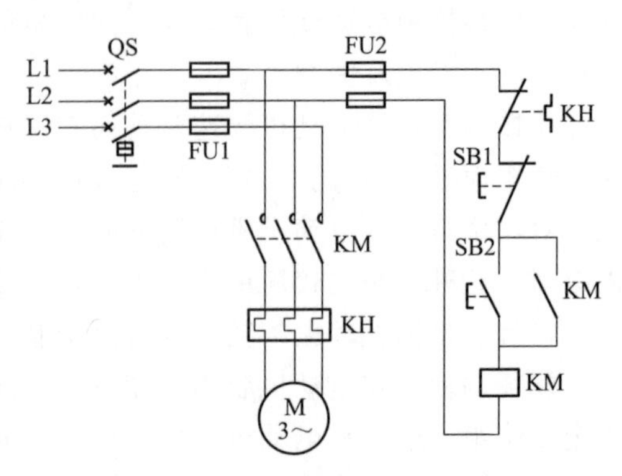

图4-3-18　接触器自锁控制电路

（3）正反转控制。正向启动过程：按下启动按钮SB2，接触器KM1线圈通电，与SB2并联的KM1的辅助常开触点闭合，以保证KM1线圈持续通电，串联在电动机回路中的KM1的主触点持续闭合，电动机连续正向运转，如图4-3-19所示。停止过程：按下停止按钮SB1，接触器KM1线圈断电，与SB2并联的KM1的辅助触点断开，以保证KM1线圈持续失电，串联在电动机回路中的KM1的主触点持续断开，切断电动机定子电源，电动机停转。反向启动过程：按下启动按钮SB3，接触器KM2线圈通电，与SB3并联的KM2的辅助常开触点闭合，以保证线圈持续通电，串联在电动机回路中的KM2的主触点持续闭合，电动机连续反向运转。

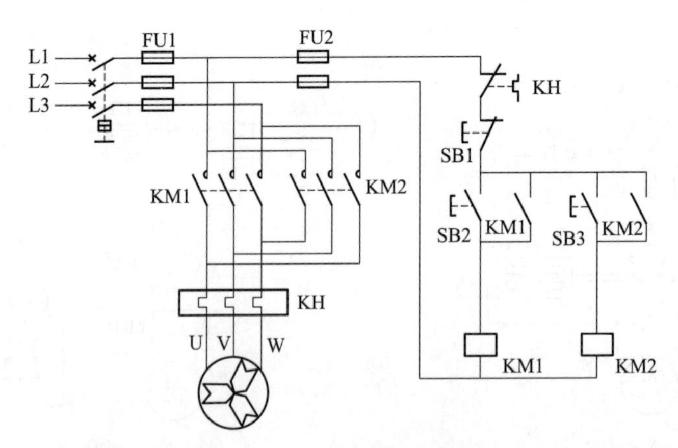

图4-3-19　正反转控制电路

在正反转控制过程中，KM1和KM2线圈不能同时通电，因此不能同时按下SB2和SB3，也不能在电动机正转时按下反转启动按钮，或在电动机反转时按下正转启动按钮。如果操作错误，将引起主回路电源短路。为此一般采用带电气互锁的正反转控制电路，如图 4-3-20 所示。将接触器 KM1 的辅助常闭触点串入 KM2 的线圈回路中，从而保证在 KM1 线圈通电时 KM2 线圈回路总是断开的；将接触器 KM2 的辅助常闭触点串入 KM1 的线圈回路中，从而保证在 KM2 线圈通电时 KM1 线圈回路总是断开的，这样接触器的辅助常闭触点 KM1 和 KM2 保证了两个接触器线圈不能同时通电，这种控制方式称为互锁或者联锁，这两个辅助常开触点称为互锁或者联锁触点。这种控制电路在具体操作时，若电动机处于正转状态并要反转，必须先按停止按钮 SB1 使互锁触点 KM1 闭合，再按下反转启动按钮 SB3；若电动机处于反转状态并要正转，必须先按停止按钮 SB1 使互锁触点 KM2 闭合，再按下正转启动按钮 SB2，操作起来有些烦琐，因此可改进为具有电气互锁和机械互锁的正反转控制电路，见图 4-3-21。

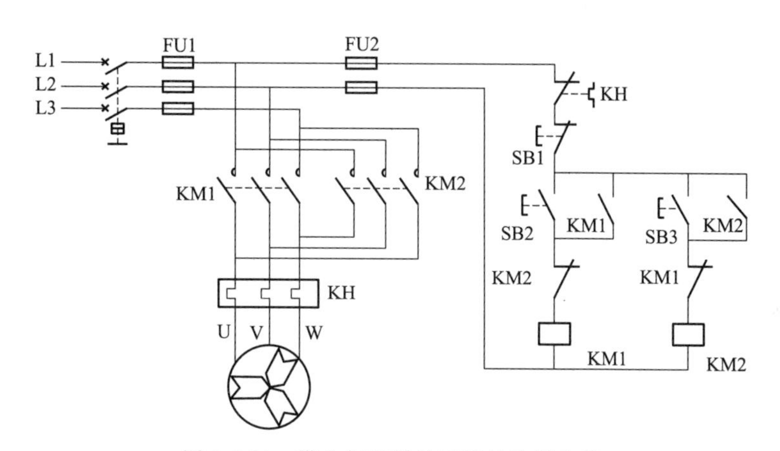

图 4-3-20　带电气互锁的正反转控制电路

具有电气互锁和机械互锁的正反转控制电路采用复式按钮，将 SB3 的常闭触点串接在 KM1 的线圈电路中，这样只要按下反转启动按钮，在 KM2 线圈通电之前就首先使 KM1 断电，从而保证 KM1 和 KM2 不同时通电；从反转到正转的情况也是一样。

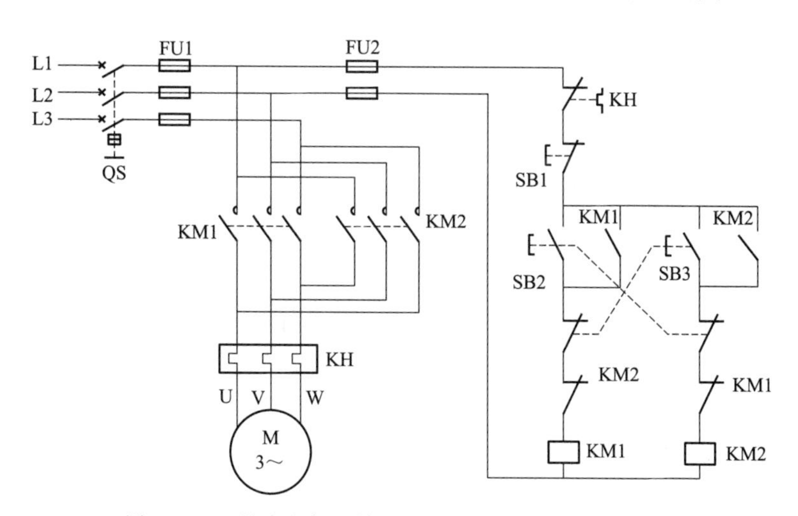

图 4-3-21　具有电气互锁和机械互锁的正反转控制电路

（4）Y-△降压启动控制。如图 4-3-22 所示，按下启动按钮 SB2，时间继电器 KT 和接触器 KM1、KM3 同时通电吸合，KM2 的常开主触点闭合，把定子绕组连接成星形，其常开辅助触点闭合，接通接触器 KM1，KM1、KM3 的常开主触点闭合，将定子接入电源，电动机在星形连接下启动。KM1 的一对常开辅助触点闭合，进行自锁。经一定延时，KT 的常闭触点断开，KM3 断电复位，接触器 KM2 通电吸合。KM2 的常开主触点将定子绕组连接方式变为三角形，使电动机在额定电压下正常运行。若要停车，则按下停止按钮 SB1，接触器 KM1、KM2 同时断电释放，电动机脱离电源停止转动。

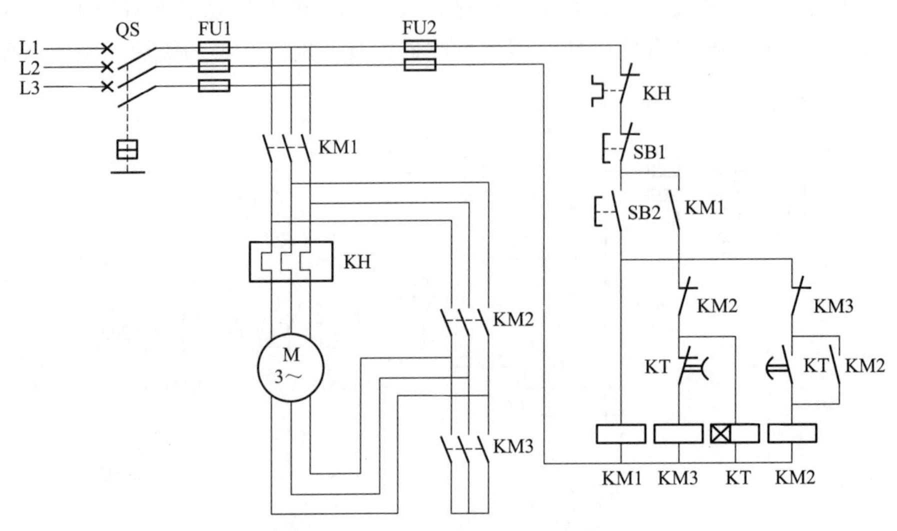

图 4-3-22　Y-△降压启动控制电路

（5）行程控制。如图 4-3-23 所示，当生产机械的运动部件到达预定的位置时，压下行程开关 SQ1 的触杆，将常闭触点断开，接触器线圈断电，使电动机断电而停止运行，实现限位控制。

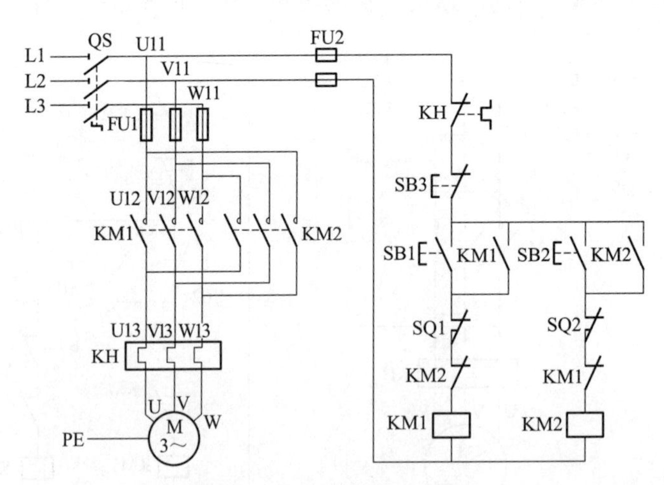

图 4-3-23　限位控制电路

图 4-3-24 所示为行程往返控制电路。按下正向启动按钮 SB1，电动机正向启动运行，带动工作台向前运动。当运行到 SQ1 位置时，挡块压下 SQ1，接触器 KM1 断电释放，KM2 通电吸合，电动机反向启动运行，使工作台后退。工作台退到 SQ2 位置时，挡块压下 SQ2，

KM2 断电释放，KM1 通电吸合，电动机又正向启动运行，工作台又向前进，如此一直循环下去，直到需要停止时按下 SB3，KM1 和 KM2 线圈同时断电释放，电动机脱离电源停止转动。

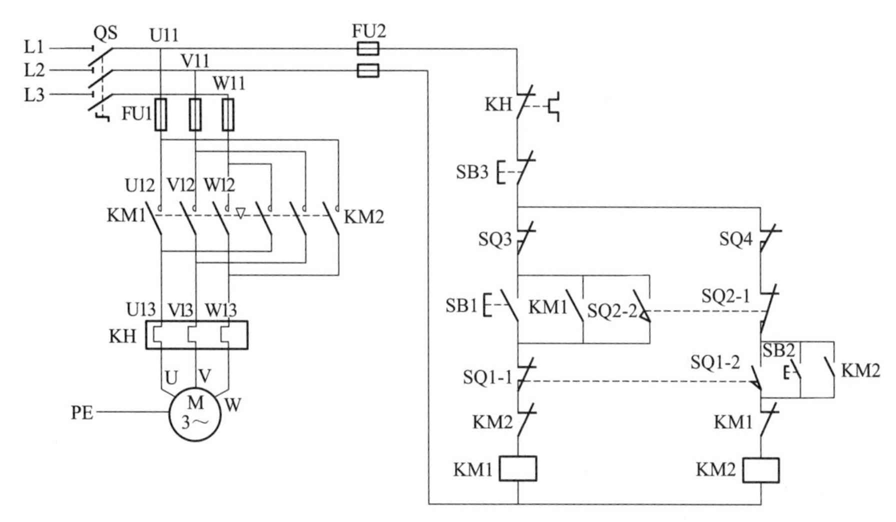

图 4-3-24　行程往返控制电路

4.4　三相异步电动机接触器自锁控制线路安装实训

实训任务

① 分析电路的工作原理并绘制电路接线图。

② 对元器件进行检测、合理布局并正确接线，安装并调试三相异步电动机接触器自锁控制线路。

实训目标

① 通过安装和调试三相异步电动机接触器自锁控制线路，掌握控制电路的组成及工作原理。

② 训练查阅电路资料、读电路图、检测元器件性能、安装和调试电路的能力。

③ 掌握线路安装的工艺规范，熟悉常用仪器仪表的使用方法。

三相异步电动机接触器自锁控制线路原理图如图 4-4-1 所示。

本实训设计的系统如图 4-4-2 所示，当卡车到来时，按下启动按钮，传送带启动，把河沙送入车厢，当卡车装满河沙时，按下停止按钮，传送带停止，如此循环工作。传送带只需一个运行方向，因此可只设计一个启动按钮和一个停止按钮；考虑到系统的安全性和方便性，采用空气断路器控制整个系统的电源，使检修方便；采用一个交流接触器接通和断开电源，使用一个热继电器进行电动机的过载保护，使用五个熔断器进行系统短路保护。系统主电路采用三相电源，使用三个熔断器；控制电路采用 380V 电源，使用两个熔断器。

所需主要元器件清单见表 4-4-1。

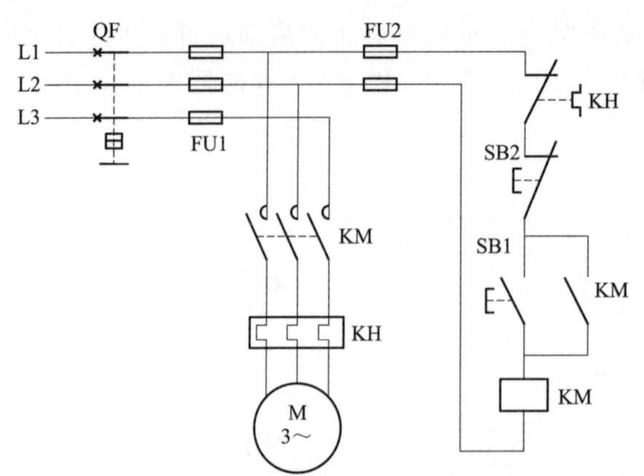

图 4-4-1　三相异步电动机接触器自锁控制线路原理图

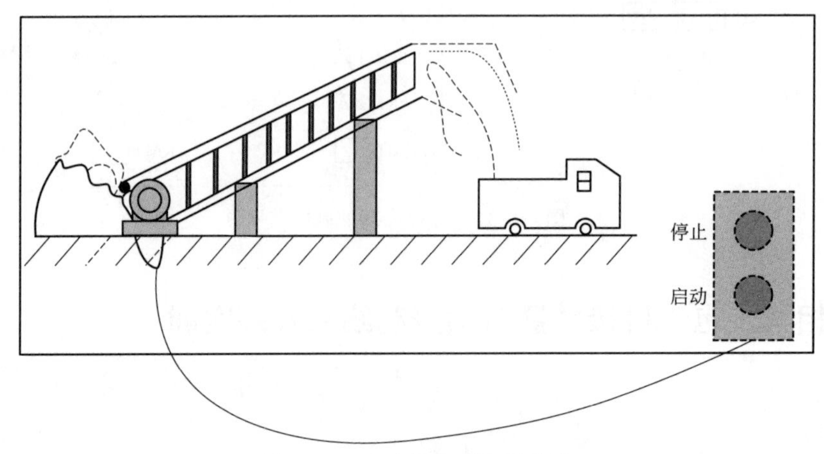

图 4-4-2　自动装载系统示意图

表 4-4-1　主要元器件清单

器件名称	符号	在电路中作用	器件图形	特性	数量
空气断路器	QF	控制总电源		欠电压、过电流保护	1
熔断器	FU	主电路和控制电路的短路保护		螺旋式熔断器，高进低出	5
交流接触器	KM	实现电动机的得电与失电		线圈额定电压 380V	1
热继电器	KH	实现电动机的过载保护		可复位的热继电器	1

续表

器件名称	符号	在电路中作用	器件图形	特性	数量
按钮	SB	启动和停止		可选用三联按钮中两个，绿色的作为启动按钮，红色的作为停止按钮，每个按钮上有动合和动断触点各一对	1
三相异步电动机	M	拖动负载			1

（1）主电路设计。根据功能分析，主电路中由一个交流接触器（KM）控制电动机的启动和停止，当交流接触器闭合时电动机转动；空气断路器（QF）控制接通整个电源，如图 4-4-3 所示。

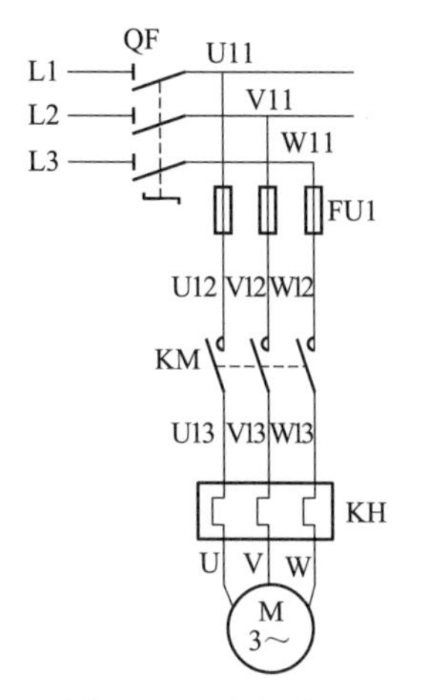

图 4-4-3　主电路图

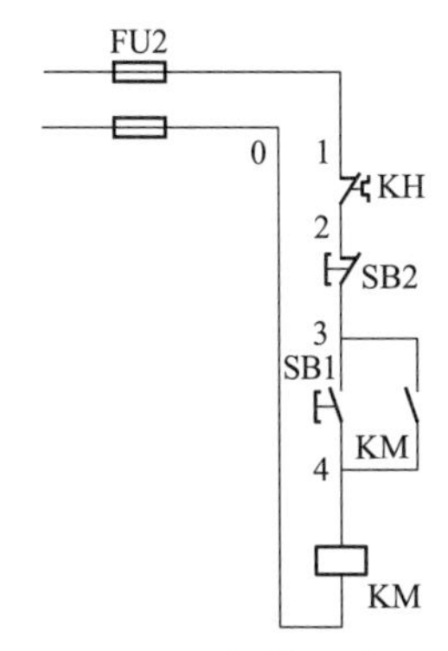

图 4-4-4　控制电路图

（2）控制电路设计。如图 4-4-4 所示，在启动按钮 SB1 上并联接触器 KM 常开辅助触头，实现主轴电动机的连续运行。热继电器的常闭触头 KH 串接在控制电路中，与热元件配合，实现过载保护。SB2 为停止按钮。松开 SB1，其常开触头恢复分断，因为接触器 KM 的常开辅助触头闭合时已将 SB1 短接，控制电路仍保持接通，所以接触器 KM 继续得电，电动机 M 实现连续运转。这种当松开启动按钮 SB1 后，接触器 KM 通过自身常开辅助头使线圈保持得电的功能叫作自锁（或自保）。与启动按钮 SB1 并联、起自锁作用的常开辅助触头叫自锁触头或自保触头。

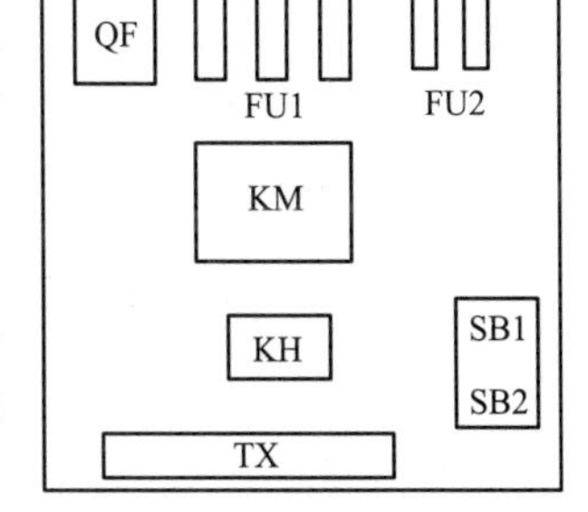

图 4-4-5　元器件布置图

闭合 QF，按下启动按钮 SB1，接触器 KM 线圈得电，动铁芯和静铁芯吸合，使 KM 接触器的主触头吸合，接通电动机电源，电动机正常启动，同时 KM 接触器的自锁触头吸合，将启动按钮 SB1 短接，实现了电动机的连续运转。按下停止按钮 SB2，电动机停止运行。

（3）绘制元器件布置图，见图 4-4-5。

（4）根据电气原理图绘制出接线图，见图 4-4-6。

（5）根据任务的具体内容选择工具仪表，见表 4-4-2。列出所用元器件的清单，见表 4-4-3。

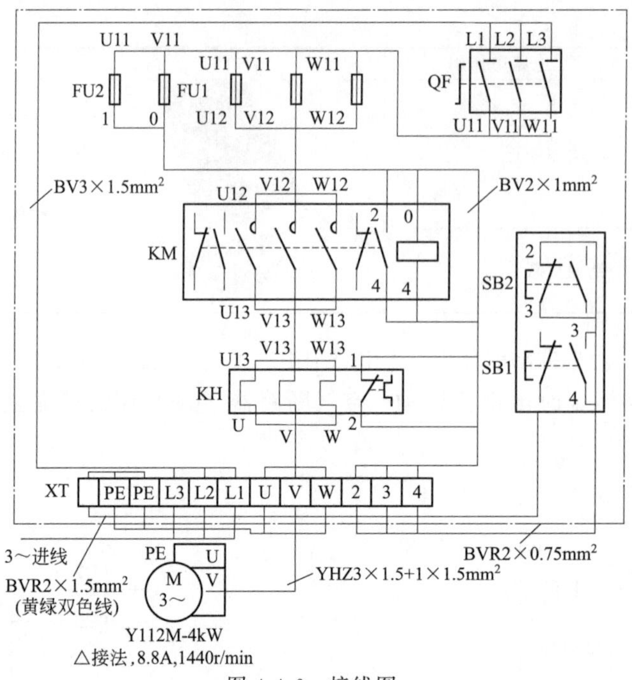

图 4-4-6　接线图

表 4-4-2　工具仪表

序号	工具或仪表名称	型号或规格	数量	作用
1	一字螺钉旋具	150mm	1	电路连接与元器件安装
2	十字螺钉旋具	150mm	1	电路连接与元器件安装
3	尖嘴钳		1	电路连接与元器件安装
4	剥线钳		1	导线
5	电笔		1	检测电路
6	万用表		1	检测电路

表 4-4-3　元器件清单

序号	名称	型号与规格	单位	数量
1	空气断路器	DZ47-×	个	1
2	交流接触器	CJ10-20,380V	个	1
3	热继电器	JR16-20/3,整定电流 8.8A	个	1
4	熔断器及配套熔芯	RL6-60/20A	套	3
5	熔断器及配套熔芯	RL6-15/4A	套	2
6	三联按钮	LA10-3H	个	1
7	接线端子排	JX2-1015	条	2

(6) 元器件检查。查看交流接触器的额定电流、额定电压是否符合标准，外表是否破损，触点结构是否完整，手动时有无卡阻，能否听见触头闭合的声音。查看接线座是否完整，有无垫片。将万用表拨到 R×100 挡，检测交流接触器线圈阻值是否在 1～2kΩ，如果阻值为无穷大，则线圈断。将万用表拨到 R×10 挡，测量交流接触器常闭触点电阻，正常时接近零，用手动触点，读数变为无穷大。测量延时断开瞬时闭合常闭触点电阻，正常时接近零，用手动触点，经延时后读数变为无穷大。测量延时闭合瞬时断开常开触点电阻，正常时无穷大，用手动触点，经延时后读数变为零。

(7) 确定元器件完好后，把元器件固定在配电盘上，要求便于布线和维修，整齐美观。安装时的注意事项：

① 低压开关、熔断器的受电端应安装在控制板的外侧。

② 各元器件的安装位置应整齐、匀称、间距合理，便于元器件的更换。

③ 紧固各元器件时用力要均匀，紧固程度适当。

（8）布线。布线时要注意以下事项：

① 布线通道要尽可能少。主线路、控制线路要分类清晰，同一类线路要单层密排，紧贴安装面布线。

② 同一平面内的导线要避免交叉。当必须交叉时，布线线路要清晰，便于识别。布线应横平竖直，走线改变方向时，应垂直转向。

③ 布线一般以接触器为中心，由里向外，由低至高，以不妨碍后续布线为原则。布线一般按照先控制线路、后主电路的顺序。主电路和控制线路要尽量分开。

④ 导线与接线端子或接线柱连接时，应不压绝缘层、不反圈及不露铜过长，并做到同一元件、同一回路的不同接点的导线间距离保持一致。

⑤ 一个元器件接线端子上的连接导线不得超过两根。每节接线端子板上的连接导线一般只允许连接一根。布线时严禁损伤线芯和导线绝缘。不在控制板上的元器件要从端子排上引出。

⑥ 布线时，要确保连接牢靠，用手轻拉不会脱落或断开。一个元器件接线端子上的连接导线不得多于两根，每节接线端子板上的连接导线一般只允许连接一根。

元器件安装好之后，可按照表 4-4-4 所示步骤完成布线。

表 4-4-4　布线步骤

步骤	操作内容	部位图	操作要领
主电路布线	电源接入	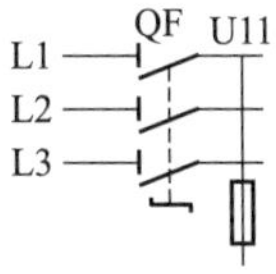 L1 L2 L3 QF U11	先将电源接到端子排上，再从端子排接到空气断路器上方
	从空气断路器到熔断器	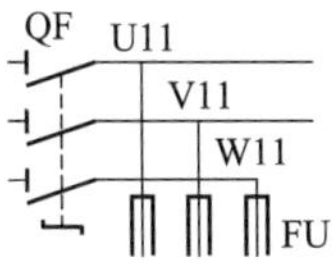 QF U11 V11 W11 FU	熔断器下接线柱朝上，上接线柱朝下
	从熔断器到接触器 KM	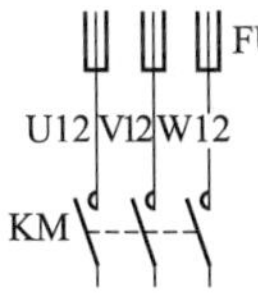 FU1 U12 V12 W12 KM	—
	从接触器 KM 到热继电器	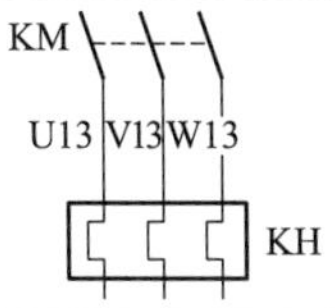 KM U13 V13 W13 KH	—
	从热继电器到 U、V、W	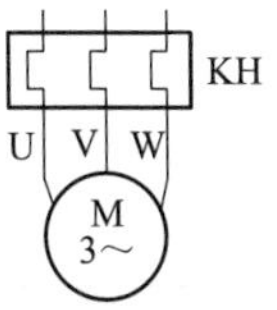 KH U V W M 3～	—

续表

步骤	操作内容	部位图	操作要领
控制电路布线	0 号线	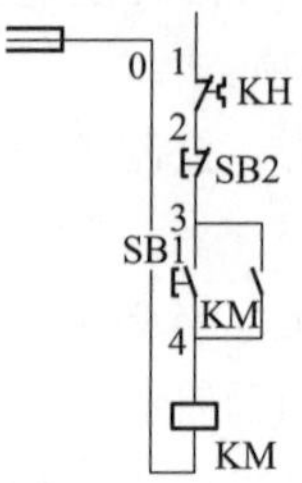	—
	1 号线	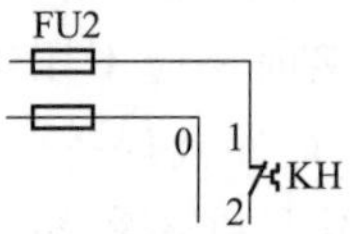	—
	2 号线	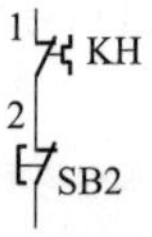	—
	3 号线	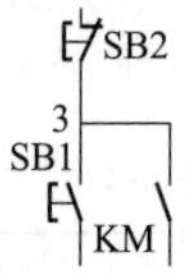	—
	4 号线	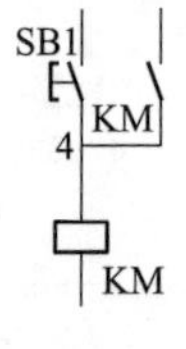	—

（9）自检。安装完成后，必须按要求进行检查。对照电路图，检查线路是否存在漏线、错线、掉线、接触不良、安装不牢等现象。并使用万用表检测线路，见表 4-4-5。

表 4-4-5　使用万用表检测线路

测量要求	测量过程				正确阻值	测量结果
	测量任务	总工序	工序	操作方法		
空载	测量主电路	合上 QF，分别测量 U、V、W 三相之间的阻值	1	所有器件不动作	无穷大	
			2	压下 KM	无穷大	
有载	测量主电路	合上 QF，分别测量 U、V、W 三相之间的阻值	3	所有器件不动作	无穷大	
			4	压下 KM	无穷大	
	测量控制电路	合上 QF，测量 0 号线至 1 号线之间的阻值	5	所有器件不动作	无穷大	
			6	按下 SB1	KM 线圈电阻值	
			7	压下 KM	KM 线圈电阻值	

（10）汇报与评价。演示制作的项目，讲解项目电路的元件组成、作用及工作原理，讲解项目方案制订及选择依据，与大家分享制作调试中遇到的问题及解决的方法。要求演示作品时边演示边讲解电路的主要功能。讲解时要制作PPT，重点讲解安装、调试中遇到的问题及解决的方法。最后教师对整个项目的完成情况进行评价和考核，评价要客观公正、全面细致、认真负责，要考查学生是否文明操作、遵守企业和实训室管理规定，项目安装调试过程中是否有创新点，是否能与其他学员团结协作。

4.5 三相电动机接触器联锁正反转控制线路安装实训

实训任务

① 分析电路的工作原理并绘制电路接线图。

② 对元器件进行检测、合理布局并正确接线。

③ 安装并调试三相异步电动机接触器联锁正反转控制线路。

实训目标

① 掌握控制电路的组成及工作原理。

② 训练查阅电路资料、读电路图、检测元器件性能、安装和调试电路的能力。掌握线路安装的工艺规范。熟悉常用仪器仪表的使用方法。

三相异步电动机接触器联锁正反转控制线路原理图如图4-5-1所示。

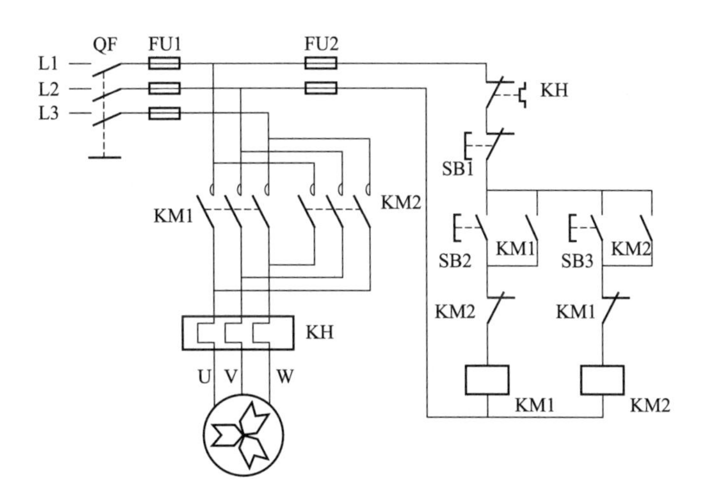

图4-5-1 三相异步电动机接触器联锁正反转控制线路

在实际生产中，三相交流异步电动机的正反转控制应用广泛，如万能铣床的主轴需要正转与反转，起重机的吊钩需要上升与下降，都可通过控制三相异步电动机的正反转实现。本实训设计一个控制电动机正反转的系统，按下正转按钮，小车到达地下，完成装煤的任务后，按下反转按钮，小车到达地上，实现将地下的煤炭运到地上的功能，按下停止按钮，小车停止运煤。如此循环工作，如图4-5-2所示。

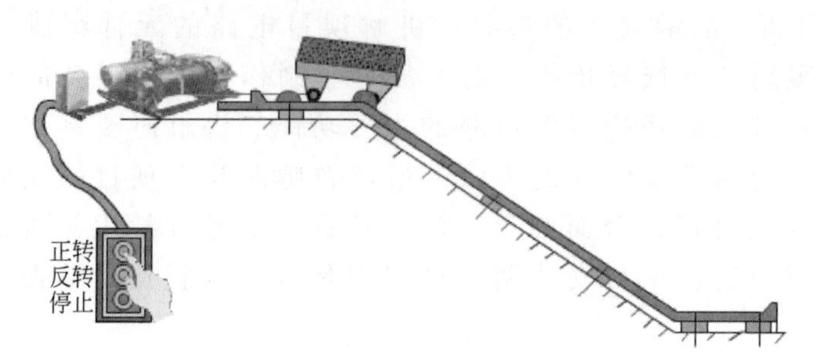

图 4-5-2 运煤小车装载系统示意图

运煤小车的装载系统由三相交流异步电动机和传送带构成，由于运煤小车要实现的是正反两个方向的运动，所以设计一个正转按钮、反转按钮和停止按钮。考虑到系统的安全性和方便性，采用空气断路器控制整个系统的电源。通过交换任意两相的相序达到方向转换目的，因此我们在前述接触器自锁控制电路的基础上增加一个接触器，用于实现电机的正反转控制。

（1）主电路设计。根据功能分析，主电路由两个交流接触器（KM）控制正转、反转和停止，当交流接触器 KM1 主触头闭合时，三相异步电动机正转，KM2 主触头闭合时，交换 U 相和 W 相使得三相异步电动机反转。其中空气断路器（QF）控制接通整个电源，熔断器（FU）用于短路保护，热继电器（KH）起到电动机过载保护作用。具体的主电路如图 4-5-3 所示。

（2）控制电路设计。根据控制要求，在正转启动按钮 SB2 上并联接触器 KM1 常开辅助触头，实现主轴电动机的连续正转运行，在反转启动按钮 SB3 上并联接触器 KM2 常开辅助触头，实现主轴电动机的连续反转运行。其中 KM1 的常闭触头和 KM2 常闭触头分别串联在反转和正转的控制线路中，当一个接触器得电动作时，通过其辅助常闭触头使另一个接触器不能得电动作，这种相互制约的作用叫作接触器联锁（或互锁）。实现联锁作用的辅助常闭触头称为联锁触头（或互锁触头），联锁符号用“▽”表示。热继电器的常闭触头 KH 串接在控制电路中，与热元件配合，实现过载保护功能。SB1 为停止按钮。控制电路设计如图 4-5-4 所示。

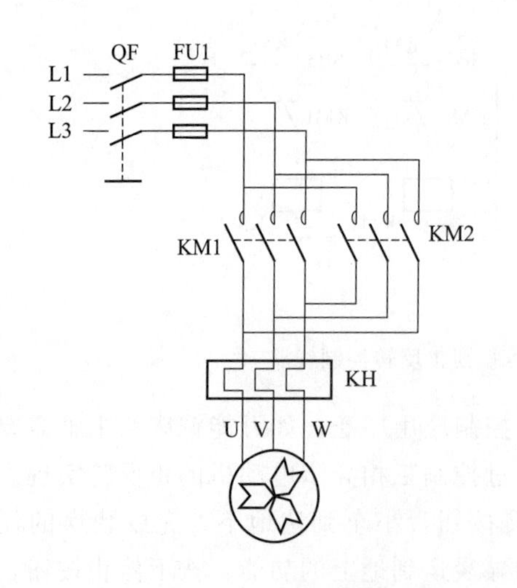

图 4-5-3 主电路图

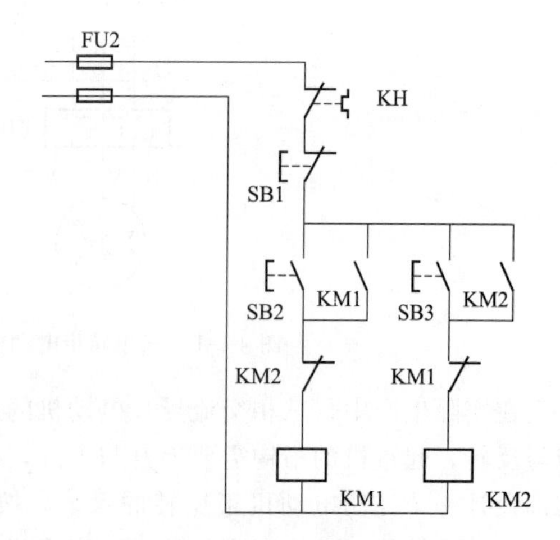

图 4-5-4 控制电路

闭合电源开关 QF 后，按下正向启动按钮 SB2，KM1 接触器线圈得电，KM1 的动断触点先断开，分断接触器 KM2 的控制回路，KM1 主触点闭合，辅助常开触点 KM1 闭合，电动机 M 正向启动并连续运转。电动机从正转状态切换到反转状态时，先按下停止按钮 SB1，同时使 KM1 的辅助常闭触点复位闭合，然后按下反转启动按钮 SB3，KM2 接触器线圈得电，KM2 的动断触点先断开，分断接触器 KM1 的控制回路，KM2 主触点闭合，辅助常开触点 KM2 闭合，电动机 M 反向启动并连续运转。

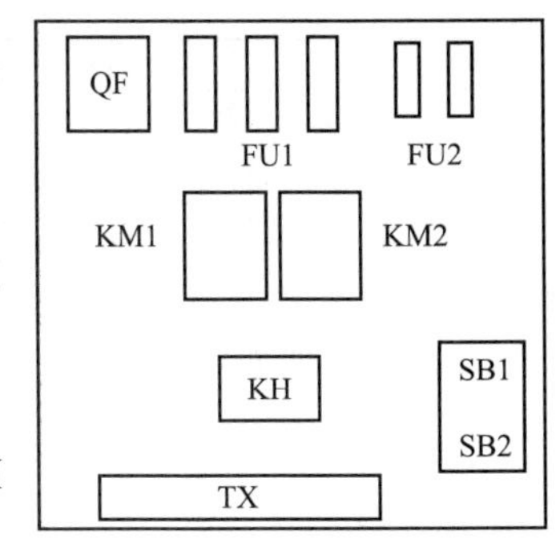

图 4-5-5　元器件布置图

任何时刻按下停止按钮 SB1，电动机都会停止运行。熔断器 FU1 实现总电路短路保护，FU2 实现控制电路的短路保护。热继电器对电动机进行过载保护。接触器自锁电路实现失压、欠压保护。

然后分别绘制图元器件布置图和接线图，如图 4-5-5 和图 4-5-6 所示。

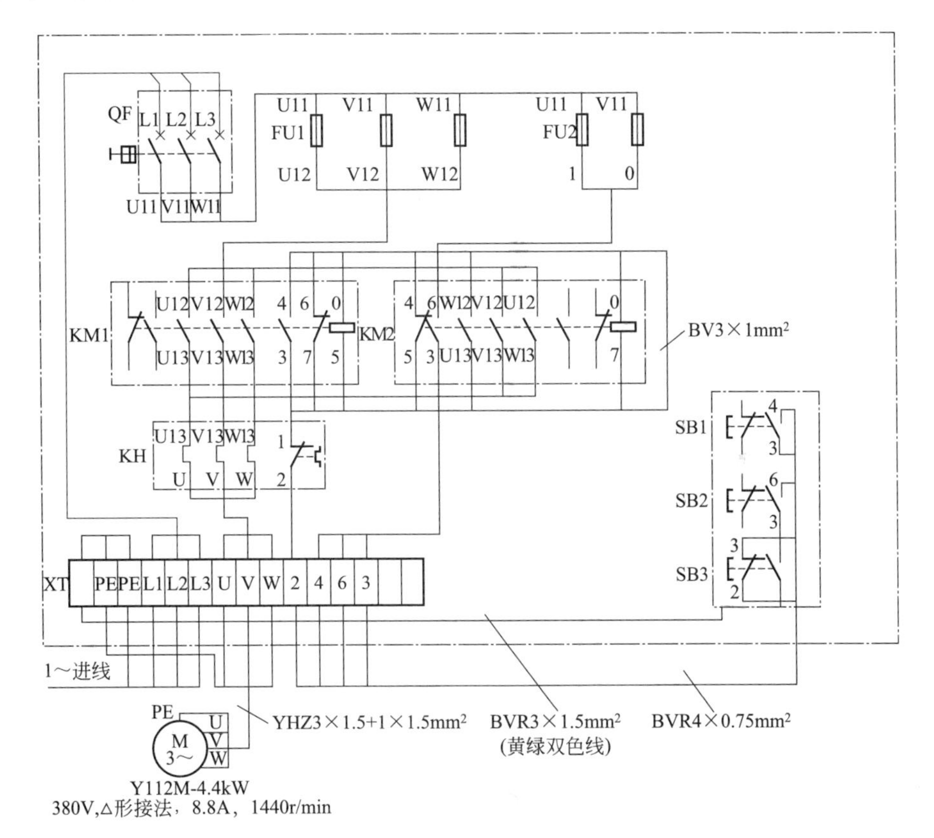

图 4-5-6　接线图

（3）列出元器件清单，见表 4-5-1。

表 4-5-1　元器件清单

序号	名称	型号与规格	单位	数量
1	空气断路器	DZ47-╳	个	1
2	交流接触器	CJ10-20，380V	个	2
3	热继电器	JR16-20/3，整定电流 8.8A	个	1

续表

序号	名称	型号与规格	单位	数量
4	熔断器及配套熔芯	RL6-60/20A	套	3
5	熔断器及配套熔芯	RL6-15/4A	套	2
6	三联按钮	LA10-3H	个	1
7	接线端子排	JX2-1015	条	2

（4）元器件安装好之后，按照表 4-5-2 所示步骤完成主电路布线。

表 4-5-2　主电路布线步骤

操作内容	位置图	操作要领
电源接入		先将电源接到端子排上，再从端子排接到空气断路器上方
从空气断路器到熔断器		熔断器下接线柱朝上，上接线柱朝下
从熔断器到接触器 KM1		
从 KM1 上方主触头到 KM2 上方主触头		
从接触器 KM 到热继电器		
从 KM1 下方主触头到 KM2 下方主触头		

续表

操作内容	位置图	操作要领
从热继电器到 U、V、W	KH U V W M 3～	

控制电路的接线同实训 4.4 过程基本一致，按照电气原理图进行编号，并进行接线，注意不要漏接和错接。图 4-5-7 所示为电动机启停控制实物连接图。

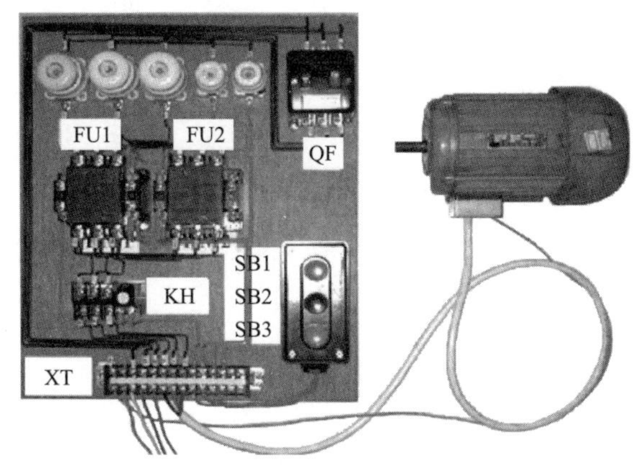

图 4-5-7　电动机启停控制实物连接图

（5）自检。对照电路图，检查线路是否存在漏线、错线、掉线、接触不良、安装不牢等故障。

三相正弦交流电动势满足以下特征（对称三相电动势）：最大值相等、频率相同、相位互差 120°。将三相发电机三相绕组的末端 U2、V2、W2（相尾）连接在一点，始端 U1、V1、W1（相头）分别与负载相连，这种连接方法叫作星形（Y 形）连接；将三相发电机的第二绕组始端 V1 与第一绕组的末端 U2 相连、第三绕组始端 W1 与第二绕组的末端 V2 相连、第一绕组始端 U1 与第三绕组的末端 W2 相连，并从三个始端 U1、V1、W1 引出三根导线分别与负载相连，这种连接方法叫作三角形（△形）连接。

单相有功电度表分为直入式电度表（全部负荷电流过电度表的电流线圈）和经互感器接线的电度表两类。电流互感器实际上是一个降流变压器，能把一次侧的大电流变换成二次侧的小电流。电压互感器实际上就是一个降压变压器，它能将一次侧的高电压变换成二次侧的低电压。电压互感器二次侧的额定电压一般为 100V。

三相异步电动机的两个基本组成部分为定子（固定部分）和转子（旋转部分）。定子是用来产生旋转磁场的。三相电动机的定子一般由外壳、定子铁芯、定子绕组等部分组成；异步电动机的转子是由转子铁芯、转子绕组和转轴组成的。

低压断路器又称自动空气开关，是低压配电系统和电力拖动系统中非常重要的电器，具有操作安全、使用方便、工作可靠、安装简单、分断能力高等优点。断路器的热脱扣器用于过载保护，电磁脱扣器用于短路保护，欠压脱扣器用于零压和欠压保护。熔断器主要起短路保护或过载保护作用，串联在被保护的线路中。

制动是给电动机一个与转动方向相反的转矩，促使它在断开电源后很快地减速或停转。常见的电气制动方法有反接制动、能耗制动、发电反馈制动。

第5章

半导体器件识别与检测

【知识目标】

① 了解PN结的单向导电性，了解二极管的种类及基本用途，熟悉二极管的伏安特性。

② 掌握三极管输出特性曲线概念。

③ 熟悉MOS场效应管的分类及符号。

【技能目标】

掌握常用晶体管的检测方法。

5.1 半导体基本知识

按导电性能的不同，可将物体分为导体、绝缘体和半导体三类。半导体器件是构成各种电子电路的基础，主要利用各种半导体材料制成，例如硅（Si）、锗（Ge）和砷化镓（GaAs）等。

5.1.1 本征半导体

不含杂质且无晶格缺陷的半导体称为本征半导体。在本征半导体中，由于晶体中共价键的结合力很强，因此在热力学温度零度（相当于−273℃）时，价电子的能量不足以挣脱共价键的束缚，晶体中不存在能够导电的载流子，半导体不能导电。如果温度升高，将有少数价电子获得足够的能量，克服共价键的束缚而成为自由电子，因自由电子的数量很少，所以本征半导体的导电能力非常微弱。在本征半导体中存在着两种极性的载流子：带负电荷的自由电子和带正电荷的空穴，如图5-1-1所示。本征半导体受外界能量（热能、电能和光能等）激发，产生电子-空穴对的过程称为本征激发。

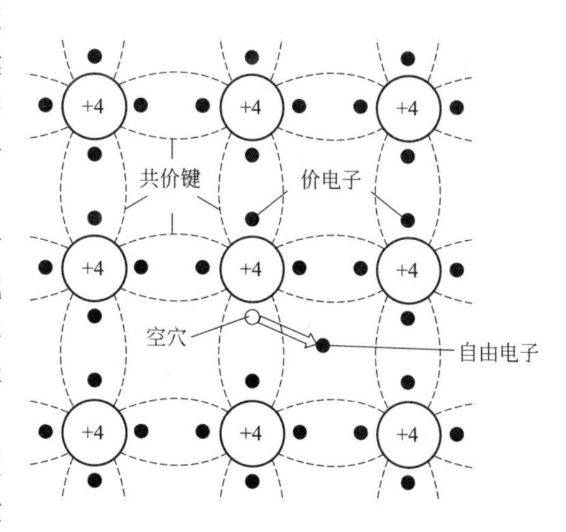

图5-1-1 本征半导体中自由电子与空穴

5.1.2 杂质半导体

通过扩散工艺，在本征半导体中掺入少量特定的元素（称为杂质），这种半导体称为杂质半导体。与本征半导体相比，杂质半导体的导电性能发生质的变化。根据掺入的杂质不同，有N型半导体和P型半导体之分。

(1) N型半导体。在本征半导体硅（或锗）中掺入杂质磷（或砷、锑等），使之取代晶格中硅原子的位置，就形成了N型半导体。“N”表示负电的意思，取自英文单词“Negative”的第一个字母。在N型半导体中，参与导电的主要是带负电的电子，这些电子来自半导体中的杂质原子。因为这种杂质原子能“施舍”出电子，所以称为施主原子（杂质），如图5-1-2和图5-1-3所示。在N型半导体中，电子为多数载流子，空穴为少数载流子。N型半导体中负电荷量与正电荷量相等，即自由电子数等于空穴数加正离子数，故N型半导体呈电中性。因为N型半导体主要靠电子导电，所以也称为电子型半导体。

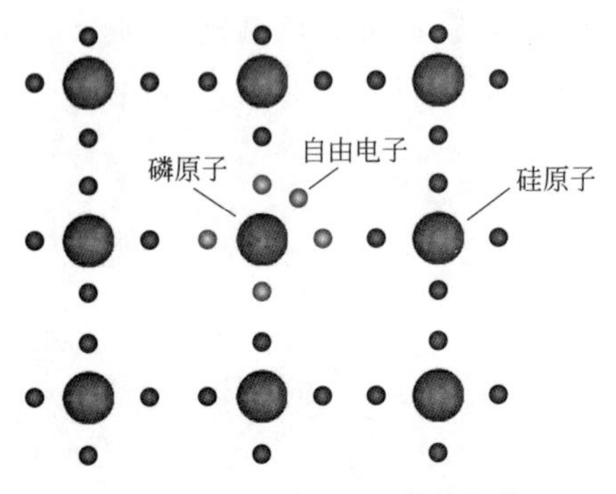

图5-1-2 N型半导体晶体结构

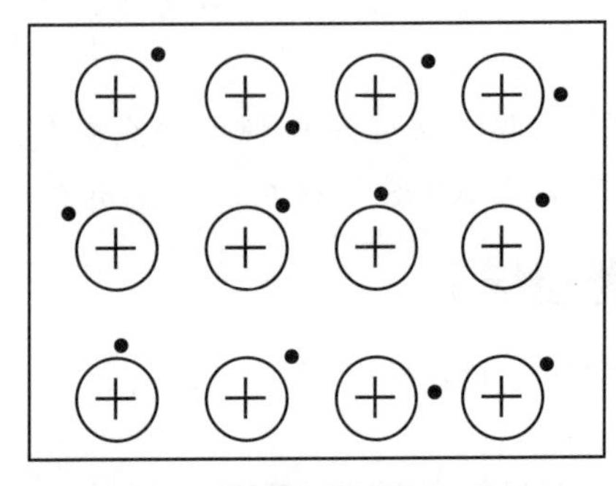
图5-1-3 N型半导体示意图

(2) P型半导体。在本征半导体硅（或锗）中掺入杂质硼（或铝、铟等），使之取代晶格中硅原子的位置，就形成了P型半导体。“P”表示正电的意思，取自英文单词“Positive”的第一个字母。在P型半导体中，参与导电的主要是带正电的空穴。硼等杂质原子都能接受一个价电子而成为负离子，同时在硅原子的共价键中产生一个“空穴”，如图5-1-4和图5-1-5所示。在P型半导体中，空穴为多数载流子，简称多子。电子为少数载流子，简称少子。在P型半导体中，空穴数等于自由电子数加负离子数，整个半导体也显电中性。因为P型半导体主要靠空穴导电，所以又称为空穴型半导体。

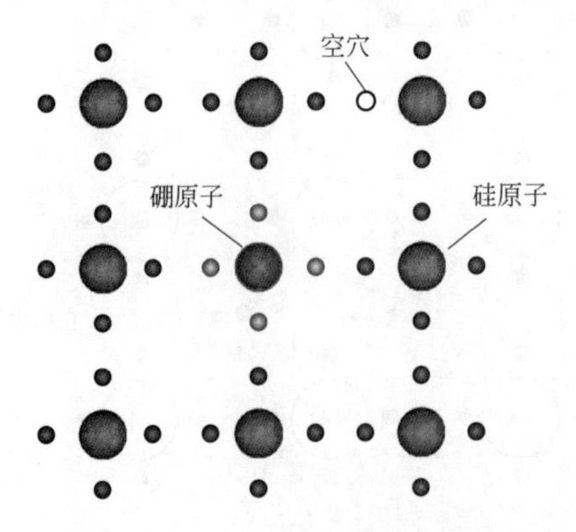

图5-1-4 P型半导体晶体结构

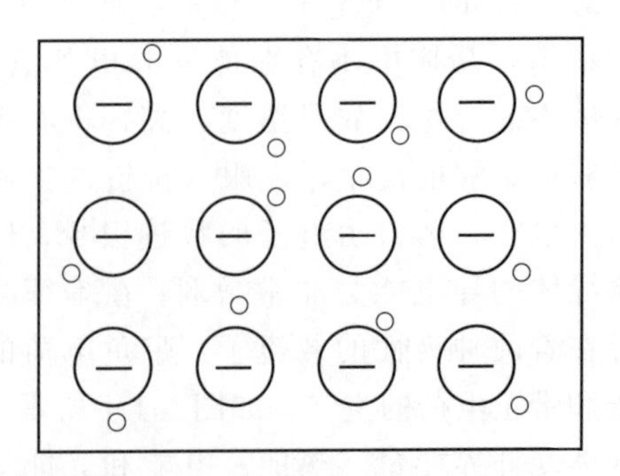
图5-1-5 P型半导体示意图

5.1.3　PN 结

如果把一块本征硅片的一侧掺杂做成 P 型半导体，另一侧掺杂做成 N 型半导体，也就是将 P 型半导体和 N 型半导体结合在一起，由于两种半导体交界面处载流子浓度差异大，所以 P 型半导体区域的空穴以及 N 型半导体区域的自由电子均从高浓度区域向低浓度区域扩散。扩散的结果是 P 型半导体区域侧因失去空穴而留下不能移动的负离子，N 型半导体区域一侧因失去电子而留下不能移动的正离子。这些不能移动的带电粒子通常称为空间电荷，它们在两种半导体的交界面处形成了一个很薄的空间电荷区（又称为耗尽层），这就是 PN 结。由于空间电荷区的出现，在交界面处形成了一个方向由 N 区指向 P 区的内电场，该电场一方面会阻止多数载流子的扩散，另一方面会引起少数载流子的漂移。如图 5-1-6 和图 5-1-7 所示。

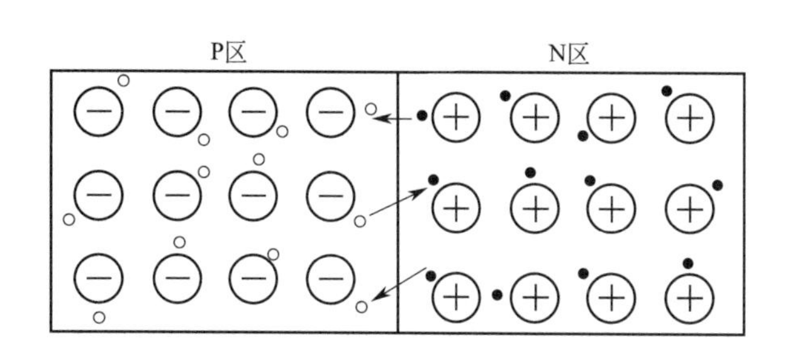

图 5-1-6　空穴和电子扩散运动

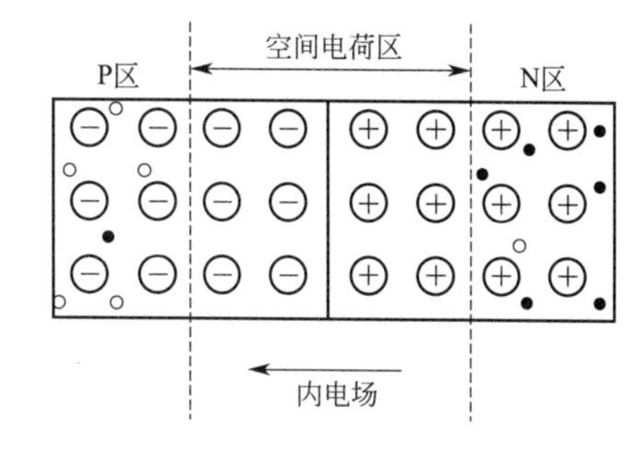

图 5-1-7　PN 结

在 PN 结上外加一个电压，P 区接正极，N 区接负极。如图 5-1-8(a) 所示。在外加电场作用下，多数载流子被强行推向空间电荷区中和部分正负离子，使空间电荷区变窄。这样有利于载流子的扩散，而不利于载流子漂移运动。此时，多数载流子源源不断地扩散到对方，并通过外回路形成正向电流。这种情况称为正偏。空间电荷两端的电位差一般只有零点几伏，而当正向电压有微小的变化时，也会引起正向电流较大的变化。

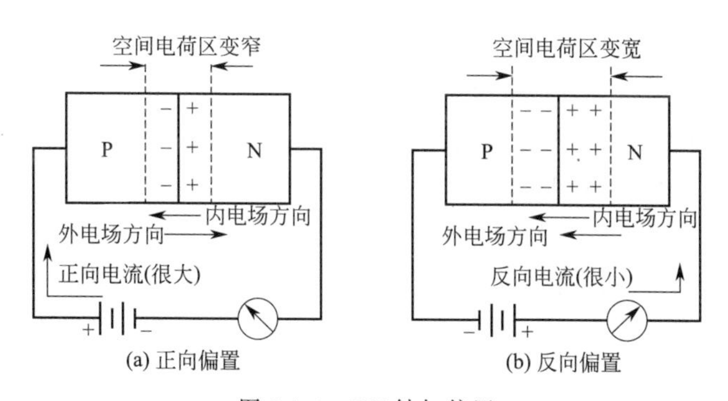

图 5-1-8　PN 结加偏置

在 PN 结上外加一个电压，P 区接负极，N 区接正极。如图 5-1-8(b) 所示。在外加电场作用下，多数载流子被强行推离空间电荷区，使空间电荷区变宽。这样不利于多数载流子的扩散，而利于少数载流子漂移运动。此时，越过界面的少数载流子通过外回路形成反向（漂移）电流。这种情况称为反偏。因为少数载流子浓度很低，靠近空间电荷区边界处的少数载流子数目不多，所以反向电流很小。在一定温度下，反向电流几乎不随外加电压的增大而增大。

当 PN 结正偏时电流很大，PN 结导通；当 PN 结反偏时电流很小，几乎为零，PN 结截止。因此 PN 结具有单向导电性。

5.2 晶体二极管

5.2.1 二极管的结构与电路符号

二极管由 PN 结引出两个电极和管壳构成，阳极从 P 区引出，阴极从 N 区引出。其结构和符号如图 5-2-1 所示。

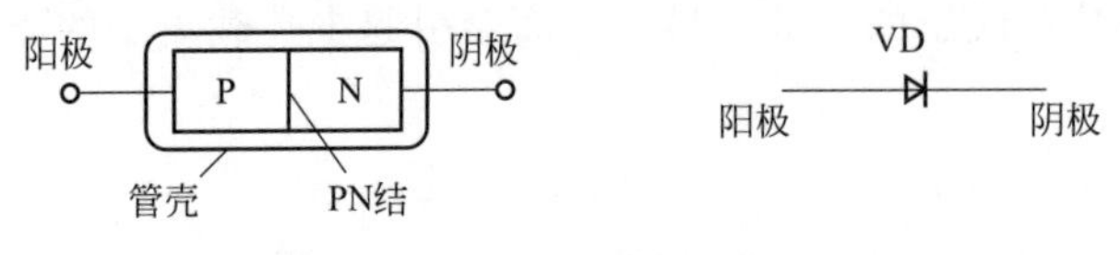

图 5-2-1 二极管结构及符号

二极管按所用的半导体材料不同，分为锗二极管和硅二极管；按内部结构可以分为点接触型二极管、面接触型二极管及平面型二极管；根据二极管的用途可分为检波二极管、整流二极管、稳压二极管、开关二极管、隔离二极管、发光二极管、硅功率开关二极管等。常见二极管实物如图 5-2-2 所示。

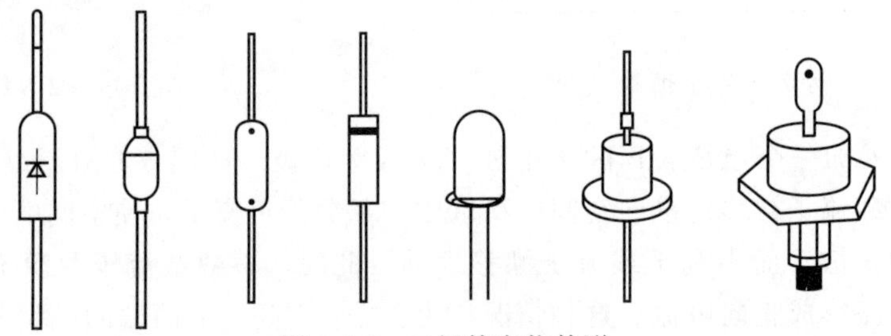

图 5-2-2 二极管实物外形

5.2.2 二极管伏安特性

流过二极管的电流与加在其两端的电压之间的关系就是二极管的伏安特性，见图 5-2-3。从二极管的伏安特性可以看出，二极管属于非线性元件。

(1) 正向特性。图 5-2-3 的 Y 轴右侧部分示出了二极管的正向特性。当正向电压比较小时，正向电流几乎等于零，只有当正向电压超过一定值时，正向电流才开始快速增长，这个值称为导通电压。

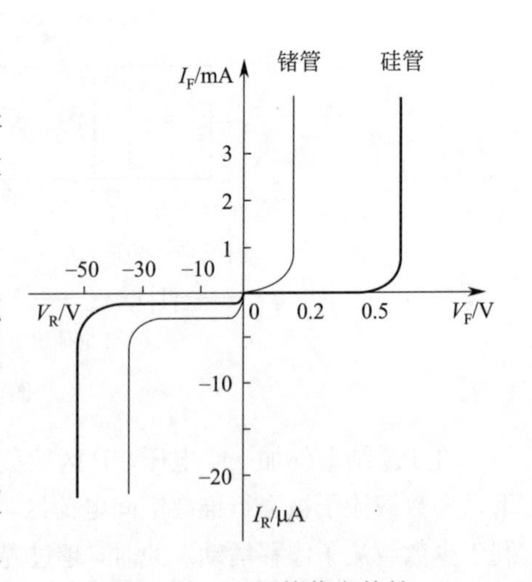

图 5-2-3 二极管伏安特性

(2) 反向特性。图 5-2-3 的 Y 轴左侧部分示出了二极管的反向特性。当二极管加上较小的反向电压时，反向电流并不随着反向电压增大而增大，并且反向电流的值很小。当反向电压升高到某个值时，反向电流将急剧增大，这种现象称为击穿，此时的电压称为反向击穿电压。二极管击穿以后将不再具有单向导电性。

5.2.3　二极管主要参数

（1）额定正向工作电流　也称最大整流电流，是二极管长期连续工作时允许通过的最大正向电流。

（2）最高反向工作电压　是二极管在工作中能承受的最大反向电压，略低于二极管的反向击穿电压。

（3）反向电流　是在给定的反向偏压下通过二极管的直流反向漏电流。此电流值越小，二极管的单向导电性能越好。

（4）正向电压降　是电流为最大整流电流时二极管两端的电压降。二极管的正向电压降越小越好，一般锗管为 0.2～0.4V，硅管为 0.6～0.8V。

（5）最高工作频率　是指二极管工作频率的最大值。

5.2.4　二极管类别及用途

常用普通二极管的类别与用途见表 5-2-1。

表 5-2-1　常用普通二极管的类别及用途

分类		用途	特点
点接触型二极管	检波二极管	将调制后的高频载波中的低频信号检出，即检波	工作频率高，结电容小，损耗功率小
	开关二极管	在电路中起开启和关断作用	工作频率高，结电容小，开关速度快，损耗功率小
面接检波二极管	整流二极管	把交流市电变为脉动直流电，即整流	电流容量大，反向击穿电压高，反向电流小，散热性能好
	整流桥	把二极管组成桥组进行桥式整流	体积小，使用方便

利用二极管的单向导电性，可实现整流、限幅及电平选择等。限幅电路也称削波电路，如图 5-2-4 所示。当二极管正接时，发生正向限幅（又称上限幅），二极管反接时，发生负向限幅（又称下限幅），限幅的方向决定于二极管的接法。

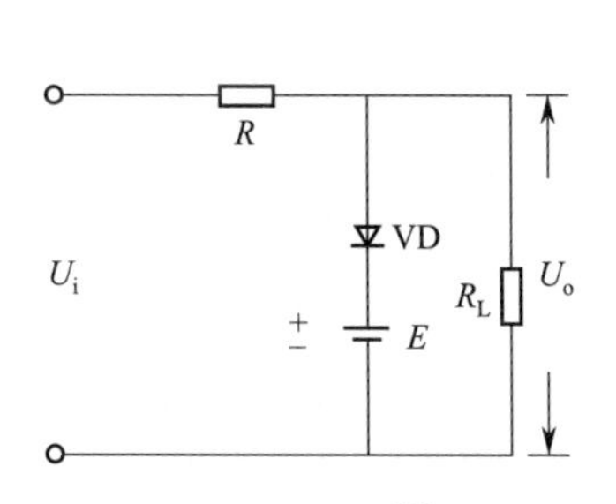

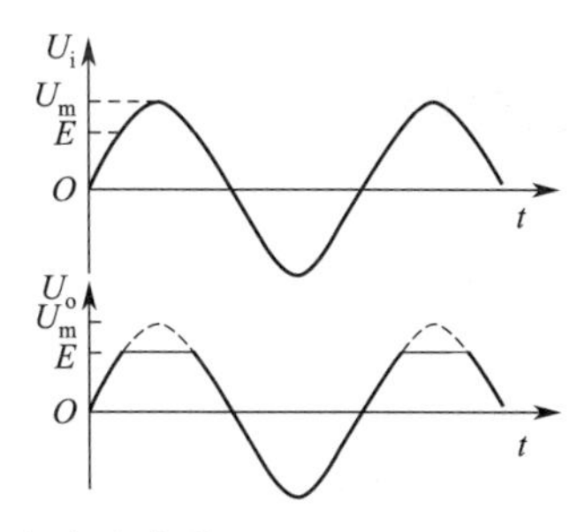

图 5-2-4　二极管限幅电路及波形

（1）发光二极管（图 5-2-5）。发光二极管简称 LED，能直接把电能转换成光能。使用不同的材料能制造出不同颜色的发光二极管。常用发光颜色发光二极管的正向工作电压见表 5-2-2。

图 5-2-5　发光二极管实物与符号

表 5-2-2　常用发光颜色发光二极管的正向工作电压

发光颜色	正向工作电压/V	发光颜色	正向工作电压/V
红	1.8～2.0	绿	2.0～2.2
黄	1.9～2.1	白	3.0～3.3

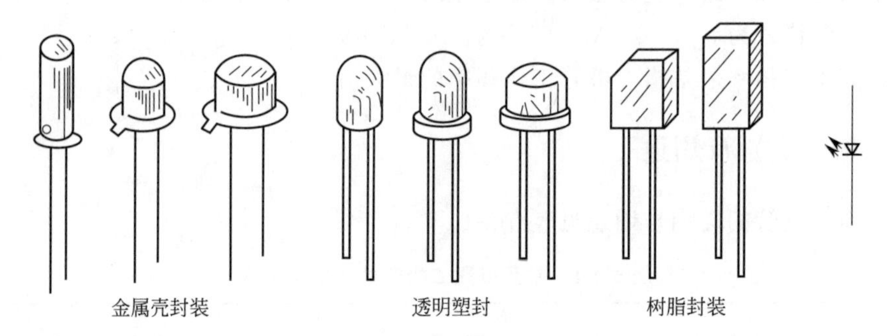

图 5-2-6　光电二极管实物与符号

(2) 光电二极管。光电二极管是一种将光信号转换成电信号的光电传感器件，如图 5-2-6 所示。光电二极管是在反向电压作用下工作的，没有光照时，反向电流极其微弱，叫暗电流；有光照时，反向电流迅速增大到几十微安，称为光电流。光的强度越大，反向电流也越大。

(3) 变容二极管。当 PN 结加反向电压时，结上呈现势垒电容，该电容随反向电压的增大而减小，利用这一特性制作的二极管称为变容二极管。变容二极管符号如图 5-2-7 所示。变容二极管在高频电子线路中有着广泛的应用，主要用于电子调谐、频率调制等。

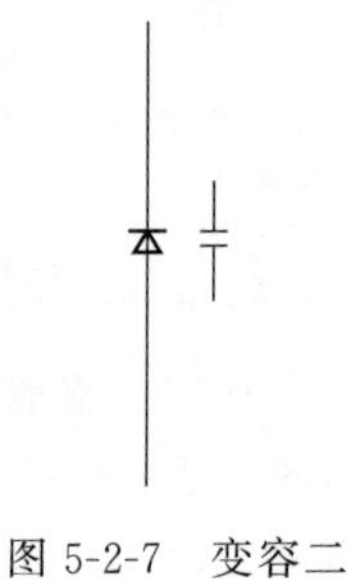

图 5-2-7　变容二极管的符号

5.3　晶体三极管

晶体三极管（俗称三极管）是在一块半导体基片上制作两个相距很近的 PN 结，两个 PN 结把整块半导体分成三部分，中间部分是基区，两侧部分是发射区和集电区，排列方式有 PNP 和 NPN 两种。晶体三极管能用来把微弱信号放大成幅度值较大的电信号，但它自身并不能把小电流变成大电流，而是通过小电流控制大电流，也就是说它仅仅起着一种控制作用。

5.3.1　三极管结构与符号

三极管的结构和符号如图 5-3-1 所示。常见三极管外形如图 5-3-2 所示。

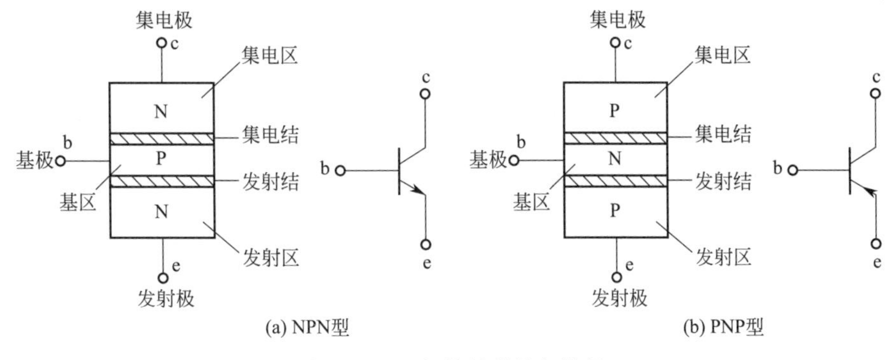

图 5-3-1　三极管的结构与符号

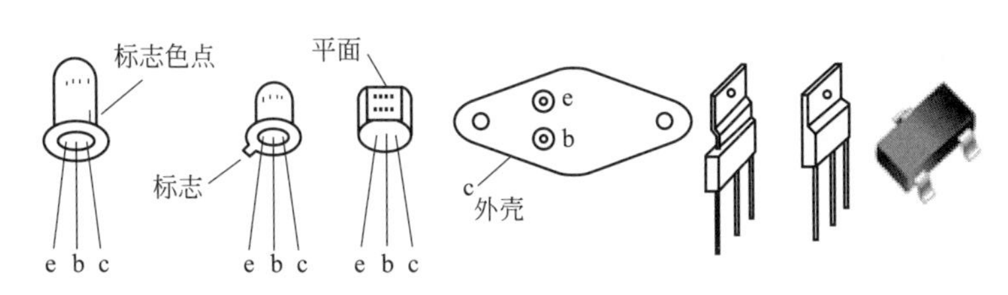

图 5-3-2　常见三极管外形

5.3.2　三极管放大偏置及电流分配关系

NPN 型和 PNP 型三极管工作原理是类似的，都需要进行放大偏置：发射结正偏、集电结反偏。以 NPN 型为例，由于发射结正偏，发射区电子源源不断地越过发射结注入到基区，形成电子电流，同时基区空穴也向发射区扩散，形成空穴电流（与电子电流相比，空穴电流可忽略），两种电流形成发射极电流。电子到达基区后，基区中与电子复合的空穴由基极电源提供，形成基区复合电流，它是基极电流的主要部分。由于基区很薄且空穴浓度又低，所以被复合的电子数极少，而绝大部分电子都能扩散到集电结边沿。由于集电结反偏，外电场阻止集电区中的电子向基区运动，却使扩散到集电结边沿的电子在该电场作用下漂移到集电区，形成集电区的收集电流。集电极与基极的反向电流称为反向饱和电流。

5.3.3　三极管的特性曲线

三极管特性曲线是反映三极管各电极电压和电流之间相互关系的曲线，用来描述晶体三极管工作特性，常用的特性曲线有输入特性曲线和输出特性曲线。三极管根据输入输出回路公共端不同，有共发射极、共集电极和共基极三种基本接法，如图 5-3-3 所示。这里以共发射极电路作为特性曲线测试电路，见图 5-3-4。

（1）输入特性曲线。输入特性曲线是当三极管发射极与集电极之间的电压 U_{EC} 保持不变时，输入电流（即基极电流 I_B）和输入电压（即基极与发射极间电压 U_{BE}）之间的关系曲线，如图 5-3-5 所示。当 $U_{CE}=0$ 时，晶体三极管的输入特性与二极管的正向伏安特性相同，这是因为此时发射结和集电结都正向偏置，三极管相当于两个 PN 结的同向并联。当 $U_{CE}\geqslant 1V$ 时，集电结反偏，这时 U_{CE} 与 I_B 几乎无关，所以，$U_{CE}\geqslant 1V$ 的输入特性曲线是重合的。常用一条曲线来代表所有输入特性曲线。

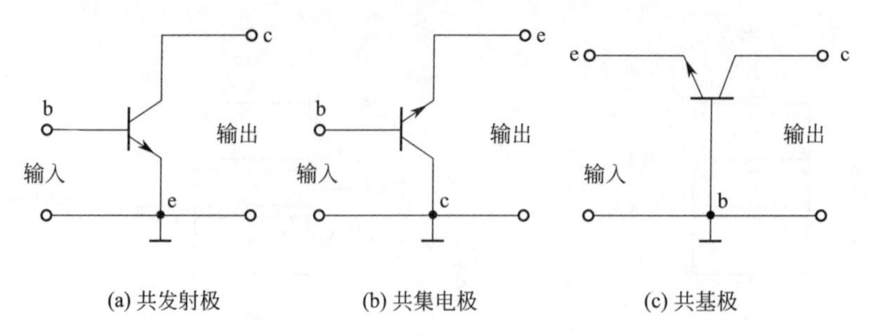

图 5-3-3 三极管的三种基本接法

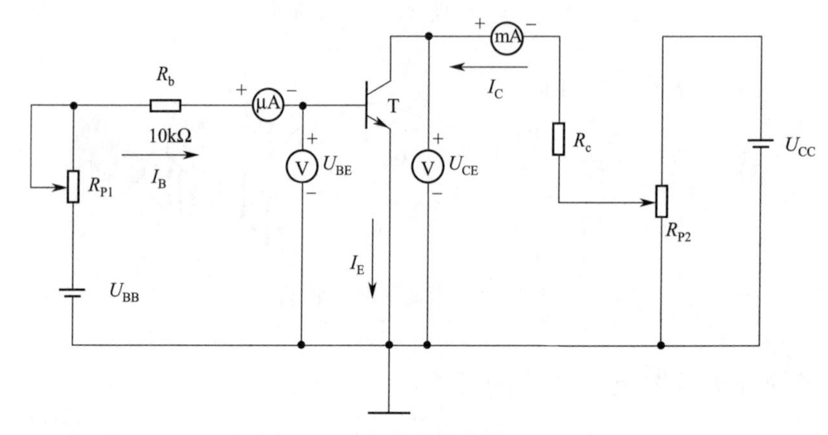

图 5-3-4 三极管特性曲线测试电路

（2）输出特性曲线。输出特性曲线是当三极管基极电流 I_B 一定时，三极管的集电极电流 I_C 与集电极电压 U_{CE} 之间的关系。每条曲线表示基极电流 I_B 一定时测得的不同 U_{CE} 下的 I_C 值，如图 5-3-6 所示。根据输出特性曲线，三极管的工作状态分为三个区。

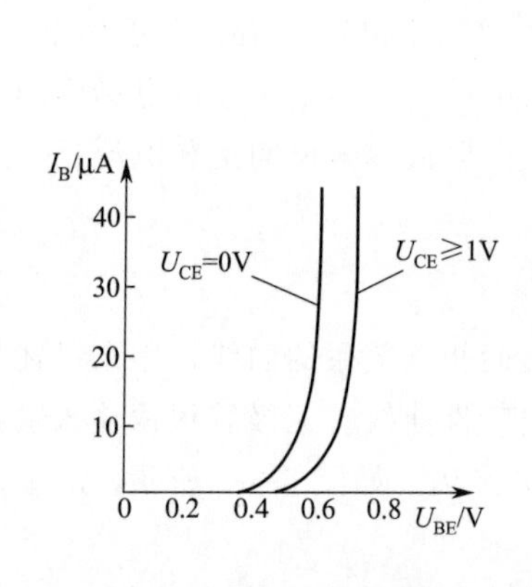

图 5-3-5 输入特性曲线

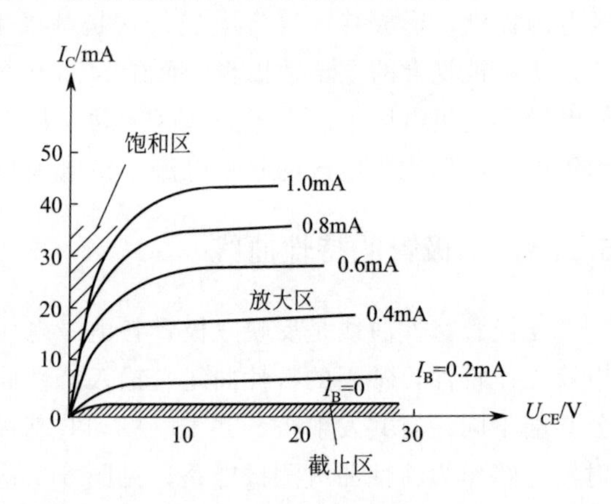

图 5-3-6 输出特性曲线

截止区：即 $I_B=0$ 这根曲线以下的阴影部分，此时 $I_C=I_{ceo}$（称为穿透电流），在常温下此值很小，它不受基极控制，与放大性无关。在此区域中，三极管的两个 PN 结均为反向偏置，即使 U_{CE} 电压较高，管子中的电流 I_C 依然很小，此时的管子相当于一个开关的断开状态。

饱和区：即曲线左侧的阴影区，包括曲线的上升和弯曲部分。该区域中的电压 U_{CE} 的数值很小，$U_{BE}>U_{CE}$，集电极电流 I_C 随 U_{CE} 的增加而很快增大。此时三极管的两个 PN 结均正向偏置，集电结失去了收集基区电子的能力，I_C 不再受 I_B 控制，U_{CE} 对 I_C 控制作用很大，管子相当于一个开关的接通状态。

放大区：饱和区和截止区所夹的中间部分，特性曲线是一组间距近似相等的平行直线。此区域中三极管的发射结正向偏置，而集电极反向偏置。当 U_{CE} 大于某一数值（约为 1 伏）时，集电结电场已足够强，发射区扩散到基区的电子绝大部分到达集电区。因此在放大区，当 I_B 一定时，I_C 基本不随 U_{CE} 变化，即 I_C 与 U_{CE} 基本无关，这称为三极管的恒流特性。I_C 主要由 I_B 控制，I_B 每增加一定数量，特性曲线就向上移一次，I_C 的变化比 I_B 的变化大得多，即 $\Delta I_C=\beta\Delta I_B$，这正是三极管的放大作用。在放大电路中，必须使三极管工作在放大区。

5.3.4　三极管主要参数

（1）集电极反向截止电流 I_{cbo}：发射极开路时，基极和集电极之间加以规定的截止电压时的集电极电流。

（2）发射极反向饱和电流 I_{ebo}：集电极开路时，基极和发射极之间加以规定的反向电压时的发射极电流。

（3）集电极穿透电流 I_{ceo}：基极开路时，集电极和发射极之间加以规定的反向电压时的集电极电流。

（4）共发射极电流放大系数 β：在共发射极电路中，集电极电流和基极电流的变化量之比。

（5）集电极最大允许耗散功率 P_{CM}：保证三极管参数处于规定允许范围之内的集电极最大消耗功率。

（6）最高允许结温 T_{jm}：保证三极管参数变化不超过规定允许范围的 PN 结最高温度。

5.4　场效应管

场效应晶体管（FET）简称场效应管，也称为单极型晶体管，是利用控制输入回路的电场效应来控制输出回路电流的一种半导体器件，属于电压控制型半导体器件，具有输入电阻高（$10^7\sim10^{15}\Omega$）、噪声小、功耗低、动态范围大、易于集成、没有二次击穿现象、安全工作区域宽等优点。

5.4.1　场效应管分类

场效应管分为两类：结型场效应管和绝缘栅场效应管。场效应管根据其沟道不同，可分为 N 沟道场效应管和 P 沟道场效应管。绝缘栅场效应管又可以分为增强型和耗尽型两种。

5.4.2　结型场效应管

结型场效应管的电路符号和结构如图 5-4-1 所示。N 沟道结型场效应管和 P 沟道结型场效应管的工作原理是类似的，下面以 N 沟道结型场效应管为例介绍工作原理和特性曲线。N

沟道结型场效应管三个极分别为源极（S极）、漏极（D极）和栅极（G极），导电沟道为N沟道。

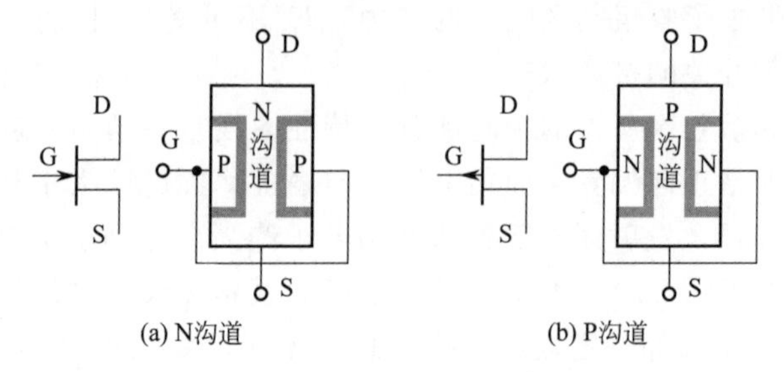

图 5-4-1　结型场效应管的电路符号和结构

当外加电压 U_{GS}、U_{DS} 变化时，导电沟道和漏极电流 I_D 的变化情况如下。

（1）漏极与源极间电压 $U_{DS}=0$，当 $U_{GS}=0$ 时，耗尽层比较窄，导电沟道比较宽，见图 5-4-2(a)；当 $U_{GS}<0$ 时，栅、源极之间加上一个反向偏置电压，设 $U_{GS(off)}$ 为夹断电压，当 $U_{GS(off)}<U_{GS}<0$ 时，耗尽层宽度增大，导电沟道变窄，见图 5-4-2(b)；当 $U_{GS}=U_{GS(off)}$ 时，耗尽层合拢，导电沟道被夹断，见图 5-4-2(c)，漏极电流 I_D 也为 0。

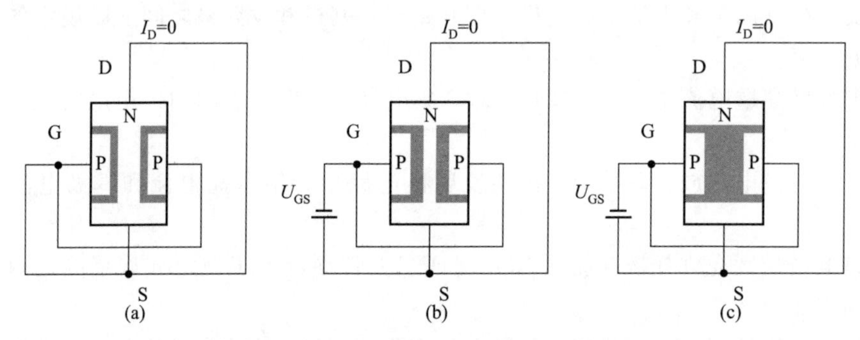

图 5-4-2　U_{GS} 对耗尽层和导电沟道的影响

（2）漏极与源极间电压 U_{DS} 不变，当 $U_{GS}=0$ 时，因为耗尽层比较窄，导电沟道比较宽，所以漏极电流 I_D 比较大。漏极电流流过导电沟道，电位由 D 到 S 逐渐减小，D 处耗尽层宽，S 处耗尽层窄，故导电沟道为不等宽的非均匀沟道。当 $U_{GS}<0$ 时，栅、源极之间加上一个反向偏置电压，$U_{GS(off)}<U_{GS}<0$，耗尽层宽度增大，导电沟道变窄，漏极电流 I_D 减小。当 $U_{GS}\leqslant U_{GS(off)}$ 时，耗尽层合拢，导电沟道被夹断，漏极电流 I_D 减为 0。

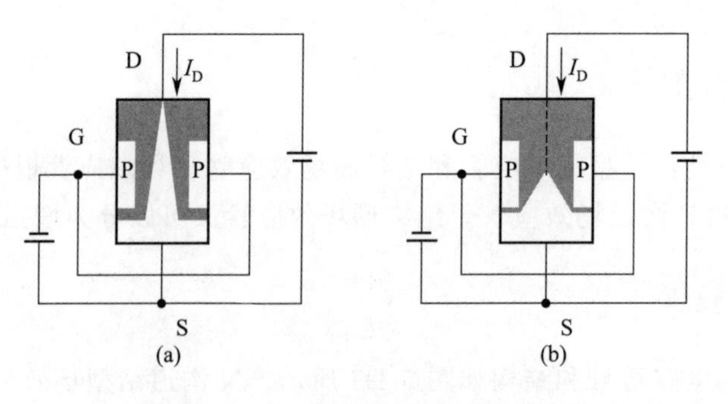

图 5-4-3　U_{DS} 对导电沟道和 I_D 影响

（3）栅极与源极间电压 U_{GS} 不变，且 $U_{GS(off)}<U_{GS}<0$，改变漏极与源极间电压 U_{DS}。当 $U_{DS}=0$ 时，存在导电沟道，漏极电流 I_D 为 0。当 $U_{DS}>0$ 时，漏极电流 I_D 流过导电沟道，导电沟道电位由 D 到 S 逐渐减小，D 处耗尽层宽，S 处耗尽层窄。当 $U_{DS}=U_{GS(off)}$ 时，漏极处的耗尽层开始合拢，称为预夹断，见图 5-4-3(a)。U_{DS} 继续升高时，夹断部分会延长，导电沟道电阻增大，限制 I_D 增大，使 I_D 不再随 U_{DS} 增大而增大，达到基本恒定，见图 5-4-3(b)。因此，改变栅极与源极之间的电压 U_{GS} 可控制漏极电流 I_D。

保持漏、源极间电压 U_{DS} 不变，漏极电流 I_D 与电压 U_{GS} 的关系称为转移特性，见图 5-4-4。当 $U_{GS}=0$ 时，I_D 达到最大，I_{DSS} 称为饱和电流。当 $I_D=0$ 时，U_{GS} 等于夹断电压 $U_{GS(off)}$。

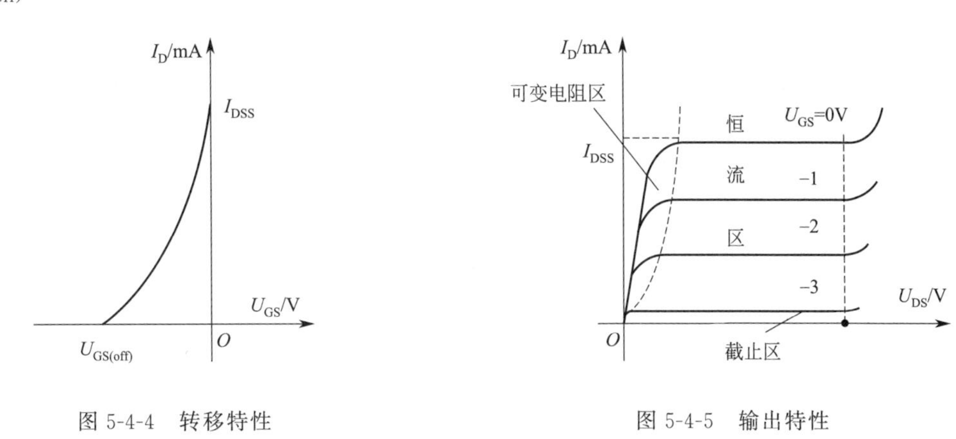

图 5-4-4　转移特性

图 5-4-5　输出特性

栅、源极之间的电压不变时，漏极电流 I_D 与电压 U_{DS} 的关系称为输出特性，见图 5-4-5。输出特性有 3 个区，分别为可变电阻区、恒流区和截止区。

5.4.3　绝缘栅型场效应管

绝缘栅型场效应管由金属、氧化物和半导体制成，所以称为金属—氧化物半导体场效应管，或简称 MOS 场效应管。MOS 场效应管分为 N 沟道型和 P 沟道型两类，两种沟道均有耗尽型和增强型之分。耗尽型是指在 $U_{GS}=0$ 时管子内部已存在导电沟道；增强型是指在 $U_{GS}=0$ 时管子内部不存在导电沟道。MOS 场效应管电路符号如图 5-4-6 所示。

图 5-4-6　MOS 场效应管电路符号

5.4.3.1　绝缘栅型场效应管结构

在一块掺杂浓度较低的 P 型硅衬底上制作两个高掺杂浓度的 N^+ 区，并用金属铝引出两个电极，分别作为漏极 D 和源极 S。然后在半导体表面覆盖一层很薄的二氧化硅（SiO_2）绝缘层，在漏、源极间的绝缘层上再装上一个铝电极作为栅极 G，在衬底上也引出一个电极 B，这就构成了一个 N 沟道增强型 MOS 场效应管，结构示意图和电路符号如图 5-4-7 所示。

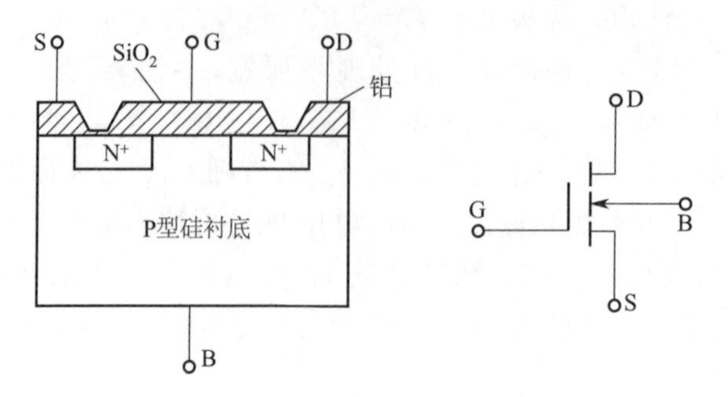

图 5-4-7　N 沟道增强型 MOS 场效应管结构示意图和电路符号

5.4.3.2　工作原理

(1) 若 $U_{GS}=0$，N 沟道增强型 MOS 管的漏极 G 和源极 S 之间有两个背靠背的 PN 结，不论 U_{DS} 的极性如何，总有一个 PN 结处于反偏状态，漏、源极间没有导电沟道，漏极电流≈0。

(2) 若 $U_{GS}>0$，则栅极和衬底之间的 SiO_2 绝缘层之间便产生一个电场，这个电场能排斥空穴而吸引电子，使栅极附近的 P 型衬底中的空穴被排斥，剩下不能移动的受主离子（负离子），形成耗尽层，P 型衬底中的电子（少子）被吸引到衬底表面，形成感应沟道。如图 5-4-8(a) 所示。

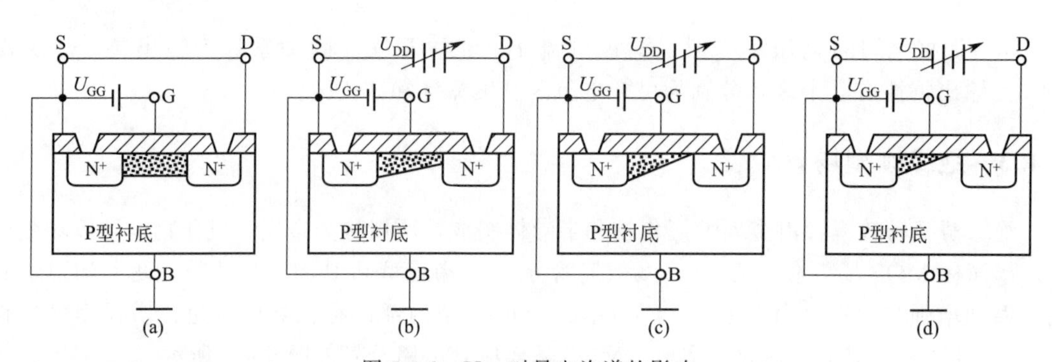

图 5-4-8　U_{DS} 对导电沟道的影响

感应沟道形成后，原来被 P 型衬底隔开的两个 N^+ 型区（源区和漏区）就通过感应沟道连接在一起。在正的漏源电压作用下，电子将从源区流向漏区，产生漏极电流 I_D。显然，栅源电压 U_{GS} 越大，作用于半导体表面的电场就越强，吸引到 P 型硅表面的电子就越多，感应沟道将越厚，沟道电阻就越小。一般把在漏源电压作用下 NMOS 管开始导电时的栅源电压叫做 NMOS 管的开启电压 V_{th}。

当 NMOS 管的栅源电压 U_{GS} 大于等于 V_{th} 时，如果外加较小的漏源电压 U_{DS}，漏极电流 I_D 将随 U_{DS} 上升迅速增大，NMOS 管的栅极与沟道间的电位差从漏极到源极逐步增大，因此所形成的沟道厚度是不均匀的，靠近源极的沟道厚，而靠近漏极的沟道薄，如图 5-4-8(b) 所示。当 U_{DS} 增大到一定数值，即 $U_{GD}=V_{th}$ 时，感应沟道在漏极处被夹断，如图 5-4-8(c) 所示。U_{DS} 继续增加，将形成一夹断区，且夹断点向源极靠近，如图 5-4-8(d) 所示。沟道被夹断后，U_{DS} 上升时，其增加的电压基本上加在沟道厚度为零的耗尽区上，而沟道两端的电压保持不变，所以 I_D 不再增加，此时 NMOS 管工作在饱和区。在模拟集成电路中，饱和区是 NMOS 管的主要工作区。要注意，此时沟道虽产生了夹断，但由于漏极与沟道之间存在强电场，因此电子在该电场作用下被吸收到漏区而形成了从源区到漏区的电流。

5.4.3.3　特性曲线

（1）输出特性曲线。输出特性曲线是指栅源电压 U_{GS} 为定值时，漏极电流 I_D 与漏源电压 U_{DS} 的关系曲线，如图 5-4-9(a) 所示。按场效应管的工作特性，可将输出特性曲线分为几个区域。

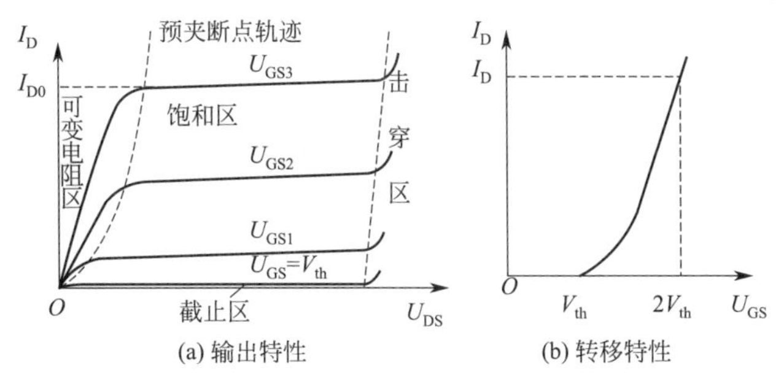

(a) 输出特性　　(b) 转移特性

图 5-4-9　N 沟道增强型 MOS 管的特性曲线

① 变电阻区。U_{DS} 相对较小，I_D 随 U_{DS} 增大而增大，U_{GS} 增大，曲线变陡，说明输出电阻随 U_{GS} 变化而变化，故称为可变电阻区。

② 饱和区。又称恒流区，漏极电流基本不随 U_{DS} 的变化而变化，只随 U_{GS} 的增大而增大，体现了 U_{GS} 对 I_D 的控制作用。

③ 截止区。$U_{GS}<V_{th}$ 时，不能形成导电沟道，场效应管处于截止状态。

④ 击穿区。当 U_{DS} 增大到一定值时，场效应管内 PN 结被击穿，如果无限流措施，管子将损坏。

（2）转移特性曲线。转移特性曲线是指漏源电压 U_{DS} 为定值时，漏极电流 I_D 与栅源电压 U_{GS} 之间的关系曲线，如图 5-4-9(b) 所示。当 $U_{GS}<V_{th}$ 时，$I_D=0$；当 $U_{GS}>V_{th}$ 时，I_D 随 U_{GS} 的增大而增大。在较小的范围内可以认为 U_{GS} 和 I_D 成线性关系，通过 U_{GS} 大小的变化，即电场的变化，可以控制 I_D 的变化。

5.5　二极管和三极管的识别与检测实训

实训任务

① 用万用表测量二极管正负极性。

② 用万用表测量小功率晶体三极管引脚及类别。

实训目标

① 学会识别半导体二极管和三极管元器件，能查阅说明手册。

② 熟悉半导体二极管和三极管的类别、引脚识别方法。

③ 学会用万用表判别二极管和三极管的极性及其性能的好坏。

（1）实训器材：万用表，不同规格、类型的半导体二极管和三极管。

（2）实训步骤如下。

① 利用万用表测量二极管正负极性及性能。二极管的正负极性一般都标注在其外壳上。塑封二极管有色环标志的一端为负。用数字式万用表检测二极管，测量方法：选择万用表二极管挡，红、黑表笔分别接二极管两端，当红色表笔接的是二极管正极，黑色表笔接的是二极管负极时，万用表读数显示的是二极管的直流压降，数值为几百毫伏，当黑色表笔接的是二极管正极，红色表笔接的是二极管负极时，万用表读数显示应为“1”。

用指针式万用表检测二极管，将万用表拨到 R×1k 挡，红、黑表笔分别接二极管两端。当黑色表笔接的是二极管正极，红色表笔接的是二极管负极时，万用表测得的是二极管的正向电阻；当红色表笔接的是二极管正极，黑色表笔接的是二极管负极时，万用表测得的是二极管的反向电阻，阻值为无穷大。另外二极管是非线性元件，万用表选择不同的量程测出来的阻值不一样，属于正常现象。

如果用数字式万用表红、黑表笔调换极性分别测得二极管两端的读数接近 0，说明二极管已击穿；若红、黑表笔调换极性分别测得二极管两端的读数显示“1”，说明二极管已开路。

如果用指针式万用表红、黑表笔调换极性分别测得二极管两端的阻值均为 0，说明二极管已击穿；若红、黑表笔调换极性分别测得二极管两端的阻值均为无穷大，说明二极管已开路。

② 利用万用表测试小功率晶体三极管引脚及类别。首先要找到基极，并判断是 PNP 管还是 NPN 管。用二极管挡，选任意一引脚接红表笔，黑表笔分别接另外两只引脚，三个引脚轮流接红表笔测量，测得三组数据。然后选任意一引脚接黑表笔，红表笔分别接另外两只引脚，三个引脚轮流接黑表笔测量，测得另外三组数据。由图 5-5-1 可知，PNP 管的基极是两个负极的公共点，NPN 管的基极是两个正极的公共点，这时我们可以用数字万用表的二极管挡去测基极。对于 PNP 管，当黑表笔（连表内电池负极）在基极上，用红表笔去测另两个极时，读数一般相差不大，如果表笔反过来接，则有一个较大的读数为“1”。对于 NPN 管来说则是红表笔（连表内电池正极）连在基极上。此时可判断管子的基极和类型。

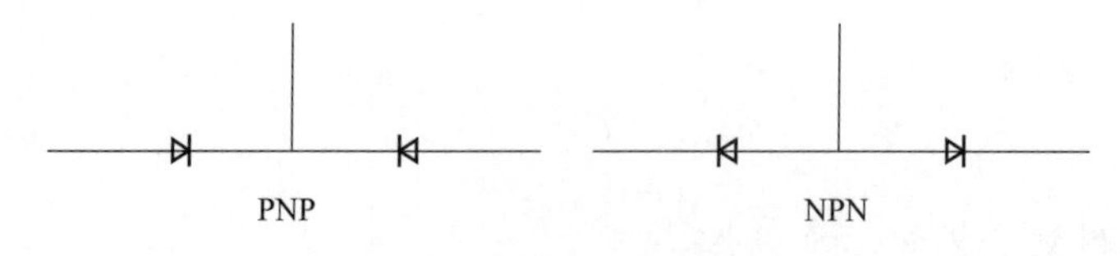

图 5-5-1　三极管等效原理图

再判断发射极和集电极。当一只表笔接基极，另外一只表笔分别接两只引脚时，将测得的读数进行比较，读数较大时的那端为发射极，较小时的那端为集电极。

把万用表拨到三极管 hFE 测试挡，将三极管引脚按照 NPN、PNP 种类正确插入测试座，可读取三极管直流放大系数的值。

半导体是导电能力介于导体和绝缘体之间的一类物质，具有热敏性、光敏性和掺杂性。不含杂质且无晶格缺陷的半导体称为本征半导体。杂质半导体是在本征半导体掺入少量某种特定元素，与本征半导体相比导电性发生质的变化，可分为 N 型半导体与 P 型半导体两种。在 N 型半导体中，电子为多数载流子，空穴为少数载流子；在 P 型半导体中，空穴为多数载流子，电子为少数载流子。

P 型半导体和 N 型半导体结合在一起，在交界面处会形成 PN 结，PN 结具有单向导电性。晶体二极管由一个 PN 结引出两个电极构成，属于非线性元件。利用二极管的单向导电性可组成半波整流、全波整流、桥式整流电路。选用或更换二极管须考虑额定工作电流、最高反向工作电压两个主要参数，高频工作时还应考虑最高工作频率。

利用 PN 结的反向击穿特性可制作稳压二极管。用稳压二极管构成稳压电路时，首先应保证稳压管反向击穿，另外必须串接限流电阻，反向通电时，在尚未击穿前，其两端的电流基本保持不变，当输入电压波动时，稳压二极管通过调整自身电流的大小来维持其两端电压基本稳定。

双极型晶体管（三极管）是由两个 PN 结构成的半导体器件，可分为 NPN 型和 PNP 型两种。其主要作用是把微弱信号放大，也用作无触点开关。三极管自身并不能把小电流变成大电流，而是以小电流控制大电流，它仅仅起着一种控制作用。三极管根据输入、输出回路公共端不同有共发射极、共集电极和共基极三种基本接法。晶体三极管有三个工作区：放大区、截止区和饱和区。三极管在发射结正偏、集电结反偏的条件下具有电流放大作用。晶体三极管在发射结与集电结均正偏时处于饱和状态，在发射结与集电结均反偏时处于截止状态。

场效应管是利用控制输入回路的电场效应来控制输出回路电流的一种半导体器件，属于电压控制型半导体器件，输入电阻高，噪声小，功耗低，容易大规模集成。场效应管也称为单极型晶体管，分为两类：结型场效应管和绝缘栅场效应管，两类场效应管根据其沟道不同，可分为 N 沟道结型场效应管和 P 沟道结型场效应管。绝缘栅场效应管又分为增强型和耗尽型。

第6章

放大电路

【知识目标】

① 了解放大电路的组成和性能指标。

② 理解放大电路工作状态，掌握放大电路的分析方法。

③ 掌握单管固定偏置和分压偏置放大电路的工作原理。

④ 了解其他形式放大电路，了解多级放大器的特点与应用。

⑤ 理解反馈概念及负反馈对放大电路性能的影响。

⑥ 了解功率放大器的分类方法，理解互补对称功率放大器原理。

【技能目标】

① 熟练使用各种电子仪器仪表。

② 掌握放大电路性能的分析和电路测试、调试方法。

③ 掌握互补对称功率放大器的电路安装、故障分析、维修技能。

6.1 放大电路概述

放大电路是电子电路中最常用、最基本的一种电路，例如扩音系统中的放大电路可将麦克风输出的微弱电信号放大到所需要的值，推动扬声器发声。见图 6-1-1。

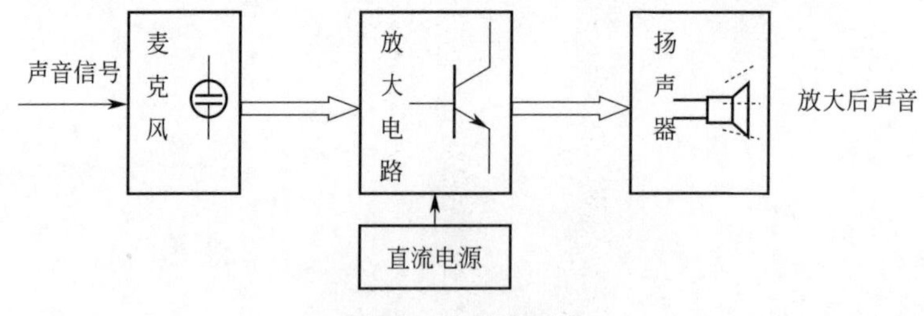

图 6-1-1 扩音系统

图 6-1-2 所示为一个放大电路的示意图，任何一个放大电路都可以看作一个双端口网络，左边是放大电路的信号源，右边是负载。

放大电路的放大倍数又称为增益，是输出信号与输入信号的变化量之比，是衡量放大电

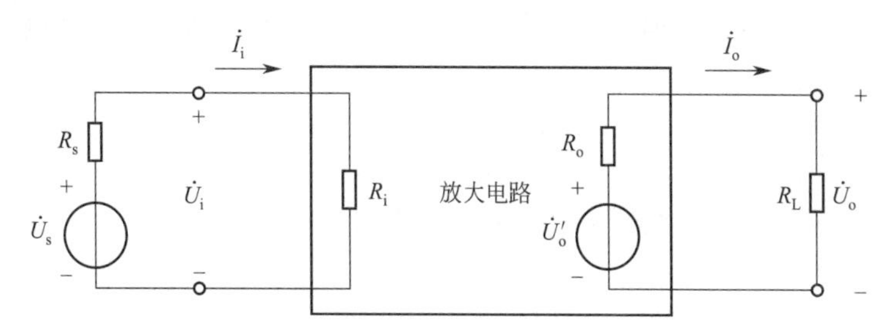

图 6-1-2　放大电路示意图

路放大能力的指标。放大倍数又可分为电压放大倍数和电流放大倍数。输出信号的电压与输入信号的电压比值为电压放大倍数，用 A_u 表示，即

$$A_u=\frac{\dot{U}_o}{\dot{U}_i}$$

输出信号的电流与输入信号的电流之比为电流放大倍数，用 A_i 表示，即

$$A_i=\frac{I_o}{\dot{I}_i}$$

放大电路的参数只有在放大电路无明显失真的前提下才有意义。放大电路是整个电子设备的一个中间环节，对前级信号源来说，放大电路是负载，其等效的负载电阻称为放大电路的输入电阻，即从放大电路输入端向右看进去的交流等效电阻，用 R_i 表示，它定义为输入电压与输入电流之比：$R_i=\frac{\dot{U}_i}{\dot{I}_i}$。

放大电路的输入电阻主要由晶体管的输入电阻决定。输入电阻越大，则放大电路从信号源索取的电流越小，为减小信号损失，一般放大电路的输入电阻大一些好。

从放大电路输出端看，放大电路对于负载相当于一个信号源，当负载变化时，放大电路的输出电压随之变化，相当于该电源具有内阻，其等效的内阻即为放大电路的输出电阻。求解放大电路输出电阻的常用方法是在输入端将信号源电压 $\dot{U}_i$ 短路，再将 R、L 去除，然后在输出端加一交流电压 $\dot{U}_o$，产生电流 I_o，则放大电路的输出电阻为 $R_o=\frac{\dot{U}_o}{\dot{I}_o}$，输出电阻越小，则输出的电流就越大，带负载的能力就越强。一般放大电路的输出电阻小一些为好。

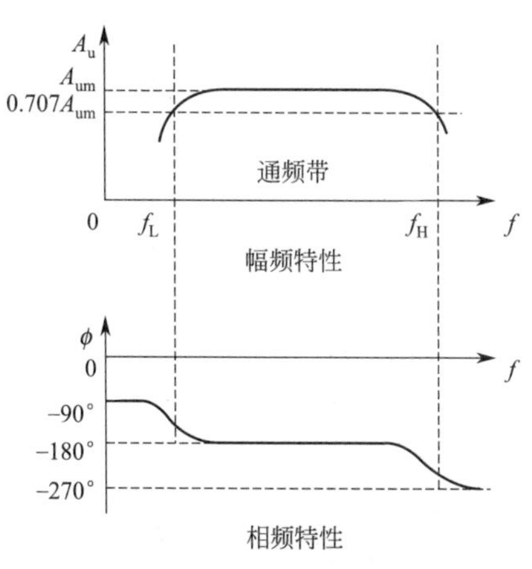

图 6-1-3　频率特性

由于放大电路中存在耦合电容，晶体管的 PN 结又有结电容存在，所以放大电路对不同频率的信号的放大能力是不一样的，见图 6-1-3，在某一段频率范围内，电压放大倍数不随频率而变化，输出与输入的相位反相，随着频率的升高或降低，电压放大倍数都要减小，相位差也要发生变化。当电压放大倍数下降到 $0.707A_{um}$ 时，对应的两个频率分别称为下限频率

f_L 和上限频率 f_H。那么我们把信号能够得到有效放大的频率范围称为通频带BW，其宽度称为带宽。

当输入信号幅度超过一定值后，放大器件会工作在非线性区，输出电压将会产生非线性失真，输出波形中会出现谐波，输出波形中的谐波成分总量与基波成分之比称为非线性失真系数 D，它反映了放大电路非线性失真的程度，其值越小越好。

6.2 共发射极放大电路

6.2.1 共发射极放大电路的组成

如图6-2-1所示，共发射极放大电路包括以下元件。

① 晶体管VT，NPN型管，是放大电路的核心器件。

② 基极偏置电阻 R_b，又称为偏流电阻，用来调节基极偏置电流 I_B，使晶体管有一个合适的工作点，一般为几十千欧到几百千欧。

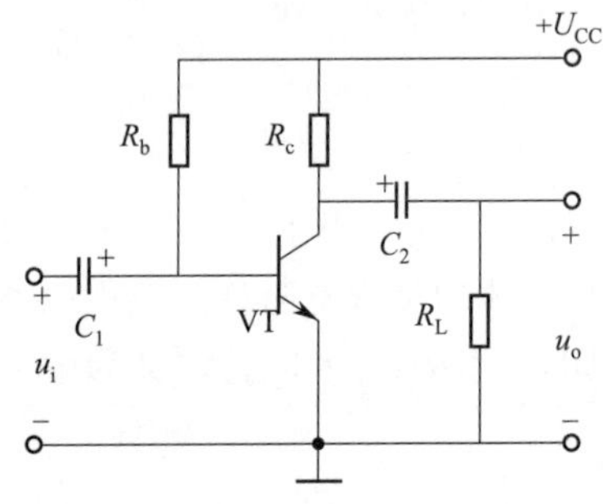

图6-2-1 共发射极放大电路

③ 集电极负载电阻 R_c。将集电极电流 i_C 的变化转换为电压的变化，以获得电压放大，一般为几千欧。

④ 电容 C_1、C_2。用来传递交流信号，起到耦合的作用，同时又使放大电路和信号源及负载间的直流电流相隔离，起隔直作用，通常采用电解电容器，使用时应注意它的极性与加在它两端的电压极性一致，正极接高电位，负极接低电位。为提高传输效率，电容的容量一般在几十微法。

⑤ 电源 $+U_{CC}$。使晶体管的发射结正偏，集电结反偏，晶体管处在放大状态，同时也是放大电路的能量来源。一般在几伏到十几伏之间。

在放大电路中通常把公共端接“地”，作为参考点。如果用PNP管，连接时只需将电源及电解电容器的极性颠倒即可。

共发射极放大电路的组成原则：

① 必须有外加直流电源，且电源极性必须使晶体管的发射结正向偏置，集电结反向偏置，以保证晶体管工作在放大状态。

② 输入回路的接法，应该使输入电压的变化量能传送到晶体管的基极回路，并使基极电流产生相应的变化量。

③ 输出回路的接法，应该使集电极电流的变化量能转化为集电极电压的变化量，并传送到放大电路的输出端。

④ 为保证放大电路正常工作，必须在没有外加信号时使三极管处于放大状态，即合理地设置放大电路各直流电流和直流电压，称为设置静态工作点。

放大电路在正常放大的过程中，外加直流电源给放大电路提供直流偏置，而要放大的输入信号是变化的交流小信号，所以电路中既含有直流成分，又含有交流成分。为了便于分析，一般把放大电路中的各电压、电流的符号做一个统一的规定：大写字母加大写下标表示纯直流信号，如基极直流电流 I_B；大写字母加小写下标表示纯交流信号的有效值，如 I_b；小写字母加小写下标表示纯交流信号的瞬时值，如 i_b；小写字母加大写下标表示全量（交流与直流叠加）瞬时值，如 i_B。

6.2.2　共发射极放大电路的工作原理

（1）静态工作点。当 $u_i=0$ 时，晶体管的基极电流 I_B、集电极电流 I_C、b、e 极间电压 U_{BE}、管压降 U_{CE} 称为放大电路的静态工作点 Q，常记作 I_{BQ}、I_{CQ}、U_{BEQ}、U_{CEQ}。为什么放大的对象是动态信号，却要晶体管在信号为零时有合适的直流电流和极间电压？

当 $u_i \neq 0$ 时，若其峰值小于 b、e 极间的开启电压 U_{on}，则在信号的整个周期内晶体管始终工作在截止状态，输出电压毫无变化。若信号幅度过大，晶体管只可能在信号正半周大于 U_{on} 的时间间隔内导通，容易导致输出电压严重失真，因此只有在信号的整个周期内晶体管始终工作在放大状态，输出信号才不会产生失真。因此必须设置合适的静态工作点。

（2）静态电路分析。静态电路是指无交流信号输入时，在直流电源的作用下，直流电流所流过的路径。静态时三极管各极电流和电压值即为静态工作点 Q（主要指 I_{BQ}、I_{CQ} 和 U_{CEQ}）。静态电路分析主要是确定放大电路中的静态值 I_{BQ}、I_{CQ} 和 U_{CEQ}。为方便确定静态时各极电压与电流，可以作出此时的等效电路，称为直流通路。画直流通路时，耦合电容可视为开路，电感视为短路。

静态工作点的近似估算见图 6-2-2，基极电流从直流电源的正端流出，经过基极偏置电阻和三极管发射结，然后流入公共端。据此可列出回路电压方程：$I_{BQ}R_B+U_{BEQ}=U_{CC}$。因此可得：

$$I_{BQ}=\frac{U_{CC}-U_{BEQ}}{R_B}, I_{CQ}=\beta I_{BQ}, U_{CEQ}=U_{CC}-I_{CQ}R_C。$$

其中，$U_{BEQ}=\begin{cases}0.7\text{V} & \text{硅管}\\ 0.3\text{V} & \text{锗管}\end{cases}$

可见 U_{CE} 与 I_C 的函数关系是线性的，反映在晶体管输出特性曲线上为一条直线，其斜率为 $-1/R_C$，通常将这条负载线称为直流负载线，如图 6-2-3 所示。直流负载线与 I_{BQ} 所对应的输出特性曲线的交点 Q 称为静态工作点，Q 点对应的静态值就是上述的 I_{BQ}、I_{CQ} 和 U_{CEQ} 的值。

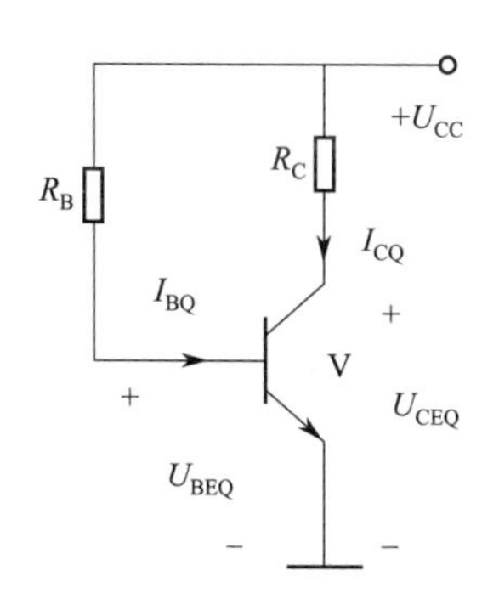

图 6-2-2　直流通路

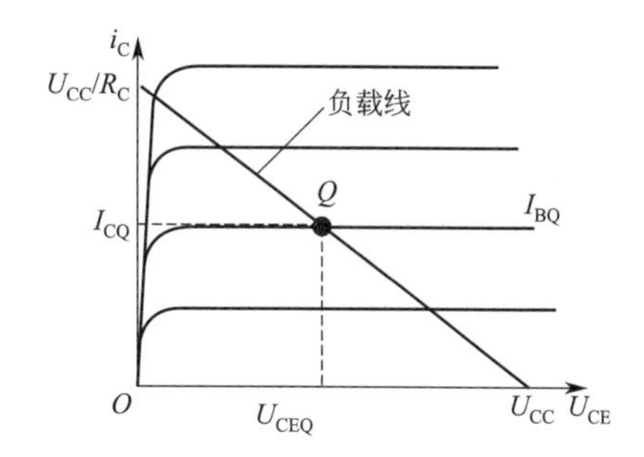

图 6-2-3　直流负载线

（3）放大电路动态分析。动态是指输入端施加交流输入信号时放大电路的工作状态，这时电路中既有直流成分，又有交流成分。在输入信号单独作用下只有交流流过的路径称为交流通路。

① 交流通路。由于电容 C_1、C_2 足够大，容抗近似为零（相当于短路），直流电源 U_{CC} 内阻很小，对交流变化量几乎不起作用，故可去掉（短接）。见图 6-2-4。

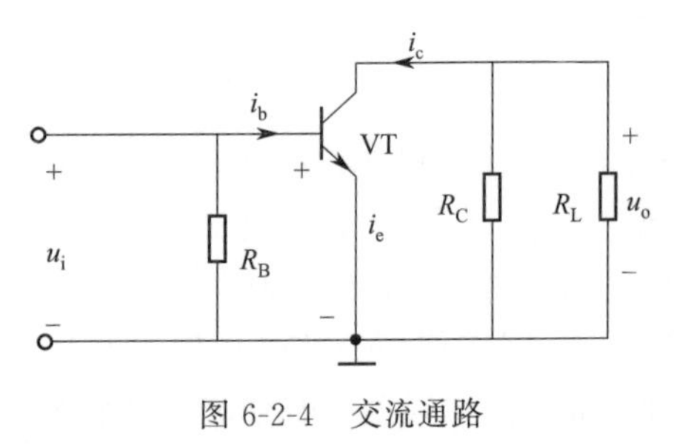

图 6-2-4　交流通路

放大电路的动态是建立在静态的基础上的，动态时工作点的运动轨迹一定通过静态工作点 Q。过静态工作点 Q 做一条直线，斜率等于交流负载电阻的倒数，即为交流负载线。见图 6-2-5。交流负载线描述动态信号的运动轨迹。它在输出特性曲线上要比直流负载线陡，因为交流负载电阻小于直流负载电阻。

输入交流信号 u_i 经过耦合电容 C_1 加到三极管基极 B 和发射极 E 之间，与静态基极直流电压 U_{BEQ} 叠加得 u_{BE}。u_{BE} 使晶体管出现对应的基极电流 i_B，i_B 的变化使集电极电流 i_C 随之变化。且变化量是 i_B 的 β 倍。i_C 的变化量在集电极负载电阻 R_C 上产生压降，从而引起晶体管集电极和发射极之间总电压 u_{CE} 的变化。当 i_C 的瞬时值增加时，u_{CE} 就要减少，即 i_C 的变化恰与 u_{CE} 的变化相反。由于电容 C_2 的隔直流、通交流的作用，只有交流信号电压 u_{CE} 才能通过 C_2 并从输出端输出，所以输出电压为 $u_o = -R_C i_C$。

如果电路参数选择适当，u_o 的幅度将比 u_i 大得多，且电压 u_o 与 u_i 反相，这种放大称为反相放大作用。从以上分析可以看出，放大的本质是能量的控制，小能量的输入信号起着控制的作用，关键是三极管的基极电流 i_B 对集电极电流 i_C 的控制作用。

② 微变等效电路。在放大电路输入信号较小，且静态工作点选择合适的情况下，可以认为三极管的电压、电流之间的关系基本上是线性的，即晶体管的工作状态接近于线性，因此我们将晶体管用一个线性电路模型来代替（称为晶体管的小信号模型），这个电路称为三极管微变等效电路，如图 6-2-6 所示。

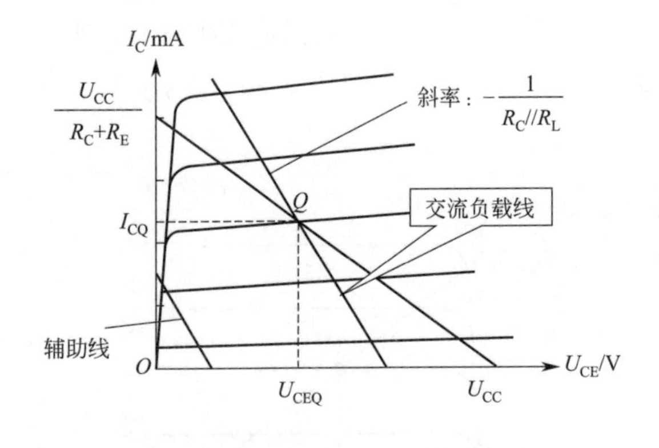

图 6-2-5　交流负载线

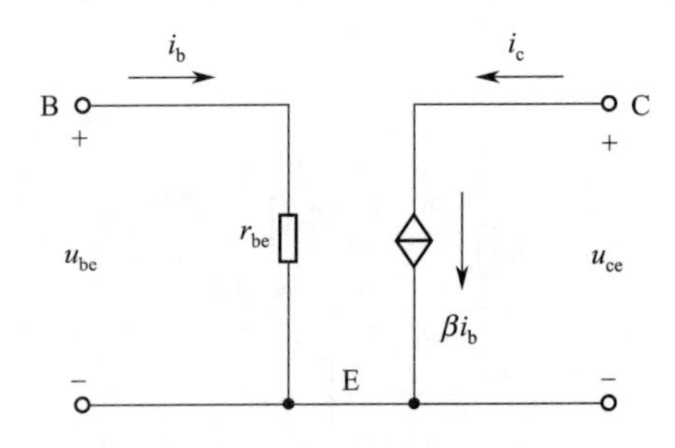

图 6-2-6　三极管的微变等效电路

放大电路的微变等效电路分析，就是利用晶体管的小信号模型，把非线性晶体管元件放大电路等效为一个线性电路，计算放大电路的各项动态指标，包括电压放大倍数、输入电阻、输出电阻等。

晶体管放大电路中，由于电容 C_1 和 C_2 的容量很大，故对交流分量而言可视作短路，同时直流电源的内阻很小，可以忽略不计，也可以认为直流电源是短路的，据此可画出图 6-2-7 所示的基本共发射极放大电路的交流通路与微变等效电路，电路中的电压和电流都是正弦交流分量，均用相量表示。

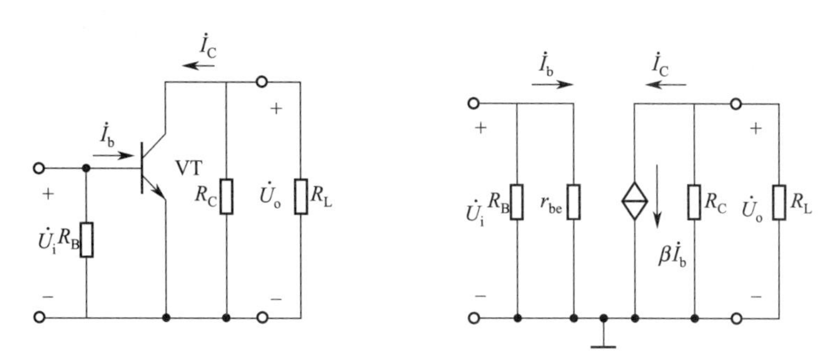

图 6-2-7　基本共发射极放大电路的交流通路与微变等效电路

6.2.3　共发射极放大电路的性能指标

（1）晶体管的输入电阻 r_{be}。当输入信号很小时，放大电路输入端的电压与电流的关系可以用动态电阻来反映，即

$$r_{be}=\left.\frac{u_{be}}{i_b}\right|_{U_{CE}=\text{常数}}$$

r_{be} 称为晶体管的输入电阻，一般为几百到几千欧。低频小功率晶体管常用下面的公式估算：

$$r_{be}=300+(1+\beta)\frac{26}{I_E}\approx 300+\beta\frac{26}{I_C}$$

式中，I_C 的单位为 mA，r_{be} 的单位为 Ω。

（2）放大倍数。放大倍数又称为增益，是衡量放大电路放大能力的指标。放大倍数愈大，则放大电路的放大能力愈强，它定义为输出信号与输入信号的变化量之比。根据输入、输出端所取的是电压信号还是电流信号，放大倍数又可分为电压放大倍数和电流放大倍数。

① 电压放大倍数。输出信号的电压与输入信号的电压之比称为电压放大倍数，用 A_u 表示，即

$$A_u=\frac{\dot{U}_o}{\dot{U}_i}$$

由图 6-2-7 所示的微变等效电路可得 $\dot{U}_i=\dot{I}_b r_{be}$，$\dot{U}_o=-\dot{I}_c R'_L=-\beta\dot{I}_b R'_L$，$R'_L$ 称为等效负载电阻，$R'_L=R_C/\!/R_L=\dfrac{R_C R_L}{R_C+R_L}$。因此电压放大倍数可写为：

$$A_u=\frac{\dot{U}_o}{\dot{U}_i}=-\beta\frac{R'_L}{r_{be}}$$

式中的负号表明输出电压与输入电压信号反相。

② 电流放大倍数。输出信号的电流与输入信号的电流之比称为电流放大倍数，用 A_i 表示，即：

$$A_i=\frac{i_o}{i_i}$$

以上参数是在放大电路无明显失真的前提下才有意义，以下参数也一样。

(3) 输入电阻。输入电阻是从放大电路输入端向右看进去的交流等效电阻，见图 6-2-8，定义为输入电压与输入电流之比，用 r_i 表示：

$$r_i=\frac{u_i}{i_i}$$

根据微变等效电路可得 $r_i=\frac{\dot{U}_i}{\dot{I}_i}=R_B /\!/ r_{be}$。通常由于 $R_B \gg r_{be}$，因此放大电路的输入电阻主要由晶体管的输入电阻决定。

(4) 输出电阻。从放大电路输出端看，放大电路对于负载相当于一个信号源，当负载变化时，放大电路的输出电压随之变化，相当于该电源具有内阻，其等效的内阻即为放大电路的输出电阻。见图 6-2-9。

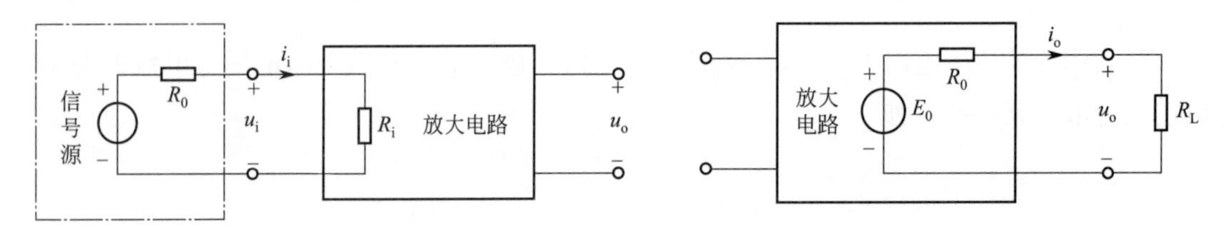

图 6-2-8　放大电路输入电阻　　　　图 6-2-9　放大电路输出电阻

例如在图 6-2-1 所示电路中，$\beta=50$，$R_B=280\text{k}\Omega$，$R_C=3\ \text{k}\Omega$，$R_L=3\text{k}\Omega$，$U_{CC}=12\text{V}$。则静态工作点各参数计算如下：

$$I_{BQ}=\frac{U_{CC}-0.7}{R_B}=\frac{12-0.7}{280\times10^3}\approx0.04(\text{mA})=40(\mu\text{A})$$

$$I_{CQ}=\beta I_{BQ}=50\times0.04\times10^3(\text{A})=2(\text{mA})$$

$$U_{CEQ}=U_{CC}-I_{CQ}R_C=(12-2\times10^{-3}\times3\times10^3)(\text{V})=6(\text{V})$$

$I_{EQ}\approx I_{CQ}=2\text{mA}$，因此有：

$$r_{be}=300+(1+\beta)\frac{26}{I_E}\approx300+\beta\frac{26}{I_C}=963(\Omega)\approx1(\text{k}\Omega)$$

$$r_i=\frac{u_i}{i_i}=R_B /\!/ r_{be}\approx1(\text{k}\Omega)$$

$$r_o\approx R_C=3(\text{k}\Omega)$$

$$A_u=\frac{u_o}{u_i}=-\beta\frac{R_L'}{r_{be}}=\frac{-50\times1.5}{1}=-75$$

6.3 静态工作点稳定的放大电路

6.3.1 温度对静态工作点的影响

合适的静态工作点在放大电路中是很重要的，它不仅关系到波形的失真，而且对放大倍数也有重要影响。如果某些因素（温度、电源电压波动等）引起放大电路的静态工作点发生变化，放大电路的一些性能指标也将随之变化，电路的性能可能变坏，甚至不能正常工作，其中以温度的影响为最大，因为环境温度的变化较为普遍，且不易克服，而晶体管又是对温度十分敏感的元件。例如在图6-3-1所示的固定偏置电路中，设三极管为锗NPN管，室温时 $\beta=50$，$I_{CBO}=1\mu A$、$U_{BEQ}=0.25V$，$U_{CC}=6V$，$R_B=150k\Omega$，$R_C=2k\Omega$，$I_{BQ}=38\mu A$，$I_{CQ}=1.9mA$，$U_{CEQ}=2.2V$；当温度升高到30℃时，$\beta=65$，$U_{BEQ}=0.175V$，$I_{CBO}=8\mu A$，$I_{BQ}=38.8\mu A$，$I_{CQ}=2.47mA$，$U_{CEQ}=1.06V$。集电极静态电流变化的相对值为

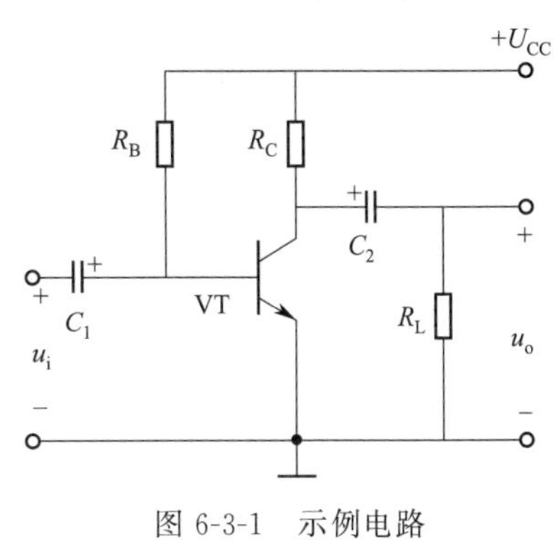

图6-3-1　示例电路

$$\frac{\Delta I_{CQ}}{I_{CQ}}=\frac{2.47-1.9}{1.9}=30\%$$

由此可见，温度升高到30℃后，I_{CQ} 明显增大，而 U_{CEQ} 明显减小。原本处于放大区的工作点前将向饱和区移动。如果不加限制，三极管将很快进入饱和区，波形出现失真，逐渐失去放大的能力。因此为保证放大电路在较宽的温度范围内正常工作，就必须采用热稳定性高的偏置电路。

6.3.2　分压偏置电路的组成和原理

分压偏置电路如图6-3-2所示，为了稳定静态工作点，提高偏置电路的稳定性，直流电源经过两个电阻分压后接到三极管的基极，故称为分压偏置式工作点稳定电路。三极管的发射极通过一个电阻接地，在电阻的旁边并联了一个大电解电容，称为旁路电路。其余部分与固定偏置电路一样。图6-3-3所示为分压式偏置电路的直流通路。

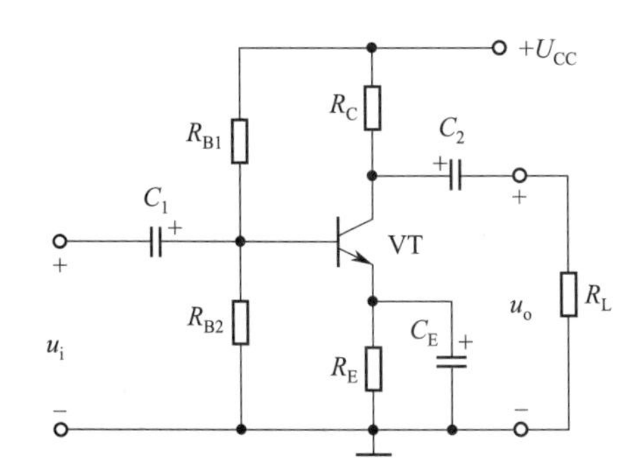

图6-3-2　分压偏置电路

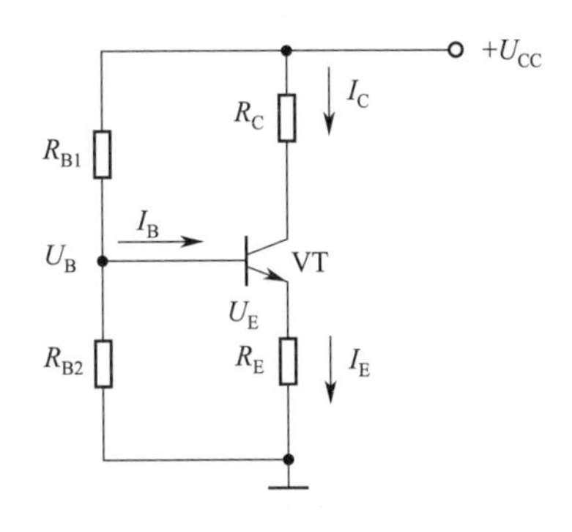

图6-3-3　分压式偏置电路直流通路

该电路可利用电阻 R_{B1} 和 R_{B2} 分压来稳定基极电位。设流过两电阻的电流分别分 I_{B1} 和 I_{B2}。$I_{B2}=I_{B1}-I_B$，一般 I_B 较小，可忽略 I_B 的影响，则基极电位为 $U_B\approx\frac{R_{B2}}{R_{B1}+R_{B2}}U_{CC}$，所以基极电位只由两个电阻的分压比决定。不随温度变化。在实际应用中，通常选取合适的 R_{B1} 和 R_{B2}，即满足下列条件：

① 硅管：$I_{B1}=(5\sim10)I_{BQ}$，$U_B=3\sim5V$；

② 锗管：$I_{B1}=(10\sim20)I_{BQ}$，$U_B=1\sim3V$。

该电路可利用发射极电阻 R_E 来控制集电极电流的变化。电阻 R_E 将获得反映电流 I_E 变化的信号，反馈到输入端，实现工作点的稳定，过程为：温度 $\uparrow \to I_C \uparrow \to I_E \uparrow \to I_E R_E \uparrow \to U_{BE} \downarrow \to I_B \downarrow \to I_C \downarrow$。

此外，电路中 R_E 的两端并联了一个电解电容 C_E，使 R_E 只对直流分量有稳定作用。如果两端没有并联 C_E，则 R_E 在稳定直流分量 I_C 的同时也会稳定交流分量 i_c，使得 i_c 的幅度降低，导致与 i_c 成正比的输出电压 u_o 幅度也随之减小，电路的电压放大能力大大减弱。上述过程实质是一个负反馈调节过程，即由发射极电阻 R_E 反映出被控制量 I_C 的变化，然后通过 U_{BE} 控制 I_B 来抑制 I_C 的变化。

例如在图 6-3-3 所示的分压偏置电路中，已知三极管的 $\beta=50$，$U_{BEQ}=0.7V$，$R_{B1}=60k\Omega$，$R_{B2}=20k\Omega$，$R_C=2k\Omega$，$R_L=2k\Omega$，$R_E=1k\Omega$，$U_{CC}=12V$。则可估算电路静态工作点如下：

$$U_B=\frac{R_{B2}}{R_{B1}+R_{B2}}U_{CC}=12\times\frac{60}{60+20}=9(V)$$

$$I_{CQ}\approx I_{EQ}=\frac{U_E}{R_E}=\frac{U_B-U_{BEQ}}{R_E}=\frac{3-0.7}{1}=2.3(mA)$$

$$I_{BQ}=\frac{I_{CQ}}{\beta}=\frac{2.3}{50}=46(\mu A)$$

三极管输入电阻：$r_{be}=300+(1+\beta)\frac{26}{I_E}\approx300+50\times\frac{26}{2.3}\approx865(\Omega)$

电压放大倍数： $A_u=\frac{u_o}{u_i}=-\beta\frac{R'_L}{r_{be}}=-50\times\frac{\frac{2\times2}{2+2}}{0.865}\approx-58$

输入电阻： $r_i=\frac{u_i}{i_i}=R_B /\!/ r_{be}\approx865(\Omega)$

输出电阻： $r_o\approx R_C=3(k\Omega)$

表 6-3-1 列出了三种不同组态放大电路的比较。

表 6-3-1 三种不同组态放大电路的比较

类别	共发射极放大电路	共集电极放大电路	共基极放大电路
电路形式	$+U_{CC}$ R_B R_C C_2 VT C_1 R_L u_o	$+U_{CC}$ R_B VT C_2 R_S C_1 R_E R_L u_o	$+U_{CC}$ C_1 R_{B1} R_C C_2 u_i R R_{B2} C_B u_o
电压放大倍数	$A_u=-\beta\frac{R'_L}{r_{be}}$(大)	$A_u=\frac{(1+\beta)R'_L}{r_{be}+(1+\beta)R'_L}$(≤1)	$A_u=\frac{\beta R'_L}{r_{be}}$(大)
输入电阻	$r_i\approx r_{be}$(中)	$r_i=[r_{be}+(1+\beta)R'_L] /\!/ R_B$(大)	$r_i=R_E /\!/ \frac{r_{be}}{1+\beta}$(小)
输出电阻	$r_o\approx R_C$(中)	$r_o=\frac{r_{be}+(R_B /\!/ R_S)}{1+\beta} /\!/ R_E$(小)	R_C(中)
应用范围	低频放大器的输入、输出级，多级放大器的中间级	输入级，输出级或阻抗变换、缓冲级(隔离级)	宽频带放大器、高频放大器、振荡电路及恒流源电路

6.4 多级放大器

6.4.1 多级放大器的组成

前面讲的基本放大电路，其电压放大倍数一般只能达到几十到几百，而在实际工作中，放大电路所得到的信号往往都很微弱，要将其放大到能推动负载工作的程度，仅仅通过单级放大电路是达不到的，必须通过多级放大器才可以满足实际的需要，多级放大器的组成如图6-4-1所示。

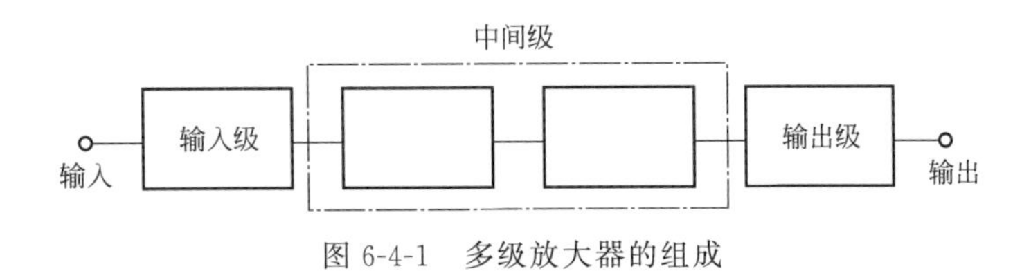

图6-4-1 多级放大器的组成

多级放大器一般是由两级或者是两级以上的放大电路连接而成的，级与级之间的连接方式称为耦合方式，级与级之间的耦合必须保证信号能够在级与级之间顺利地传输，耦合后多级放大电路的性能必须满足实际的要求。为了满足耦合后各级电路仍具有合适的静态工作点，一般要求多级放大电路输入级的输入电阻高，中间级的增益要高，输出级的损耗要小。

6.4.2 多级放大器的级间耦合方式

(1) 阻容耦合。阻容耦合采用电容将前后级连接起来，这个电容称为耦合电容。耦合电容的容量一般较大，以起到良好的隔直通交的作用。见图6-4-2。

采用阻容耦合，因电容具有“隔直”作用，这样交流信号能很顺利通过传递到后级，而直流则被电容隔开，所以各级电路的静态工作点相互独立，互不影响。这给放大电路的分析、设计和调试带来了很大方便。此外阻容耦合电路还具有体积小、重量轻等优点。

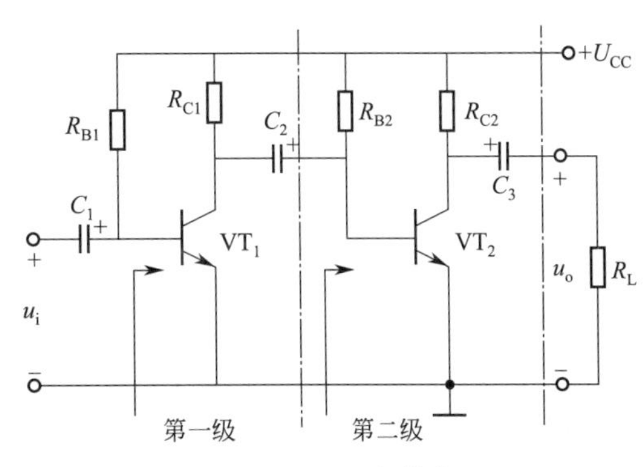

图6-4-2 阻容耦合

因电容是对频率很敏感的元件，如果是变化缓慢的低频信号，则容抗很大，放大倍数下降很大，信号在传输过程中会受到一定的衰减，故只能放大交流信号。此外在集成电路中，制造大容量的电容也很困难，所以阻容耦合方式下的多级放大电路不便于集成。

(2) 直接耦合。要解决上述阻容耦合电路存在的问题，可以采用直接耦合的方式，见图6-4-3。直接耦合放大电路唯一的缺点是：当第一级受温度影响使静态工作点发生偏移时，第一级的输出电压将发生微小的变化，这个微小的变化信号会被逐渐放大，导致输出信号可能失真严重，这种现象叫做零点漂移。

(3) 变压器耦合。变压器也具有隔直通交的作用，因此也可以连接级与级之间的信号，见图6-4-4。因变压器不能传输直流信号，只能传输交流信号和进行阻抗变换，所以各级电路的静态工作点相互独立，前后级的静态工作点互不影响，通过改变变压器的匝数比，容易实现阻抗变换，实现最佳匹配 ，因而容易获得较大的输出功率。变压器耦合缺点是高低频特性不理想，不能传送直流和变化非常缓慢的信号，同时变压器体积大而重，也不便于集成。

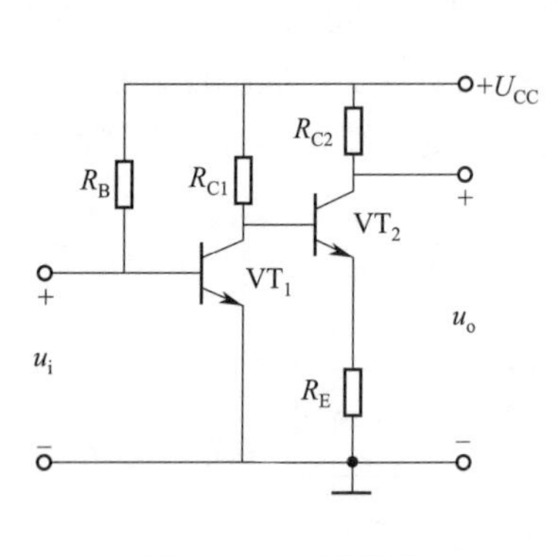

图 6-4-3　直接耦合

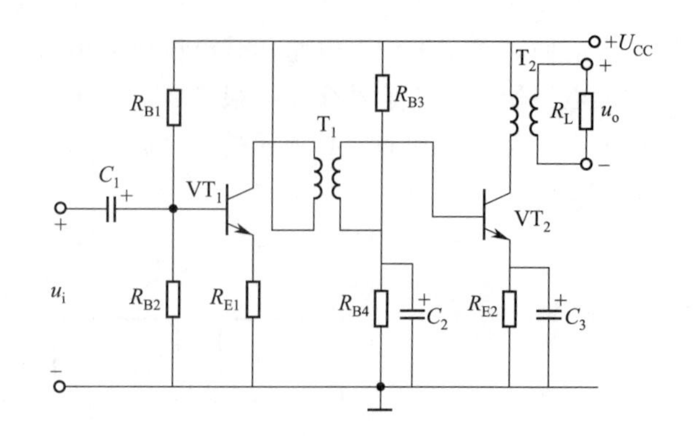

图 6-4-4　变压器耦合

6.4.3　多级放大器的分析

多级放大器的电压放大倍数等于各级放大器电压放大倍数的乘积：

$$A_u=A_{u1}\times A_{u2}\times\cdots\times A_{un}$$

一般采用分贝表示法表示放大倍数，称为增益 G_u，其定义为：

$$G_u=20\lg\frac{u_o}{u_i}=20\lg A_u$$

对于多级放大器来说，多级放大器的输入电阻等于从第一级放大器的输入端所看到的等效电阻，多级放大器的输出电阻等于从最后一级放大器的负载两端（不含负载）所看到的等效电阻。

多级放大器的功率放大倍数等于电压放大倍数与电流放大倍数之积。多级放大电路的整个电路的频带比其中任何一级的都窄。

设在图 6-4-2 所示的两级直接耦合放大电路中，$U_{CC}=12V$，$R_{B1}=430k\Omega$，$R_{C1}=2k\Omega$，$R_{B2}=270k\Omega$，$R_{C2}=2k\Omega$，三极管 VT$_1$、VT$_2$ 的电流放大倍数都为 50，两个三极管的基-射极电压比均取 0.7V。试计算各级的静态工作点和总的电压放大倍数 A_u、输入电阻 R_i、输出电阻 R_o。

解： 依题意知

$$I_{B1}=\frac{U_{CC}-0.7}{R_{B1}}=26(\mu A)$$

$$I_{C1}=\beta I_{B1}=26\times 50=1.3(mA)$$

$$U_{CE}=U_{CC}-I_{C1}\times R_{C1}=12-1.3\times 2=9.4(V)$$

$$I_{B2}=\frac{U_{CC}-0.7}{R_{B2}}=42(\mu A)$$

$$I_{C2}=\beta I_{B2}=50\times 42=2.1(mA)$$

$$U_{CE}=U_{CC}-I_{C1}\times R_{C1}=12-2.1\times 2=7.8(V)$$

在估算 A_{u1} 时，应将第二级的输入电阻 R_{i2} 作为第一级的负载电阻。

$$r_{be1}=300+(1+\beta_1)\frac{26}{I_{E1}}=\left(300+\frac{51\times26}{1.3}\right)=1320(\Omega)$$

$$r_{be2}=300+(1+\beta_2)\frac{26}{I_{E2}}=\left(300+\frac{51\times26}{2.1}\right)=931(\Omega)$$

$$R_{i2}=R_{B2}/\!/r_{be2}=\frac{270\times0.931}{270+0.931}\approx931(\Omega)$$

$$R'_{L1}=R_{C1}/\!/R_{i2}=\frac{2\times0.931}{2+0.931}\approx635(\Omega)$$

$$A_{u1}=-\frac{\beta_1R'_L}{r_{be1}}=-\frac{50\times635}{1320}\approx-24$$

$$A_{u2}=-\frac{\beta_2R_{C2}}{r_{be2}}=-\frac{50\times2000}{931}\approx-107$$

$$A_u=A_{u1}\cdot A_{u2}=(-24)\times(-107)\approx2568$$

$$R_i=R_{i1}=r_{be1}/\!/R_{B1}\approx r_{be1}=1320(\Omega)$$

$$R_o=R_{C2}=2(\mathrm{k}\Omega)$$

6.5　反馈放大电路

将放大电路输出端的信号（电压或电流）的一部分或全部引回到输入端，与输入信号叠加，就称为反馈。若引回的信号削弱了输入信号，称为负反馈。若引回的信号增强了输入信号，就称为正反馈。放大电路无反馈也称开环，放大电路有反馈也称闭环。反馈概念方框图见图6-5-1，图中 X_i 是输入信号，X_f 是反馈信号，X_{id} 称为净输入信号，所以有 $X_{id}=X_i-X_f$。

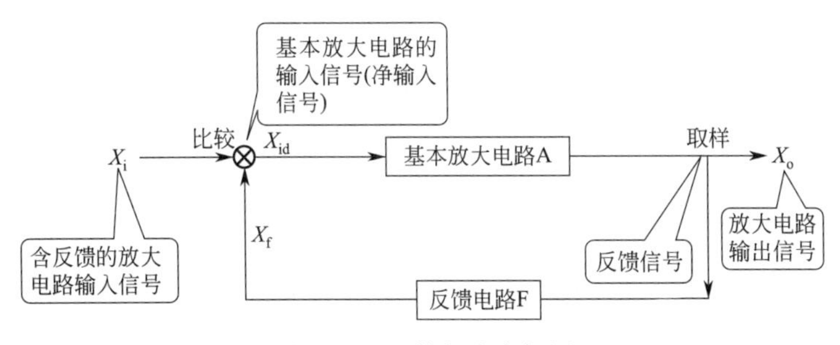

图6-5-1　反馈概念方框图

图6-5-2所示的分压偏置电路就是一个应用负反馈调节稳定静态工作点的放大电路：利用发射极电阻 R_E 来控制集电极电流的变化，电阻 R_E 将电流 I_E 变化信号反馈到输入端，实现工作点的稳定，过程为：温度↑→I_C↑→I_E↑→I_ER_E↑→U_{BE}↓→I_B↓→I_C↓，是一个负反馈调节过程，通过 U_{BE} 控制 I_B 来抑制 I_C 的变化，使它基本不随温度的升高而变化。

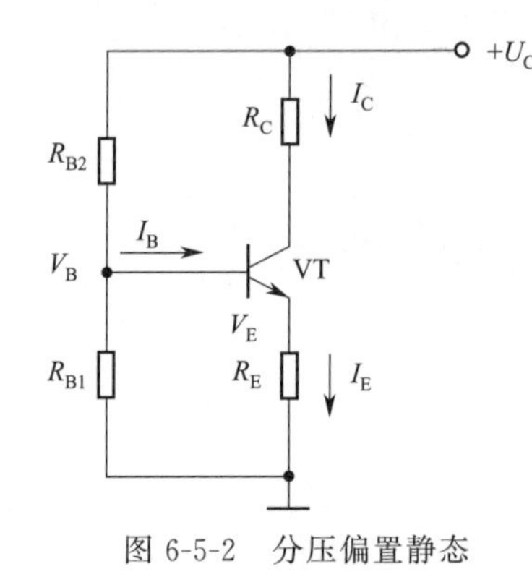

图 6-5-2　分压偏置静态工作点稳定电路

6.5.1　反馈放大电路的组态及判别

正、负反馈的判别：用瞬时极性法来判别。先设输入信号的瞬时极性，可用“+”、“−”或“↑”、“↓”表示。按信号传输方向依次判断相关点的瞬时极性，然后观察放大电路的净输入信号是增强还是削弱，增强的为正反馈，削弱的为负反馈。

若反馈信号是取自输出电压信号，则称为电压反馈；若反馈信号是取自输出电流信号，则称为电流反馈。判断方法可采用负载 R_L 短路法，即当 $R_L=0$ 时，输出电压必为零，若此时反馈信号也等于零，则为电压反馈，当 $R_L=0$ 时反馈信号不等于零，则为电流反馈。

对交流信号而言，若信号源、基本放大器、反馈网络三者在比较端是串联连接，则称为串联反馈。若信号源、基本放大器、反馈网络三者在比较端是并联连接，则称为并联反馈。判断方法：可令输入回路反馈节点对地短路，若输入信号还存在，则为串联反馈，若输入信号不存在，则为并联反馈。从电路结构来看，输入信号与反馈信号加在放大电路的不同输入端为串联反馈，输入信号与反馈信号并接在同一输入端上为并联反馈。

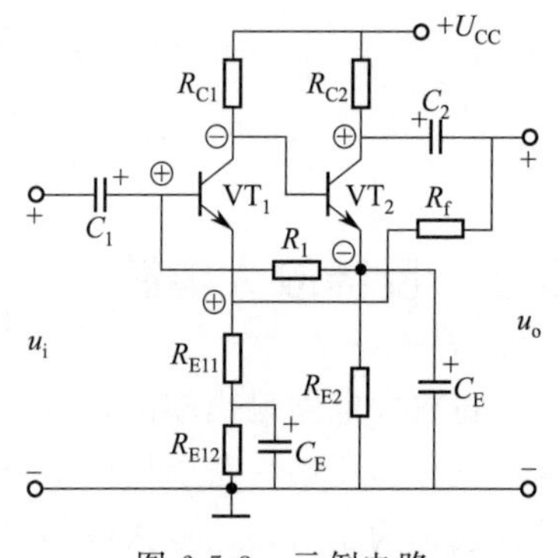

图 6-5-3　示例电路

若反馈的信号仅有交流成分，仅对放大电路输入回路的交流成分有影响，就是交流反馈；若反馈的信号仅有直流成分，对放大电路输入回路的直流流成分有影响，就是直流反馈。当反馈信号中交、直流成分兼而有之时，则为交直流反馈。

下面我们分析一下图 6-5-3 所示电路的反馈组态。

电路中存在两个级间反馈元件，分别是 R_1 和 R_f。根据瞬时极性法可知 R_1 是负反馈。又因反馈信号和输入信号并接在同一输入端，故为并联反馈。因反馈信号与输出电流成比例，故为电流反馈。电阻 R_f 起到的反馈为电压串联负反馈。同时 R_{e11} 上还有第一级本身的负反馈。

6.5.2　反馈放大电路的增益及反馈深度

(1) 反馈增益。根据图 6-5-1 可以推导出反馈放大电路的开环放大倍数：

$$\dot{A}=\frac{\dot{X}_o}{\dot{X}_i}$$

反馈网络的反馈系数：

$$\dot{F}=\frac{\dot{X}_f}{\dot{X}_o}$$

放大电路的闭环放大倍数（有反馈时）：

$$\dot{A}_f=\frac{\dot{X}_o}{\dot{X}_i}$$

以上几个量都采用了复数表示，因为要考虑实际电路的相移。由于

$$\dot{X}_i'=\dot{X}_i-\dot{X}_f$$

因此有：
$$\dot{A}_f=\frac{\dot{X}_o}{\dot{X}_i}=\dot{A}\dot{X}_i'/(\dot{X}_i'+\dot{X}_f)=\frac{\dot{A}}{1+\dot{A}\dot{F}}$$

式中，$\dot{A}\dot{F}$ 称为环路放大倍数。

(2) 反馈深度。$1+\dot{A}\dot{F}$ 称为反馈深度，它反映了反馈的强弱和放大电路影响的程度，可分为下列三种情况：

① 当$|1+\dot{A}\dot{F}|>1$时，$|\dot{A}_f|<|\dot{A}|$，说明引入了负反馈，相当于闭环放大倍数减小了。

② 当$|1+\dot{A}\dot{F}|<1$时，$|\dot{A}_f|>|\dot{A}|$，说明引入了正反馈，反馈加强了净输入信号。

③ 当$|1+\dot{A}\dot{F}|=0$时，$|\dot{A}_f|=\infty$，相当于输入为零时电路仍有输出，这时放大电路相当于“自激”，故称为“自激状态”。

当$|\dot{A}\dot{F}|\gg1$时称为深度负反馈，此时$|1+\dot{A}\dot{F}|\gg1$，闭环放大倍数 $\dot{A}_f=\frac{\dot{A}}{1+\dot{A}\dot{F}}\approx\frac{1}{\dot{F}}$，也就是说，在深度负反馈条件下，闭环放大倍数近似等于反馈系数的倒数，与开环放大倍数无关，与有源器件的参数基本无关。而一般反馈网络是由无源元件构成的，因此深度负反馈时的放大倍数比较稳定。

6.5.3 负反馈对放大电路性能的改善

(1) 提高了增益的稳定性。稳定性是放大电路的重要指标之一。在输入一定的情况下，放大电路由于各种因素的变化，输出电压或电流会随之变化，因而引起增益的改变。引入负反馈，可以稳定输出电压或电流，进而使增益稳定，由 $\dot{A}_f=\frac{\dot{A}}{1+\dot{A}\dot{F}}\approx\frac{1}{\dot{F}}$ 可知，引入深度负反馈的情况下，负反馈放大器的增益只与反馈系数 $\dot{F}$ 有关，因此有很高的稳定性。

(2) 扩展了通频带。从本质上说，频带限制是由放大电路对不同频率的信号呈现出不同的放大倍数造成的。负反馈具有稳定闭环增益的作用，因而对于频率增大（或减小）引起的放大倍数下降同样具有稳定作用，也就是说它能减小频率变化对闭环增益的影响，从而展宽闭环增益的通频带。

(3) 放大电路加入负反馈网络后，其输入输出电阻都要发生变化，输入电阻取决于反馈的连接方式，而与输出的连接无关。对串联负反馈来说，反馈信号以电压的形式作用于输入回路，且与输入回路电压相串联，结果是引入负反馈后的输入电阻比无负反馈时的输入电阻大，且反馈深度 $1+\dot{A}\dot{F}$ 越大，输入电阻越大。对并联负反馈来说，反馈信号以电流的形式作用于输入回路，且与输入回路电流相并联，结果是引入负反馈后的输入电阻比无负反馈时的输入电阻小，且反馈深度 $1+\dot{A}\dot{F}$ 越大，输入电阻越小。放大电路加入负反馈网络后，输出电阻的大小取决于输出反馈的连接方式，而与输入的连接无关。对电压负反馈来说，反馈

深度 $1+\dot{A}\dot{F}$ 越大，输出电压越恒定，它的内阻即放大电路的输出电阻就越小；对电流负反馈来说，反馈深度 $1+\dot{A}\dot{F}$ 越大，输出电流越恒定，它的内阻即放大电路的输出电阻就越大。

（4）减小非线性失真。失真的负反馈信号可使净输入信号产生相反的失真，例如当静态工作点选得不合适时，若输入信号过大，在其输出端会产生正半周幅度大、负半周幅度小的失真波形。引入负反馈后，输出端的失真波形反馈到输入端，与输入信号相减，使净输入信号的幅度成为正半周小、负半周大的波形。这个波形被放大输出后，正负半周不对称程度将减小，从而弥补了放大电路本身的非线性失真。值得注意的是，负反馈可以改善放大电路的非线性失真，但是只能改善反馈环内产生的非线性失真。

6.6 功率放大器

功率放大器的作用是进行功率放大。功率放大器要具备以下性能。

①具有足够大的输出功率。为了得到足够大的输出功率，功率放大器的电压与电流的变化范围应很大，所以三极管工作时的电压和电流应尽可能接近极限参数。

② 效率高。功率放大器的效率是指负载获得的功率 P_o 与电源提供的功率 P_E 之比，用 η 表示。利用晶体管的电流控制作用，可把电源提供的直流功率转换成交流信号功率进行输出，由于晶体管有一定的内阻，所以它会有一定的功率损耗。

③ 非线性失真小。功率放大器是在大信号状态下工作的，电压、电流波动的幅度很大，容易超出放大器特性曲线的线性范围而进入非线性范围，从而造成非线性失真。功率越大、动态范围也越大，晶体管的非线性失真也越大。

④ 散热性能好。由于功率放大器是在大信号状态下工作的，电压高，电流大，因而散热问题也应重视。

功率放大器按输出级与扬声器的连接方式分为以下几类。

① 变压器耦合电路 。这种电路效率低、失真大、频响曲线不平，在高保真功率放大器中已极少使用。

② OTL 电路。一种输出级与扬声器之间采用电容耦合的无输出变压器功放电路，其大容量耦合电容对频响也有一定影响，是高保真功率放大器的基本电路。

③ OCL 电路。一种输出级与扬声器之间直接耦合的功放电路，频响特性比 OTL 好，也是高保真功率放大器的基本电路。

④ BTL 电路。一种平衡无输出变压器功放电路，其输出级与扬声器之间以电桥方式直接耦合，因而又称为桥式推挽功放电路，也是高保真功率放大器的基本电路。

功率放大器按晶体管的静态工作点位置通常分以下几类：

① 甲类：整个周期内放大器集电极电流都导通。

② 甲乙类：大于半周期而小于整个周期内放大器集电极电流导通。

③ 乙类：半个周期内放大器集电极电流导通。

④ 丙类：小于半个周期内放大器集电极电流导通。

图 6-6-1 给出了常用的三类功率放大器（甲类，乙类，甲乙类）波形。

甲类功率放大器（A 类放大器）静态工作点 Q 设在交流负载线的中点附近，在输入信号的整个周期内晶体管都处于放大区，整个信号周期内都有电流流过。输出的是

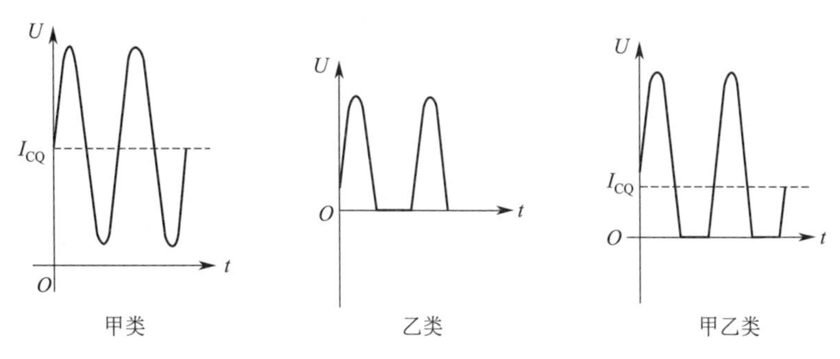

图 6-6-1　常用的三类功率放大器波形

没有削波失真的完整信号，它允许输入信号的动态范围较大，但其静态电流大，损耗大，效率低，最大效率只有 50%，也就是说直流电源的能量有一半是耗散在功率管的集电结上了。

乙类功率放大器（B 类放大器）的静态工作点 Q 选在晶体管放大区和截止区的交界处，即交流负载线和 $I_B=0$ 的交点处。在输入信号的整个周期内，三极管半个周期工作在放大区，半个周期工作在截止区，放大器只有半波输出。其优点是效率较高（78%），但是因放大器有一段时间工作在非线性区域内，故其交越失真较大。此类功率放大器工作状态的静态电流几乎为零，损耗小、效率高，只是非线性失真太大。

甲乙类功率放大器（AB 类放大器）静态工作点 Q 选在甲类和乙类之间，晶体管导通时间稍大于半个周期，输出为单边部分失真的信号，工作状态的电流较小，效率也比较高，同时也可减小非线性失真。

丙类（C 类）功率放大器失真非常高，只适合在通信上使用。此外还有丁类（D 类）放大器，管子工作于开关状态，是一种将输入模拟音频信号或 PCM 数字信号变换成 PWM（脉冲宽度调制）或 PDM（脉冲密度调制）脉冲信号，然后用 PWM 或 PDM 脉冲信号去控制大功率开关器件通断的音频功率放大器，也称为开关放大器。在丁类放大器的基础上又发展出一种 T 类功率放大器，效率和丁类功率放大器相当，输入的音频信号和进入扬声器的电流经过 DPP 数字处理后用于控制功率晶体管的导通关闭，从而使音质达到高保真线性放大。

功率放大器按所使用的元件，还可以分为晶体管功率放大器、场效管功率放大器、集成电路功率放大器及电子管功率放大器等。功率放大器的主要性能指标如下。

① 输出功率　输出功率是指功率放大器输送给负载的功率，目前人们对输出功率的测量方法和评价方法很不统一，使用时注意这点。

② 效率　功率放大器要求能高效率地工作，一方面是为了提高输出效率，另一方面是为了降低管耗。所以提高功率放大器的效率是一个重要的问题。

③ 非线性失真　功率放大器是一个非线性器件，为了保证其输出信号的质量，非线性失真是一个需要优先考虑的重要问题。

除了上述三个性能指标外，功率放大器还有频率响应、动态范围、信噪比、输出阻抗和阻尼系数等指标。

6.6.1　单管功率放大器

在早期的音响设备中，功率放大器常常用变压器耦合方式，如图 6-6-2 所示。

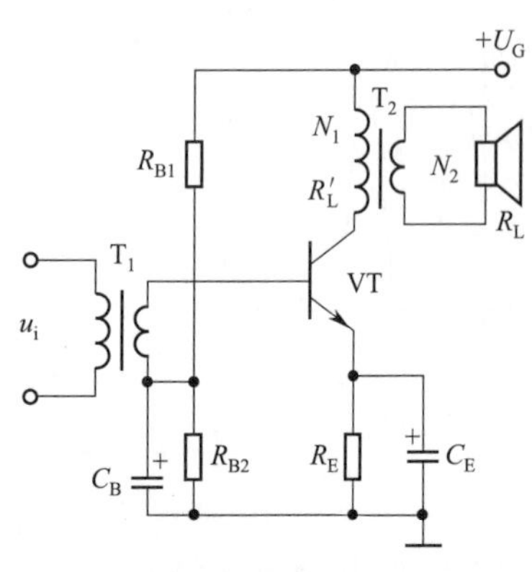

图 6-6-2 变压器耦合功率放大器

图中三极管常被称为功放管，接法类似共发射级放大电路。电阻 R_{B1}、R_{B2} 组成分压式偏置电路，R_E 为发射级电阻，起到调整静态工作点和负反馈作用，C_E 是发射极旁路电容器，R_L 为放大器的负载电阻，T_1 和 T_2 分别为输入和输出变压器，统称为耦合变压器，作用是一方面隔断直流耦合交流信号，另一方面实现阻抗变换，使负载能够获得最大的功率。当无输入信号时，电路处于静态，$i_C = I_{CQ}$。因 T_2 的隔直作用，R_L 中无电流，放大器无信号输出。当有输入信号时，信号经过 T_1、C_B 和 C_E 的耦合作用，送入放大电路的输入回路，即晶体管的基极和发射极之间，从而产生变化的基极电流 i_B，通过放大电路的作用，变化较大的集电极电流 i_C 信号从晶体管集电极输出。通过 T_2 的初级线圈在 T_2 的次级线圈回路中感应出功率较大的信号电流，经负载 R_L 完成信号的功率放大过程。

通常功率放大器的实际负载 R_L 远小于功率放大器三极管集电极所需最佳负载 R'_L，所以如果没有变压器，则电路的输出电阻与负载大小阻抗不匹配。如果接上变压器，根据变压器变换阻抗原理，T_2 的初、次级阻抗关系应为：

$$R'_L = n^2 R_L$$

式中，$n=\dfrac{N_1}{N_2}$，是变压器的匝数比，只要合理地选择 n，即可使负载 R_L 通过 T_2 在它的初级获得晶体管所需要的最佳负载阻抗 R'_L。由于变压器庞大笨重，无法集成，且高低频率特性均不理想，所以只在早期得到使用。

6.6.2 乙类 OTL 功率放大器

OTL 功率放大器如图 6-6-3 所示，由于电路在静态时 VT_1 与 VT_2 均处于截止状态。所以静态时电路的电流为 0，故该放大器属乙类。在无信号输入时，两管的基极静态电位为 0，所以都不导通，处于截止状态。当电路正弦输入信号在正半周时，VT_1 导通、VT_2 截止，$u_o \approx u_i$，u_o 输出正半周信号，其幅值最多可达 $U_G/2$；当输入信号在负半周时，VT_1 截止，VT_2 导通，$u_o \approx u_i$，u_o 输出负半周信号，幅值最多可达 $U_G/2$。这样，在输入信号的一个周期内，VT_1 和 VT_2 交替导通，在负载 R_L 上形成一个完整的输出波形。静态下 A、B 点对地电压均为 $U_G/2$，C_1、C_2 端电压 $U_{C1}=U_{C2}=U_G/2$。因此，输出耦合电容又相当于一个 $U_G/2$ 的直流电源。图中的 A 点又称中点。当 $U_o=U_G/2$ 时，电路的输出功率最大，此时的能量转换效率最高，理想值可达 78.5%。

实际上这种电路功放管的发射结没有施加偏置电压，静态工作点设置在零点。由于功放管截止区与饱和区的存在，当输入信号小于三极管的死区电压（0.6V）时，VT_1 和 VT_2 就不会导通了，这将导致输出电压为 0。所以在输入信号正负半周的交界处无信号输出，使输出波形失真，这种失真称为交越失真。如图 6-6-4 所示。

6.6.3 乙类 OTL 功率放大器的主要参数

（1）输出功率。假设 u_i 为正弦输入信号且幅度足够大，VT_1、VT_2 导通时均能饱和，

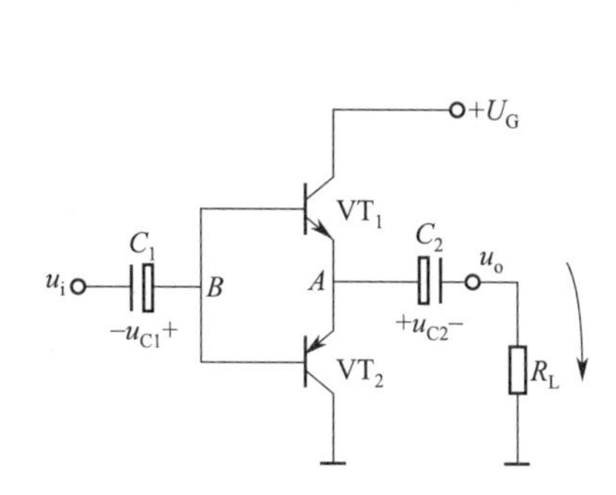

图 6-6-3　OTL 功率放大器

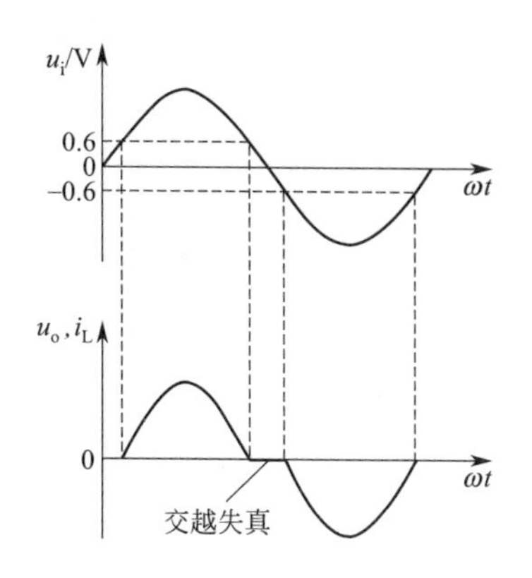

图 6-6-4　交越失真波形

此时输出达到最大值。若忽略晶体管的饱和压降，则负载 R_L 上的最大电压有效值和最大电流有效值分别为 U_{om} 与 I_{om}，负载上能得到的最大输出功率为：

$$P_{om}=\frac{1}{2}U_{om}I_{om}=\frac{1}{2}\frac{U_{om}^2}{R_L}=\frac{1}{2}\frac{\left(\frac{U_G}{2}\right)^2}{R_L}=\frac{U_G^2}{8R_L}$$

（2）耐压值 $U_{(BR)CEO}$。在有激励信号且乙类推挽放大器的一只功放管处于截止状态时，另一功放管集电极与发射极之间承受的反向电压较大，它等于 $U_{CC}/2$ 和输出电压幅度之和，即约为 U_{CC}

$$U_{CC}/2+U_{om}\approx U_{CC}$$

因此功放管的耐压值必须大于每管电源电压，即 $U_{(BR)CEO}>U_{CC}$，这也是选择功放管的一条依据。

（3）最大允许电流 I_{CM}。在 OTL 电路中，三极管的最大集电极电流为 $\frac{U_{CC}/2-U_{Cem}}{R_L}>\frac{U_{CC}/2}{R_L}$，所以每只功放管的集电极最大允许电流必须大于该值，即

$$I_{CM}>\frac{U_{CC}/2}{R_L}$$

6.6.4　甲乙类 OTL 功率放大器简介

OTL 互补对称功率放大器没有直流偏置，因而产生了交越失真，消除交越失真的方法就是建立一个合适的直流偏置，偏置电压只要稍大于功率放大器的死区电压（门槛电压）即可。这时功率放大器处于甲乙类工作状态。图 6-6-5 所示是一种 OTL 甲乙类互补对称功率放大器，它是利用二极管进行偏置的 OTL 推挽功率放大器。

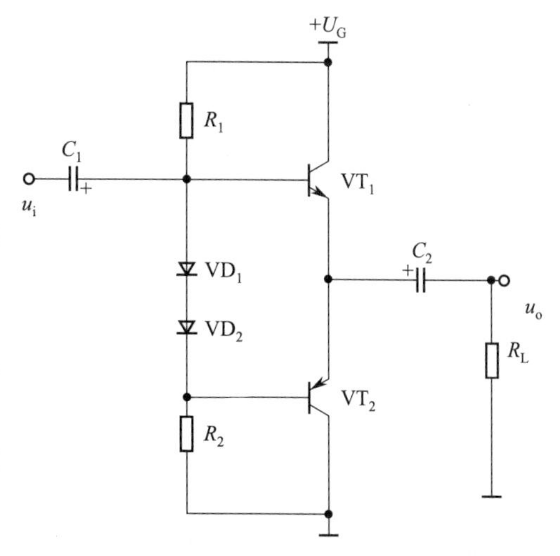

图 6-6-5　OTL 甲乙类互补对称功率放大器

电路中增加了 R_1-R_2 支路。静态时，VT_1、VT_2 两管发射结电位分别为二极管 VD_1、VD_2

的正向导通压降，致使两管均处于微弱导通状态；动态时，设 u_i 为正弦信号，在输入信号的正半周，U_B 上升，VT_2截止，VT_1基极电位进一步提高，进入良好的导通状态；而在输入信号的负半周，U_B 则下降，VT_1 截止，VT_2基极电位进一步降低，进入良好的导通状态。这样就可以克服死区电压的影响，消除交越失真。此时两管导通时间均比半个周期大，这样的工作方式称为“甲乙类放大”。

6.7 OTL 功率放大电路的安装与调试实训

实训任务

① 分析项目电路工作原理，绘制原理图并布线和焊接。

② 检测电路元器件，制作并调试 OTL 功放电路。

实训目标

① 掌握功率放大器的组成及工作原理。

② 训练查阅电路资料、读电路图、检测元器件性能、安装和调试电路的能力。

③ 掌握手工制作电路板及安装分立元器件电路的要领和技巧。

④ 熟悉常用仪器仪表的使用方法。

图 6-7-1 所示为带前置的 OTL 甲乙类互补功率放大器。

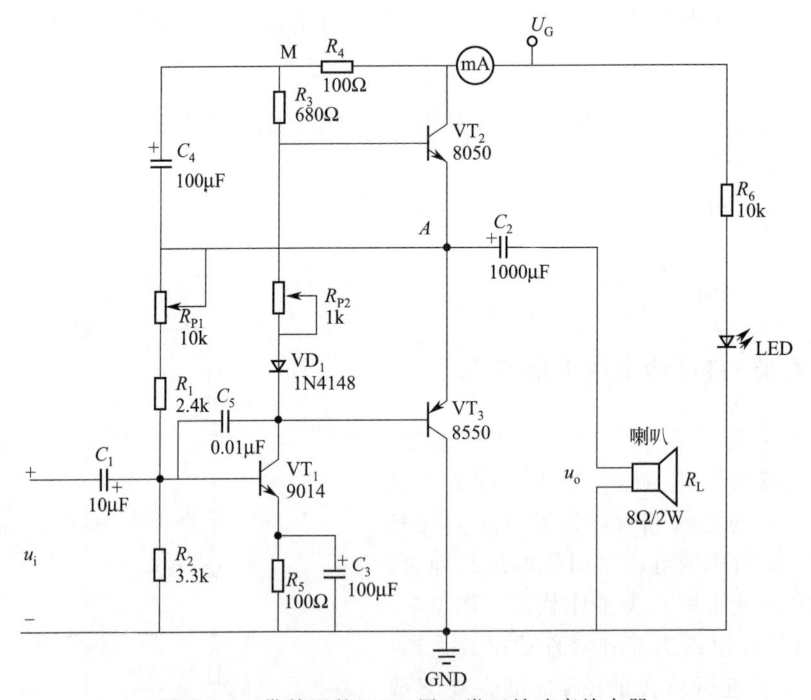

图 6-7-1 带前置的 OTL 甲乙类互补功率放大器

功放电源经整流滤波后输出 9V 直流电压。前置放大级为共射放大器，采用分压式偏置电路。VT_2、VT_3 是互补功率对管，它们实际上是两个共集电极组态的射极跟随器，都工作在甲乙类状态，电压增益小于1，功率增益主要靠电流增益来保证。互补功率对管的β值可在50～250内任意选择使用，配对要求并不严格，β值选大一些，配对性好一些，功率增益可以提高一些，失真也可减少一些。C_5为消振电容，防高频干扰。VD_1、R_{P2}为VT_2、VT_3提供直流偏置，保证VT_2、VT_3工作在甲乙类状态。R_{P2}越大，VT_2、VT_3偏置电压就越大，I_C也就越大，故调节R_{P2}可消除交越失真。通过调节R_{P1}可实现静态下中点对地电压的调整。R_4、C_4构成“自举电路”，主要作用是提高功率增益，减少正负半周输出信号大小不一引起的失真。R_4为隔离电阻，阻值远小于R_3，C_4为自举电容，其容量很大。如果电路不设置自举电路，那么在功放正半周输出时（此时u_i为负半周，因为前置放大级为共发射极电路，起反相作用），VT_2管发射结也会有一部分的压降U_{BE2}，该电路正半周输出的信号振幅会较小，电路的功率输出也就相应减小了。加上自举电路后，由于R_4很小，故静态下$U_M \approx U_G$，电路正半周输出时，由于大电容C_4的作用，U_M随U_A同幅上升（U_M的升幅刚好弥补了这一过程中的U_{R_3}和U_{BE2}的压降），当U_A由$U_G/2$升至U_G时，U_M同时由U_G升到$3U_G/2$。由此可见，自举电路提高了正半周输出的振幅，使其最多可达$U_G/2$。VT_1工作在甲类状态，基射极电压U_{BE}为0.6V左右，集射极电压U_{CE}应为几伏。VT_2、VT_3工作在甲乙类状态，基射极电压U_{BE}在0.2V左右，集射极U_{CE}电压在4V左右。调节R_{P1}可改变中点（A点）电位，使其为4.5V，调节R_{P2}可改变I_C，使其在5～20mA。OTL功放最大不失真功率$P_{om}=U_G^2/8R_L=9^2/8\times 8=1.3W$，实际不失真输出功率不小于1.0 W即可以了。

实训所用仪表工具：稳压电源、低频信号发生器、晶体管毫伏表、示波器、万用表、常用工具一套、电烙铁、镊子等。

实训所用电子元件清单见表6-7-1 。

表6-7-1 电子元件清单

序号	名称	配件图代号	型号规格	测试结果
1	碳膜电阻器	R_1	RT-0.25-2.4kΩ	
2	碳膜电阻器	R_2	RT-0.25-3.3kΩ	
3	碳膜电阻器	R_3	RT-0.25-680Ω	
4	碳膜电阻器	R_4	RT-0.25-100Ω	
5	碳膜电阻器	R_5	RT-0.25-100Ω	
6	微调电位器	R_{P1}	WS-10kΩ	
7	微调电位器	R_{P2}	WS-1kΩ	
8	电解电容	C_1	CD-16V-100μF	
9	电解电容	C_2	CD-16V-1000μF	
10	电解电容	C_3	CD-16V-100μF	
11	电解电容	C_4	CD-16V-100μF	
12	瓷片电容	C_5	0.01μF	
13	二极管	VT_4	1N4148	
14	三极管	VT_1	9014	
15	三极管	VT_2	8050	
16	三极管	VT_3	8550	
17	电路板	—	通用面包板	
18	焊锡、松香	—	相应型号规格	

装配与布局之前要对所有元器件进行检查，特别要认真检查三极管极性和性能好坏。制作电路时，必须按照电路原理图和元器件的外形尺寸、封装形式在万能板上均匀布局，避免安装时各元器件相互影响，应使元器件排列疏密均匀，电路走向基本与电路原理图一致。一般由输入端开始向输出端“一字形排列”，逐步确定元器件的位置，互相连接的元器件应就近安放；每个安装孔只能插入一个元器件管脚，元器件应水平或垂直放置，不能斜放。大多数情况下，元器件都要水平安装在电路板的同一个面上。布线时应做到横平竖直，转角要成直角，导线不能相互交叉，确需交叉的导线应在元器件体下穿过。元器件的装配工艺要求是：电阻器采用水平安装方式，电阻体紧贴电路板，色环电阻的色环标志顺序方向一致；电容器采用垂直安装方式，电容器底部离开电路板 5mm，注意正负极性；功率三极管安装在电路板边沿，并注意散热。

制作步骤如下。

① 按工艺要求安装色环电阻器。

② 按工艺要求安装二极管。

③ 按工艺要求安装电解电容器。

④ 按工艺要求安装三极管。

⑤ 对安装好的元器件进行手工焊接。

⑥ 检查焊点质量。然后接通电源，注意观察电路是否异常，例如用手触摸功放管 VT_2 与 VT_3，若管子温升显著，出现元件发烫、冒烟、焦糊异味等现象，说明电路存在故障，应立即关闭电源，可参见表 6-7-2 进行故障排查。

表 6-7-2　常见故障对照表

故障现象	常见故障部位	原因简析
扬声器发出“扑扑”或“嘟嘟”声	电源、电源滤波电容	电源内阻过大或电源滤波电容、退耦电容开路或失效
扬声器听不到声音，但功放管工作电流很大	C_1，VT_1	产生了高频自激振荡
调节 R_1 时中点 A 对地电压不变	VT_1、VT_2、VT_3、C_1、C_3	VT_1、VT_2、VT_3 坏，或 C_1、C_3 短路
无信号输入时，有较大“沙沙”声	电源滤波电容、稳压电路等	频率较高的晶体管噪声和频率很低的交流声得到放大

⑦ 如果通电检查无异常，则接通电源，慢慢调节 R_{P1}，同时测量中点 A 的静态电位 U_A，使其等于电源电压的一半，即 4.5V，这时再接通扬声器，则在静态时可听到少许“沙沙声”。

⑧ 缓慢调节电位器 R_{P2}，记录毫安表（直流稳压电源的电流）读数，观察总机电流，使总机电流在 30～40mA。测量三极管各极对地电压，计算各三极管的静态工作点 I_{CQ}、U_{BEQ}、U_{CEQ}，填入表 6-7-3。

表 6-7-3　静态工作点实测数据（U_A＝4.5V）

电源电压 U_{CC}＝(　　)V，中点电压 U_A＝(　　)V，静态电流 I_C＝(　　)mA，总机电流 $I_{总}$＝(　　)mA						
参数 三极管	U_B/ V	U_E/V	U_C/V	I_{CQ}/mA	U_{BEQ}/V	U_{CEQ}/V
VT_1 管						
VT_2 管						
VT_3 管						

⑨ 最后验证自举电路的作用。先逐渐调大信号源的输出电压 u_i，直至功放输出最大不失真电压 u_o。记录 u_o 波形填入表 6-7-4。断开直流电源与信号源，取下自举电容 C_4、短路隔离电阻 R_4，然后再接通直流电源和信号源，记录 u_o 的波形，然后比较有无自举电路两种情况下扬声器音量高低，记入表 6-7-4。

表 6-7-4　自举电路作用测试

类别	有自举电路	无自举电路
u_o 波形	u_o/V 0 t/ms	u_o/V 0 t/ms

本实训注意事项：

① 按工艺要求安装电子元件，插件装配应美观、均匀、端正、整齐，高低有序，无跨越，无歪斜；

② 电解电容、二极管、三极管的电极不能接错，以免损坏元器件；

③ 电路装接好之后才可通电，不能带电改装电路；

④ 一定要避免出现通电时二极管支路断开现象，以防功放管因过热而损坏。

本章小结

放大电路是一种最基本、最常用的电子电路。放大的概念实质上是能量的控制，放大的对象是变化的交流小信号。基本放大电路有三种组态：共发射极、共集电极、共基极，三种不同的放大电路有各自的特点。组成放大电路的基本要求是：外加电源的极性应使三极管的发射结正向偏置，集电结反向偏置，以保证三极管工作在放大区；有完整的输入输出回路，保证输入信号能有效进出；放大后的信号应能传送出去。

三极管是一种对温度敏感的元件，当温度变化时，三极管的各种参数将随之变化，采用固定偏置电路，放大电路的工作点可能不稳定，甚至不能正常工作。采用分压偏置放大电路，可以把集电极输出电流的变化反馈到输入回路中，从而调整输入回路电压，保证静态工作点的稳定。可以将单级放大电路级连起来构成多级放大电路，多级放大电路常用的级连耦合方式有阻容耦合、直接耦合、变压器耦合。多级放大电路的电压放大倍数为各单级电压放大倍数的乘积，输入电阻等于第一级放大器的输入电阻，输出电阻等于最后一级的输出电阻。

反馈是指将输出量通过一定的方式引回到输入端，从而对输出量进行控制和调节的过程。反馈有多种分类方法，不同类型的反馈对放大电路的性能产生不同的影响。负反馈可以改善放大电路的各项性能指标，例如提高放大倍数的稳定性，改善非线性失真，展宽频带，改变输入输出电阻。

功率放大电路除了能进行电压信号的放大外，还能放大电流信号。功率放大电路首先要能够向负载提供足够的输出功率，同时具有较高的效率；功率三极管为非线性元件，通常在大信号下工作，所以要求设法减小非线性失真；由于功率放大器是在大信号状态下工作的，电压高，电流大，因而要注意功率放大管保护和散热问题。功率放大器按晶体管的静态工作点位置分类可分为甲类、乙类、甲乙类、丙类，它们的区别是静态工作点的设置不同，从而放大表现和性能也不一样。甲类功放失真小，效率低；乙类功放存在交越失真，效率高；而甲乙类则兼顾前两种功率放大器的优缺点，改善了乙类功放输出波形，提高了甲类功放的效率。常用的功率放大电器为OTL互补对称功率放大器，它省去了输出变压器，但输出端需要一个大电容，电源用单电源供电，将一个NPN三极管和一个PNP三极管接成对称形式，两管轮流导通，使负载上得到的信号基本上是一个完整的波形。

第7章

正弦波振荡器

正弦波振荡器能在不加输入信号的情况下自动地将直流电源提供的电能转换为一定频率和一定振幅的正弦交变输出信号，其电路也称为自激振荡电路，在测量、通信、无线电广播、电子乐器等设备中有着广泛的应用。

【知识目标】

① 理解RC振荡器的组成及工作过程。

② 理解LC振荡器的组成及工作原理。

③ 理解石英晶体正弦波振荡器的组成及工作原理。

【技能目标】

① 能正确安装、调试红绿灯闪烁器电路。

② 能正确完成电子琴的电路安装、故障分析及维修。

7.1 RC正弦波振荡器

正弦波振荡器也叫正弦波振荡电路，必须包括三部分：放大及稳幅电路、正反馈电路以及选频网络。放大及稳幅电路对振荡信号放大；正反馈电路引入正反馈信号作为输入信号，使放大电路中的振荡信号幅度愈来愈大；选频网络将与选频网络谐振频率相同的某一频率信号选中，经过放大电路放大并反馈到放大电路输入端。其他频率的信号不被放大。根据选频网络电路组成元件的不同，正弦波振荡电路可分为RC振荡电路、LC振荡电路、石英晶体振荡电路。

7.1.1 振荡电路的振荡条件

为使正弦波振荡电路在没有输入信号的情况下能够自动输出正弦信号，维持等幅振荡，必须同时提供两个条件：振幅平衡条件和相位平衡条件。振幅平衡条件是指反馈信号 u_f 的振幅应与输入信号 u_i 相同，即 $u_f=AFu_i$，$AF=1$，反馈系数 $F=\frac{u_f}{u_o}$，基本放大倍数 $A=\frac{u_o}{u_i}$，一般取 $AF\geqslant1$，以便电路起振。相位平衡条件是指反馈信号 u_f 与输入信号 u_i 的相位

要相同，即

$$\varphi_A+\varphi_F=\pm 2n\pi, n=0,1,2,3\cdots$$

式中，φ_A 为放大器的相移，φ_F 为反馈网络的相移。一般情况下，振幅平衡条件比较容易满足，所以判断一个振荡电路能否振荡，主要是看它的相位平衡条件是否满足要求。

7.1.2 RC正弦波振荡电路原理

图 7-1-1 所示为 RC 正弦波振荡电路的原理图，图中 VT_1、VT_2 构成两级共发射极放大电路，R_1、R_2、C_1、C_2 构成正反馈选频网络，R_5、R_{P1} 构成负反馈网络，其中 R_{P1} 的作用是稳定输出电压的幅度，改善输出波形。

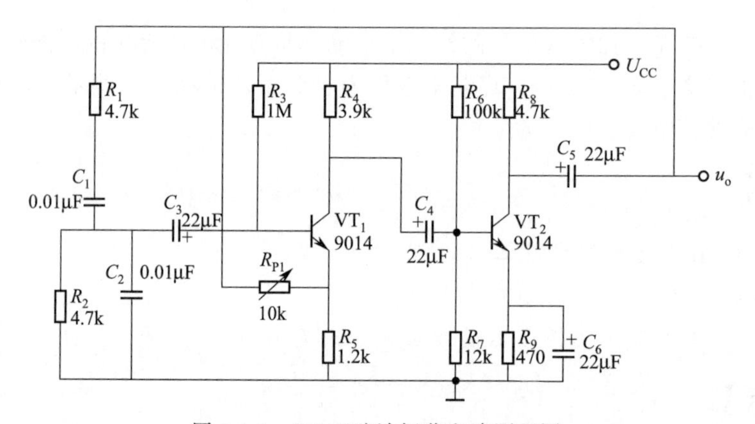

图 7-1-1　RC 正弦波振荡电路原理图

RC 串并联电路及幅频特性、相频特性分别如图 7-1-2、图 7-1-3 所示。RC 选频电路由 R_1 和 C_1 串联、R_2 和 C_2 并联组成。信号频率达到 f_0 时，输出电压达到最大，此时输出电压与输入电压之比为 $u_o/u_i=1/3$。

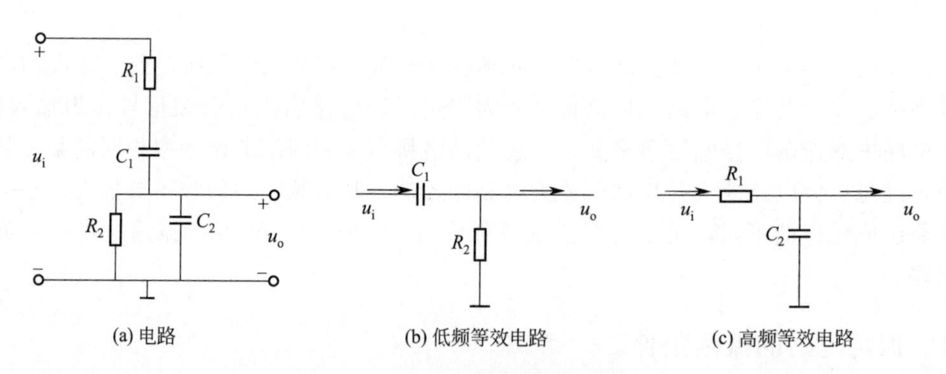

图 7-1-2　RC 串并联电路及等效电路

从电路相频特性曲线可以看出，当输入信号频率很低时，输出电压相位超前输入电压相位 90°；随着输入信号频率增加，相位差逐渐减小，输入信号频率达到 f_0 时，输出电压与输入电压同相，$\varphi=0$；输入信号频率继续增加时，输出电压相位变得滞后于输入电压相位，相位差逐渐增大，最大时接近于 −90°。因此 RC 串并联电路具有选频作用，没有移相作用。

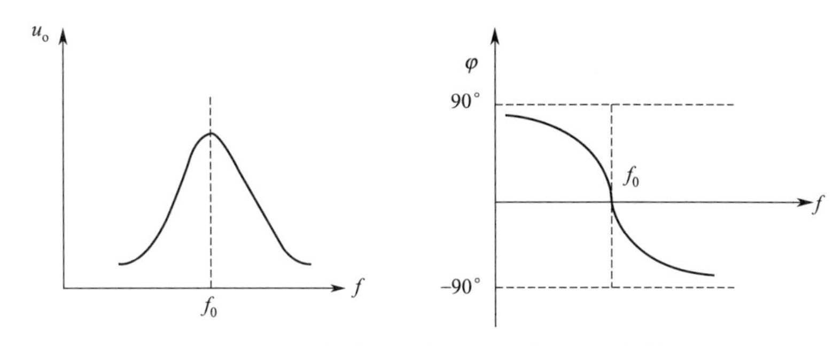

图 7-1-3　RC 串并联电路的幅频特性、相频特性

由于 RC 串并联电路对频率为 f_0 的信号相移为 0，而通过两级放大电路后，第二级输出与第一级输入同相，满足相位平衡条件；另外，RC 串并联电路输入信号频率为 f_0 时，反馈系数 $F=1/3$，而两级放大电路的放大倍数 A 大于 3，即 $AF\geqslant 1$，所以振幅平衡条件也满足。RC 振荡电路的振荡频率就是使 RC 串并联电路相移为 0 时的信号频率 f_0，当 $R_1=R_2=R$，$C_1=C_2=C$ 时，频率 f_0 为

$$f_0=\frac{1}{2\pi RC}$$

7.2　LC 正弦波振荡器

LC 正弦波振荡器的选频网络元件是由电感 L 和电容 C 组成的，常用的 LC 正弦波振荡器有变压器耦合正弦波振荡器、电感三点式正弦波振荡器和电容三点式正弦波振荡器三种。变压器耦合正弦波振荡器如图 7-2-1 所示，包含了放大及稳幅电路（VT、R_{B1}、R_{B2} 和 C_E）、正反馈电路（变压器二次绕组 L_2 和电容 C_1）以及选频网络（变压器一次绕组 L_1 和电容 C），它的特点是频率调节范围宽，调节耦合容易，但输出波形较差，频率稳定度不高。当变压器一次绕组的电感量为 L_1 时，电路输出信号的频率为

$$f_0=\frac{1}{2\pi\sqrt{L_1C}}$$

电感三点式正弦波振荡器如图 7-2-2 所示，在交流通路中，三极管的三个电极分别与电感相连，所以称为电感三点式正弦波振荡器。其特点是输出频率一般为 10kHz 至 100MHz，结构简单，调试方便，但输出波形失真较大。若电路中电感的总电感量为 L，则电路输出信号的频率为

$$f_0=\frac{1}{2\pi\sqrt{LC}}$$

电容三点式正弦波振荡器如图 7-2-3 所示，其输出频率一般为几十千赫兹至数百兆赫兹，输出波形优于电感三点式正弦波振荡器。如果电路中电容的总容量为 C，则电路输出信号的频率为

$$f_0=\frac{1}{2\pi\sqrt{LC}}$$

式中，$C=\dfrac{C_1C_2}{C_1+C_2}$。

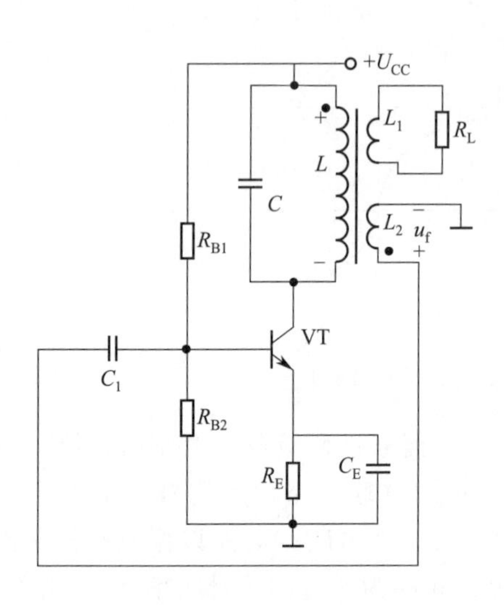

图 7-2-1　变压器耦合式正弦波振荡器

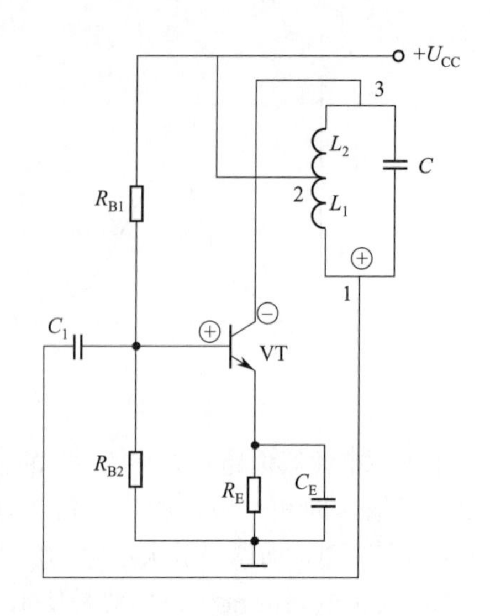

图 7-2-2　电感三点式正弦波振荡器

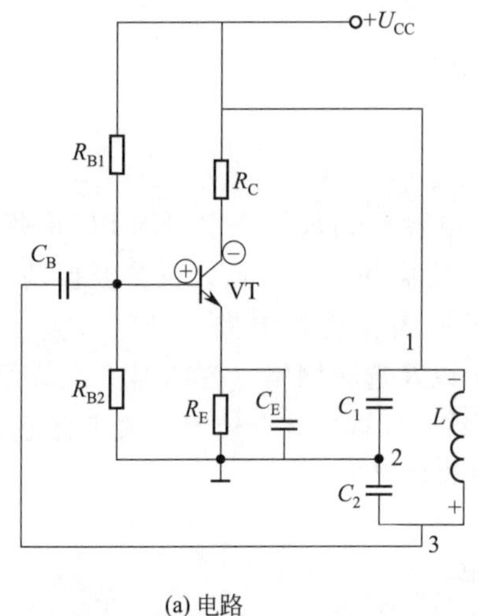

(a) 电路

C2　2　C1
3　L　C　1

(b) 改进型电路

图 7-2-3　电容三点式正弦波振荡器

7.3　石英晶体正弦波振荡器

石英晶体振荡器具有振荡频率非常准确、稳定度高的优点，其稳定度可以达到 $10^{-11}\sim10^{-10}$ 数量级，石英晶体振荡器常用于单片机、计算机中，产生稳定的时钟脉冲信号。石英晶体具有稳定的物理和化学特性。若在石英晶体的两个电极上加上交变的电场，晶片会产生相应的机械形变；反之，在晶片的两边施加机械压力，则会在晶片的相应方向产生交变电场，这种物理现象称为压电效应。在一般情况下，晶片机械振动的振幅和交变电场的振幅都很微弱，但当外加交变电压的频率为某一特定值时，其振动的幅度会比其他频率下的振幅大的多，这种现象称为压电谐振，而这个特定的频率值称为石英晶体的固有谐振频率，它与晶片的切割方式、尺寸和几何形状有关。

图 7-3-1 所示是几种石英晶体振荡器实物图。石英晶体振荡器（简称晶振）符号及等效电路如图 7-3-2 所示。

图 7-3-1　石英晶体振荡器

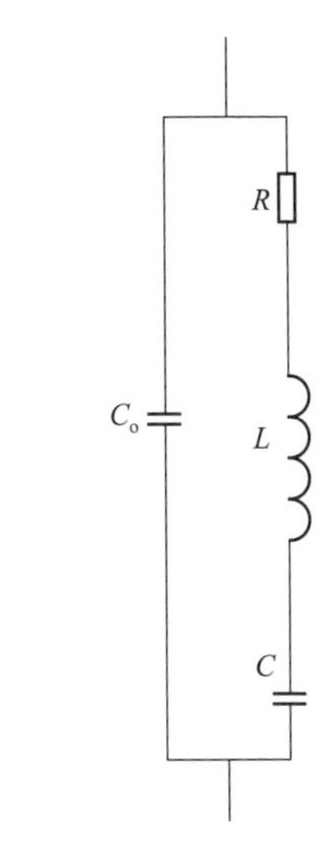

图 7-3-2　石英晶振振荡器符号及等效电路

图 7-3-3 所示为石英晶体振荡器的电抗特性曲线，它具有两个谐振频率：串联谐振频率 f_s 和并联谐振频率 f_p。当 $f<f_s$ 或 $f>f_p$ 时，它呈容性，当 $f=f_s$ 时，电路处于串联谐振状态；当 $f_s<f<f_p$ 时，它呈感性，当 $f=f_p$ 时，电路处于并联谐振状态。

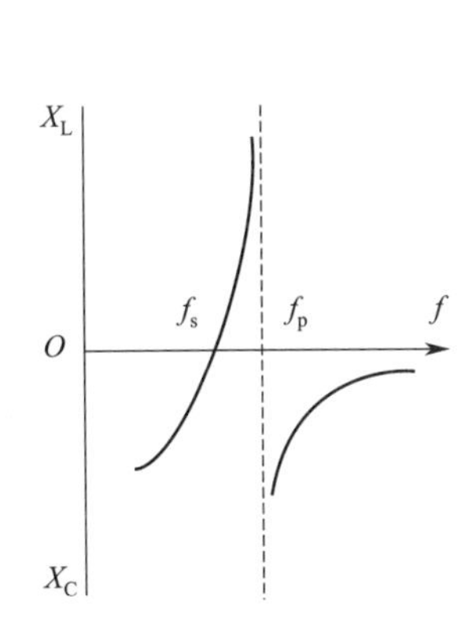

图 7-3-3　石英晶体振荡器电抗特性曲线

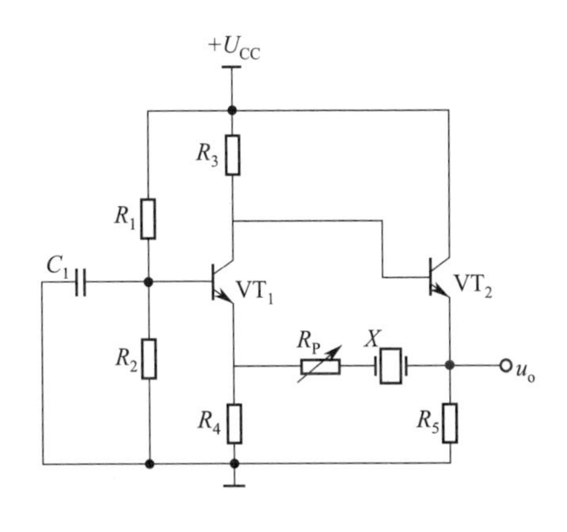

图 7-3-4　串联型石英晶体振荡电路

石英晶体振荡器的振荡频率既可以工作于 f_s 附近，也可工作在 f_p 附近，因此它可分为串联型和并联型两种电路。串联型石英晶体振荡电路如图 7-3-4 所示，VT_1、VT_2 构成两级放大电路。反馈网络由 R_P 和晶振 X 组成，假设某瞬间 VT_1 发射极信号电压为“+”，则 VT_1 集电极信号亦为“+”，经过级联，VT_2 发射极信号电压也为“+”，故为正反馈电路，满足相位平衡条件。电路的谐振频率约等于 f_s，调整 R_P 可以使电路满足振幅平衡条件，使电路产生振荡。

并联型石英晶体振荡电路如图 7-3-5 所示，振荡频率介于 f_s 和 f_p 之间，电路呈感性，此时它相当于一个电感，电路近似于电容三点式 LC 振荡电路。

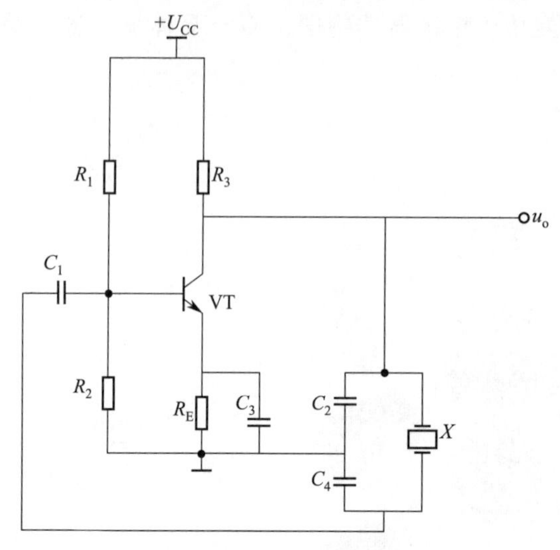

图 7-3-5　并联型石英晶体振荡电路

7.4　红绿灯闪烁器制作与调试实训

实训任务

① 分析项目电路工作原理并绘制原理图和焊接布线图。

② 检测电路元器件，制作并调试红绿灯闪烁器电路。

实训目标

① 能认识项目中元器件的符号，能认识、检测及选用元器件。

② 能分析红绿灯闪烁器的工作过程，能按要求熟练制作和调试红绿灯闪烁器电路。

红绿灯闪烁器电路原理图如图 7-4-1 所示。该电路为典型的多谐振荡电路，也称为无稳态多谐振荡电路，它基本上由两级 RC 耦合放大电路组成，各级交替导通和截止，电路没有稳定的状态，两个三极管集电极都可输出矩形脉冲信号，可以使红、绿两个发光二极管交替发光，产生闪烁效果。

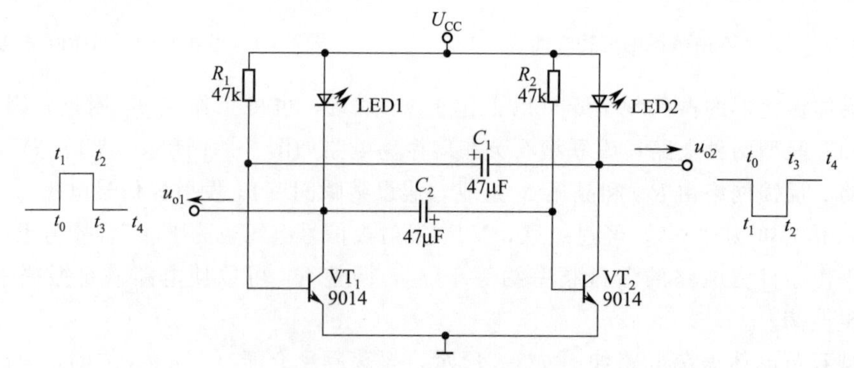

图 7-4-1　红绿灯闪烁器电路原理图

t_0 时刻电路接上电源，在此之前电路直流工作电压为 0V，两个晶体管都处于截止状态。当两级晶体管的基极电压一起上升时，即使两级用的是相同型号和相同规格的晶体管，其中一个晶体管也会比另一个的起始导通电流稍大些。假设 VT_2 导通优先于 VT_1，这样 R_2 为 VT_2 基极提供基极电流，其集电极的电压下降，下降的电压通过电容器 C_1 耦合到 VT_1 的基极（C_1 两端的电压不能发生突变），使 VT_1 基极电压下降，其集电极电压上升，这一上升的电压又通过 C_2 耦合到 VT_2 的基极，使 VT_2 基极电流更大，形成了一个正反馈的过程。这个过程持续到 VT_1 截止、VT_2 饱和，即在 t_1 时刻 VT_1 截止，VT_2 饱和。

在 $t_1 \sim t_2$ 这段时间内，VT_1 一直处于截止状态，VT_2 一直处于饱和状态，由于这段时间很短，两个电容器两端的电压不能发生突变，但在 t_1 时刻后 VT_2 导通，就构成了充电回路：$U_{CC} \rightarrow R_1 \rightarrow C_1 \rightarrow VT_2$ 集电极→VT_2 发射极→接地端。对 C_1 的充电时间的长短决定了 VT_2 处于饱和状态的时间长短。从 t_2 时刻开始，VT_1 基极电流增大，由于电路的正反馈作用，VT_1 饱和，VT_2 截止，VT_1 集电极输出电压为低电平，VT_2 集电极输出为高电平。$t_3 \sim t_4$ 这段时间内，VT_1 一直处于饱和状态，VT_2 一直处于截止状态，构成的充电回路：$U_{cc} \rightarrow R_2 \rightarrow C_2 \rightarrow VT_1$ 集电极→VT_1 发射极→接地端。对 C_2 的充电时间长短决定了 VT_1 处于饱和状态的时间长短。由于 C_2 上的充电电压增大，因此 VT_2 基极电压增大，导致 VT_2 基极电流增大，此时将开始下一轮的正反馈过程。

综上所述可知，一级导通时间的长短取决于另一级截止的时间，也就是取决于 R1C1 和 R2C2 的时间常数 RC。由于两个 RC 网络的时间常数相同，两个晶体管的导通和截止周期是相等的，那么当 $R_1=R_2$，$C_1=C_2$ 时，这一电路的振荡周期由下式决定：

$$T=0.693R_1C_1+0.693R_2C_2=1.386R_1C_1=1.386R_2C_2$$

当然也可以使 C_1、R_1 和 C_2、R_2 不相等，使得两只三极管的导通时间不同，从而使两灯闪烁的时间发生变化，每个灯点亮的时间可以通过计算式 $T_1=0.693RC$ 得到，可以通过取不同的值得到不同的闪烁频率，两边的灯点亮的时间可以不同。

7.4.1 认识发光二极管

发光二极管是二极管中的一种，它具有单向导电性，若加正向电压则发光，若加反向电压不发光。图 7-4-2 所示为发光二极管的符号，其正负极可通过管脚的长短判断：长（脚）正，短（脚）负；也可根据二极管内部极片的大小判断：小（片）正，大（片）负。

图 7-4-2 发光二极管符号

7.4.2 制作并调试红绿灯闪烁器电路

（1）工具仪表：稳压电源、万用表、示波器、常用电子装配工具、电烙铁、镊子等。

（2）元器件清单见表 7-4-1。

表 7-4-1 红绿灯闪烁器电路元器件清单

元器件标号	元器件名称	型号或阻值	数量
C1、C2	电解电容器	47μF	2
R1、R2	电阻器	47kΩ	2
VT1、VT2	三极管	9014	2
LED1	发光二极管	红色，ϕ5	1
LED2	发光二极管	绿色，ϕ5	1

续表

元器件标号	元器件名称	型号或阻值	数量
—	接线端子	两输入端	2
—	万能板	5cm ×7cm	1块
—	焊锡丝	—	若干
—	焊锡膏	—	1盒
—	焊接用细导线	—	若干

(3) 操作步骤如下。

① 按工艺要求安装色环电阻器。

② 按工艺要求安装三极管。

③ 按工艺要求安装电解电容器。

④ 按工艺要求安装发光二极管。

⑤ 对安装好的元器件进行手工焊接。

⑥ 检查焊点质量。

⑦ 调节直流稳压电源输出电压，使输出电压为5V。

⑧ 将电路输出端接上示波器，调试示波器，用示波器观察输出信号的波形，并做好相关参数的记录。

⑨ 如果测得电路无输出，则应先调节 R_1、R_2 的大小如仍然无输出，应检查元件是否安装错误，三极管是否处于开关状态。

⑩ 如电路已有输出，应使方波失真达到最小，且观察两灯闪烁频率，改变 R_1、R_2 的大小可改变两灯闪烁程度。

⑪ 分析常见故障，记录电路两边的输出信号波形。

实训时注意以下要求：

① 必须按照电路原理图，根据元器件的外形尺寸及封装形式在万能板上均匀布局，避免安装时相互影响；应做到元器件排列疏密均匀，电路走向基本与电路原理图一致。一般由输入端开始向输出端呈一字形排列，逐步确定元器件的位置，互相连接的元器件应就近安放；每个安装孔只能插入一个元器件管脚，元器件水平或垂直放置，不能斜放。大多数情况下元器件都要水平安装在电路板的同一个面上。

② 按电路原理图的连接关系布线时应做到横平竖直，转角成直角，导线不能相互交叉，确需交叉的导线应在元器件体下穿过。

③ 元器件的装配工艺要求：电阻器采用水平安装方式，电阻体紧贴电路板，色环电阻的色环标志顺序方向一致；电容器采用垂直安装方式，电容器底部离开电路板5mm，注意正负极性。

7.5 电子琴的制作与调试实训

实训任务

① 分析项目电路工作原理并绘制原理图和焊接布线图。

② 检测电路元器件，制作并调试电子琴电路。

实训目标

① 能认识项目中元器件的符号；能认识、检测及选用元器件。

② 能分析电子琴的工作过程；能制作和调试电子琴电路。

音乐中每个音符都对应一种频率，即音频，电子琴的发声原理实际上就是向扬声器输入一个交变的谐波，如正弦波、方波，使其发声。只要谐波的频率与某个音频的频率相同，即可发出对应音频的声音。本实训要制作一个简易电子琴，它不仅元件数量少、成本低、容易调试，而且音色也比较好。其电路图如图 7-5-1 所示。

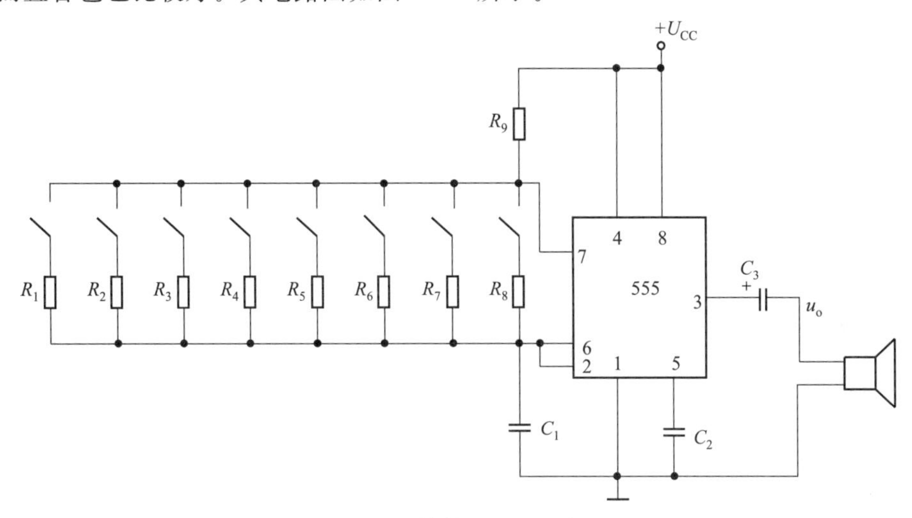

图 7-5-1　简易电子琴电路图

图中 555、$R_1 \sim R_8$、R_9、C_1、C_2 组成调频电路。以 555 时基电路为核心组成多谐振荡器电路，通过改变两组琴键开关的通断来改变音调和音符，改变其充电电阻的阻值可调节发音频率，从而改变音调。简易电子琴通过外接 100kΩ 可调电阻，并反复调整，可得到理想的音调，分别记下 $\underset{\cdot}{7}$、1、2、3、4、5、6、7 八个音符所对应的阻值，然后再挑选相应的电阻接入电路。

7.5.1　认识电路器件

555 集成电路是一种数字、模拟混合型的中规模集成电路，是一种产生时间延迟和多种脉冲信号的电路，应用十分广泛，由于其内部电压分配电阻使用了三个 5kΩ 电阻器，故取名为 555 电路。其电路类型分为两大类：双极型和 CMOS 型，一般用双极型工艺制作的称为 555 或 556，用 CMOS 工艺制作的称为 7555 或 7556，它们的引脚排列和逻辑功能完全相同，易于互换。555 和 7555 是单定时器，556 和 7556 是双定时器。

图 7-5-2 所示为 555 集成电路内部方框图及引脚排列，它由两个电压比较器 A_1、A_2，一个基本 RS 触发器、一个放电开关管 VT 以及缓冲器等组成。三只 5kΩ 精密电阻器构成了一个电阻分压器，为两个比较器提供基准电压。两个比较器的输出电压控制 RS 触发器和放电管的状态。当 5 脚悬空时，电压比较器 A_1 的同相输入端的参考电压为 $2U_{CC}/3$，A_2 的反相输入端的参考电压为 $U_{CC}/3$。若触发输入端 TR 的电压小于 $U_{CC}/3$，则比较器 A_2 的输出为 0，可使 RS 触发器置 1，使输出为高电平。如果阈值输入端 TH 的电压大于 $2U_{CC}/3$，同时 TR 端的电压大

于$U_{CC}/3$，则A_1的输出为1，A_2的输出为1，可将RS触发器置0，使输出为低电平。

各引脚功能如下：

6脚称为阈值端（TH），是比较器A_1的输入端；

2脚称为触发端（TR），是比较器A_2的输入端；

3脚是输出端（Uo），它有0和1两种状态，由输入端所加的电平决定；

7脚是放电端（DIS），它是内部放电管的输出端，有悬空和接地两种状态，也是由输入端的状态决定；

4脚是复位端（MR），加上低电平时可使输出为低电平，平时该引脚开路或接U_{CC}；

5脚为控制电压端（Vc），可用它改变上下触发电平值，平时输出$2U_{CC}/3$作为A_1比较器的参考电平，当5脚外接一个输入电压时可改变比较器的参考电平，从而实现对输出的另一种控制。不外加电压时，通常外接一个0.01μF的电容到地，以消除外界干扰，确保参考电平的稳定；

8脚是电源端，1脚是地端。

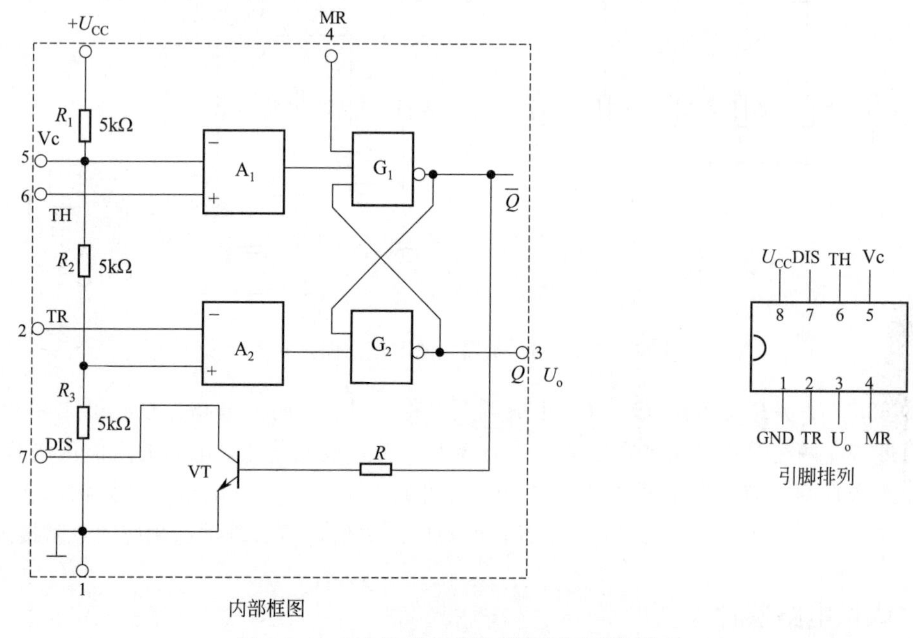

图7-5-2 555集成电路内部框图及引脚排列

7.5.2 制作并调试电子琴电路

工具仪表：万用表、直流稳压电源、频率计、常用电子组装工具一套、电烙铁、镊子等。

元器件清单见表7-5-1。

表7-5-1 电子琴电路元器件清单

元器件标号	元器件名称	型号或阻值	数量
C1、C2	电解电容器	47μF	2
C3	电容器	0.033μF	2
R1～R8	电阻器	选配	8
S1～S8	按钮	—	8
—	喇叭	8Ω	1

续表

元器件标号	元器件名称	型号或阻值	数量
R9	电阻器	68kΩ	1
—	可调电阻	100 kΩ	1
555	集成电路	NE555	1
—	芯片底座	DIP-8	1
—	接线端子	两输入端	2
—	万能板	5cm ×12cm	1 块
—	焊锡丝	—	若干
—	焊锡膏	—	1 盒
—	焊接用细导线	—	若干

操作步骤如下。

① 按工艺要求安装色环电阻器。

② 按工艺要求安装三极管。

③ 按工艺要求安装电解电容器。

④ 按工艺要求安装发光二极管。

⑤ 对安装好的元器件进行手工焊接。

⑥ 检查焊点质量。

⑦ 调节直流稳压电源的输出电压，使输出电压为 5V。

⑧ 依据表 7-5-2 的对应关系，反复调整 100kΩ 可调电阻，得到理想的音调，分别记下 $\underset{\cdot}{7}$、1、2、3、4、5、6、7 音符所对应的阻值，然后再挑选相应的电阻接入电路。

⑨ 接上频率计，记下每一个音符所对应的频率。

电路元器件的装配与布局要求如下。

① 必须按照电路原理图根据元器件的外形尺寸、封装形式在万能板上均匀布局，避免安装时相互影响，应使元器件排列疏密均匀；电路走向应基本与电路原理图一致，建议按照从电源输入端到地线端的电气走向布局，每个元件根据连接关系就近安放即可；每个安装孔只能插入一个元器件管脚，元器件要水平或垂直放置，不能斜放。多数情况下元器件都要水平安装在电路板的同一个面上。

② 按电路原理图的连接关系布线，布线应做到横平竖直，转角成直角，导线不能相互交叉，确需交叉的导线应在元器件体下穿过。

③ 电阻器采用水平安装方式，电阻体紧贴电路板，色环电阻的色环标志顺序方向一致。电容器采用垂直安装方式，电容器底部离开电路板 5mm，注意正负极性。

表 7-5-2　电子琴琴键对应的音符与频率、半周期之间的关系

C 调音符	$\underset{\cdot}{7}$	1	2	3	4	5	6	7
对应频率/Hz	494	524	588	660	698	784	880	998
对应半周期/ms	1.01	0.95	0.85	0.76	0.72	0.64	0.57	0.51

正弦波振荡电路的相位平衡条件：$\varphi_A+\varphi_F=\pm 2n\pi$，$n=0，1，2，3\cdots$；正弦波振荡电

路的起振条件：$AF>1$。判断一个电路能否产生正弦振荡，首先用瞬时极性法分析、判断它是否满足相位平衡条件，再来分析放大器能否正常工作，能否满足振幅平衡条件，两个条件必须同时满足时，才可输出正弦波信号。

RC 正弦波振荡器的振荡频率：$f_o=\frac{1}{2\pi RC}$。

LC 正弦波振荡器的起振条件同样可以用瞬时极性法进行判定。LC 正弦波振荡器的振荡频率：$f_o=\frac{1}{2\pi\sqrt{LC}}$。

石英晶体振荡器振荡频率稳定，有并联型和串联型两类。并联型石英晶体振荡器的振荡频率为 $f_s \sim f_p$，石英晶体等效为一个电感；串联型石英晶体振荡器的振荡频率为 f_s，石英晶体相当于一个谐振的 LC 串联支路。

分析振荡电路的步骤：首先检查电路是否具有基本放大电路、反馈电路、选频网络三个组成部分；其次检查放大器有无稳定静态工作点的偏置电路，放大器能否正常工作；最后分析电路是否满足相位和振幅平衡条件。

第8章

集成运算放大器

【知识目标】

① 了解集成运算放大器的组成和性能指标。

② 理解集成运算放大器的分析方法和工作状态。

③ 理解反相器和比例、加、减运算电路的工作原理。

【技能目标】

① 掌握放大电路的性能分析和测试、调试方法。

② 掌握集成运算放大器的应用。

8.1 集成运算放大器的组成和特点

集成电路是20世纪60年代发展起来的新型电子器件，它是以单晶硅为基础材料，以制造硅平面晶体管的平面工艺为基本工艺，将三极管、二极管、电阻、电容等制造在同一硅片上，并连接成能够完成各种功能的电子线路。集成电路实现了材料、元器件、电路三者的有机结合，具有体积小、可靠性高、成本低等优点，为电子技术的应用开辟了一个崭新的领域。集成运算放大器一般是在一块厚0.2～0.5mm、面积约0.5mm^2的P型硅片上通过平面工艺制成的，在这种硅片（称为集成电路的基片）上可以做出包含数十个（或更多）二极管、电阻、电容和连接导线的电路。集成运算放大器的组成通常包括输入级、中间级、输出级和偏置电路。

集成运算放大器实物有扁平式（SSOP）、单列直插式（SIP）、双列直插式（DIP）等。与分立元器件相比，集成运算放大器有以下特点。

① 单个元器件的精度不高，受温度影响也较大，但在同一硅片上用相同工艺制造出来的元器件性能比较一致，对称性好，相邻元器件的温度差别小，因而同一类元器件温度特性也基本一致。

② 集成电阻及电容的数值范围窄，数值较大的电阻、电容占用硅片面积大，集成电阻一般在几十欧姆～几十千欧姆范围内，电容一般为几十微法拉，电感目前不能集成。

③ 元器件性能参数的绝对误差比较大，而同类元器件性能参数之比值比较精确。

④ 纵向NPN管β值较大，占用硅片面积小，容易制造。而横向PNP管的β值很小，

但其PN结的耐压高。

8.2 集成运算放大器的主要技术指标

评价集成运算放大器（以下简称集成运放）好坏的指标很多，它们是描述一个实际运算放大器与理想运算放大器接近程度的数据，这里仅介绍其中主要的几种。

（1）开环差模电压放大倍数 A_{uo}　在无外加反馈条件下，输出电压与输入电压的变化量之比。

（2）最大输出电压 u_{opp}　能使输出电压保持不失真的最大输出电压，称为运算放大器的最大输出电压。

（3）输入失调电压 U_{Io}　输入电压为零时，将输出电压除以电压增益，即为折算到输入端的失调电压。U_{Io} 是表征运放内部电路对称性的指标。典型值为2mV。

（4）输入失调电流 I_{Io}　在零输入时，差分输入级的差分对管基极电流之差，用于表征差分级输入电流不对称的程度。一般为0.5～5μA。

（5）输入偏置电流 I_{IB}　运放两个输入端偏置电流的平均值，用于衡量差分放大对管输入电流的大小。通常 I_{IB} 为0.1～10μA。

（6）最大差模输入电压 U_{idmax}　运放两输入端能承受的最大差模输入电压，超过此电压时，差分管将出现反向击穿现象。

（7）最大共模输入电压 U_{icmax}　在保证运放正常工作条件下，共模输入电压的允许范围。共模电压超过此值时，输入差分对管出现饱和，放大器失去共模抑制能力。

（8）差模输入电阻 r_{id}　输入差模信号时运放的输入电阻。

（9）共模抑制比 *CMRR*　与差分放大电路中的定义相同，是差模电压增益与共模电压增益之比。

8.3 集成运算放大器基本电路

在实际分析过程中常常把集成运算放大器理想化，不但简化了分析过程，而且分析的结果与实际情况相差很小。集成运算放大器的理想化条件是：

① 开环差模电压放大倍数 $A_{uo}\to\infty$；

② 差模输入电阻 $r_{id}\to\infty$；

③ 开环输出电阻 $r_o\to 0$；

④ 共模抑制比 $CMRR\to\infty$；

⑤ 没有失调现象，即当输入信号为零时，输出信号也为零。

理想集成运放的符号如图8-3-1所示。其中“∞”表示开环差模电压放大倍数为无穷大。集成运放的输出电压与输入电压（即同相输入端与反相输入端之间的电压差值）之间的关系，称为电压传输特性，如图8-3-2所示，电压传输特性分为线性区（虚线框内）和非线性区（虚线框外），具体介绍见表8-3-1。

（1）反相比例运算放大电路

反相比例运算放大电路如图8-3-3所示，其特点是输入信号加在集成运放的反相输入端。

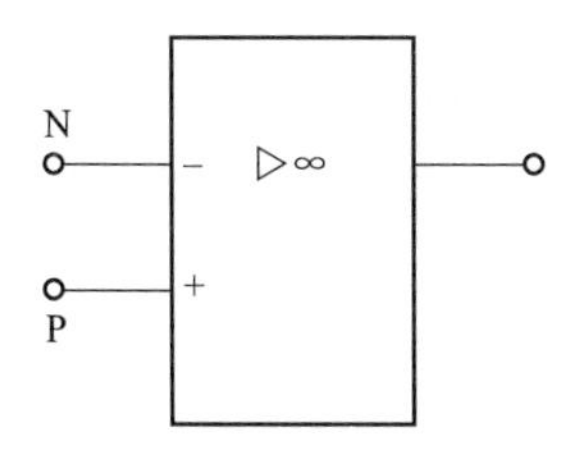

图 8-3-1　理想集成运放符号

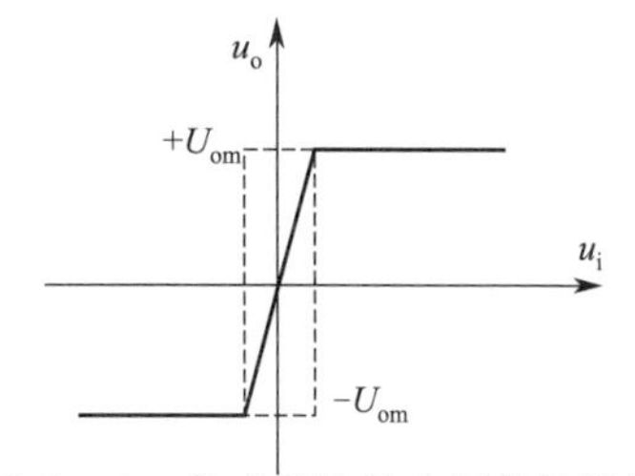

图 8-3-2　集成运放的电压传输特性

表 8-3-1　理想集成运放的电压传输特性介绍

传输区域	传输特性	工作特点
线性区	输出电压 u_o 和输入电压 u_i 是线性关系	虚短：$u_N=u_P$ 虚断：即 $i_N=i_P=0$
非线性区	输出电压 u_o 只有两种可能，即 $+U_{om}$ 和 $-U_{om}$	①“虚短”特性不再成立，$u_P\neq u_N$ 当 $u_P>u_N$ 时，$u_o=+U_{om}$ 当 $u_P<u_N$ 时，$u_o=-U_{om}$ ②“虚断”特性仍然成立，$i_N=i_P=0$

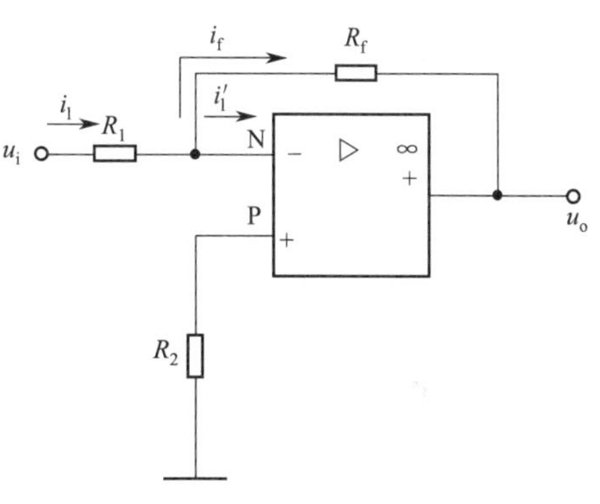

图 8-3-3　反相比例运算放大电路

其中，R_f 为反馈电阻，从输出端看，R_f 接在了输出端，从输入端看，R_f 接在输入端，所以 R_f 为电路引入了电压并联负反馈。R_2 为平衡电阻，取值为 $R_2=R_1//R_f$。

由于同相输入端接地，即 $U_P=0$，根据“虚短”的概念，反相输入端电位也为零，但反相输入端 N 并不接地（或通过电阻接地），所以，称反相输入端为“虚地”。“虚地”是反相输入集成运放电路的一个重要特点，是集成运放线性应用“虚短”概念的具体表现。凡是信号从反相输入端输入的，在线性应用时都可以用“虚地”的概念进行分析。

根据“虚断”概念，有 $i_i=i_f$。由图 8-3-3 可得

$$\frac{u_i-u_N}{R_1}=\frac{u_N-u_o}{R_f}$$

经整理，放大器的电压放大倍数为

$$A_{uf}=\frac{u_o}{u_i}=-\frac{R_f}{R_1}$$

式中，“−”号表示 u_o 与 u_i 反相，故该放大器为反相放大器。

上式经整理可得

$$u_o=-\frac{R_f}{R_1}u_i$$

u_o 与 u_i 成比例关系，比例系数为 $-\frac{R_f}{R_1}$，故该电路又称为“反相比例运算放大器”。若

取 $R_f=R_1=R$，则 $u_o=-u_i$，电路便成为“反相器”。

(2) 同相比例运算放大电路。图 8-3-4 所示为同相比例运算放大电路，其特点是输入信号经电阻 R_2 接到同相输入端，同样，R_2 起到补偿电阻的作用，用来保证外部电路平衡对称。

R_f 为反馈电阻，从输出端看，R_f 接在了输出端，从输入端看，R_f 没有接在同相输入端，而是接在了反相输入端，所以 R_f 为电路引入了电压串联负反馈。根据“虚断”的概念有

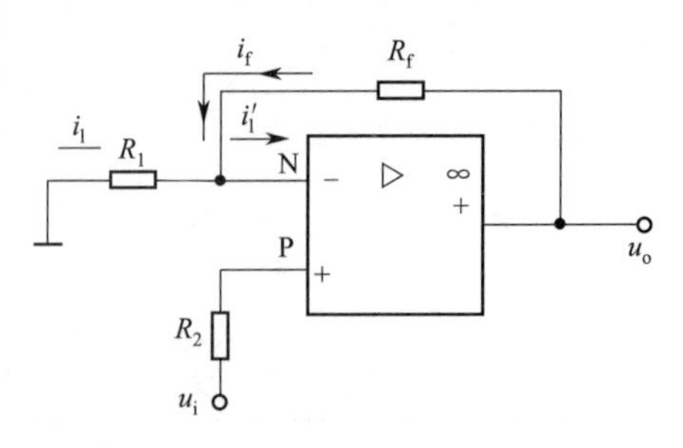

图 8-3-4　同相比例运算放大电路

$$u_P=u_i$$

$$u_N=\frac{R_1}{R_1+R_f}u_o$$

根据“虚短”的概念有

$$u_N=u_P$$

提示：同相输入集成运放不存在“虚地”的概念，凡是信号从同相输入端输入的，在线性应用时，都可利用两输入端电压相等的概念进行分析。

经整理，放大器的电压放大倍数为

$$A_{uf}=\frac{u_o}{u_i}=1+\frac{R_f}{R_1}$$

上式表明，u_o 与 u_i 同相，故称该放大器为“同相放大器”。

上式经变换可得

$$u_o=(1+\frac{R_f}{R_1})u_i$$

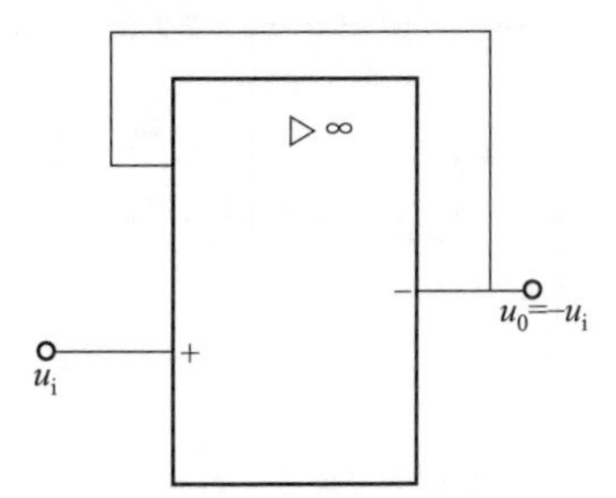

图 8-3-5　电压跟随器的符号

由于 u_o 与 u_i 成比例关系，比例系数为 $1+\frac{R_f}{R_1}$，故该电路又称为“同相比例运算放大器”。若令 $R_f=0$ 或 $R_1=\infty$（即开路状态），则 $A_{uf}=1$，它无电压放大作用，该电路称为“电压跟随器”。电压跟随器的符号如图 8-3-5 所示。

反相放大器和同相放大器是集成运放所构成的最基本的运算电路。根据输出取样和输入比较方式的不同，集成运放可以构成电压并联负反馈、电压串联负反馈、电流并联负反馈和电流串联负反馈四种反馈组态。表 8-3-2 列出了这四种反馈组态的电路形式、判别方法及应用。

表 8-3-2　集成运算放大电路四种反馈组态比较

反馈类型	电路形式	判别方法	应用
电压并联负反馈	i_f R_f i_i R_1 i_d N P + − ▷ ∞ R_2 u_i R_L u_o	从输出端看，输出线与反馈线接在同一点上； 从输入端看，输入线与反馈线接在不同点上 $i_d=i_i-i_f$，i_f 削弱了 i_i	常用作电流/电压变换器或放大电路的中间级

续表

反馈类型	电路形式	判别方法	应用
电压串联负反馈	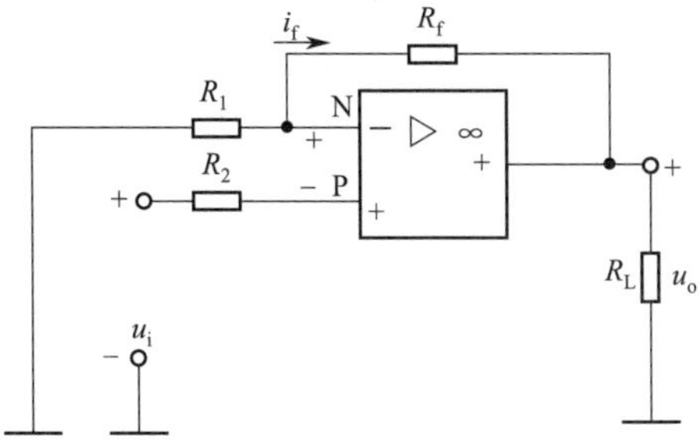 i_f R_f R_1 N R_2 P R_L u_o u_i	从输出端看，输出线与反馈线接在同一点上；从输入端看，输入线与反馈线接在不同点上 $u_d=u_i-u_f$，u_f 削弱了 u_i	常用于输入级或中间放大级
电流并联负反馈	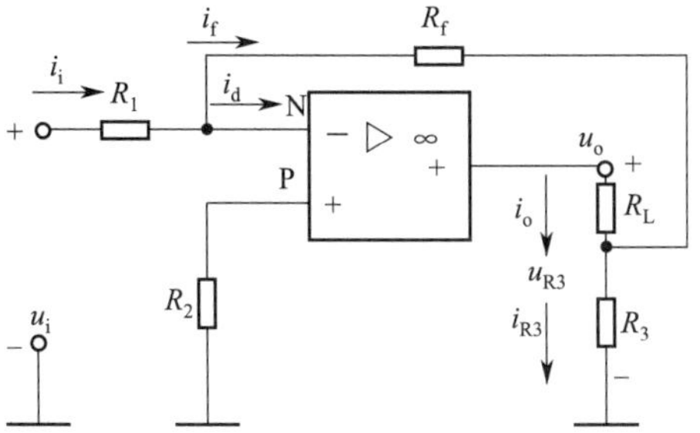 i_f R_f i_i R_1 i_d N P u_o i_o R_L u_{R3} i_{R3} R_3 R_2 u_i	从输出端看，输出线与反馈线接在不同点上；从输入端看，输入线与反馈线接在同一点上 $i_d=i_i-i_f$，i_f 削弱了 i_i	使输出电流维持稳定，常用于电流放大
电流串联负反馈	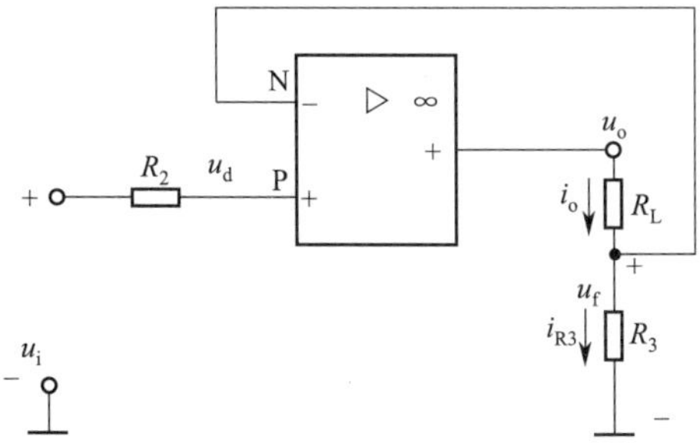 N R_2 u_d P u_o i_o R_L u_f i_{R3} R_3 u_i	从输出端看，输出线与反馈线接在不同点上；从输入端看，输入线与反馈线接在不同点上 $u_d=u_i-u_f$，u_f 削弱了 u_i	使输出电流稳定，常用作电压/电流变换器或放大电路的输入级

8.4　集成运算放大器的应用

集成运放工作在深度负反馈状态时，它的输出、输入之间成线性关系（即比例关系），集成运放工作在线性区，这时构成的电路称为线性应用电路。前面介绍的反相比例运算电路和同相比例运算电路都属于线性应用电路。集成运放工作在开环（无反馈）或正反馈状态时，输出、输入之间不成比例，集成运放工作在非线性区，这时构成的电路称为非线性应用电路。电压比较器属于非线性应用电路。

分析集成运放应用电路的基本步骤如下：首先判断集成运放的工作区域，若集成运放引入负反馈，则集成运放工作于线性区；若集成运放是开环或引入正反馈，则集成运放工作于非线性区。然后根据理想运放不同工作区的相应特点，进一步对电路进行分析。

（1）加法运算电路。在反相放大器的基础上，若使几个输入信号同时加在集成运放的同一个输入端口上，则构成反相加法运算电路；在同相放大器的基础上，加在同相输入端时则成为同相加法运算 电路。图 8-4-1 所示为加法运算电路。为满足电路平衡要求，平衡电阻

$R'=R_1//R_2//R_3//R_f$。电路通过 R_f 为电路引入电压并联负反馈，所以该电路工作在线性区。根据“虚短”和“虚断”的概念可得

$$i_1+i_2+i_3=i_f, i_1=\frac{u_{i1}}{R_1}, i_2=\frac{u_{i2}}{R_2}, i_3=\frac{u_{i3}}{R_3}, i_f=-\frac{u_o}{R_f}$$

经整理得

$$u_o=-(\frac{R_f}{R_1}u_{i1}+\frac{R_f}{R_2}u_{i2}+\frac{R_f}{R_3}u_{i3})$$

上式表明，输出电压等于输入电压按不同比例相加，实现了求和运算。式中负号表 示输出电压和输入电压反相。

如果 $R_1=R_2=R_3=R_f$，则

$$u_o=-(u_{i1}+u_{i2}+u_{i3})$$

上式表明，输出电压等于各个输入电压之和，实现了加法运算。该电路常用在测量和控制系统中，对各种信号按不同比例进行组合运算。

(2) 减法运算电路。减法运算电路是指输出电压与多个输入电压的差值成比例的电路，图 8-4-2 所示为减法运算电路，电路采用差动输入方式，即反相端和同相端都有输入信号。该电路是同相比例运算放大电路和反相比例运算放大电路的组合。根据外接电阻的平衡要求，应满足 $R_1//R_f=R_2//R_3$。

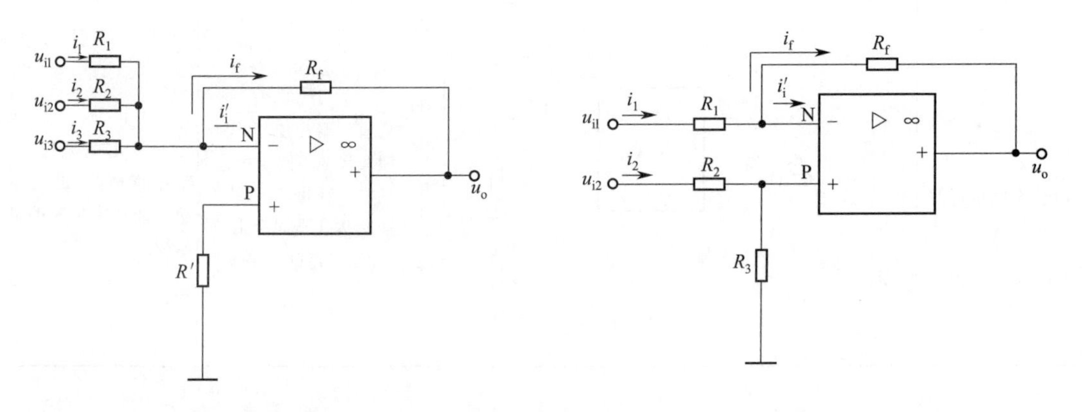

图 8-4-1 加法运算电路　　图 8-4-2 减法运算电路

根据叠加原理，先求 u_{i1} 单独作用时的输出电压：

$$u_{o1}=-\frac{R_f}{R_1}u_{i1}$$

再求 u_{i2} 单独作用时的输出电压：

$$u_{o2}=(1+\frac{R_f}{R_1})(\frac{R_3}{R_2+R_3})u_{i2}$$

则 u_{i1} 与 u_{i2} 共同作用时输出电压：

$$u_o=u_{o1}+u_{o2}=\left(1+\frac{R_f}{R_1}\right)\left(\frac{R_3}{R_2+R_3}\right)u_{i2}-\frac{R_f}{R_1}u_{i1}$$

当 $R_1=R_2$，$R_f=R_3$ 时，上式简化为

$$u_o=\frac{R_f}{R_1}(u_{i2}-u_{i1})$$

输出电压与两个输入电压之差成比例，故称为“减法运算电路”。其实质上是一个差动放大电路。

如果取 $R_f=R_1$，则

$$u_o=u_{i2}-u_{i1}$$

若 $u_{i1}=u_{i2}$，则 $u_o=0$，说明差动比例运算电路不放大共模信号。减法运算电路常作为测量放大器，用以放大各种差值信号。

设图 8-4-3 所示电路由两级集成运放组成，第一级为反相比例运算放大电路，$R_1=R_2=R_3=10\text{k}\Omega$，$R_{f1}=51\text{k}\Omega$，$R_{f2}=100\text{k}\Omega$，$u_{i1}=0.1\text{V}$，$u_{i2}=0.3\text{V}$。

对于第一级，有：$u_{o1}=-\dfrac{R_{f1}}{R_1}u_{i1}=-\dfrac{51}{10}\times0.1=-0.51\ (\text{V})$。

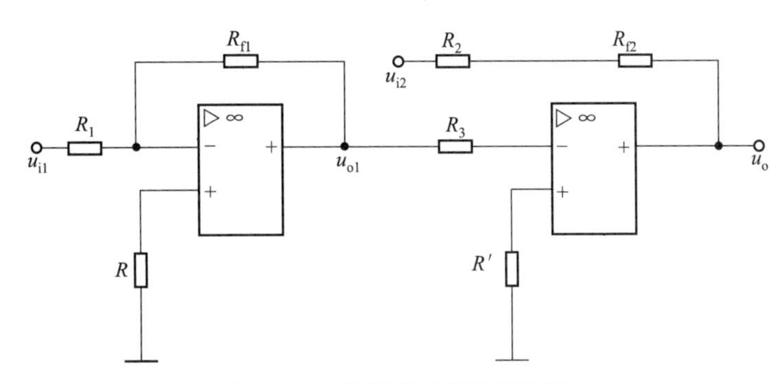

图 8-4-3　两级集成运放示意图

第二级为加法运算电路，因此有：

$$u_o=-\left(\frac{R_{f2}}{R_2}u_{i2}+\frac{R_{f2}}{R_3}u_{o1}\right)=-\left[\frac{100}{10}\times0.3+\frac{100}{10}\times(-0.51)\right]=2.1(\text{V})$$

由上述电路的运算可见，将一个信号先反相，再利用求和的方法也可实现减法运算。集成运放不但可组成上述运算单元电路，还可改变反馈元件或连接方式，组成乘法、除法、开方、指数、对数、三角函数以及积分、微分等各种运算电路，在此不再一一介绍了。

表 8-4-1 列出了集成运放基本运算电路及其运算关系，这些运算电路在自动调节系统、测量仪器等方面得到广泛应用。

表 8-4-1　集成运放基本运算电路及其运算关系

运算名称	基本电路	运算关系	说明
反相比例运算	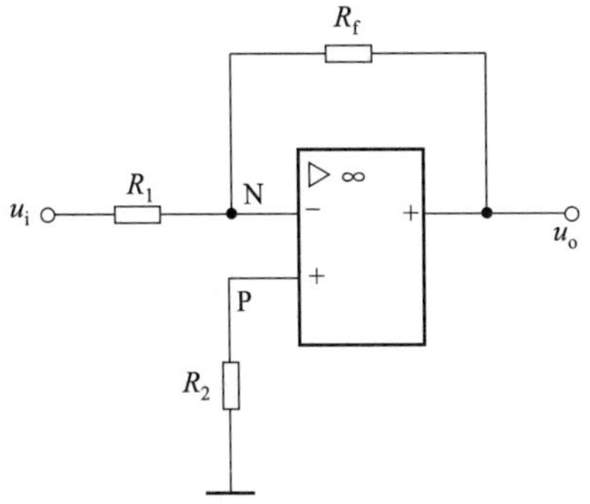	$u_o=-\dfrac{R_f}{R_1}u_i$ 当 $R_f=R_1$ 时，$u_o=-u_i$（反相器）； 平衡电阻 $R_2=R_1//R_f$	(1)构成电压并联负反馈 (2)反相输入端“虚地”

续表

运算名称	基本电路	运算关系	说明
同相比例运算	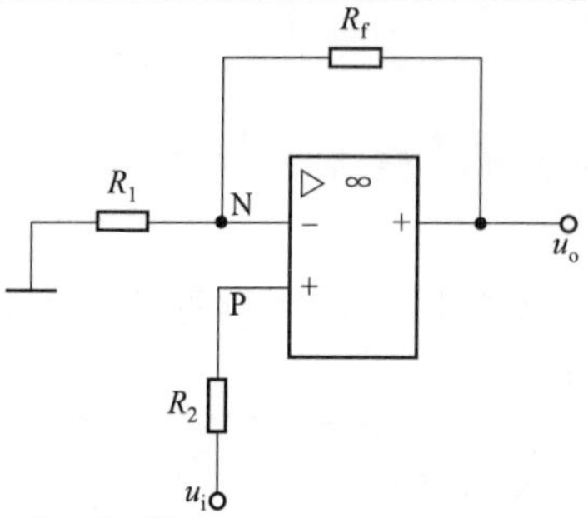 R_f R_1 N P R_2 u_i u_o	$u_o=(1+\frac{R_f}{R_1})u_i$ 当 $R_f=0$ 或 $R_1=\infty$ 时，$u_o=u_i$（电压跟随器），平衡电阻 $R_2=R_1//R_f$	(1)构成电压串联负反馈 (2)$A_{uf}>1$
反相加法运算	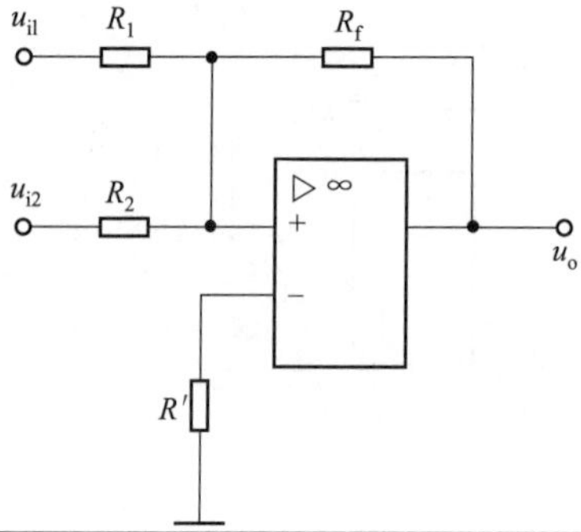 u_{i1} R_1 R_f u_{i2} R_2 R' u_o	$u_o=(\frac{R_f}{R_2}u_{i1}+\frac{R_f}{R_2}u_{i2})$ 当 $R_f=R_1=R_2$ 时，$u_o=-(u_{i1}+u_{i2})$，平衡电阻 $R'=R_1//R_2//R_f$	与反相比例运算电路的特点相同
减法运算	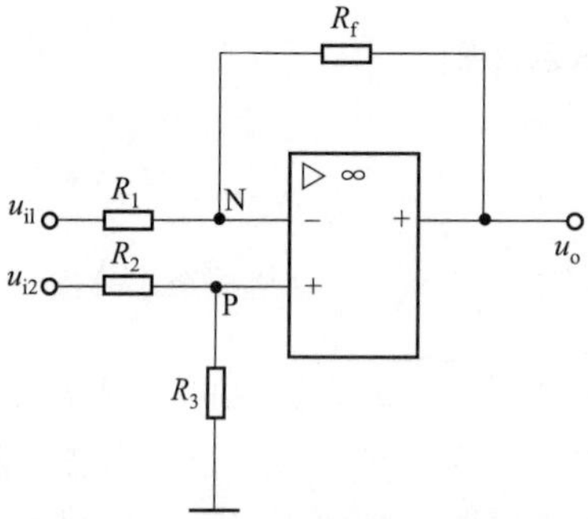 R_f u_{i1} R_1 N u_{i2} R_2 P R_3 u_o	$u_o=\left(1+\frac{R_f}{R_1}\right)\left(\frac{R_3}{R_2+R_3}\right)u_{i2}-\frac{R_f}{R_1}u_{i1}$ 当 $R_1=R_2$，$R_3=R_f$ 时 $u_o=\frac{R_f}{R_1}(u_{i2}-u_{i1})$ 平衡电阻 $R_1//R_f=R_2//R_3$	R_f 对 u_{i1} 构成电压并联负反馈，对 u_{i2} 构成电压串联负反馈； 由同相比例放大和反相比例放大组合而成

当运放处于开环状态或引入正反馈时，运放工作于非线性区域。输出电压只有两种可能的数值：

$$u_P>u_N \text{ 时}, u_o=+u_{om}(\text{高电平})$$

$$u_P<u_N \text{ 时}, u_o=-u_{om}(\text{低电平})$$

集成运放的这种非线性特性在数字电子技术和自动控制系统中得到广泛应用，电压比较器是集成运放非线性应用的典型例子。

(1) 单门限电压比较器。单门限电压比较器有反相输入和同相输入两种形式，图 8-4-4 所示为反相输入式。其中 U_R 为已知的参考电压，加在集成运放的同相输入端，输入电压加在反相输入端。

当 $u_i>u_R$ 时，$u_o=+u_{om}$（低电平）；当 $u_i<u_p$ 时，$u_o=-u_{om}$（高电平）。

当 $u_i=u_R$ 时，理想运放输出状态发生跳变。因输入电压只跟一个参考电压 u_R 进行比较，故称为“单门限电压比较器”，门限电压为 u_R。若 $u_R=0$，比较器则称为“过零电压比较器”，传输特性如图 8-4-4（c）所示。

利用单门限电压比较器可实现波形的变换。例如当单门限电压比较器输入正弦波时，相

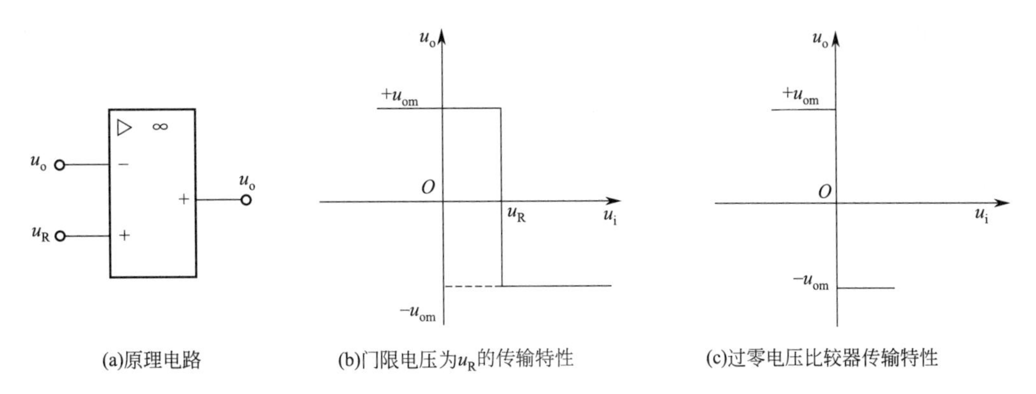

(a)原理电路　(b)门限电压为u_R的传输特性　(c)过零电压比较器传输特性

图 8-4-4　单门限电压比较器（反相式）及传输特性

应的输出电压便是矩形波，如图 8-4-5 所示。

单门限比较器的输入电压只跟一个参考电压 u_R 相比较，这种比较器虽然电路结构简单、灵敏度高，但是抗干扰能力差，当输入电压 u_i 因受干扰在参考值附近发生微小变化时，输出电压就会频繁地跳变。采用双门限电压比较器就可以在实现波形变换的同时较好地解决这个问题。

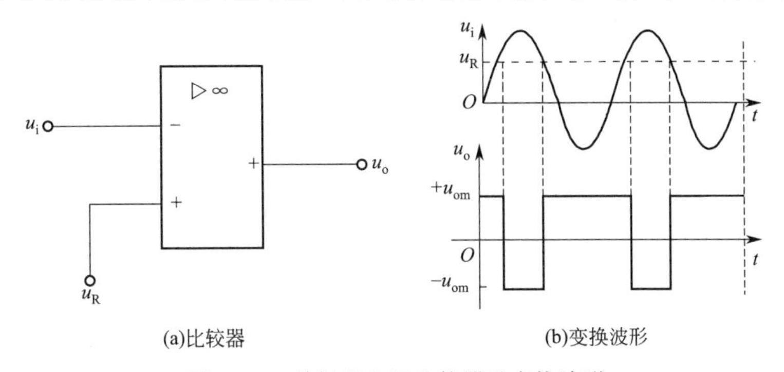

(a)比较器　(b)变换波形

图 8-4-5　单门限电压比较器及变换波形

（2）双门限电压比较器。双门限电压比较器又称为“迟滞比较器”，也称“施密特触发器”。它是一个含有正反馈的比较器，其原理和传输特性如图 8-4-6 所示。

图 8-4-6 中，输出电压 u_o 经 R_f 和 R_1 分压，加到集成运放的同相输入端，为电路引入了正反馈，所以集成运放工作在非线性工作区，输出只有两种可能的电压。当 $u_o=+u_{om}$ 时，门限电压用 u_{P1} 表示：

$$u_{P1}=\frac{R_f}{R_f+R_1}u_R+\frac{R_1}{R_f+R_1}u_{om}$$

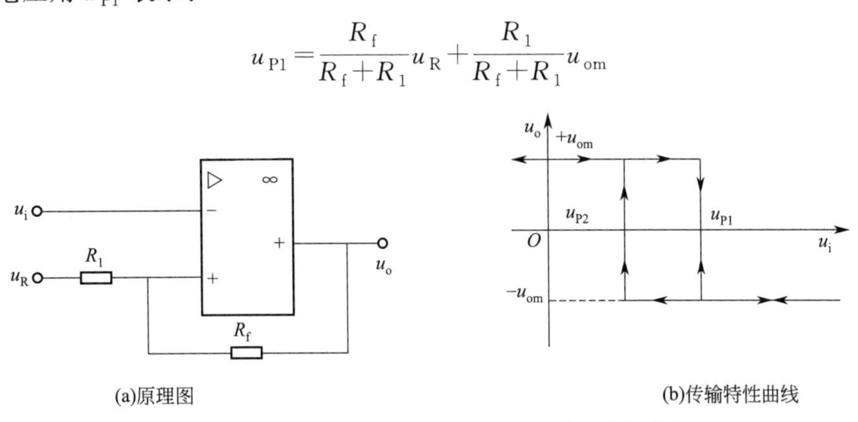

(a)原理图　(b)传输特性曲线

图 8-4-6　双门限电压比较器原理图及传输特性曲线

当输入电压上升到 $u_i=u_{P1}$ 时，输出电压 u_o 发生跳变，由 $+u_{om}$ 跳变为 $-u_{om}$，门限电压随之变为

$$u_{P2}=\frac{R_f}{R_f+R_1}u_R+\frac{R_1}{R_f+R_1}u_{om}$$

当输入电压减小，直至 $u_i=u_{P2}$ 时，输出电压再度跳变，由 $-u_{om}$ 跳变为 $+u_{om}$，这两个门限电压之差称为回差电压，用 Δu_P 表示。

$$\Delta u_P=u_{P1}-u_{P2}=\frac{2R_1}{R_f+R_1}u_{om}$$

由上式可知，回差电压与参考电压无关。利用双门限电压比较器可大大提高抗干扰能力。例如，当输入电压 u_i 因受干扰或含有噪声信号时，只要变化幅度不超过回差电压，输出电压就不会在此期间发生频繁跳变，而仍保持为比较稳定的输出电压波形，如图 8-4-7 所示。

由于运放失调电压和失调电流的存在，当输入电压为零时，输出电压并不为零，因此在输入信号为零时需将输出电压调为零。有调零引出端的，可外接调零电位器 R_P，通过调整电位器阻值进行调零，见图 8-4-8；无调零引出端的，可在运算放大器的输入端加一个补偿电压，以抵消运放本身的失调电压，从而达到调零的目的，如图 8-4-9 所示。

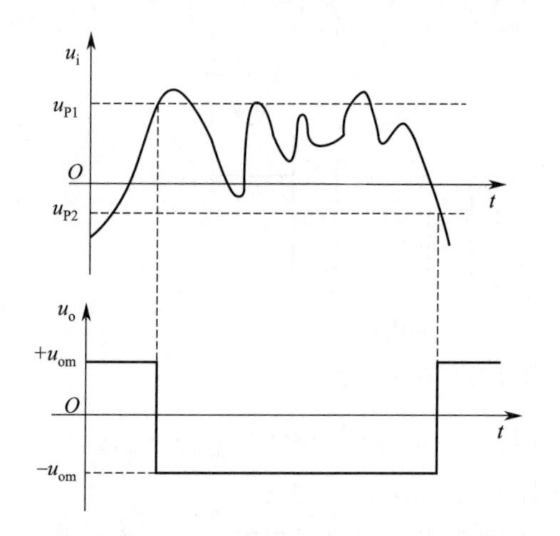

图 8-4-7　双门限电压比较器的抗干扰作用

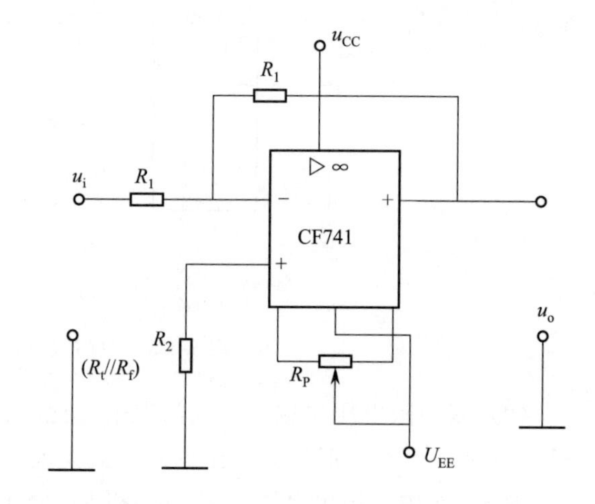

图 8-4-8　外接调零电位器R_P 进行调零的电路

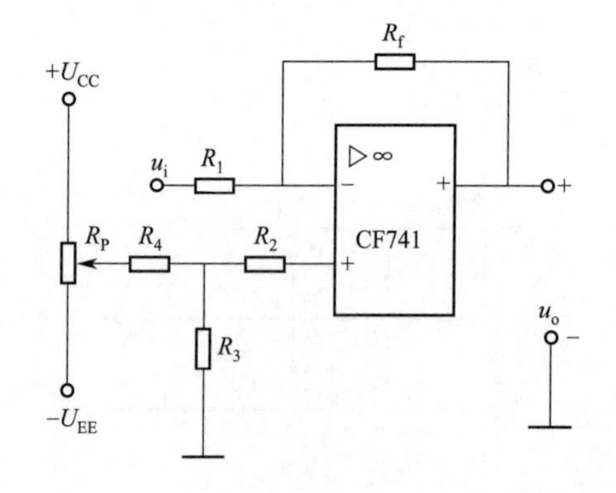

(a)同相输入调零

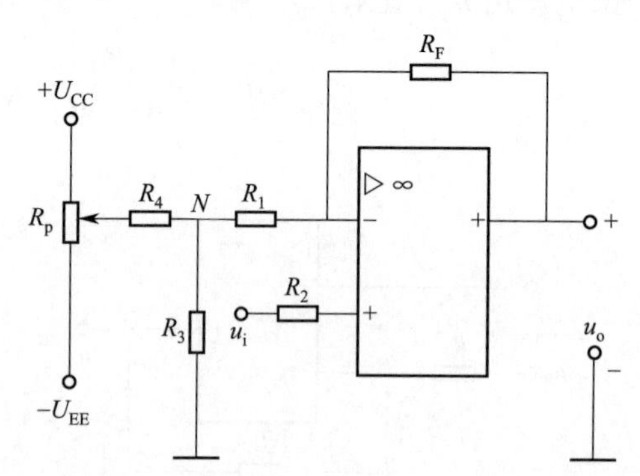

(b)反相输入调零

图 8-4-9　外加补偿电压进行调零的电路

集成运算放大器是多级放大器，具有极高的电压放大倍数，但它极易产生自激振荡，使运算放大器不能正常工作。为了防止自激振荡的产生，通常按产品手册要求在补偿端子上接指定的补偿电容或 RC 移相网络。目前大多数集成运放为防止自激已在内部制作补偿电容，所以一般情况下不需外部补偿。

为了防止电源极性接反而损坏集成运放，可利用二极管的单向导电特性来控制，如图 8-4-10 所示，二极管 VD_1、VD_2 串入集成电路直流电源电路中，当电源极性反接时，相应的二极管便截止，从而保护集成电路。

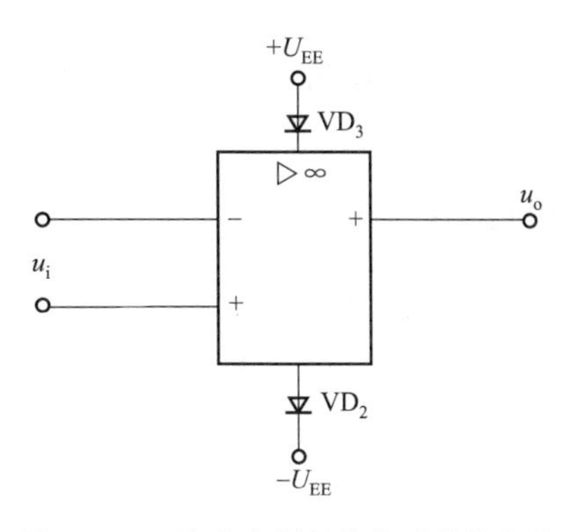

图 8-4-10　防止电源极性接反保护电路

输入信号过大会影响集成运放的性能，甚至造成集成运放的损坏。图 8-4-11 中利用二极管 VD_1、VD_2 和电阻 R_1、R_2 构成双向限幅电路，对输入信号幅度加以限制。只要信号的正向电压或反向电压超过二极管的导通电压，总会有一只二极管导通，从而可限制输入信号，起到保护的作用。

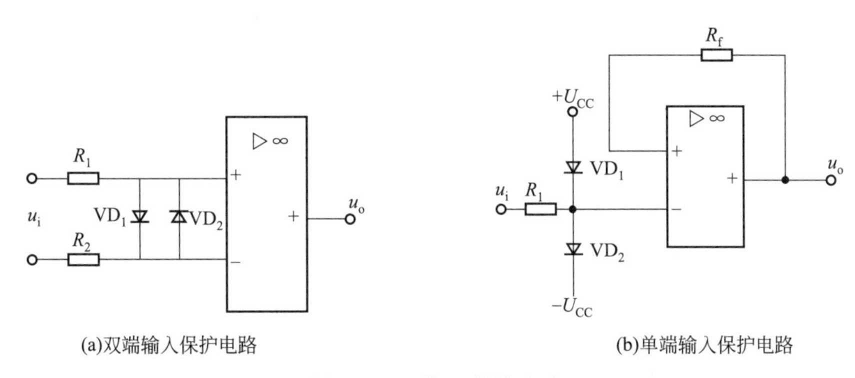

图 8-4-11　输入保护电路

为了防止输出端触及过高电压而引起过流或击穿，在集成运放输出端可接两个对接的稳压二极管加以保护，如图 8-4-12 所示。它可以将输出电压限制在（U_Z+U_d）范围内，其中 U_Z 是稳压管的稳压值，U_d 为稳压管的正向压降。

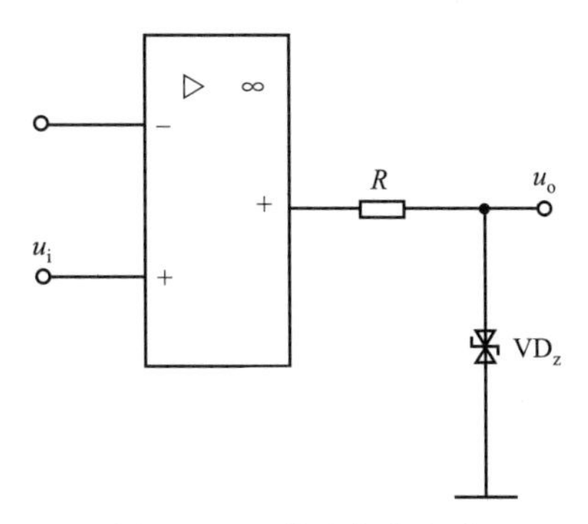

图 8-4-12　输出保护电路

8.5 LM386音响功率放大电路制作与调试实训

实训任务

① 制作LM386放大电路。

② 调试LM386放大电路。

实训目标

① 掌握制作LM386放大电路的方法。

② 学会调试LM386放大电路的基本步骤和要领。

本实训电路原理图如图8-5-1所示。图中1脚与8脚间可以开路，这时整个电路的放大倍数约为20倍左右。若在1脚与8脚间外接旁路电容与电阻（如R_1及C_1），则可提高放大倍数。也可在1脚与8脚间接电位器与电容（如R_{P2}及C_6），则其放大倍数可以进行调节。R_{P1}调节输入的音频电压的大小，从而调节输出的音量。5脚为音乐信号输出端。集成功率放大器的种类很多，如LM380、LM386、CD4140等，一般由输入级、中间级和输出级三部分组成。本实训采用LM386低电压音频功率放大器，见图8-5-2，其输入级电路是复合管差动放大电路，有同相和反相两个输入端，它的单端输出信号传送到中间共发射极放大级电路，以提高电压放大倍数。输出级电路是OTL互补对称放大电路。

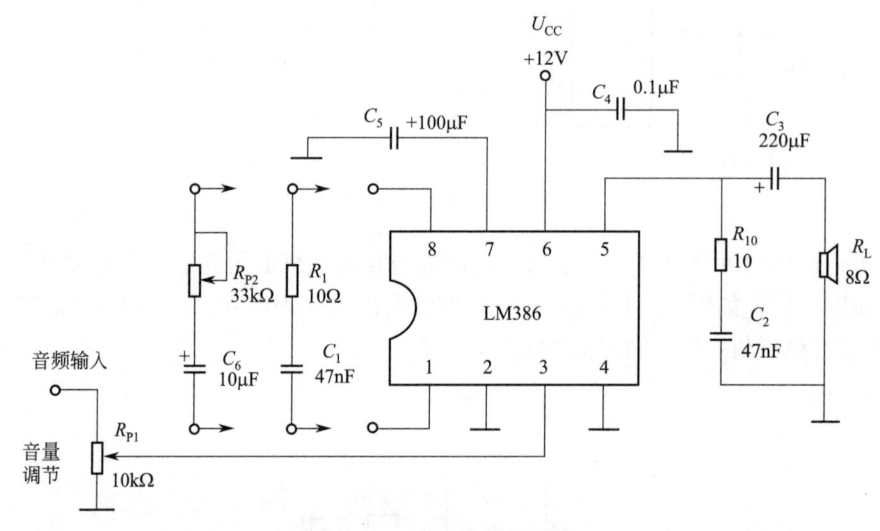

图8-5-1 实训电路原理图

本实训的电路元器件装配与布局要求如下。

① 按照电路原理图和元器件的外形尺寸、封装形式在万能板上均匀布局，元器件排列要疏密均匀；电路走向要基本与电路原理图一致，一般由输入端开始向输出端一字形排列，逐步确定元器件的位置，互相连接的元器件应就近安放；每个安装孔只能插入一个元器件管脚，元器件水平或垂直放置，不能斜放。多数情况下元器件都要水平安装在电路板的同一个面上。

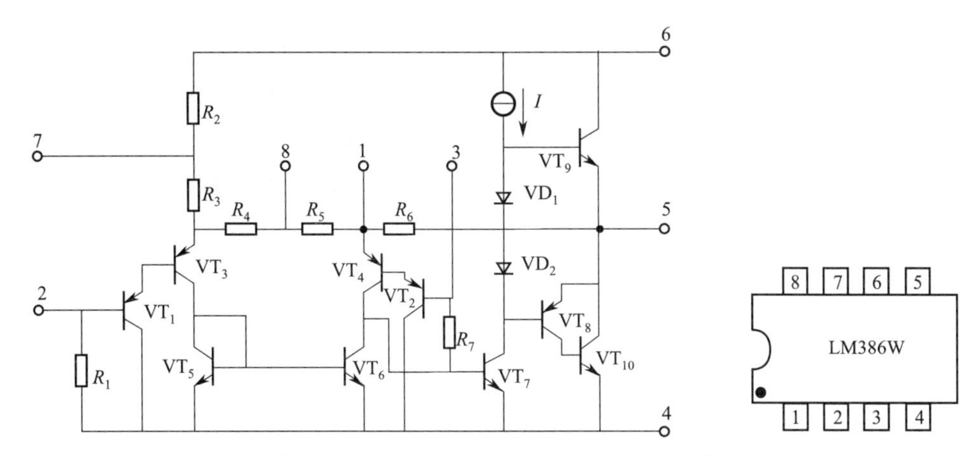

图 8-5-2　LM386W 低电压音频功率放大器

1，8—增益调节端；2—反相输入端；3—同相输入端；4—接地端；5—输出端；
6—电源端；7—去耦端（为防止电路产生自激振荡，通常外接旁路电容）

② 布线做到横平竖直，转角成直角，导线不能相互交叉，确需交叉的导线应在元器件体下穿过。

③ 装配元器件时，电阻器采用水平安装方式，电阻体紧贴电路板，色环电阻的色环标志顺序方向一致；电容器采用垂直安装方式，电容器底部离开电路板 5mm，注意正负极性；LM386 的安装需要先安装底座、焊接时注意引脚的顺序。

实训操作步骤如下。

（1）按工艺要求安装色环电阻器。

（2）按工艺要求安装电位器。

（3）按工艺要求安装电解电容器。

（4）按工艺要求安装集成电路 LM386。

（5）对安装好的元器件进行手工焊接。

（6）检查焊点质量。

（7）最后按调试要求调试 LM386 电路，接通电源前，用万用表检测电路是否接通，对照电路图，从左向右，从上到下，逐个元器件进行检测。

① 检测所有接地的管脚是否真正接到电源的负极 。选择万用表的蜂鸣挡，用万用表的一个表笔接电路的公共接地端（电源的负极），另一个表笔接元器件的接地端，如果万用表的指针偏转很大，接近 0Ω 位置（刻度右边），并听到蜂鸣声，则说明接通，如果表指针不动或偏转较小，听不到蜂鸣声，则说明该元器件的接地端子没有和电源的负极接通。

② 检测所有接电源的管脚是否真正接到电源的正极。选择万用表的蜂鸣挡，用万用表的一个表笔接电源的正极，另一个表笔接元器件的电源管脚，如果万用表的指针偏转很大，接近 0Ω 位置（刻度右边），并听到蜂鸣声，则说明管脚与电源接通，如果表指针不动或偏转较小，听不到蜂鸣声，则说明管脚没有和电源的正极接通。

③ 检测相互连接的元器件之间是否真正接通。选择万用表的蜂鸣挡，用万用表的一个表笔接元器件的一端，另一个表笔接和它相连的另一个元器件的端子，如果万用表的指针偏转很大，接近 0Ω 位置（刻度右边），并听到蜂鸣声，则说明接通，如果表指针不动或偏转较小，听不到蜂鸣声，则说明没有接通。按照此方法，依次检查各元器件是否接通。

最后通电调试 LM386 功率放大电路。一般情况下，本电路只要元器件完好，装配无误，通电以后就能工作；如果电路工作不正常，则应根据测量得到的电压和电流值来分析，判断是集成电路的故障还是外围元器件的问题。通常情况下集成电路引脚的电压值有一点离散，但很小，如果偏离很大，往往先检查引脚外围元器件是否良好，最后才能确定集成电路的好坏。下面分四步对电路进行检查：①调试前注意输入电源电压的极性，不能接反；②如果有音源输入但是没有声音响，则测量各电源电压和 LM386 的电源电位；③如果各类电压正常，再检查扬声器是否正常；④如果扬声器正常，但还是没有声音，就检查音源通道是否有断路现象，最普遍的方法就是采用试碰方法。

本章小结

集成运算放大器是具有高放大倍数的多级直接耦合放大器，它一般由输入级、中间级、输出级和偏置电路四部分组成。为了抑制零漂和提高共模抑制比，常采用差动放大电路作为输入级，中间级为电压增益级，输出级常采用互补对称电压跟随电路。理想集成运放的条件是：开环电压放大倍数 $A_{uo}\to\infty$，差模输入电阻 $r_{id}\to\infty$，共模抑制比 $CMRR\to\infty$，开环输出电阻 $r_o\to0$。

集成运放的应用分线性应用和非线性应用两大类，在线性应用时可利用“虚短”和“虚断”进行分析；在非线性应用时，“虚短”不再成立，而“虚断”的概念仍然可以利用，输出电压只有两种状态：$+u_{om}$ 和 $-u_{om}$。

集成运放工作在线性区域的标志是电路中引入负反馈（一般是深度负反馈），加法器和减法器是集成运放的线性应用电路；工作在非线性区的主要标志是电路中没有负反馈（开环）或引入正反馈，单门限电压比较器和双门限电压比较器是集成运放的非线性应用电路。

集成运算放大器有反相比例运算和同相比例运算两种基本电路。其中反相比例运算电路是一种电压并联负反馈电路，信号从反相输入端输入，输出电压和输入电压成比例，且相位相反；同相比例运算电路是一种电压串联负反馈电路，信号从同相输入端输入，输出电压和输入电压成比例，且相位相同。这两种电路实质上是集成运放的线性应用电路。

第9章

直流稳压电源

【知识目标】

① 掌握直流稳压电源的工作原理。
② 了解串联型直流稳压电源和开关型稳压电源的组成。
③ 学习三端集成稳压器的组成和应用。

【技能目标】

① 学会直流稳压电源的组装及调试。
② 学会三端集成稳压电路的组装及调试。
③ 掌握直流稳压电源的故障分析与维修方法。

9.1 直流稳压电源的组成

各种电子设备所需要的直流电压值一般都比较小，因此需要用电源变压器将电网的较高的交流电压变换为合适的交流电压，然后送到整流电路。整流电路由具有单向导电性的整流元件构成，将正负交替变化的正弦交流电压整流成为单方向变化的脉动直流电压送到滤波电路，滤波电路将整流电路输出的单向脉动直流电压中的脉动成分滤掉，使输出电压比较平滑。当电网电压或负载电流发生变化时，滤波器输出的直流电压的幅值也将随之而变化，此时需要用稳压电路使输出的直流电压保持稳定。

9.1.1 半波整流

二极管单相半波整流电路及波形如图 9-1-1 所示。

当电源变压器二次绕组电压 U_2 在正半周期时，电压极性上正下负，此时二极管导通。电流经变压器二次绕组 a 端、二极管 VD、负载电阻 R_L 和二次绕组 b 端形成回路。当电源变压器二次绕组电压 U_2 在负半周期时，电压极性上负下正，此时二极管截止，没有电流经过负载。单相半波整流电路输出电压平均值：$U_o=0.45U_2$。单相半波整流电路结构简单，使用元件少，缺点是输出电压脉动大，直流成分比较低，电源利用率低。

9.1.2 桥式整流电路

桥式整流电路如图 9-1-2 所示。

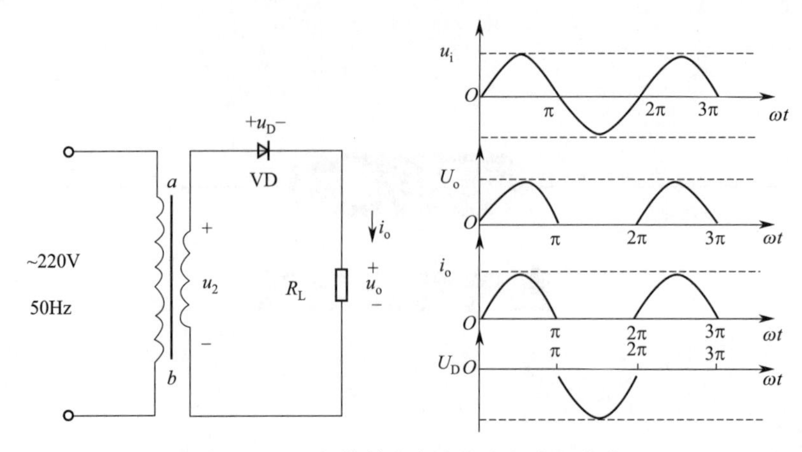

图 9-1-1　二极管单相半波整流电路及波形

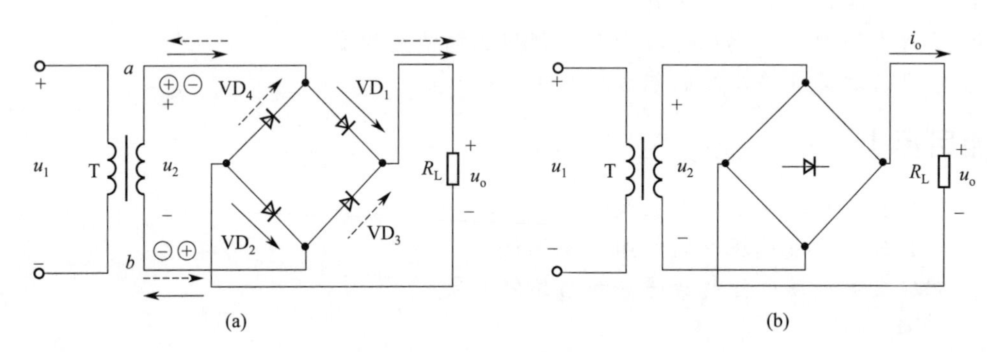

图 9-1-2　桥式整流电路

当电源变压器二次绕组电压在正半周期时，加在二极管 VD_1、VD_2 上的电压为正偏电压，VD_1、VD_2 因此导通；而 VD_3、VD_4 两端的电压是反偏电压，VD_3、VD_4 截止。电流经变压器二次绕组 a 端、二极管 VD_1、负载电阻 R_L、二极管 VD_2 和二次绕组 b 端形成回路，方向如图中实线箭头所示。当电源变压器二次绕组电压在负半周期时，电压极性上负下正，二极管 VD_3、VD_4 正偏，因此导通；而 VD_1、VD_2 因反偏而截止。电流经变压器的二次绕组 b 端、二极管 VD_3、负载电阻 R_L、二极管 VD_4 和二次绕组 a 端形成回路，方向如图中虚线箭头所示。由图可见，在 u_2 的一个完整的周期中，均有电流流过负载，而且无论在正半周还是在负半周，流过负载的电流始终是上正下负，方向不变，因此可以在负载电阻上得到一个方向不变的电压，不过这个电压是一个脉动的直流电压。单相桥式整流电路的各点电流、电压波形如图 9-1-3 所示。

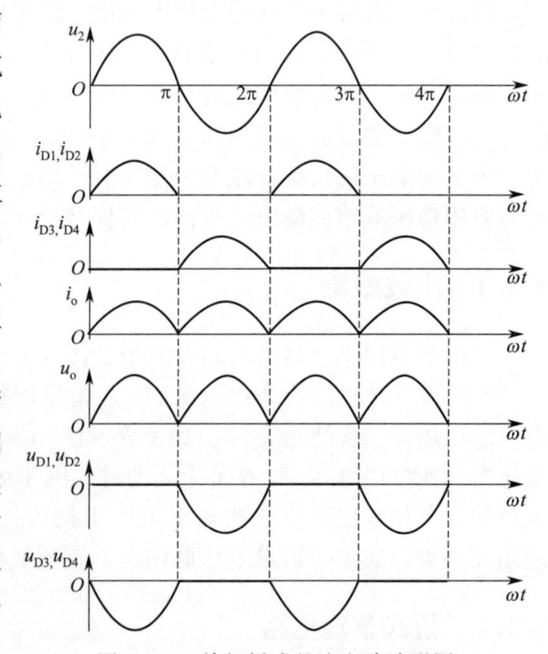

图 9-1-3　单相桥式整流电路波形图

半导体器件厂一般将整流二极管封装在一起，制造成单相整流桥和三相整流桥模块，这些模块只有交流输入和直流输出引脚，减少了接线，提高了可靠性，使用起来非常方便。见图 9-1-4。

图 9-1-4　整流桥

9.1.3　RC 充放电电路

图 9-1-5 中，开关 S 闭合瞬间，电容器极板上还没有电荷，电容电压 $u_C=0$，$u_R=E$，起始充电电流 $I_0=E/R$，当电路开始出现电流以后，电容器极板开始储存电荷，电容器的电压 u_C 随时间逐渐上升，此时 $E=u_C+u_R$，因此随着 u_C 的升高，电阻两端电压逐 u_R 渐减小。根据欧姆定律，充电电流 $i=u_R/R$，充电过程延续到一定时间以后，u_C 趋近于电源电压 E，充电电流趋近于零，充电过程基本结束，i、u_C 在充电过程中随时间变化的曲线如图 9-1-6 所示，其中 $RC=\tau$，τ 为时间常数，单位是秒，它反映了电容器的充电速率。τ 愈大，充电过程愈缓慢；τ 愈小，充电过程愈快。当 $t=\tau$ 时，$u_C=0.632E$，τ 是电容器充电电压达到终值的 63.2%时所用的时间。当$t=(3\sim5)\ \tau$ 时，电容上的电压已达（0.95～0.99）E，通常认为电容器充电基本结束，电路进入稳定状态。

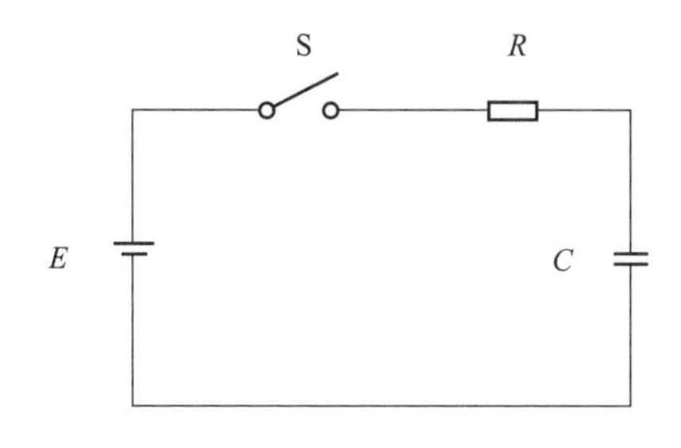

图 9-1-5　RC 充电电路

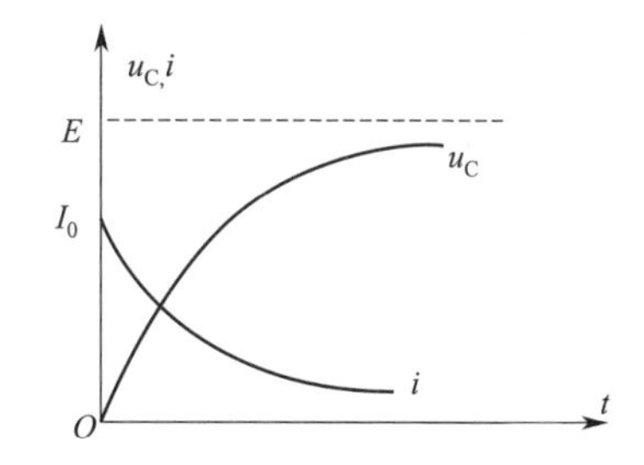

图 9-1-6　i，u_C 在充电过程中随时间变化的曲线

RC 电路充电电流为：$i_C=\dfrac{E}{R}\mathrm{e}^{-\frac{t}{RC}}$

电阻两端的电压 u_R 为：$u_R=iR=E\mathrm{e}^{-\frac{t}{RC}}$

电容器两端的电压 u_C 为：$u_C=E-u_R=E(1-\mathrm{e}^{-\frac{t}{RC}})$

图 9-1-7 所示为 RC 放电电路，当电容器充电至 $u_C=E$ 后，将电路开关从位置 1 合到位置 2，电容器通过电阻 R 放电。放电起始时，电容器两端的电压为 E，放电电流为 E/R。可以证明，电路中的电流 i，电阻上的电压 u_R 及电容上的电压 u_C 在过渡过程中仍然都是按指数规律变化的，直到最后电容器上电荷放尽，i、u_C 和 u_R 都等于零。即

$$u_R=E\mathrm{e}^{-\frac{t}{RC}},\ i=\frac{E}{R}\mathrm{e}^{-\frac{t}{RC}},\ u_C=E\mathrm{e}^{-\frac{t}{RC}}$$

式中，$RC=\tau$ 是电容器放电回路的时间常数。u_C 和 i 随时间 t 变化的函数曲线如图 9-1-8 所示。

9.1.4　滤波电路

滤波电路的任务就是把整流器输出的电压中的波动成分尽可能地减小，输出恒稳的直流电。滤波电路又分为电容滤波、电感滤波、电感电容滤波和 π 型滤波四种形式。

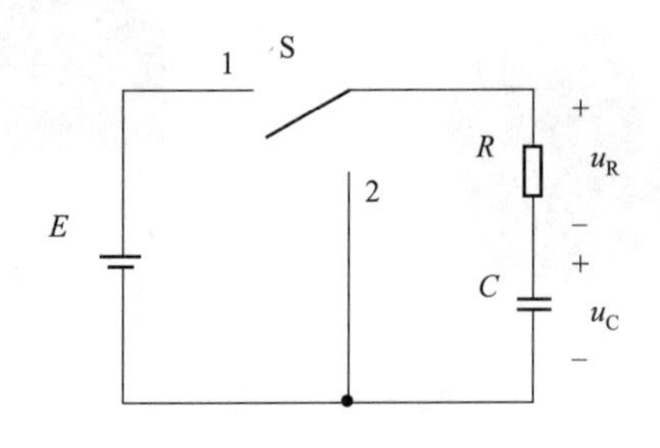

图 9-1-7 RC放电电路

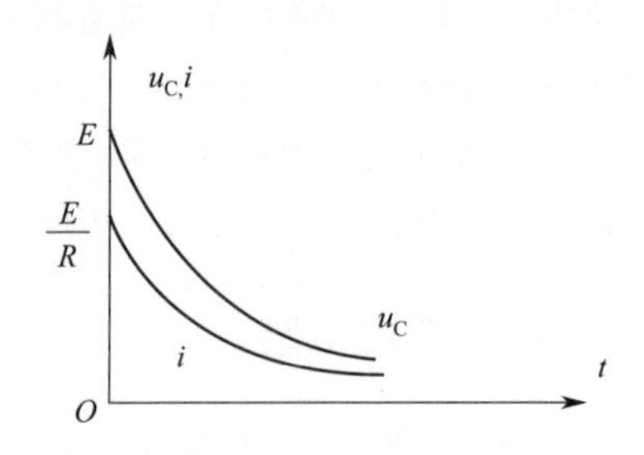

图 9-1-8 u_C 和 i 随时间 t 变化的曲线

图 9-1-9 是一简单的电容滤波电路，电容器与负载电阻并联。在二极管导通期间，变压器次级在向负载电阻 R_L 提供电流的同时对电容器 C 充电，一直充到最大值。u_o 达到最大值以后逐渐下降；而电容器两端电压不能突然变化，仍然保持较高电压。这时，二极管承受反向电压，不能导通，于是 u_C 便通过负载电阻 R_L 放电。由于 C 和 R_L 较大，放电速度很慢，在脉动直流下降期间电容器 C 上的电压降得不多。当脉动直流下一个周期来到并升高到大于 u_C 时，又再次对电容器充电。如此重复，电容器 C 两端（即负载电阻 R_L 两端）便保持了一个较平稳的电压，在波形图上呈现出较平滑的波形。如图 9-1-10 所示。如果在 C_1 上继续并联电容器，会使波形更接近于直线，电容量越大，滤波效果越好，输出波形越趋于平滑，输出电压也越高。但并不是电容器容量越大越好，电容量达到一定值以后，再加大电容量对提高滤波效果已无明显作用，通常应根据负载电阻和输出电流的大小选择最佳电容量。表 9-1-1 列出了滤波电容器容量和输出电流的关系，供参考。

表 9-1-1 滤波电容器容量和输出电流的关系

输出电流	2A 左右	1A 左右	0.5～1A	0.1～0.5A	50～100mA	50mA 以下
滤波电容	4000μF	2000μF	1000μF	500μF	200～500μF	200μF

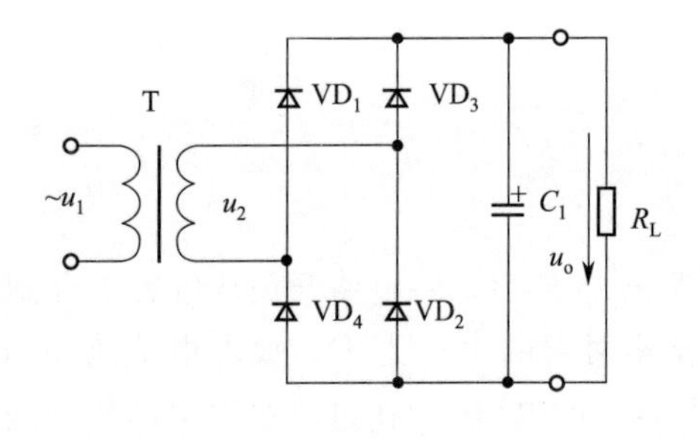

图 9-1-9 电容滤波电路

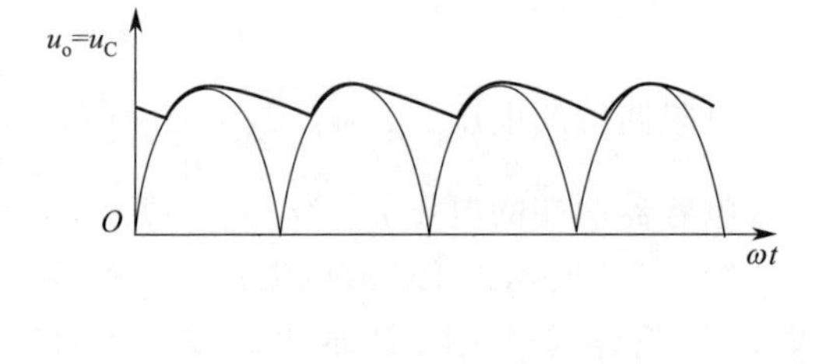

图 9-1-10 电容滤波的波形

采用电容滤波的整流电路，输出电压随输出电流变化较大，这对于变化负载（如乙类推挽电路）来说是很不利的。可以利用电感对交流阻抗大而对直流阻抗小的特点，用带铁芯的线圈做成滤波器，见图 9-1-11。电感滤波输出电压较低，相对输出电压波动小，随负载变化也很小，适用于负载电流较大或负载经常变化的场合。若线圈的电感 L 足够大，且忽略电感的电阻，即电感 L 两端的电压平均值为零，则电感滤波后的输出电压平均值约为：半波整流 $u_o=0.45u_2$，桥式整流 $u_o=0.9u_2$。在电容 C 滤波之前串接一个电感 L，如图 9-1-12（a）所示，即组成 LC 滤波器，它适用于电流较大、要求输出电压脉动很小的场合，如高频电路。把电容接在负载并联支路，把电感或电阻接在串联支路，可以组成复式滤波器，达到更佳的滤波效果，这种电路的形状很像字母 π，所以又叫 π 形滤波器，见图 9-1-12（b），其滤波效能很高，几乎没有直流电压损失，适用于负载电流较大、要求纹波很小的场合，但是由于电感体积和重量大，比较笨重，成本也较高，一般情况下使用不多。图 9-1-12（c）所示是由电阻与电容组成的 π 形 RC 滤波器，这种复式滤波器结构简单，能兼起降压、限流作用，滤波效能也较高，适用于负载电流较小而又要求输出电压脉动很小的场合。

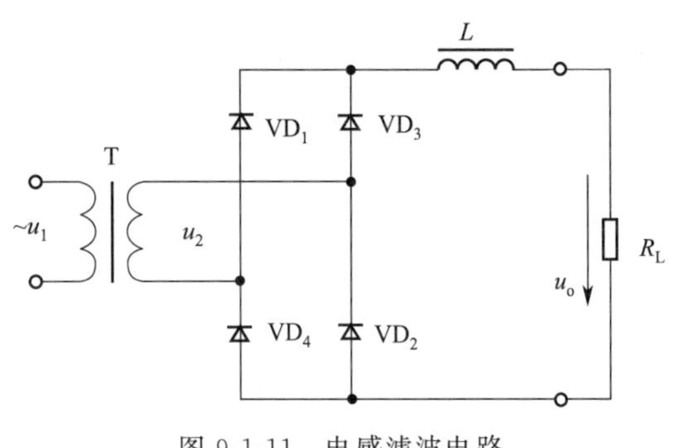

图 9-1-11　电感滤波电路

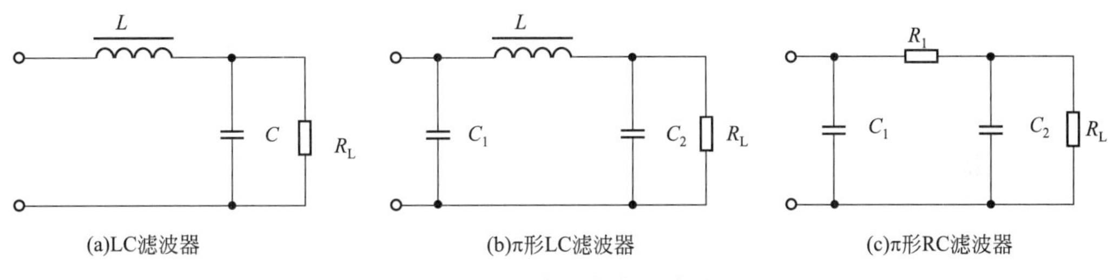

图 9-1-12　常用复式滤波器

9.1.5　稳压电路

一般二极管都是正向导通，反向截止；加在二极管上的反向电压如果超过二极管的承受能力，二极管就会被击穿损毁。但是有一种二极管，它的正向特性与普通二极管相同，而反向特性却比较特殊：当反向电压加到一定程度时，虽然管子呈现击穿状态，通过较大电流，却不损毁，并且这种现象的重复性很好，只要管子处在击穿状态，尽管流过管子的电流变化很大，而管子两端的电压变化很小，从而起到稳压作用。这种特殊的二极管叫稳压二极管，简称稳压管。稳压管的型号有 2CW、2DW 等系列，它的电路符号如图 9-1-13 所示。稳压管的伏安特性曲线如图 9-1-14 所示。

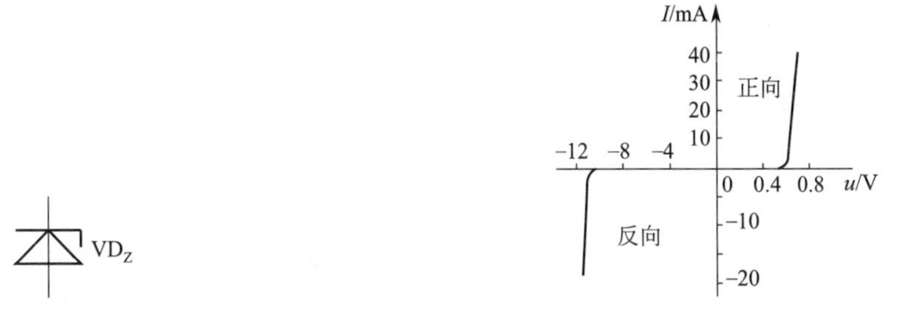

图 9-1-13　稳压管的电路符号

图 9-1-14　稳压管的伏安特性曲线

稳压二极管的反向电流和反向电压的乘积不能超过 PN 结容许的耗散功率，超过了就会因为热量散不出去而使 PN 结温度上升，直到过热而烧毁，这属于热击穿。

电压的不稳定会造成设备测量和计算的错误，引起控制设备的工作不稳定。要获得稳定不变的直流，还必须再增加稳压电路，对经整流滤波后的直流电压采取一定的稳压措施，以适合电子设备的需要。稳压电路如图 9-1-15 所示。

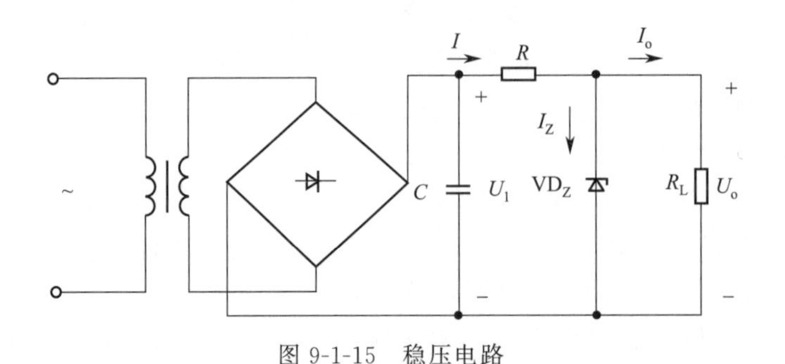

图 9-1-15　稳压电路

当负载电阻 R_L 保持不变，电源电压升高而引起输入电压 U_1 升高时，输出电压 U_o 亦伴随输入电压 U_1 增加，根据稳压二极管的伏安特性，I_Z 便会显著增加，I 随之增加，使得 U_o 自动降低，保持近似不变。如果 U_o 降低，则稳压过程与上述相反。如果输入电压 U_1 保持不变，负载电阻 R_L 减小，负载电流 I_o 增大，由于电阻 R 上的压降升高，输出电压 U_o 随之下降。因稳压管和输出端并联，稳压管两端电压也会随着输出端电压的下降而下降，稳压管电压细微的变化会引起稳压管电流很大的变化，因为 $I=I_Z+I_o$，此时，I_Z 减小，I 也会有减小的趋势，实际上就是利用 I_Z 的减小来补偿 I_o 的增大，使 I 基本保持不变，从而使输出电压也保持基本稳定。

9.2　串联型直流稳压电源

所谓串联型直流稳压电路，实际上就是在输入电压 U_1 与负载之间串联一个调整三极管，当输入电压 U_1 或负载电阻 R_L 发生变化时，输出电压 U_o 也随之变化。反映到调整三极管中，改变 U_{CE} 的值从而调整输出电压 U_o，保持输出电压的基本稳定。串联型直流稳压电源外观如图 9-2-1 所示。

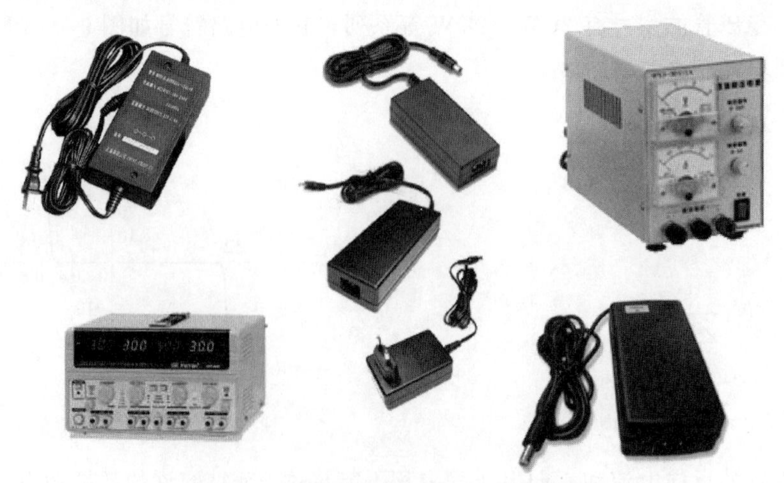

图 9-2-1　串联型直流稳压电源外观

串联型直流稳压电源包括取样电路、基准电路、比较放大电路、调整电路四个部分，见图 9-2-2。取样电压取自输出电压的一部分，所以可以反映输出电压的变化。比较放大电路的作用是将稳压电路输出电压的变化量进行放大，然后再送到调整管的基极。如果放大电路的放大倍数比较大，则输出电压产生一点微小的变化就能引起调整管的基极电压发生较大的变化，提高了稳压效果，如图 9-2-3 所示，基准电压由稳压管 VD_Z 提供，接到比较放大电路的同相输入端。取样电压与基准电压进行比较后，二者的差值被放大。电阻 R_2 的作用是保证 VD_Z 有一个合适的工作电流。

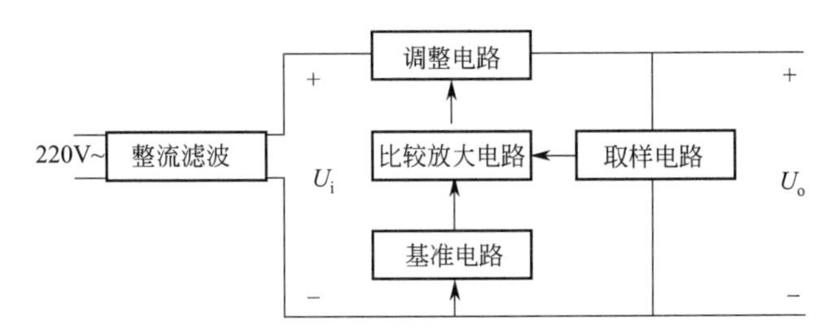

图 9-2-2 串联型直流稳压电源框图

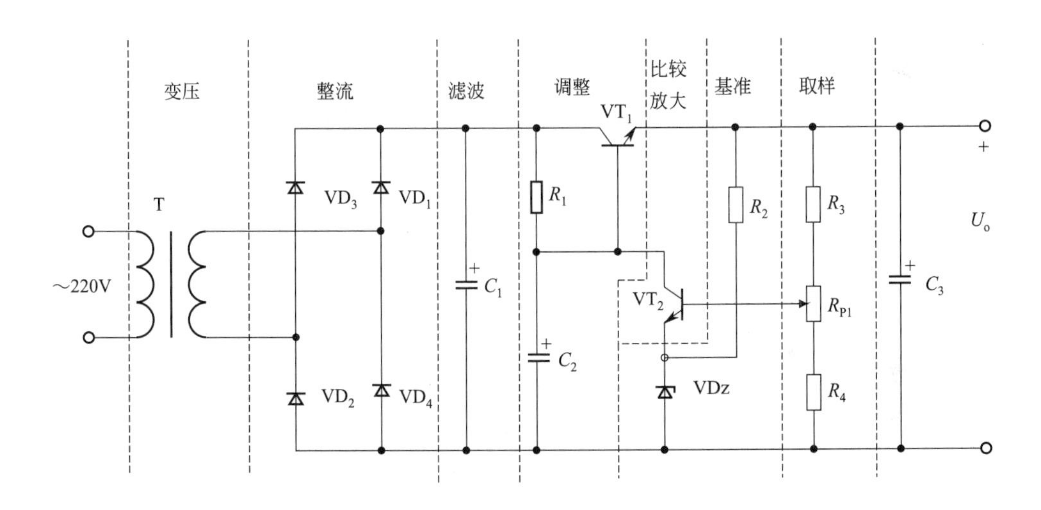

图 9-2-3 串联型直流稳压电源

当输出电压 U_o 由于电网电压或负载电流等的变化而发生波动时，其变化经过采样、比较放大后送到调整管 VT_1 的基极，使调整管的集-射电压也发生相应变化，最终调整输出电压，使之基本保持稳定。

假设由于 U_i 增大或负载增大，输出电压 U_o 增大，则通过 R_{P1} 的中心抽头的电压也升高，VT_2 基极电压升高，VT_2 基—射极结偏压升高，因 VT_2 发射极接有基准二极管，所以 VT_2 导通电流升高，通过 R_1 的电流也升高，R_1 上电压降也升高，造成 VT_1 基极电压下降，VT_1 发射结偏压进一步下降，VT_1 输出电流随之减小，输出电压 U_o 随之下降，最后使输出电压 U_o 保持基本不变。以上稳压过程可简明表示如下：

$$R_L\uparrow \rightarrow U_o\uparrow \xrightarrow{\text{取样}} U_{B2}\uparrow \xrightarrow{U_{E2}\text{ 不变}} U_{BE2}\uparrow \rightarrow U_{C2}=U_{B1}\downarrow$$

$$U_o\downarrow \leftarrow U_{CE1}\downarrow \leftarrow I_{B1}\downarrow \leftarrow U_{BE1}\downarrow$$

由此看出，串联型直流稳压电源的稳压过程实质上是通过电压负反馈使输出电压保持基本稳定的过程。

9.3 集成稳压器

直流电源性能很大程度上决定于稳压电路，因此采用稳定性和可靠性好的稳压电路非常重要。随着集成电路技术的发展，稳压电路也实现了集成化，当前已广泛使用的单片集成稳压器具有体积小、可靠性高、使用灵活、价格低廉等优点，广泛应用在仪器仪表等电子设备上。根据出线端子的多少，集成稳压器大致可分为三端式、多端式及单片开关式等几种。

9.3.1 三端集成稳压器的组成

三端集成稳压器的组成如图 9-3-1 所示，电路中除了串联型直流稳压电源的各部分外，还增加了启动电路和保护电路。

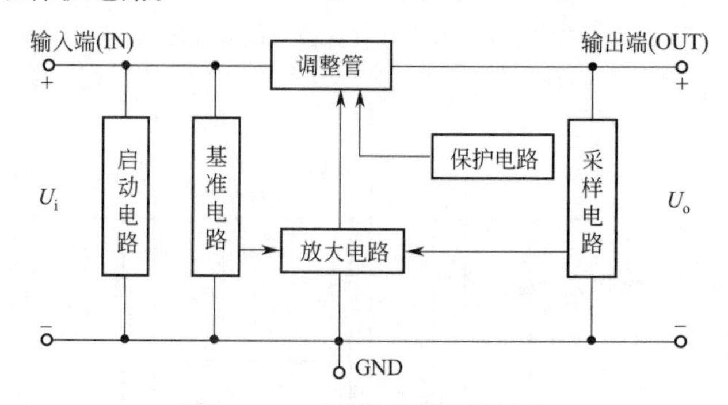

图 9-3-1　三端集成稳压器组成

启动电路的作用是在刚接通直流输入电路时，使调整管、比较放大电路和基准电路等建立起各自的工作电流；当稳压电路正常工作时，启动电路被断开，以免影响稳压电路的性能。直流稳压电路的输出电压取决于基准电压，因而基准电压的稳定性影响着输出电压的稳定性。通常基准电压电路具有温度系数为零、输出电阻小、噪声低等特点。调整管一般由复合管构成，主要用来增大电流放大系数。在三端集成稳压器中，放大管也是复合管，放大电路为有源负载组成的共射放大电路，可以获得较高的电压放大倍数。保护电路（集成限流保护电路、过热保护电路以及过压保护电路）可以使集成稳压器在不正常工作时不至于损坏。采样电路由两个分压电阻组成，对输出电压进行采样，并送到放大电路的输入端。

9.3.2 三端集成稳压器的主要参数指标

① 输出电压　指稳压器的各工作参数都符合规定时的输出电压值。对于固定输出稳压器，它是常数，对于可调式输出稳压器，它是输出电压范围。

② 输出电压偏差　对于固定输出稳压器，实际输出的电压值和规定的输出电压之间往往有一定的偏差。这个偏差值一般用百分比表示，也可以用电压值表示。

③ 最大输出电流　指稳压器能够保持输出电压不变时的最大电流。

④ 最小输入电压　输入电压值在低于最小输入电压时，稳压器不能正常工作。

⑤ 最大输入电压　指稳压器安全工作时允许外加的最大电压值。

⑥ 最小输入、输出电压差　指稳压器正常工作时的输入电压与输出电压的最小电压差值。

⑦ 电压调整率　指当稳压器负载不变而输入的直流电压变化时，所引起的输出电压的相对变化量。

⑧ 电流调整率　指当输入电压保持不变而输出电流在规定范围内变化时，稳压器输出电压相对变化的百分比。电流调整率有时也用负载电流变化时输出电压的变化量来表示。

⑨ 输出电压温漂　输出电压温漂也称输出电压的温度系数，是在规定的温度范围内，当输入电压和输出电流不变时，单位温度变化引起的输出电压变化量。

⑩ 输出阻抗　指在规定的输入电压和输出电流下，在输出端上所测得的交流电压与交流电流之比。

⑪输出噪声电压　指当稳压器输入端无噪声电压进入时，在其输出端所测得的噪声电压值。输出噪声电压是由稳压器内部产生的，对许多负载是有害的。

9.3.3　三端集成稳压器的基本应用

如图 9-3-2 和图 9-3-3 所示，为了减小纹波系数，常在输入端接入电容 C_i，在输出端接上电容 C_o，以改善负载的瞬态响应。

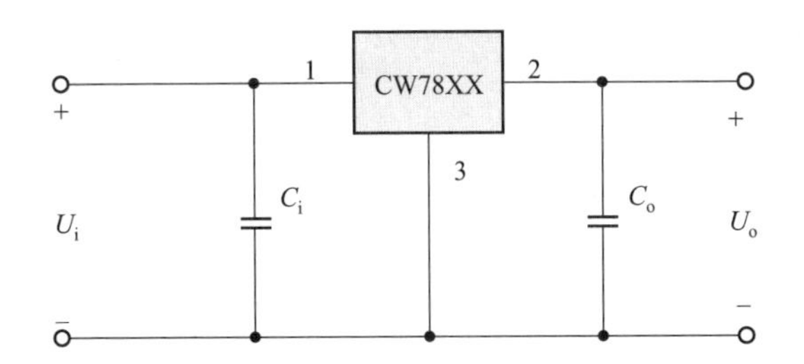

图 9-3-2　CW7800 系列正电压输出集成稳压电路

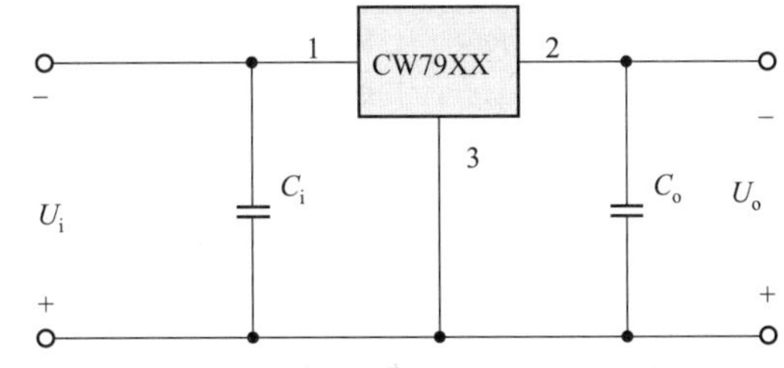

图 9-3-3　CW7900 系列负电压输出集成稳压电路

图 9-3-4 所示为正负双电压集成稳压电路，该电路能同时输出±15V 两路稳定的直流电压。注意其中的负电压输出芯片 CW7915 的引脚接法与正电压输出芯片 CW7815 是不同的。

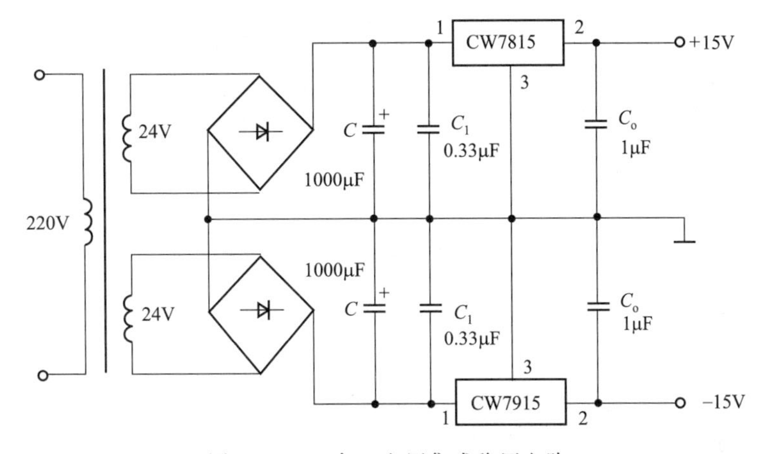

图 9-3-4　正负双电压集成稳压电路

9.4 串联直流稳压电源电路制作调试实训

实训任务

① 装接串联直流稳压电源电路。

② 调试串联直流稳压电源电路。

实训目标

① 能熟练装接串联直流稳压电源电路。

② 学会调试串联直流稳压电源电路的步骤。

采用的元器件清单见表 9-4-1。

表 9-4-1 元器件清单

符号	规格	名称	数量	符号	规格	名称	数量
VT_1	2SC8050	NPN 型三极管	1	T_1	220V/12V	电源变压器	1
VT_2	2SC9014	NPN 型三极管	1	R_{P1}	5kΩ	电位器	1
VD_1～VD_4	IN4007	整流二极管	4	R_1	2kΩ	1/8 碳膜电阻	1
VD_Z	2CW53/5.1V	稳压二极管	1	R_2	1kΩ	1/8 碳膜电阻	1
C_1	2200μF/50V	电解电容器	1	R_3	150Ω	1/8 碳膜电阻	1
C_2	47μF/50V	电解电容器	1	R_4	200Ω	1/8 碳膜电阻	1
C_3	470μF/50V	电解电容器	1	R_5	2kΩ	1/4 碳膜电阻	1

串联直流稳压电源电路原理见图 9-4-1。

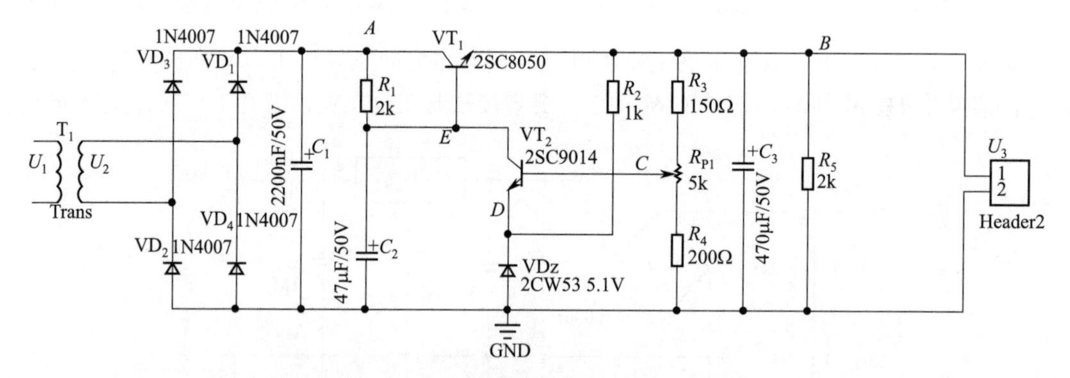

图 9-4-1 串联型直流稳压电源电路原理图

电路元器件的装配与布局要求如下。

① 按电路功能模块布局。本电路包含整流滤波电路、调整电路、比较放大电路、基准电路以及取样电路。可围绕每个功能模块电路的中心器件，每一个功能模块中的元器件遵循就近原则，均匀分布、整体布局即可。

② 按电路原理图的连接关系布线，布线应做到横平竖直，转角成直角，导线不能相互交叉，确需交叉的导线应在元器件体下穿过。

③ 电阻器采用水平安装方式，电阻体紧贴电路板，色环电阻的色环标志顺序方向一致，二极管的标志方向应正确。电容器采用垂直安装方式，电解电容器底部离开电路板 1～2mm，注意正负极性。三极管应在离电路板 4～6mm 处插装焊接。集成电路插座应紧贴电路板进行插装焊接。

实训操作步骤如下。

（1）按工艺要求安装色环电阻器。

（2）按工艺要求安装二极管、三极管。

（3）按工艺要求安装电解电容器。

（4）对安装好的元器件进行手工焊接。

（5）检查焊点质量并自检。在未通电情况下，务必用万用表对装配好的电路板进行检测，避免连接线路短路、断路。

（6）最后调试串联直流稳压电源电路，调试无误后接通电源，用万用表测量 C_1 两端的整流滤波电压应为 18～20V，测量稳压管 VD_Z 两端电压应为 5.1V，值正常后再测量电源输出端（C_3 两端）电压，调节电位器 R_{P1} 输出端电压应该连续可变。将测量结果填入表 9-4-2 中。

表 9-4-2　电路测量结果

电压/V 测量值/V	U_1	U_2	U_A	U_B	U_C	U_D	U_E
U							

若进行电路调试时电路板发生故障，可根据电路工作原理分析故障原因，结合测量关键点电位排除故障。可参考以下方法检查电路：①接通电源，若输出电压很低，调节 R_{P1} 无效，重点检查稳压二极管是否接反；②接通电源，若输出电压为零，测量 U_2 电压正常，重点检查整流电路；③接通电源，若调节 R_{P1} 输出电压没有变化，则检查调节 R_{P1} 时 VT_2 基极电压是否变化，如果没有变化，重点检查取样电阻，如果有变化，重点检查 VT_1 和 VT_2 是否损坏。

9.5　三端集成稳压电路制作调试实训

实训任务

① 装接三端集成稳压电路。

② 调试三端集成稳压电路。

实训目标

① 能熟练装接三端集成稳压电路。

② 掌握调试三端集成稳压电路的步骤。

仪表工具：万用表、电烙铁、螺钉旋具、尖嘴钳、镊子、斜口钳。

消耗材料：焊锡丝、松香、酒精。

元器件清单见表 9-5-1。

表 9-5-1　三端集成稳压电路元器件清单

元器件标号	元器件名称	型号或阻值	数量
IC_1	三端稳压集成块	CW7805	1
$VD_1 \sim VD_4$	整流二极管	IN4007	4
T	电源变压器	220V/12V	1
R_1	负载电阻	100Ω/2W	1
C_1	电解电容器	2200μF/50V	1
C_2	CBB 电容器	0.033μF/50V	1
C_3	瓷片电容器	0.1μF	1

电路原理图见图 9-5-1。

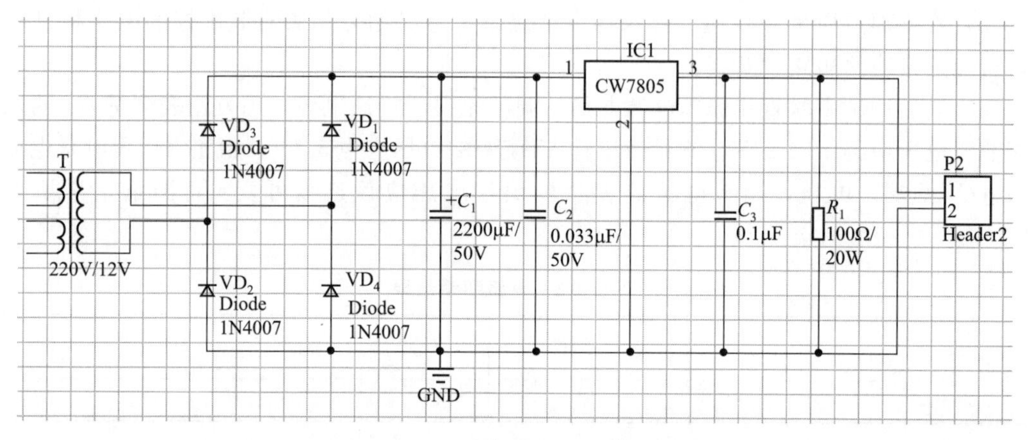

图 9-5-1　三端集成稳压电路原理图

电路元器件的装配与布局要求如下。

① 按电路功能模块布局，选择正确的元器件，经万用表检测确认完好，按照原理图在万能实验板上进行线路布局和安装，焊接时要注意二极管、电解电容的极性及耐压值，识别三端稳压器的三个脚的位置，安装完毕后经过检查确认就可以通电试验了。

② 按电路原理图的连接关系布线，布线应做到横平竖直，转角成直角，导线不能相互交叉，确需交叉的导线应在元器件体下穿过。

③ 元器件的装配工艺要注意以下几点：电阻器采用水平安装方式，电阻体紧贴电路板，色环电阻的色环标志顺序方向一致，二极管的标志方向应正确；电容器采用垂直安装方式，电解电容器底部离开电路板 1～2mm，注意正负极性，瓷片电容离板 4～6mm 处插装焊接；三极管应在离电路板 4～6mm 处插装焊接；集成电路插座应紧贴电路板进行插装焊接。

操作步骤如下。

(1) 按工艺要求安装色环电阻器。

(2) 按工艺要求安装二极管、三极管。

(3) 按工艺要求安装电解电容器。

(4) 对安装好的元器件进行手工焊接。

(5) 按工艺要求安装集成电路。

(6) 检查焊点质量并自检。在未通电情况下，务必使用万用表对装配好的电路板进行检测，避免连接线路短路、断路。

(7) 电路功能调试。焊接装配无误后接通电源，用万用表测量 C_1 两端的整流滤波电压，应为 18～20V，稳压管 VD_Z 两端电压应为 5.1V，正常后再测量电源输出端（C_3 两端）电压，调节电位器 R_{P1} 输出端电压应该连续可变。调试三端集成稳压电路，用万用表测量 C_1 两端的整流滤波电压，应为 18～20V，测量三端稳压器 2 脚输出电压，应为 5V。进行电路调试时需要注意：

- 安装过程中注意二极管、电解电容的极性及耐压值，识别三端稳压器的三个极，不得装错，以免损坏元器件，甚至烧毁电路。
- 电路装好后，经过检查确认才可通电，不得带电改装电路。
- 负载不得短路，以免烧毁元件和电路板。
- 测量电路时一定要先确认万用表挡位，以免烧毁万用表。
- 通电过程中，如果发现元器件发热过快、冒烟、打火等异常情况，应先切断电源，仔细检查并排除故障，然后才可以继续通电调试。
- 因为变压器初级绕组接有 220V 交流电，所以要注意安全，避免触电事故发生。

若在进行电路调试时电路板发生故障，应根据电路工作原理分析故障原因，结合测量关键点电位排除故障。

电源变压器将电网电压变换成合适的交流电压。整流电路的作用是将正负交替变化的正弦交流电压整流成为单方向变化的脉动直流电压。滤波电路的作用是尽可能地将整流电路输出的单向脉动直流电压中的脉动成分滤掉，使输出电压成为比较平滑的直流电压。RC 充电电路的电流按指数规律变化，τ 愈大充电过程愈缓慢，τ 愈小充电过程愈快；RC 放电电路也是按指数规律变化的。

滤波电路分为电容滤波、电感滤波、电感电容滤波和 π 型滤波四种形式。电容两端电压不能突变，电容量越大，滤波效果越好，输出波形越趋于平滑，输出电压也越高，但并不是电容器容量越大越好，通常应根据负载电阻和输出电流的大小选择最佳电容量。可利用电感对交流阻抗大而对直流阻抗小的特点，采用带铁芯的线圈做成滤波器。可把电容接在负载并联支路，把电感或电阻接在负载串联支路，组成复式滤波器，达到更佳的滤波效果。

电压的不稳定会造成设备测量和计算的错误，引起控制设备工作不稳定，所以要获得稳定不变的直流电源，必须增加稳压电路。稳压管是利用反向击穿区的稳压特性进行工作的，稳压管在电路中要反向连接，稳压管的反向击穿电压称为稳定电压。

常用的稳压电路有并联型稳压电路和串联型稳压电路两种类型。串联型稳压电路由电源变压器、整流电路、滤波电路和稳压电路四个部分组成。稳压电路的作用是采取某些措施，使输出的直流电压在电网电压或负载电流发生变化时保持稳定。串联型直流稳压电源稳压电路可分为取样电路、基准电压电路、比较放大电路、调整放大电路四个部分。串联型直流稳压电路的稳压过程实质上是通过电压负反馈使输出电压基本保持稳定的过程。

集成稳压器在串联型直流稳压电路的基础上增加了启动电路和保护电路，保护电路包括限流保护电路、过热保护电路和过压保护电路，用以保护稳压电路不会因过流、过热和过压而损坏。三端集成稳压电路具有三个引线端，分别是不稳定电压输入端、稳定电压输出端和公共接地端。

第10章

组合逻辑电路

【知识目标】

① 理解数字信号与数字电路的基本概念。

② 理解组合逻辑电路的特点和工作原理。

③ 理解逻辑代数的基本定律。

【技能目标】

① 掌握逻辑问题的描述方法和逻辑函数的变换。

② 能解读、分析和设计简单的数字电路。

③ 能正确完成8位抢答器的电路安装、故障分析及维修。

10.1 数字信号与数字电路

在电子技术中，被传输、处理的信号可分为两大类：一类是模拟信号，特征是连续变化的，用以传递和处理模拟信号的电路叫模拟电路；另一类是数字信号，特征是离散的，用以传递和处理数字信号的电路叫数字电路。见图10-1-1。

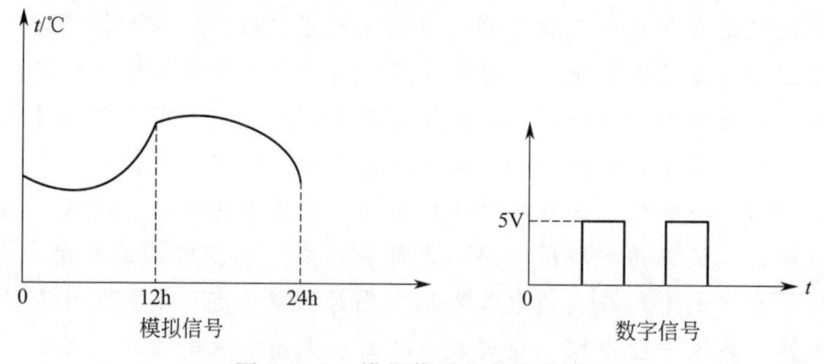

图10-1-1 模拟信号与数字信号

数字电路具有抗干扰能力强、精度高、保密性好、系统稳定性好、控制功能强、电路简单、信号容易储存和传送等优点，广泛应用于现代通信、自动控制、电子计算机等各个领域，已经进入了千家万户的日常生活。数字电路按所用器件可分为双极型（DTL、TTL、ECL、IIL和HTL等）和单极型（NMOS、PMOS和CMOS等），按照电路的结构和逻辑功能可分为组合逻辑电路和时序逻辑电路。组合逻辑电路的输出信号与当前时刻的输入信号有关，而与电路前一时刻的状态无关，如基本运算电路、编码器、译码器、数据选择器、比较器等电路。时序逻辑电路的输出信号不仅与当前输入信号有关，还与电路前一时刻的状态有关，如计数器、寄存器等电路。

10.2　逻辑代数基础

10.2.1　数制与编码

数制也称计数制，是用一组固定的符号和统一的规则来表示数值的方法。常用的数制有十进制、二进制、八进制和十六进制。学习数制必须首先掌握数码、基数和位权三个概念。数码是数制中表示基本数值大小的不同数字符号，例如十进制有 10 个数码：0、1、2、3、4、5、6、7、8、9，二进制有两个数码：0、1。基数是数制所用数码的个数，例如二进制的基数为 2，十进制的基数为 10。位权是数制中某一位上的 1 所表示数值的大小，例如十进制数 123，1 的位权是 100，2 的位权是 10，3 的位权是 1；再如二进制中的 1011，左边第一个 1 的位权是 8，0 的位权是 4，第二个 1 的位权是 2，第三个 1 的位权是 1。

数字电路系统常采用二进制计数制。为了方便叙述，本书用“B”代表二进制数，“D”代表十进制数，“O”代表八进制数，“H”代表十六进制数。表 10-2-1 列出了常用数制的数字符号和基数。表 10-2-2 列出了常用数制对照。

表 10-2-1　常用数制的数字符号和基数

数　制	数字符号	基　数
二进制 B	0 1	2
八进制 O	0 1 2 3 4 5 6 7	8
十进制 D	0 1 2 3 4 5 6 7 8 9	10
十六进制 H	0 1 2 3 4 5 6 7 8 9 A B C D E F	16

表 10-2-2　常用数制对照

十进制数	二进制数	八进制数	十六进制数	十进制数	二进制数	八进制数	十六进制数
0	00000	0	0	9	01001	11	9
1	00001	1	1	10	01010	12	A
2	00010	2	2	11	01011	13	B
3	00011	3	3	12	01100	14	C
4	00100	4	4	13	01101	15	D
5	00101	5	5	14	01110	16	E
6	00110	6	6	15	01111	17	F
7	01111	7	7	16	10000	20	10
8	01000	10	8				

（1）二进制数、八进制数、十六进制数转换成十进制数的转换方法是：按位权展开，然后各项相加，即可得到相应的十进制数。

【例 10-1】将（1101.101）B=转换为十进制数。

解：按位权展开为：

$$(1101.101)\,B = 1\times2^{3}+1\times2^{2}+0\times2^{1}+1\times2^{0}+1\times2^{-1}+0\times2^{-2}+1\times2^{-3}$$
$$= 8+4+1+0.5+0.125 = (13.625)\,D$$

【例 10-2】 将（245.07）O=转换为十进制数。

解：按位权展开为：

$$(245.07)O=2\times8^{2}+4\times8^{1}+5\times8^{0}+0\times8^{-1}+7\times8^{-2}$$
$$=128+32+5+0.109375=(165.109375)D$$

【例 10-3】 将（1E0. A8）H=转换为十进制数。

解：按位权展开为：

$$(1E0.A8)H=1\times16^{2}+E\times16^{1}+0\times16^{0}+A\times16^{-1}+8\times16^{-2}$$
$$=1\times16^{2}+14\times16^{1}+0\times16^{0}+10\times16^{-1}+8\times16^{-2}=(480.65625)D$$

(2) 十进制数转换成二进制、八进制、十六进制数的转换分整数部分和小数部分进行，整数部分采用基数除法，把我们要转换的数除以新的进制的基数，把余数作为新进制的最低位，然后把上一次得的商再除以新的进制基数，把余数作为新进制的次低位，继续上一步，直到最后的商为零，这时的余数就是新进制的最高位。小数部分采用基数乘法，把要转换数的小数部分乘以新进制的基数，把得到的整数部分作为新进制小数部分的最高位；然后把上一步得的小数部分再乘以新进制的基数，把整数部分作为新进制小数部分的次高位，继续上一步，直到小数部分变成零或者达到预定的要求。

【例 10-4】 将（100.75）D=转换为二进制数。

解：整数部分的转换：

100÷2=50　余数为 0
50÷2=25　余数为 0
25÷2=12　余数为 1
12÷2=6　余数为 0
6÷2=3　余数为 0
3÷2=1　余数为 1
1÷2=0　余数为 1

将计算过程中得到的所有余数按照先后从低位到高位（从右到左）组合起来，得到转换后的二进制数的整数部分：(1100100) B 。

小数部分的转换：

0.75×2=1.5　整数部分为 1，小数部分为 0.5
0.5×2=1　整数部分为 1，小数部分为 0

将计算过程中得到的整数部分按照先后从高位到低位（从左到右）组合起来，得到转换后的二进制数的小数部分：(0.11) B 。

将整数部分和小数部分组合起来，得到最终的转换结果：(1100100.11) B 。

(3) 二进制转换为八进制、十六进制：把要转换的二进制从低位到高位每 3 位或 4 位一组，高位不足时在有效位前面添“0”，然后把每组二进制数转换成八进制或十六进制即可。八进制、十六进制转换为二进制时，把上面的过程倒过来即可。

【例 10-5】 将（C1B）H=转换二进制数。

解：(C1B) H=1100/0001/1011=（110000011011）B

【例 10-6】 将（702）O=转换为二进制数。

解：(702) H=0111/0000/0010=（011100000010）B

(4) 编码。在数字电路中，使用“数”表示信息，如图像信息，声音信息，用来表示这些信息的二进制数的组合称为二进制编码，编码代表某种信息，例如 ASCII 码用 7 位二进制数码来表示 128 种符号，如大些字母“A”的 ASCII 编码是 1000001，小写字母“a”的编码是 1100001；再比如 BCD 码使用若干位二进制数表示十进制中的一位，这种表示方法有几种类型，其中最常用的是 8421 码，它用 4 位二进制数表示 1 位十进制数，从高位到低位的位权分别是 8、4、2、1，所以称为 8421 码，十进制数的 8421 码对应关系见表 10-2-3。

表 10-2-3　十进制数的 8421 码对应表

十进制数	8421 码	十进制数	8421 码	十进制数	8421 码
0	0000	4	0100	8	1000
1	0001	5	0101	9	1001
2	0010	6	0110		
3	0011	7	0111		

【例 10-7】①求十进制数 210 的 8421 码。②将十进制数 210 转换为二进制数。

解：① 按表 10-1-3 可写出 210 中每一位的 8421 码：

2	1	0
|	|	|
0010	0001	0000

所以 210 的 8421 码是：0010 0001 0000。

② (210) D= (1101 0010) B。

【例 10-8】求 8421 码 110000101011001 所表示的十进制数。

解：将 8421 码的数从低位到高位每 4 位分为一组，最高的一组如果不足 4 位在前面补 0，每组表示十进制数中的一位，所以 110 0001 0101 1001 所表示的十进制数是：6159。

10.2.2　逻辑代数定律与逻辑函数化简

逻辑代数与普通代数的相似点是，运算都遵循交换律、结合律、分配律等。逻辑代数的基本运算法则见表 10-2-4。

表 10-2-4　逻辑代数的基本运算法则

逻辑与	逻辑或	逻辑非	逻辑与	逻辑或	逻辑非
$A \cdot 0=0$	$A+0=A$	$A \cdot \bar{A}=0$	$A \cdot A=A$	$A+A=A$	$\bar{\bar{A}}=A$
$A \cdot 1=A$	$A+1=1$	$A \cdot \bar{A}=1$			

逻辑代数运算的交换律、结合律和分配律见表 10-2-5。

表 10-2-5　逻辑代数运算的交换律、结合律和分配律

交换律	$A+B=B+A$	分配律	$A \cdot (B+C)=A \cdot B+A \cdot C$
	$A \cdot B=B \cdot A$		$A+B \cdot C=(A+B) \cdot (A+C)$
结合律	$A+B+C=(A+B)+C=A+(B+C)$		
	$A \cdot B \cdot C=(A \cdot B) \cdot C=A \cdot (B \cdot C)$		

【例 10-9】证明分配律 $A+B \cdot C=(A+B) \cdot (A+C)$

证明：右边 $=A \cdot A+A \cdot B+A \cdot C+B \cdot C=A+A \cdot C+A \cdot B+B \cdot C=A \cdot (1+B+C)+B \cdot C=A+B \cdot C=$ 左边

逻辑代数运算还遵循吸收律，见表 10-2-6。

表 10-2-6　逻辑代数运算的吸收律

吸收律	证明推导
$A+A\cdot B=A$	$A+A\cdot B=A\cdot(1+B)=A$
$A\cdot(A+B)=A$	$A\cdot(A+B)=A\cdot A+A\cdot B=A+A\cdot B=A$
$A+\bar{A}\cdot B=A+B$	$A+\bar{A}\cdot B=(A+\bar{A})\cdot(A+B)=1\cdot(A+B)=A+B$

逻辑代数运算也遵循反演律（摩根定律），见表 10-2-7。

表 10-2-7　逻辑代数运算的反演律（摩根定律）

反演律	反演律的推广式	反演律	反演律的推广式
$\overline{A\cdot B}=\bar{A}+\bar{B}$	$\overline{A\cdot B\cdot C\cdots}=\bar{A}+\bar{B}+\bar{C}+\cdots$	$\overline{A+B}=\bar{A}\cdot\bar{B}$	$\overline{A+B+C\cdots}=\bar{A}\cdot\bar{B}\cdot\bar{C}\cdots$

【例 10-10】 计算 $A\cdot B\cdot C+\bar{A}+\bar{B}+\bar{C}$。

解： $A\cdot B\cdot C+\bar{A}+\bar{B}+\bar{C}=A\cdot B\cdot C+\overline{A\cdot B\cdot C}=1$。

逻辑函数式的化简方法如下。

① 用并项法化简，运用公式 $A+\bar{A}=1$，将两项合并为一项，消去一个变量。

【例 10-11】 化简函数 $Y=A\cdot(B\cdot C+\overline{B\cdot C})+A\cdot(B\cdot\bar{C}+\bar{B}\cdot C)$。

解：

$$
\begin{aligned}
Y&=A\cdot(B\cdot C+\bar{B}\cdot\bar{C})+A\cdot(B\cdot\bar{C}+\bar{B}\cdot C)\\
&=A\cdot B\cdot C+A\cdot\bar{B}\cdot\bar{C}+A\cdot B\cdot\bar{C}+A\cdot\bar{B}\cdot C\\
&=A\cdot B\cdot(C+\bar{C})+A\cdot\bar{B}\cdot(\bar{C}+C)\\
&=A\cdot B+A\cdot\bar{B}\\
&=A\cdot(B+\bar{B})\\
&=A
\end{aligned}
$$

② 用吸收律化简，举例如下。

【例 10-12】 化简函数 $Y=A\cdot\bar{B}+A\cdot\bar{B}\cdot(C+D\cdot E)$。

解：

$$
\begin{aligned}
Y&=A\cdot\bar{B}+A\cdot\bar{B}\cdot(C+D\cdot E)=A\cdot\bar{B}\cdot(1+C+D\cdot E)=A\cdot\bar{B}\cdot 1\\
&=A\cdot\bar{B}
\end{aligned}
$$

【例 10-13】 化简函数 $Y=\bar{A}+A\cdot B+\bar{B}\cdot E$。

解： $Y=\bar{A}+A\cdot B+\bar{B}\cdot E=\bar{A}+B+\bar{B}\cdot E=A+B+E$

③ 用配项法化简，在函数式中增加“与”运算项目：$(A+\bar{A})$，或者增加“或”运算项目：$(A\cdot\bar{A})$，再进行化简。

【例 10-14】 化简函数 $Y=A\cdot\bar{B}+B\cdot\bar{C}+\bar{B}\cdot C+\bar{A}\cdot B$。

解：

$$
\begin{aligned}
Y&=A\cdot\bar{B}+B\cdot\bar{C}+\bar{B}\cdot C+\bar{A}\cdot B\\
&=A\cdot\bar{B}+B\cdot\bar{C}+(A+\bar{A})\bar{B}\cdot C+(C+\bar{C})\bar{A}\cdot B\\
&=A\cdot\bar{B}+B\cdot\bar{C}+A\cdot\bar{B}\cdot C+\bar{A}\cdot\bar{B}\cdot C+\bar{A}\cdot B\cdot C+\bar{A}\cdot B\cdot\bar{C}\\
&=A\cdot\bar{B}\cdot(1+C)+B\cdot\bar{C}(1+\bar{A})+\bar{A}\cdot C\cdot(B+\bar{B})\\
&=A\cdot\bar{B}+B\cdot\bar{C}+\bar{A}\cdot C
\end{aligned}
$$

10.3 基本门电路

二进制数码“0”和“1”可以表示事物的两种不同的逻辑状态，如电平的高低、开关的闭合与断开、电机的启动与停止、指示灯的亮与灭等，这种只有两种对立逻辑状态的逻辑关系称为二值逻辑。用二进制数码“0”和“1”表示二值逻辑，并按逻辑关系进行运算，称为逻辑运算。最基本的三种逻辑运算为“与”、“或”、“非”。逻辑门电路是指在电子电路上能够实现逻辑运算功能的数字电路，包括“与”门电路、“或”门电路、“非”门电路、“与非”门电路等。

10.3.1 “与”逻辑和“与”门电路

在图 10-3-1 的电路中，只有开关 A、B 都闭合时，灯 Y 才能通电发亮，只要有一个开关断开，灯就不亮，这种逻辑关系称为“与”逻辑关系。

将全部条件与逻辑结果列成的表格称为真值表。设开关接通为“1”，断开为“0”，灯亮为“1”，灯灭为“0”。可以列出“与”逻辑的真值表，见表 10-3-1。

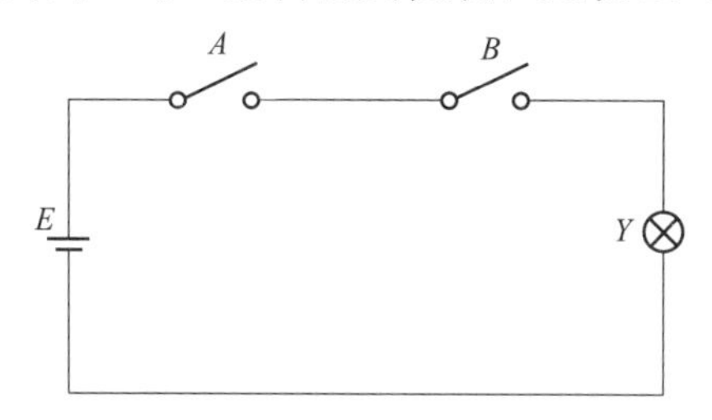

图 10-3-1　“与”逻辑示意图

表 10-3-1　“与”逻辑真值表

条件 A	条件 B	输出 Y	条件 A	条件 B	输出 Y
0	0	0	1	0	0
0	1	0	1	1	1

“与”逻辑的函数表达式为：$Y=A \cdot B$，式中“·”是逻辑“与”符号，不是乘号。

通常逻辑门电路符号只画出与逻辑关系相关的引脚，其他引脚略去。“与”门的图形符号如图 10-3-2 所示。图 10-3-3 所示是一个用二极管和电阻组合形成的实际“与”门电路。

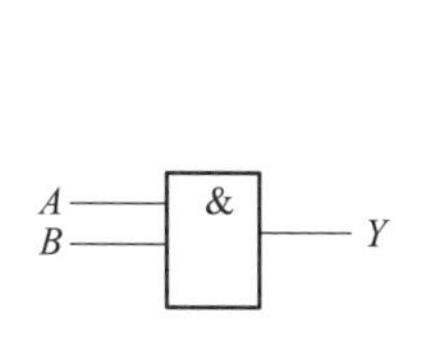

图 10-3-2　“与”门的图形符号

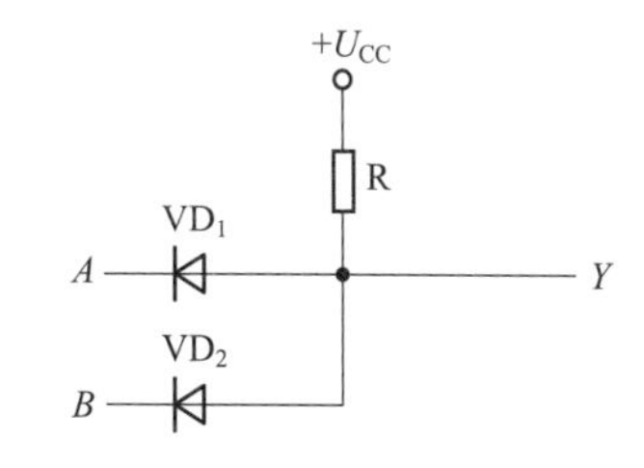

图 10-3-3　“与”门电路

10.3.2 “或”逻辑与“或”门电路

决定一个事件的全部条件中任一个条件具备时事件就发生，这种因果关系称为“或”逻辑。图 10-3-4 所示的电路中，开关 A 或 B 闭合时，灯 Y 都能亮，只有开关全部断开时，灯才不亮，这种逻辑关系称为“或”逻辑关系。“或”逻辑的真值表见表 10-3-2。

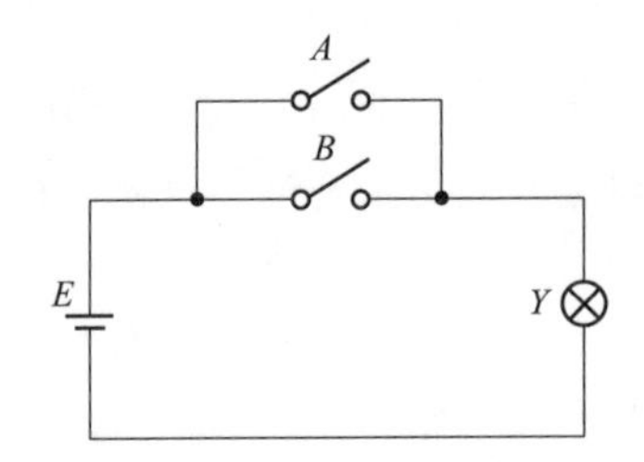

图 10-3-4 “或”逻辑示意图

表 10-3-2 “或”逻辑真值表

条件 A	条件 B	输出 Y	条件 A	条件 B	输出 Y
0	0	0	1	0	1
0	1	1	1	1	1

“或”逻辑的功能可归纳为：有 1 出 1，全 0 出 0，函数表达式为：$Y=A+B$，式中“+”是逻辑“或”符号。

“或”门的图形符号如图 10-3-5 所示。图 10-3-6 所示是一个用二极管和电阻组合形成的实际“或”门电路，图中 A、B 为输入端，Y 为输出端。

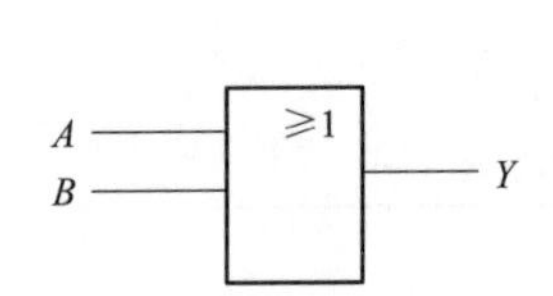

图 10-3-5 “或”门的图形符号

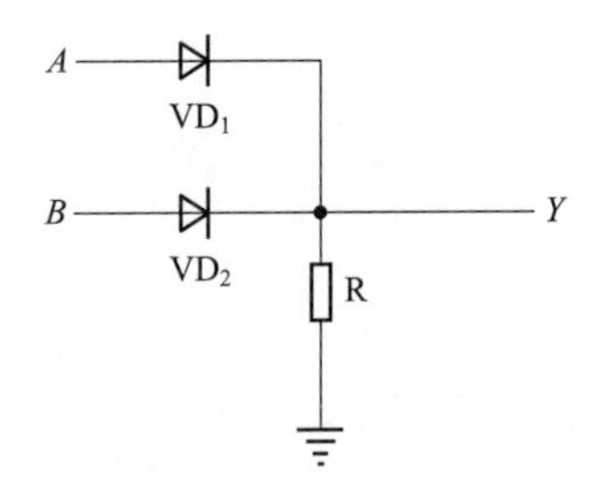

图 10-3-6 “或”门电路

10.3.3 “非”逻辑与“非”门电路

图 10-3-7 所示电路中，开关 A 闭合时，灯 Y 不亮，当开关 A 断开时，灯亮，这种逻辑关系称为是“非”逻辑关系。“非”逻辑的真值表见表 10-3-3。

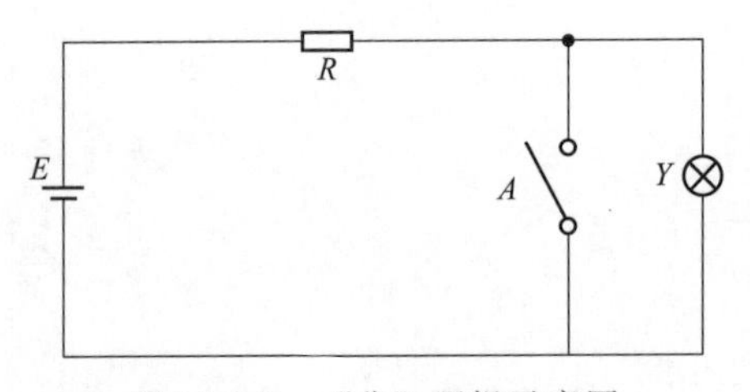

图 10-3-7 “非”逻辑示意图

表 10-3-3 “非”逻辑的真值表

条件 A	输出 Y	条件 A	输出 Y
0	1	1	0

“非”逻辑的函数表达式为：$Y=\overline{A}$，读作“Y 等于 A 非”。“非”门的图形符号如图 10-3-8 所示。图 10-3-9 所示是一个主要由三极管组成的“非”门电路，图中 A 为输入端，Y 为输出端。

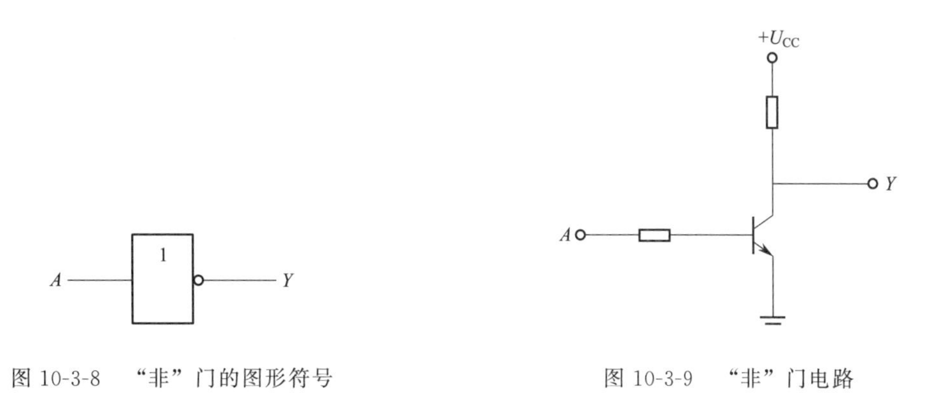

图 10-3-8　“非”门的图形符号　　　　图 10-3-9　“非”门电路

10.4　CMOS 门电路

10.4.1　CMOS 管的定义与结构特性

CMOS 电路采用增加型 PMOS 和增加型 NMOS 管，并按互补对称形式连接而成。CMOS 集成电路具有功耗低、工作电压范围宽、抗干扰能力强、输入阻抗高、扇出系数大、集成度高、成本低等一系列优点，应用领域十分广。

MOS 管即金属氧化物半导体型场效应管，也称绝缘栅型场效应管。在一块掺杂浓度较低的 P 型半导体硅衬底上用半导体光刻、扩散工艺制作两个高掺杂浓度的 N^+ 区，并用金属铝引出两个电极，分别作为漏极 D 和源极 S，然后在漏极和源极之间的 P 型半导体表面覆盖一层很薄的二氧化硅（SiO_2）绝缘层，再为这个绝缘层装上一个铝电极作为栅极 G，便构成了一个 N 沟道增强型 MOS 管，简称 NMOS 管，电路符号如图 10-4-1（a）所示。同样，在一块掺杂浓度较低的 N 型半导体硅衬底上用半导体光刻、扩散工艺制作两个高掺杂浓度的 P^+ 区，栅极制作过程同上，就可制成一个 P 沟道增强型 MOS 管，简称 PMOS 管，电路符号如图 10-4-1（b）所示。

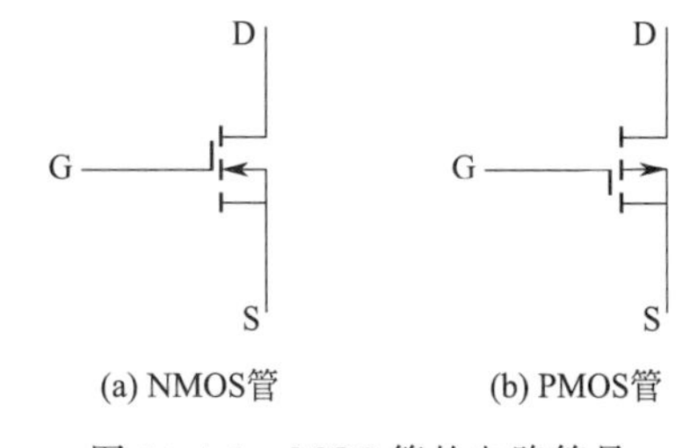

(a) NMOS管　　(b) PMOS管

图 10-4-1　MOS 管的电路符号

实际应用中，NMOS 管类似于 NPN 型晶体三极管，漏极 D 接正极，源极 S 极接负极，栅极 G 接正电压时导电沟道建立，NMOS 管开始工作。同样，PMOS 管类似于 PNP 型晶体三极管，漏极 D 接负极，源极 S 接正极，栅极 G 接负电压时导电沟道建立，PMOS 管开始工作。

10.4.2　CMOS 反相器

CMOS 反相器如图 10-4-2 所示，它由一个 NMOS 管 VT_1 和一个 PMOS 管 VT_2 按互补对称形式连接而成，两管的栅极相连，作为反相器的输入端，漏极相连作为输出端，VT_1

管的衬底和源极相连，接电源 U_{DD}，VT_2 管的衬底与源极相连后接地，一般情况下 $U_{DD} > (U_{TN} + |U_{TP}|)$，($U_{TN}$ 和 $|U_{TP}|$ 分别是 VT_2 和 VT_1 管的开启电压)。

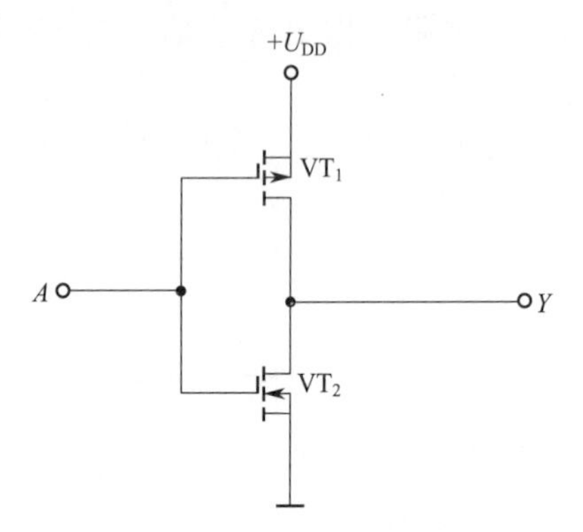

图 10-4-2　CMOS 反相器电路

当输入端 $A = 0V$ 时，输入电压使 VT_1 管导通，VT_2 管截止，此时输出端 $Y \approx U_{DD}$。当输入端 $A = U_{DD}$ 时，VT_1 管截止，VT_2 管导通，此时输出端 $Y = 0V$。如果将低电平 0V 定义为逻辑 0，高电平 U_{DD} 定义为逻辑 1，则此电路实现了逻辑“非”功能，所以 CMOS 反相器也可称为 CMOS“非”门电路。

设反相器输入端信号为 u_i，输出端信号为 u_o。则 CMOS 反相器的电压传输特性可分为五个区域。

第Ⅰ区域：$u_i < U_{TN}$，VT_2 管截止，VT_1 管导通（工作在可变电阻区），两管的电流近似为 0，$U_{DS2} \approx 0$，$u_o = U_{DS1} = U_{DD}$，(U_{DS1} 是 VT_1 管的 D、S 极间的电压，U_{DS2} 是 VT_2 管的 D、S 极间的电压)。

第Ⅱ区域：$u_i > U_{TN}$，VT_2 开始导通，但工作在饱和区，VT_1 仍工作在可变电阻区，这时有一个较小的电流流过两管，U_{DS2} 已不为 0，u_o 开始下降。

第Ⅲ区域：输入电压 u_i 增大到 U_{TR}，VT_1 和 VT_2 工作在饱和区，有较大电流流过两管，这时只要 u_i 有一个很小的变化，就会引起 u_o 有一个很大的改变，这一区域称为特性转换区，U_{TR} 称为状态转移电压。

第Ⅳ区域：u_i 继续增大，VT_2 进入非饱和区，U_{DS1}（即 u_o）迅速减小，流过两管的电流开始下降。

第Ⅴ区域：VT_2 导通（工作在可变电阻区），VT_1 截止，$u_o = U_{DS1} \approx 0V$。

图 10-4-3（a）所示是“与非”门图形符号。图 10-4-3（b）所示是 CMOS“与非”门电路。

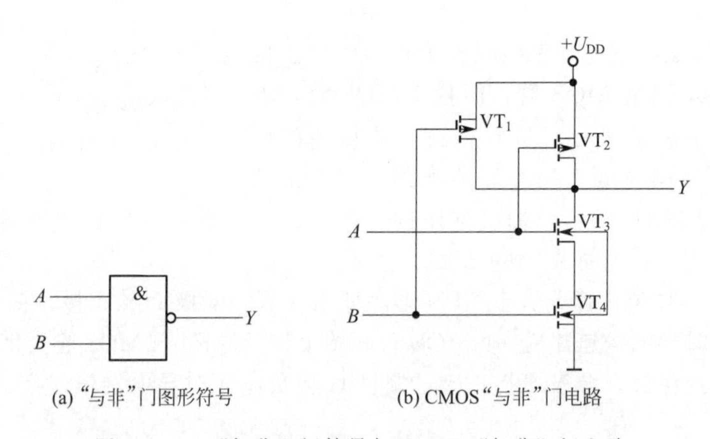

(a)“与非”门图形符号　(b) CMOS“与非”门电路

图 10-4-3　“与非”门符号与 CMOS“与非”门电路

CMOS“与非”门电路的工作原理是：输入端的输入量 A 和 B 同时为 1 时，VT_3 和 VT_4 管导通，此时 VT_1 和 VT_2 管截止，所以输出 $Y = 0$。A 或 B 中只要有一个为 0，则 VT_3 和 VT_4 管截止，VT_1 和 VT_2 管导通，此时输出 $Y = 1$。可见此电路实现了“与非”门的功能。

“与非”逻辑的函数表达式为：$Y=\overline{A \cdot B}$。表 10-4-1 所示为“与非”门真值表。

表 10-4-1　“与非”门真值表

输入端		输出端	输入端		输出端
A	B	Y	A	B	Y
0	0	1	1	0	1
0	1	1	1	1	0

10.4.3　CMOS“或非”门电路

图 10-4-4（a）所示是“或非”门图形符号。图 10-4-4（b）所示是由 NMOS 和 PMOS 管构成的具有两个输入端的 CMOS 或“非门”电路。

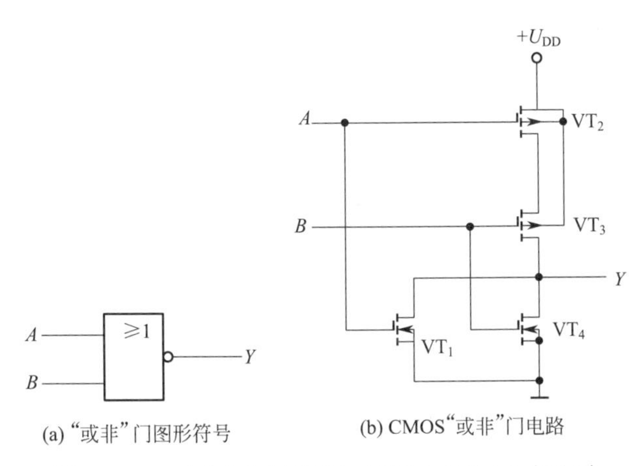

(a)“或非”门图形符号　　(b) CMOS“或非”门电路

图 10-4-4　“或非”门符号与 CMOS“或非”门电路

该电路的工作原理是：当输入 A、B 都是低电平 0 时，VT_2 管导通，VT_1 管截止，VT_3 管导通，VT_4 管截止，门电路输出 $Y=1$；当 A、B 至少有一个为高电平 1 时，VT_2 和 VT_3 管截止，VT_1 和 VT_4 管导通，$Y=0$。可见此电路实现了“或非”逻辑关系，即 $Y=\overline{A+B}$。表 10-4-2 所示为“或非”门真值表。

表 10-4-2　“或非”门真值表

输入端		输出端	输入端		输出端
A	B	Y	A	B	Y
0	0	1	1	0	0
0	1	0	1	1	0

10.4.4　CMOS 传输门电路

CMOS 传输门是 CMOS 集成电路的基本单元之一，其基本电路及逻辑符号如图 10-4-5 所示，它由一个 NMOS 管 VT_1 和一个 PMOS 管 VT_2 按闭环互补形式连接而成。设输入模拟信号为 u_i，其变化范围为 0 到 U_{DD}，输出信号为 u_o，栅极的互补控制信号分别用 C 和 C' 表示。

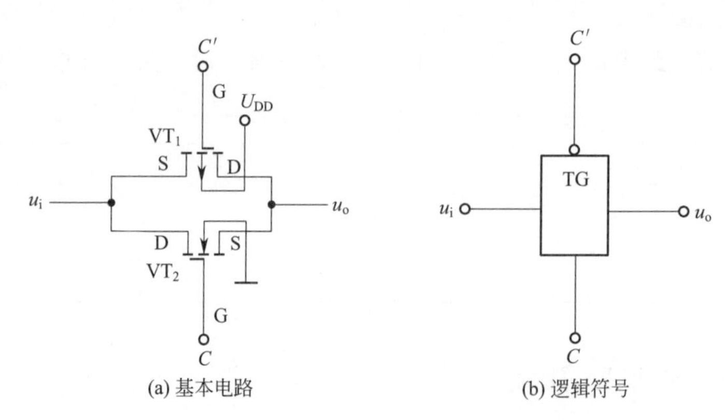

图 10-4-5　CMOS 传输门基本电路与逻辑符号

传输门的工作原理：当 $C=0$（0V），$C'=1$（U_{DD}）时，VT_2 管的栅极电压为 0V，VT_2 管截止，VT_1 管的栅极电压为 U_{DD}，无论输入信号为何值，VT_1 管都截止。可见当 C 端为低电平时，开关是断开的，传输门的输入与输出端之间呈现高阻态。

当 $C=1$（U_{DD}），$C'=0$（0V）时，VT_1、VT_2 管的状态与输入信号 u_i 有关。

对于 VT_2 管：

当 $u_i=0\sim(U_{DD}-|U_{TP}|)$ 时，假设 VT_2 导通，则输入 u_i 传到输出 u_o 后，有 $U_{GS2}>U_{TN}$，假设成立，故此时 VT_2 导通；U_{TP} 为 VT_1 管的开启电压值。

当 $u_i=(U_{DD}-|U_{TP}|)\sim U_{DD}$ 时，仍假设 VT_2 导通，则输入 u_i 传到输出 u_o 后，有 $U_{GS2}<U_{TN}$，反证 VT_2 截止，假设不成立，故此时 VT_2 截止。

对于 VT_1 管：

当 $u_i=0\sim U_{TN}$ 时，$|U_{GS1}|<|U_{TP}|$，VT_1 截止；

当 $u_i=0\sim U_{DD}$ 时，$|U_{GS1}|>|U_{TP}|$，VT_1 导通。

综上所述，当 $C=1$（U_{DD}），$C'=0$（0V）时，输入信号在 $0\sim U_{DD}$ 范围内，VT_1、VT_2 管总有一个导通，使输入信号传到输出端。

利用 CMOS 反相器和 CMOS 传输门可构成 CMOS 模拟开关，用来传输连续变化的模拟信号，这种模拟开关常用于 CMOS 触发器和 A/D 转换器中。

10.5　TTL 门电路

10.5.1　TTL“与非”门电路

TTL 是英文 Transistor-Transistor Logic 的缩写，意为晶体管—晶体管逻辑。TTL 集成电路具有结构简单、稳定可靠、工作速度范围宽等优点，是被广泛应用的数字集成电路之一。

图 10-5-1（a）所示是一只多发射极三极管，它设在集成电路内部，图 10-5-1（c）是这种多发射极三极管的等效电路，可看出，这种三极管有一个基极、一个集电极、三个发射极，其电路功能则相当于一个三输入端的“与”门电路。

图 10-5-2 所示是一个 TTL“与非”门电路。输入级由多发射极三极管 VT_1 和电阻 R1 组成，完成“与非”门的逻辑功能。倒相放大级由 VT_2 管和电阻 R2、R3 组成，作用

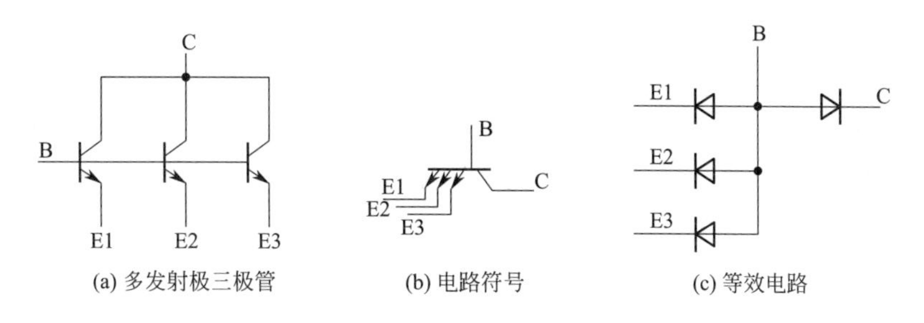

图 10-5-1　多发射极三极管及等效电路

是为输出级提供较大的驱动电流，以增强输出级的负载能力，同时 VT_2 管的发射极和集电极分别向输出级提供同相和反相的信号，以控制输出级工作。输出级由晶体管 VT_3、VT_4 和电阻 R4 组成。VT_3 管为射极跟随器，VT_4 为倒相器，倒相器和射极跟随器串接组成推拉式输出级，以提高 TTL 电路的开关速度和负载能力。

当输入电路中 A、B 和 C 都为高电平时，VT_1 截止，其集电极为高电平，使 VT_2 管导通，其发射极变为高电平，集电极变为低电平。VT_2 管发射极的高电平加到 VT_4 管基极，VT_4 管导通，同时 VT_3 管截止，这样 VT_4 管集电极为低电平，因而输出端为低电平，即 $Y=0$。

只要输入端 A、B、C 中有一个是低电平，VT_1 管就会导通，VT_1 管的导通能使 VT_2 管迅速转入截止状态。VT_2 截止后其发射极为低电平，集电极为高电平，此时 VT_3 管基极因高电平而导通，直流电压 $+U$ 经 R4、VT_3、VD_1 加到 VT_4 管集电极，由于此时 VT_4 管的基极为低电平，处于截止状态，因此电路输出端 $Y=1$。

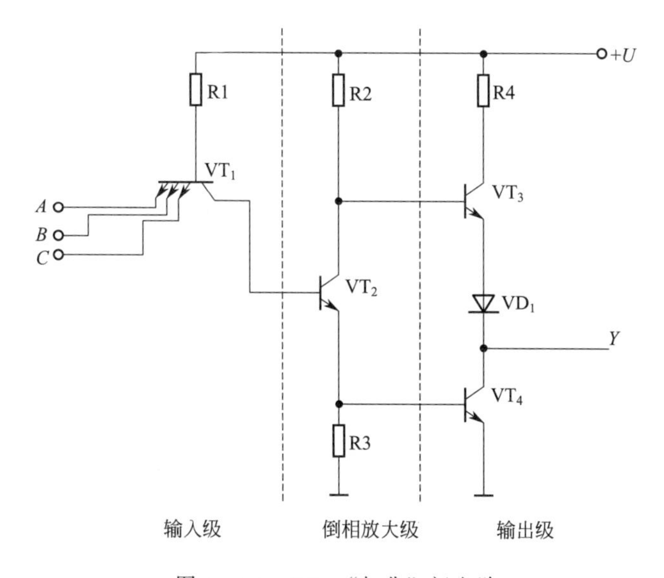

图 10-5-2　TTL“与非”门电路

10.5.2　TTL 集电极开路的门电路

集电极开路的门电路（Open Collector Gate）简称 OC 门，又称为集电极开路“与非”

门，如图 10-5-3 所示，它的逻辑功能同其他“与非”门电路一样，只是电路结构上有不同。图 10-5-3(a) 所示是一个三输入端的 OC“与非”门电路，图 10-5-3(b) 所示是对应的电路符号。

这种“与非”门电路可以将多个门电路并联，对同一个负载（如发光二极管、继电器、蜂鸣器等）进行控制，实现“线与”电路，即只有并联的所有 OC 门电路都输出高电平，输出 Y 才是高电平，若有一个 OC 门电路输出低电平，则输出就为低电平。并不是任意逻辑门电路都可以将输出端直接相连来构成“线与”电路。

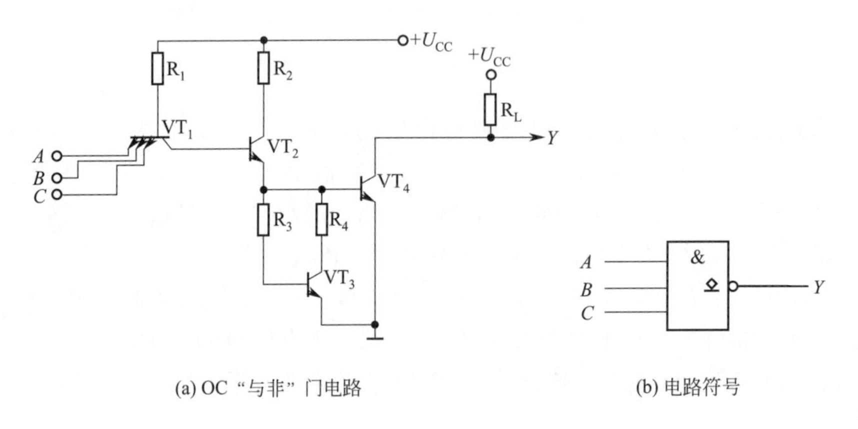

(a) OC“与非”门电路　　(b) 电路符号

图 10-5-3　OC“与非”门电路及电路符号

10.6　门电路的其他问题

在工程实践中，无论是 CMOS 电路还是 TTL 集成门电路，一般对门电路多余输入端做以下处理。

(1) 与其他引脚并联。在前级驱动能力允许时或并联的引脚不多时，此方法实现简单，但是要注意使用条件和实际情况。图 10-6-1 所示为一个三输入端“与非”门，如果只需要使用其中两个输入端，那么多余的一个输入端可以参照图 10-6-1 进行处理。

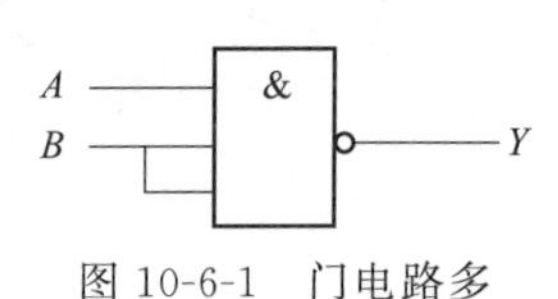

图 10-6-1　门电路多余输入端处理方法

(2) 根据实际情况接地或接电源。为了不改变门电路的逻辑功能，对于“与非”门及“与”门，多余输入端接正电源（直接或通过一个 1～10kΩ 的电阻接电源）；对于“或非”门及“或”门，多余输入端应接低电平，比如直接接地，如图 10-6-2 所示。

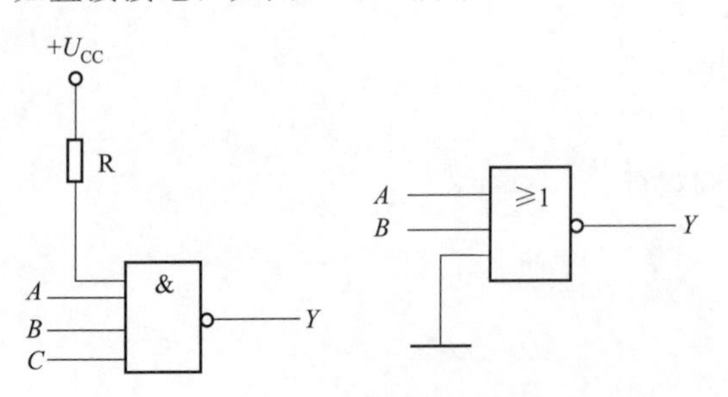

图 10-6-2　门电路多余输入端处理方法

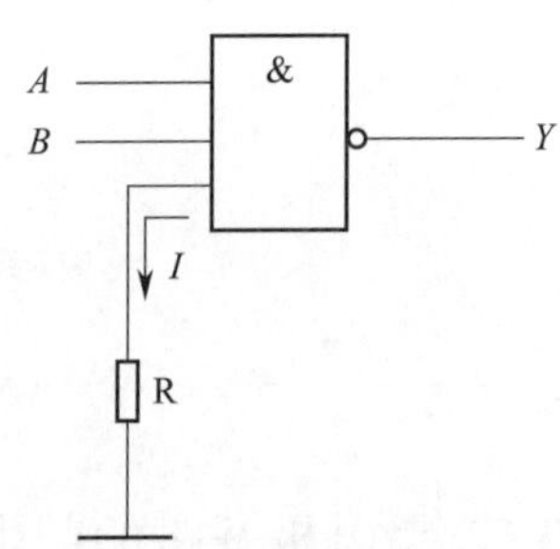

图 10-6-3　门电路输入端通过电阻接地

（3）根据实际情况通过电阻到地。如图 10-6-3 所示，当输入引脚通过电阻接地时，由于门电路内部电流会流经电阻 R，因而相当于加上了一个输入电压，且输入电压的高低与电阻阻值成正比，阻值越大，输入电压越高。根据实验和计算可知，对于 TTL 门电路，当电阻≤0.68kΩ 时，输入端相当于输入低电平，当电阻≥2kΩ 时，输入端相当于输入高电平。因此可以根据电阻值的大小判断输入端的电平高低，或根据输入端需要的电平而调整电阻的阻值。

10.7 组合逻辑电路的分析与设计

10.7.1 组合逻辑电路的分析

组合逻辑电路的分析是指根据已知的逻辑电路确定电路的逻辑功能。通过对逻辑电路进行分析，一方面可以更好地对其加以改进和应用，另一方面也可检验所设计的逻辑电路是否能实现预定的逻辑功能。分析组合逻辑电路通常按以下方法进行。

① 根据已知条件，对照逻辑电路图，写出各输出端的逻辑函数表达式；

② 利用逻辑代数和逻辑函数对各逻辑函数表达式进行化简和变换；

③ 根据简化的逻辑函数表达式列出相应的真值表；

④ 依据真值表和逻辑函数表达式对逻辑电路进行分析，确定电路的逻辑功能，对逻辑电路进行评价。

【例 10-15】试分析图 10-7-1 给定的组合逻辑电路。

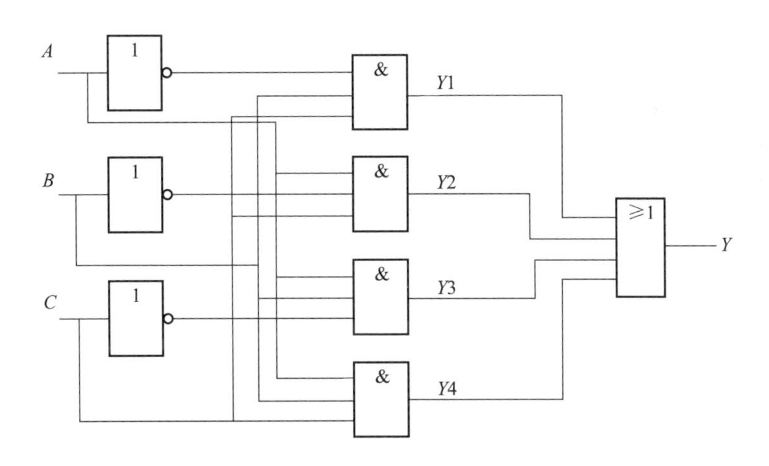

图 10-7-1 例 10-14 的逻辑电路图

第一步：根据给定的逻辑电路图，写出逻辑函数表达式。

$$Y1=\overline{A}BC \qquad Y2=A\overline{B}C$$

$$Y3=AB\overline{C} \qquad Y4=ABC$$

$$Y=\overline{A}BC+A\overline{B}C+AB\overline{C}+ABC$$

第二步：化简。

$$\begin{aligned}Y&=AB\overline{C}+A\overline{B}C+\overline{A}BC+ABC\\&=AB(\overline{C}+C)+BC(\overline{A}+A)+CA(\overline{B}+B)\end{aligned}$$

$$=AB+BC+CA$$
$$=AB+C(A+B)$$

第三步：根据化简的逻辑函数表达式列出真值表，见表 10-7-1。

表 10-7-1　逻辑函数真值表

A	B	C	Y
0	0	0	0
0	0	1	0
0	1	0	0
0	1	1	1
1	0	0	0
1	0	1	1
1	1	0	1
1	1	1	1

第四步：分析说明。由真值表可知，该电路输入变量 A，B，C 中，只要有两个或两个以上为 1 时，输出变量即为 1，因此它是一个多数表决电路。另外该电路的设计方案不是最优的，据化简后的逻辑表达式可做出图 10-7-2 所示逻辑电路，显然它要比原电路简单、清晰。

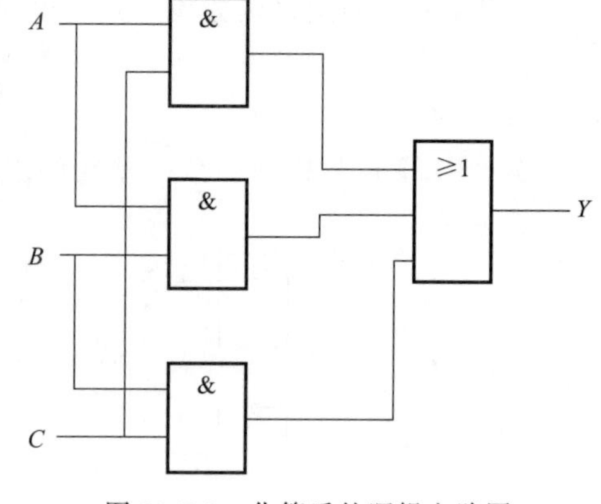

图 10-7-2　化简后的逻辑电路图

10.7.2　组合逻辑电路的设计

组合逻辑电路的设计步骤为：

① 分析实际事务是否能用逻辑变量来表示，即对逻辑变量所表示的事务进行判别，看是否符合二值性，例如行和不行、高和低、赞成和反对等。

② 确定输入变量和输出变量，定义逻辑状态的含义。

③ 根据实际情况，列出输入变量在不同情况下的逻辑真值表。

④ 根据逻辑真值表写出逻辑表达式并化简，有时还需要根据特定的逻辑门电路进行相应的逻辑变换。

⑤ 按简化的逻辑表达式绘制逻辑电路图。

⑥ 根据逻辑电路图焊接电路、装配并调试电路，进一步验证电路的功能实现情况。

【例 10-16】用组合逻辑电路来实现某小组事务决议投票功能。设该小组有成员三名，一名组长，两名组员，事务决议的规则是：如果组长赞成，则成员无论是否赞成，事务决议都可通过；如果组长不赞成，但两名组员都赞成，则事务决议也可通过。

① 分析实际事务是否能逻辑变量来表示。由上述描述可知，组员的态度有赞成和不赞成两种，而决议的最终结果也只有通过和不通过两种，这些完全符合二值逻辑，因此可以用逻辑电路来实现。

② 确定输入变量和输出变量，定义逻辑状态的含义。假设用 A、B、C 三个变量分别代表三个表决人员的意见，其中 A 代表组长的意见，并设逻辑变量取 1 表示赞成，0 表示不赞成；输出变量 Y 表示该决议的最终结果，Y 取 1 表示通过，0 表示不通过。

③ 列出输入变量不同情况下的逻辑真值表，见表 10-7-2。

表 10-7-2　逻辑真值表

输入端			输出端
A	B	C	Y
1	x	x	1
0	0	0	0
0	0	1	0
0	1	0	0
0	1	1	1

说明："x"表示 0 或 1 都可以。

④ 根据逻辑真值表写出逻辑表达式并化简，将真值表中输出变量为 1 的项以"与"运算形式列出，各项之间进行"或"运算，可得

$$Y=A+\overline{A}BC$$

化简后可得

$$Y=A+BC$$

从简化电路和经济方面考虑，将表达式作进一步变换，可得

$$Y=\overline{\overline{A}\,\overline{BC}}$$

⑤ 按简化的逻辑表达式绘制逻辑电路图，如图 10-7-3 所示。

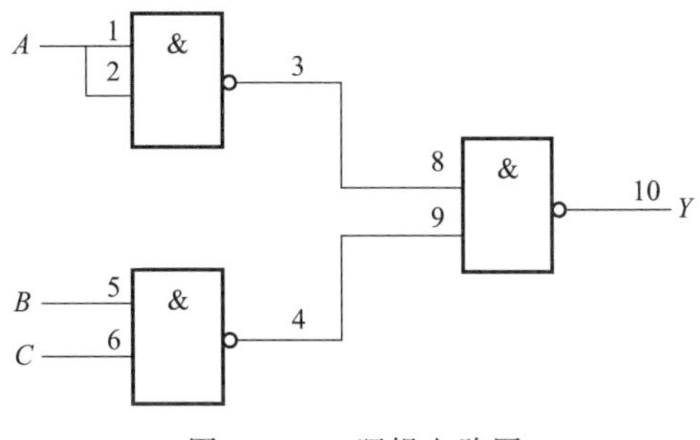

图 10-7-3　逻辑电路图

10.8　加法器

算术运算是数字系统的基本功能之一，算术运算电路是数字计算机中不可或缺的组成单元。构成算术运算电路的基本单元是加法器。两个二进制数之间的加、减、乘、除最终都可化作若干步的加法运算来进行。

10.8.1　半加器

所谓"半加"，是指不考虑低位进位的本位相加。能够实现半加运算的电路称为半加器。半加法器真值表如表 10-8-1 所示，其中逻辑变量 A、B 是两个加数，S 是相加的和，C_O 是

向高位的进位。根据逻辑真值表列出半加器的逻辑函数表达式：

$$\begin{cases} S=\overline{A}B+A\overline{B}=A\oplus B \\ C_O=AB \end{cases}$$

表 10-8-1　半加器真值表

输入端		输出端	
A	B	S	C_O
0	0	0	0
0	1	1	0
1	1	0	1
1	0	1	0

可看出半加器由一个“异或”门和一个“与”门组成，如图 10-8-1 所示。

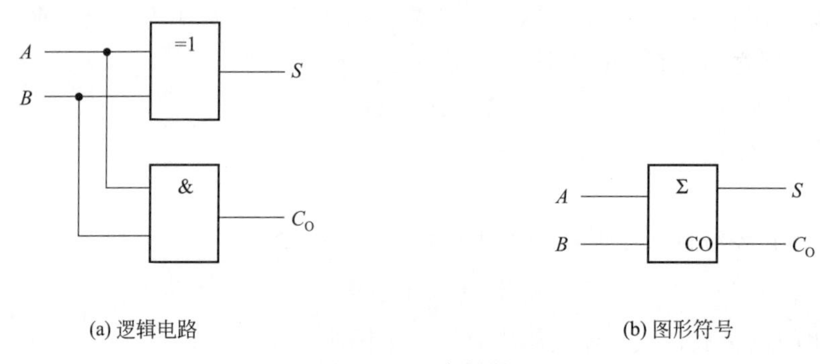

(a) 逻辑电路　(b) 图形符号

图 10-8-1　半加器

10.8.2　全加器

所谓“全加”，是指将本位的加数、被加数以及来自低位的进位三个数相加。能够实现全加运算的电路称为全加器，见图 10-8-2。根据二进制加法运算规则可列出 1 位全加器的真值表，如表 10-8-2 所示，其中逻辑变量 A_i、B_i 是两个加数，S_i 是相加的和，C_i 是向高位的进位数，C_{i-1} 是低位来的进位数。根据真值表列出全加器的逻辑函数表达式并进行化简：

$$\begin{aligned} S_i &= \overline{A}_i\overline{B}_iC_{i-1}+\overline{A}_iB_i\overline{C}_{i-1}+A_i\overline{B}_i\overline{C}_{i-1}+A_iB_iC_{i-1} \\ &= \overline{A}_i(\overline{B}_iC_{i-1}+B_i\overline{C}_{i-1})+A_i(\overline{B}_i\overline{C}_{i-1}+B_iC_{i-1}) \\ &= \overline{A}_i(B_i\oplus C_{i-1})+A_i(\overline{B_i\oplus C_{i-1}}) \\ &= A_i\oplus B_i\oplus C_{i-1} \end{aligned}$$

$$\begin{aligned} C_i &= \overline{A}_iB_iC_{i-1}+A_i\overline{B}_iC_{i-1}+A_iB_i \\ &= (\overline{A}_iB_i+A_i\overline{B}_i)C_{i-1}+A_iB_i \\ &= (A_i\oplus B_i)C_{i-1}+A_iB_i=\overline{\overline{(A_i\oplus B_i)C_{i-1}}\ \overline{A_iB_i}} \end{aligned}$$

由上式可画出全加器的逻辑电路，如图 10-8-2 所示。

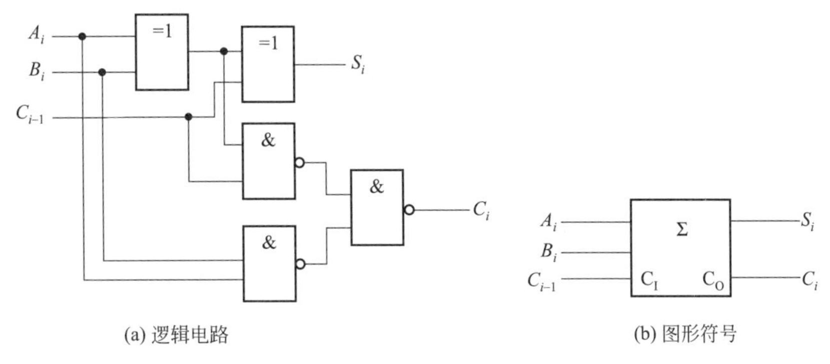

(a) 逻辑电路　　(b) 图形符号

图 10-8-2　全加器

表 10-8-2　1 位全加器真值表

输入端			输出端	
C_{i-1}	A_i	B_i	S_i	C_i
0	0	0	0	0
0	0	1	1	0
0	1	0	1	0
0	1	1	0	1
1	0	0	1	0
1	0	1	0	1
1	1	0	0	1
1	1	1	1	1

10.9　编码器

在数字系统中，常常需要将某一信息（如十进制数中的 0～9 以及字母、符号等）变换为特定的二值代码，以便系统识别。把二进制码按一定的规律编排，使每组代码具有一特定含义，称为编码，能够实现编码的电路称为编码器。

10.9.1　编码器的电路结构和工作原理

常用的编码器可分为普通编码器和优先编码器两类。普通编码器工作时，任何时刻只允许输入一个编码信号，否则输出将发生混乱。而优先编码器则在电路设计时考虑了输入信号的优先顺序，所以当几个输入信号同时出现时，只对其中优先权最高的一个信号进行编码，从而保证电路稳定输出。

我们以一个能对十个输入信号进行编码输出的 8421 编码器为例进行说明，如图 10-9-1 所示，当图中十个信号输入端中的某一个为高电平时，从 Y_0 到 Y_3 输出对应的二进制编码。

由图可列出逻辑函数表达式，得

$$Y_3=I_8+I_9$$
$$Y_2=I_4+I_5+I_6+I_7$$
$$Y_1=I_2+I_3+I_6+I_7$$
$$Y_0=I_1+I_3+I_5+I_7+I_9$$

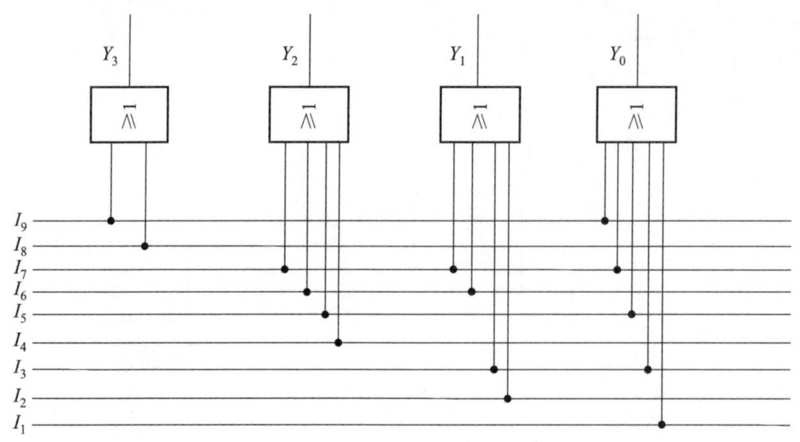

图 10-9-1　8421 编码器逻辑电路

8421 编码器真值表见表 10-9-1。

表 10-9-1　8421 编码器真值表

十进制数	输入端信号	输出端信号 8421 码			
		Y_3	Y_2	Y_1	Y_0
0	I_0	0	0	0	0
1	I_1	0	0	0	1
2	I_2	0	0	1	0
3	I_3	0	0	1	1
4	I_4	0	1	0	0
5	I_5	0	1	0	1
6	I_6	0	1	1	0
7	I_7	0	1	1	1
8	I_8	1	0	0	0
9	I_9	1	0	0	1

表 10-9-1 中 I_0 的输入是隐含的，当输入信号 $I_1 \sim I_9$ 全为 0 时，它的输出端构成的代码为 0000。该电路的功能是将输入的某路信号转换为对应数字的二进制代码。

10.9.2　优先编码器

图 10-9-2 所示为 8-3 线优先编码器 74LS148 的电路符号和引脚排列图。编码优先级别从高到低为$\overline{I_7} \sim \overline{I_0}$，编码输出为 $\overline{A_2} \sim \overline{A_0}$，为反码输出。74LS148 真值表见表 10-9-2。

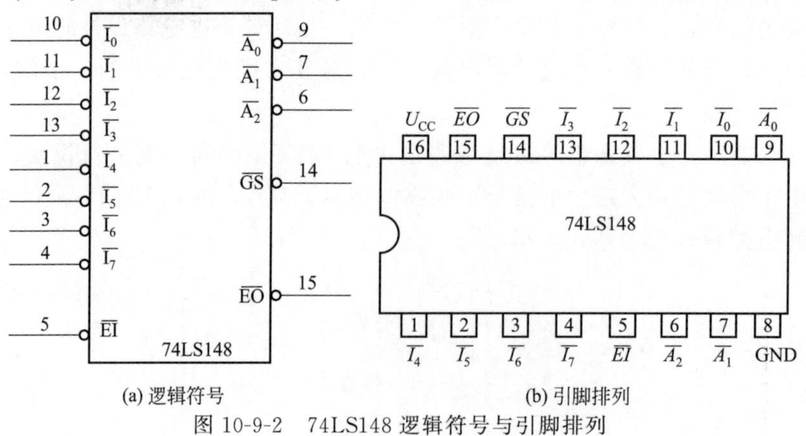

(a) 逻辑符号　　(b) 引脚排列

图 10-9-2　74LS148 逻辑符号与引脚排列

$\overline{I_0}$~$\overline{I_7}$ 为编码输入端，低电平有效。

$\overline{EI}$ 为输入使能端，低电平有效。

$\overline{GS}$ 为选择输出端，一般用于多块编码器级联时使本组编码输出有效，低电平有效。

$\overline{EO}$ 为选通输出端，低电平有效。一般用于多块编码器级联时控制低端编码器的输入使能端。

表 10-9-2 74LS148 真值表

输入									输出				
$\overline{EI}$	$\overline{I_0}$	$\overline{I_1}$	$\overline{I_2}$	$\overline{I_3}$	$\overline{I_4}$	$\overline{I_5}$	$\overline{I_6}$	$\overline{I_7}$	$\overline{A_2}$	$\overline{A_1}$	$\overline{A_0}$	$\overline{GS}$	$\overline{EO}$
1	×	×	×	×	×	×	×	×	1	1	1	1	1
0	1	1	1	1	1	1	1	1	1	1	1	0	1
0	×	×	×	×	×	×	×	0	0	0	0	1	0
0	×	×	×	×	×	×	0	1	0	0	1	1	0
0	×	×	×	×	×	0	1	1	0	1	0	1	0
0	×	×	×	×	0	1	1	1	0	1	1	1	0
0	×	×	×	0	1	1	1	1	1	0	0	1	0
0	×	×	0	1	1	1	1	1	1	0	1	1	0
0	×	0	1	1	1	1	1	1	1	1	0	1	0
0	0	1	1	1	1	1	1	1	1	1	1	1	0

说明:“×”表示 0 或 1 都可以。

由表 10-9-2 可知，该编码器有 8 个信号输入端，3 个二进制码输出端。当 $\overline{EI}=0$ 时，编码器正常工作；而当 $\overline{EI}=1$ 时，则不论 8 个输入端为何种状态，3 个输出端均为高电平，且 $\overline{GS}$ 和 $\overline{EO}$ 端均为高电平，编码器处于非工作状态。

10.10 译码器

译码器的逻辑功能与编码器相反，它是将具有特定含义的不同二进制码辨别出来，并转换成对应的高、低电平信号输出。在数字系统中，常利用译码器将输入的二进制数译为相应的十进制数输出。常用的译码器包含通用译码器和数字显示译码器两类，具体有 3-8 线译码器、4-10 线译码器、4-16 线译码器、七段显示译码器等。

10.10.1 译码器的电路结构与工作原理

图 10-10-1 所示为二进制译码器逻辑电路，两个输入变量共有 4 种状态组合，译码器将每组输入代码译成对应的某一输出线上的高、低电平信号，这种译码器称为 2-4 线译码器。

根据逻辑电路图可列出其真值表，如表 10-10-1 所示。

表 10-10-1 真值表

输入端		输出端			
A	B	Y_0	Y_1	Y_2	Y_3
0	0	1	0	0	0
0	1	0	1	0	0
1	0	0	0	1	0
1	1	0	0	0	1

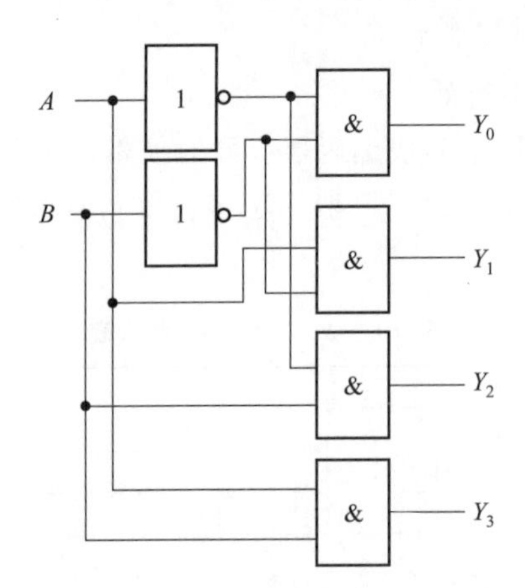

图 10-10-1 二进制译码器逻辑电路

由上表分析可知，此二进制译码器电路对应输出高电平有效，即当 A、B 输入变量都取 0 时，输出端选中 Y_0 为高电平。

10.10.2 七段数码显示译码器

① 七段 LED 数码管。如图 10-10-2(a) 所示，七段 LED 数码管由七段可发光的“线段”拼合而成，每一个显示“线段”(其中还包含一个小数点）各对应一个发光二极管，在内部呈现出一个“日”字形排列，不同的“线段”可组合成不同的数字或字符，通过发光显示出来。七段 LED 数码管共有 10 个引脚，其中 8 根为字段引脚，另外两根则为数码管的公共端，这两个引脚在数码管内部是互相连通的，如图 10-10-2(b) 所示。按数码管内部公共端连接方式不同，有共阴极和共阳极两种接法。

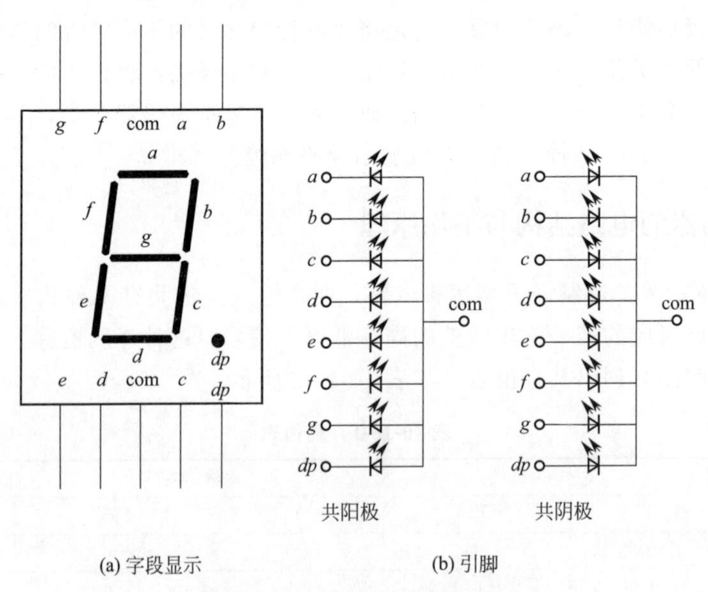

图 10-10-2 七段 LED 数码管

② 显示译码器 CD4511。CD4511 是一个用于驱动共阴极 LED 数码管显示器的 BCD—七段码译码器，其引脚见图 10-10-3，A、B、C、D 为输入端，高电平有效；a、b、c、d、

e、f、g 为译码输出端，高电平有效。

$\overline{LT}$（3 脚）为测试输入端。该端拥有最高级别权限，与其余所有输入端的状态无关，只要 $\overline{LT}=0$，译码输出全为 1，七段均发亮，显示“8”。这一引脚主要用于测试目的，正常使用时应接高电平。

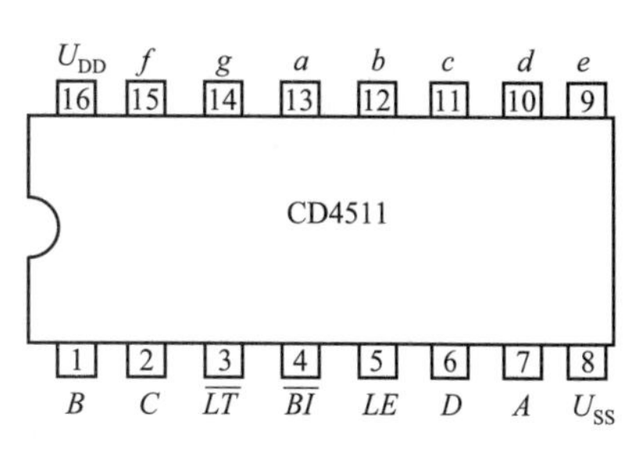

图 10-10-3　显示译码器 CD4511

$\overline{BI}$（4 脚）为消隐输入控制端。当 $\overline{LT}=1$，$\overline{BI}=0$ 时，不管其他输入端状态如何，七段数码管均处于熄灭（消隐）状态，不显示任何数字。

LE（5 脚）为锁定控制端。当 $\overline{LT}=1$，$\overline{BI}=1$ 时，若 $LE=1$，则加在 A、B、C、D 端的外部编码信息不再进入译码过程，所以 CD4511 的输出状态保持不变；当 $LE=0$ 时，则 A、B、C、D 端的 BCD 码一旦改变，译码器就立即输出新的译码值。

U_{DD}、U_{SS} 分别是电源、地线接线端。

显示译码器 CD4511 真值表见表 10-10-2。

表 10-10-2　CD4511 真值表

输入							输出							
LE	$\overline{BI}$	$\overline{LT}$	D	C	B	A	a	b	c	d	e	f	g	显示
×	×	0	×	×	×	×	1	1	1	1	1	1	1	8
×	0	1	×	×	×	×	0	0	0	0	0	0	0	灭
1	1	1	×	×	×	×	不变							维持
0	1	1	0	0	0	0	1	1	1	1	1	1	0	0
0	1	1	0	0	0	1	0	1	1	0	0	0	0	1
0	1	1	0	0	1	0	1	1	0	1	1	0	1	2
0	1	1	0	0	1	1	1	1	1	1	0	0	1	3
0	1	1	0	1	0	0	0	1	1	0	0	1	1	4
0	1	1	0	1	0	1	1	0	1	1	0	1	1	5
0	1	1	0	1	1	0	0	0	1	1	1	1	1	6
0	1	1	0	1	1	1	1	1	1	0	0	0	0	7
0	1	1	1	0	0	0	1	1	1	1	1	1	1	8
0	1	1	1	0	0	1	1	1	1	0	0	1	1	9
0	1	1	1	0	1	0	全部为 0							灭
0	1	1	1	0	1	1								灭
0	1	1	1	1	0	0								灭
0	1	1	1	1	0	1								灭
0	1	1	1	1	1	0								灭
0	1	1	1	1	1	1								灭

10.11　数据选择器

在数字系统中，能够在选择控制信号的作用下，从若干路输入数据中选择一路作为输出的电路称为数据选择器。数据选择器又称为多路选择器或多路开关电路，真值表见表 10-11-1。图 10-11-1 给出了 4 选 1 数据选择器的原理框图和逻辑电路图。

表 10-11-1　真值表

输入		输出
A	B	Y
0	0	D_0
0	1	D_1
1	0	D_2
1	1	D_3

根据逻辑电路图和真值表，我们可以得到其逻辑函数表达式为：

$$Y=(\overline{B}\,\overline{A})D_0+(\overline{B}A)D_1+(B\overline{A})D_2+(BA)D_3$$

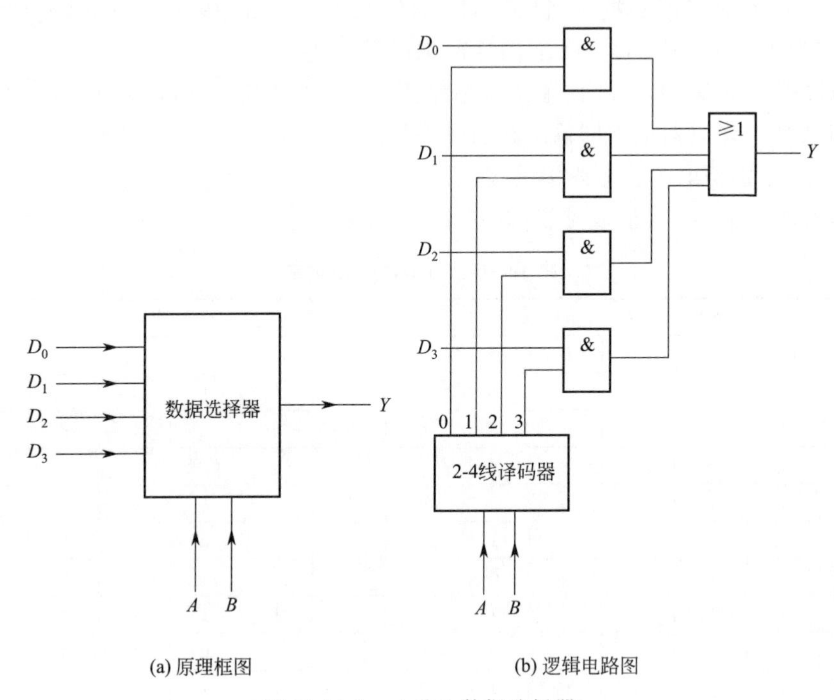

(a) 原理框图　　(b) 逻辑电路图

图 10-11-1　4 选 1 数据选择器

当选择输入信号 A、B 取不同值时，2-4 线译码器决定输出 Y 与 D_0、D_1、D_2、D_3 中哪一路连通，如输入 $AB=11$ 时，输出 $Y=D_3$；$AB=10$ 时，输出 $Y=D_2$。因此，此电路可在选择控制信号作用下将多个输入数据中的一个传送到输出端，具有选择传送输入数据到输出端的逻辑功能。

10.12　数值比较器

在数字系统电路中，经常需要对两个位数相同的二进制数进行比较，以判断它们的相对大小或者是否相等，用来实现这一功能的逻辑电路称为数值比较器。数值比较器实际上就是对两数 A、B 就行比较，以判断其大小的逻辑电路，比较结果有 $A>B$、$A<B$ 以及 $A=B$ 三种情况。

当数值 A 和 B 都是一位二进制数时，它们的取值为 0 或 1，由此可写出一位数值比较器的真值表，如表 10-12-1 所示。

表 10-12-1　真值表

A	B	$Y_1(A>B)$	$Y_2(A<B)$	$Y_3(A=B)$
0	0	0	0	1
0	1	0	1	0
1	0	1	0	0
1	1	0	0	1

可根据真值表列出逻辑函数表达式为：

$$Y_1=A\overline{B}$$

$$Y_2=\overline{A}B$$

$$Y_3=\overline{A}\,\overline{B}+AB$$

再由逻辑表达式画出逻辑电路图，如图 10-12-1 所示。

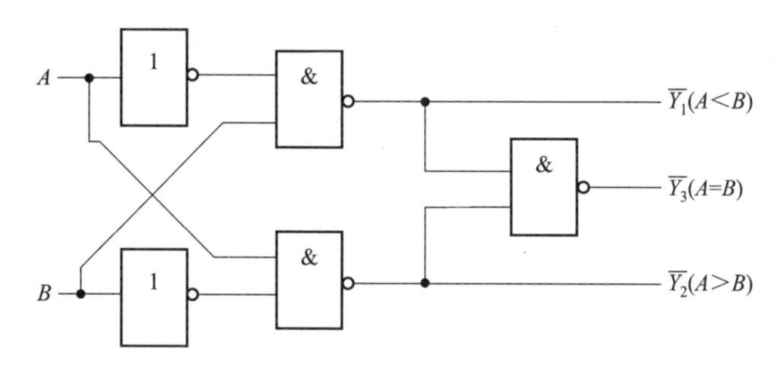

图 10-12-1　1 位数值比较器逻辑电路图

以此电路为基础可构成多位数值比较器，在比较两个多位数的大小时，其工作原理是自高向低逐位比较，只有在高位相等时，才需要比较低位。

10.13　TTL 集成门电路功能测试实训

实训任务

① 识别 TTL 集成门电路。

② 测试 TTL 集成门电路功能。

实训目标

① 会叙述基本逻辑门电路的逻辑功能。

② 会用门电路实现简单逻辑电路。

③ 会测试常见的 TTL 集成电路。

10.13.1　认识数字电路实验箱和 TTL 集成门电路

数字电路实验箱可大大提高实验效率，避免了重复焊接实验板，只需要准确安插集成电路，搭接好线路，即可验证逻辑电路的功能。数字电路实验箱样式较多，但模块组成基本相同，如图 10-13-1 所示。

图 10-13-1　数字电路实验箱

图 10-13-2 所示为数字集成块插座，一般为 14 脚或 16 脚，少数为 20、24、28 脚，以方便较大规模的数字集成块实验。引脚通过锁紧的接线孔与连接导线的插针连通，实现数字集成块之间的连接。

图 10-13-2　数字集成块插座

数字集成块的输入和控制引脚逻辑电平高低的选择通过拨动电平开关来实现，如图 10-13-3 所示。

图 10-13-3　逻辑电平开关

数字电路实验中逻辑电平的高低可通过 LED 灯的亮、灭状态，来直观显示，如图 10-13-4 所示，本实验箱中，LED 灯亮代表逻辑电平为高电平，灯灭代表低电平。

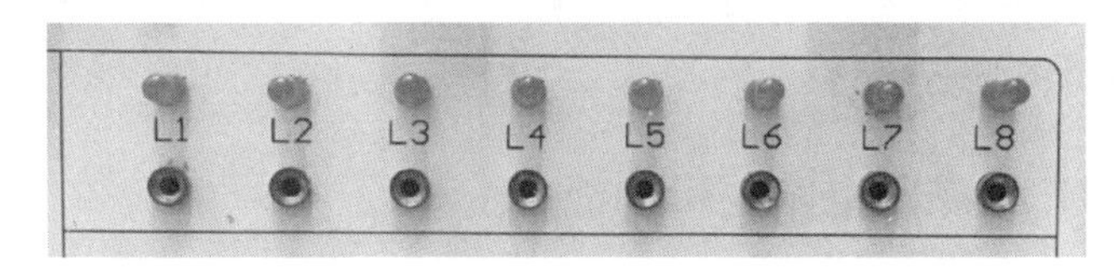

图 10-13-4　逻辑电平显示

本实验箱的电源和接地模块如图 10-13-5 所示，可提供+5V，+12V 以及−12V 电压，并用 LED 灯指示电源的工作状态是否正常。

图 10-13-5　电源和接地模块

TTL 集成门电路主要由晶体管（Transistor）组成，又称为晶体管-晶体管逻辑电路，简称 TTL 集成电路。表 10-13-1 所示为 74 系列 TTL 集成电路参数表。

表 10-13-1　74 系列 TTL 集成电路参数表

名称	典型值	最大值	最小值
电源电压 U_{CC}/V	5	5.25	4.75
输出高电平/V	3.6	—	—
输出低电平/V	0.3	—	—
输入低电平/V	0.3	0.8	0
输入高电平/V	3.6	U_{CC}	1.8
输出电流/mA	16(标准型)	20(H、S 系列)	8(LS 系列)
扇出能力	40 个同类门	—	—
频率特性	<35MHz	—	—

TTL 集成电路的引脚排列见图 10-13-6，按照图示方位摆放时，凹口处的左下角为第一脚，按逆时针方向顺序编号。

TTL 集成电路与 CMOS 集成电路具有以下区别：

① TTL 集成电路的型号是“74XXXX”形式，CMOS 集成电路的型号主要有“CCXXXX”“CDXXXX”“HDXXXX”等；

② TTL 集成电路的电源电压为 5V，电源符号 U_{CC}，接地符号 GND，CMOS 集成电路的电源电压是 3～18V，电源符号 U_{DD}，接地符号 U_{SS}；

③ TTL 集成电路的输出高电平是 3.6V，CMOS 集成电路的输出高电平接近于电源电压，范围较宽。

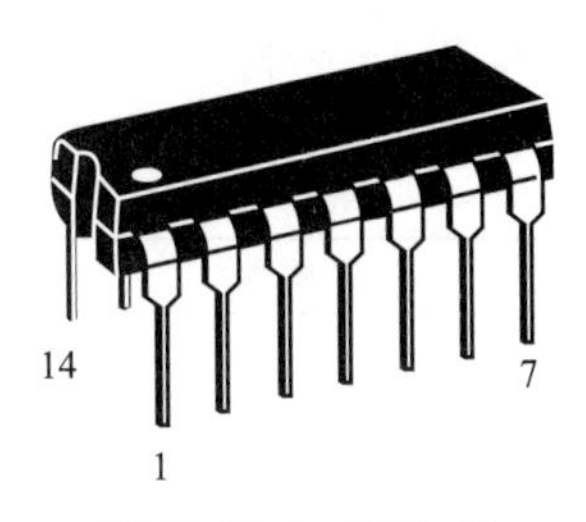

图 10-13-6　TTL 集成电路引脚排列

TTL 集成电路的使用注意事项如下：

① TTL 集成电路电压范围很窄，通常在 4.75～5.25V 范围内，因此应注意电源电压；

② 输入信号电压不能高于电源电压，也不能低于接地电压；

③ 不能带电拔插集成电路，拔插前一定要切断电源；

④ 连接集成电路的引线应尽量短；

⑤"与"门类电路的多余输入引脚应接电源，"或"门类电路的多余输入引脚应接地；

⑥ 多余的输出引脚应悬空。

10.13.2 测试 TTL 集成门电路逻辑功能

本实训以 TTL 集成门电路 74LS08、74LS32、74LS04 和 74LS00 为对象来测试 TTL 门电路的逻辑关系，它们的引脚排列如图 10-13-7 所示。

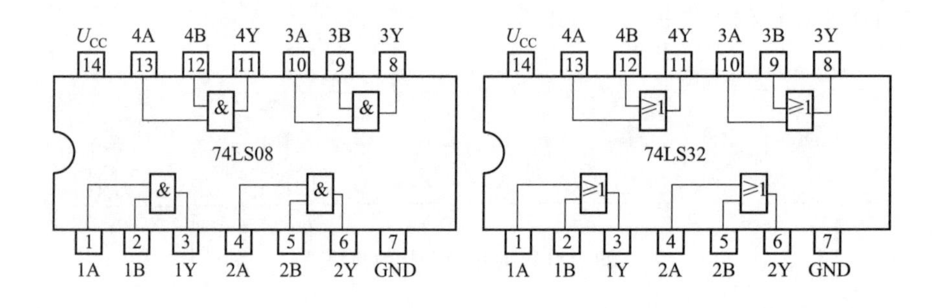

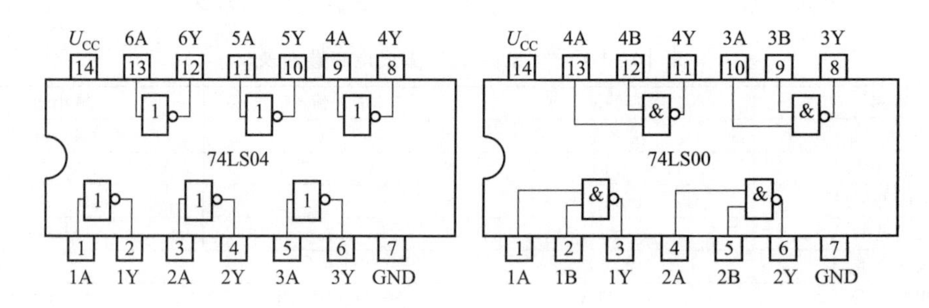

图 10-13-7 74LS08、74LS32、74LS04 和 74LS00 引脚排列

选择待测芯片的一路进行逻辑功能测试，将两个引脚输入端分别接数字电路实验箱的逻辑开关，一个引脚输出端接数字电路实验箱的发光二极管，芯片电源引脚连接电源模块的+5V 端，如图 10-13-8 所示。改变输入端的电平，观察发光二极管的亮灭，将输出状态填入表 10-13-2 中。

表 10-13-2 74LS08、74LS32、74LS04、74LS00 功能测试表

输入		*Y* 输出(逻辑 0 或逻辑 1)			
A	*B*	74LS08	74LS32	74LS04	74LS00
0	0				
0	1				
1	0				
1	1				
逻辑表达式					
逻辑功能					
逻辑关系正确性					

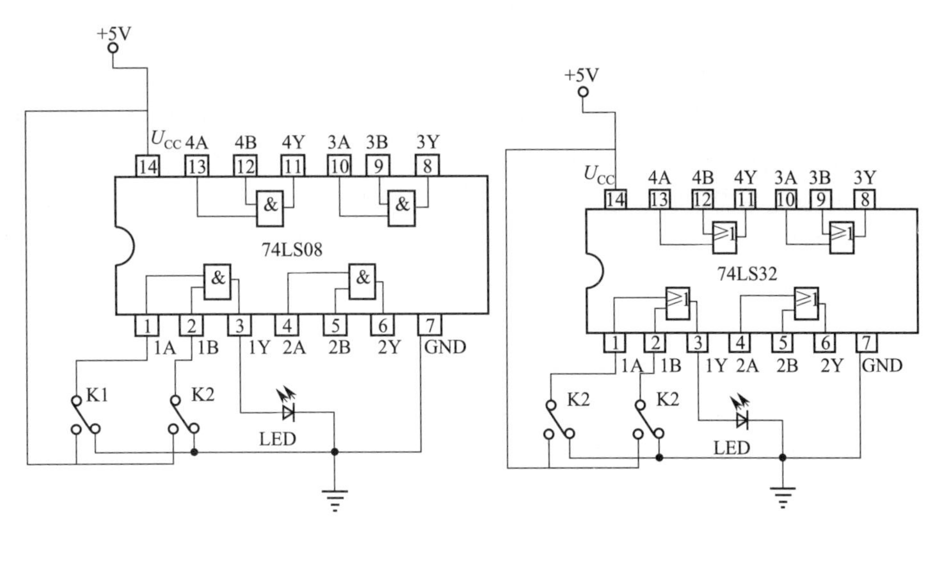

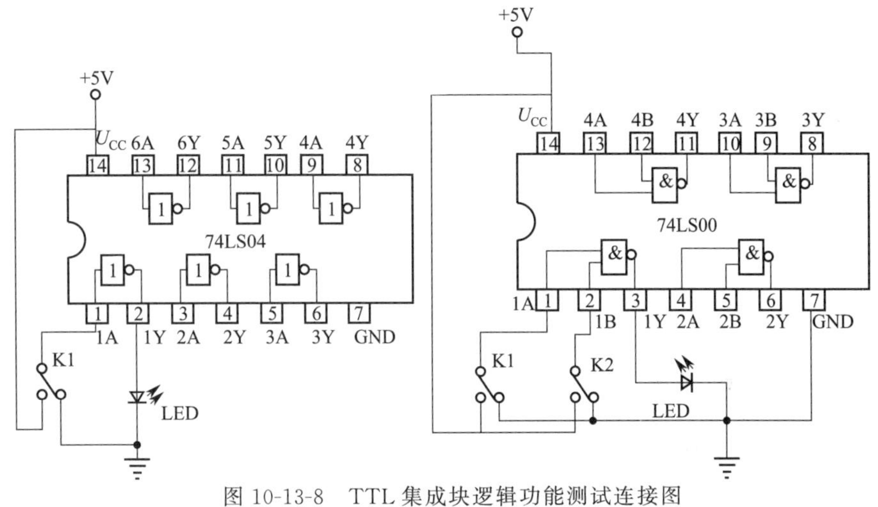

图 10-13-8　TTL 集成块逻辑功能测试连接图

10.13.3　门电路多余引脚的处理

在 74LS08、74LS32、74LS04 和 74LS00 集成电路中各选择一路，将输入端与输出端做相应连接，B 输入端分别接地、接电源、与 B 端并联，将 A 端输入信号分别设为高、低电平，观察实验现象，并将结果填入表 10-13-3 中。

表 10-13-3　74LS08、74LS32、74LS04、74LS00 多余引脚处理测试

输入		Y 输出(逻辑 0 或逻辑 1)			
A	*B*	74LS08	74LS32	74LS04	74LS00
0	接地				
1					
0	接电源				
1					
0	与 B 并联				
1					

安全操作注意事项：

① 实验前，准备好连接导线和数字集成块以及其他元器件，连接好实验箱电源线。

② 实验前先不安插数字集成块，打开实验箱的电源，检查各路电路指示灯是否正常显示，用一根连接导线将逻辑开关与逻辑电平相连，检查逻辑开关和逻辑指示灯是否正常。

③ 实验箱检查完毕后，必须断电连线。连线过程中务必不要将电源和地端短路，多余的连接线放到实验箱外部，不得散落在面板上，以免引起短路。

④ 安装数字集成电路时注意引脚排序，不得插反。反复检查连线，确认无误后开机。

⑤ 实验过程中注意记录相关数据信息。

⑥ 实验结束后，先关闭实验箱电源，再拆除连接线，最后拔出数字集成块。

10.14 8位抢答器制作与调试实训

实训任务

① 分析项目电路工作原理并绘制原理图和焊接布线图。

② 检测电路元器件。

③ 制作并调试8位抢答器电路。

实训目标

① 能认识、检测及选用元器件。

② 能分析8位抢答器电路的工作过程。

③ 能独立制作和调试8位抢答器电路。

8位抢答器电路原理图如图10-14-1所示。

10.14.1 分析电路工作原理

如图10-14-2所示，8位抢答器主要是由数字编码电路、译码\优先\锁存驱动电路、数码显示电路和报警电路组成。

① 数字编码电路。如图10-14-3所示，S1～S8组成8路抢答器的按键开关，VD_1～VD_{12}组成数字编码器。该电路完成的功能是通过编码二极管编成BCD码，将高电平加到CD4511所对应的输入端。CD4511的引脚6、2、1、7分别为BCD码的D、C、B、A位（D为高位，A为低位，即D、C、B、A分别代表BCD码8、4、2、1位）。当电路上电后，主持人按下复位键S9，CD4511输入BCD码为“0000”，选手就可以开始抢答。若选手1按下S1抢答键，高电平通过编码二极管VD_1加到CD4511集成芯片的7脚（A位），7脚为高电平，1、2、6脚保持低电平，此时CD4511输入BCD码为“0001”；若选手2按下S2抢答键，高电平通过编码二极管VD_2加到CD4511集成芯片的1脚（B位），1脚为高电平，2、6、7脚保持低电平，此时CD4511输入BCD码为“0010”；依此类推，若选手8按下S8抢答键，高电平加到CD4511集成芯片的6脚（D位），6脚为高电平，1、2、7脚保持低电平，此时CD4511输入BCD码为“1000”。输入的BCD码就是键的号码，并自动地由CD4511内部电路译码成十进制数，在数码管上显示。根据上述分析，可分别列出二极管构

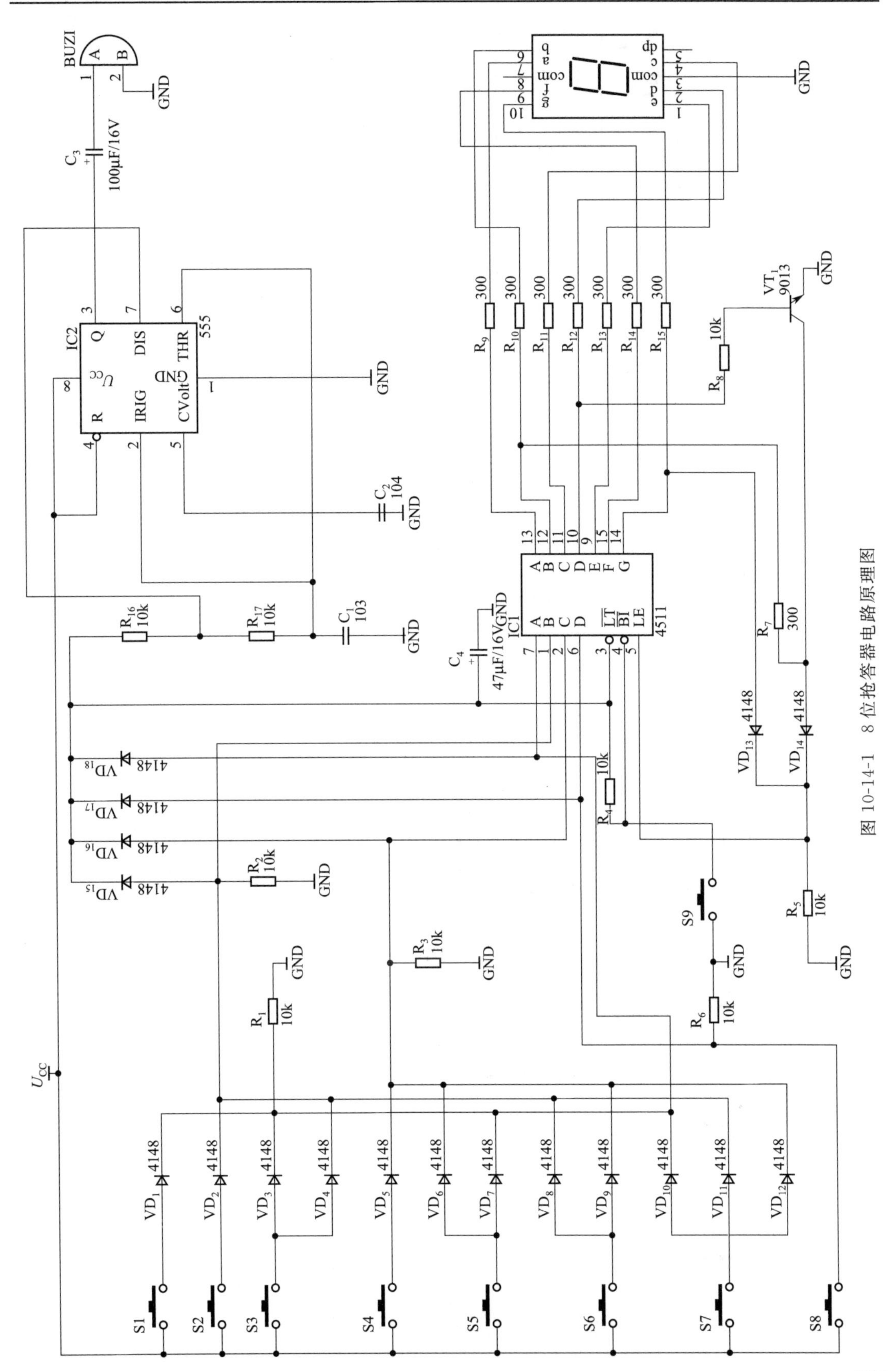

图 10-14-1 8 位抢答器电路原理图

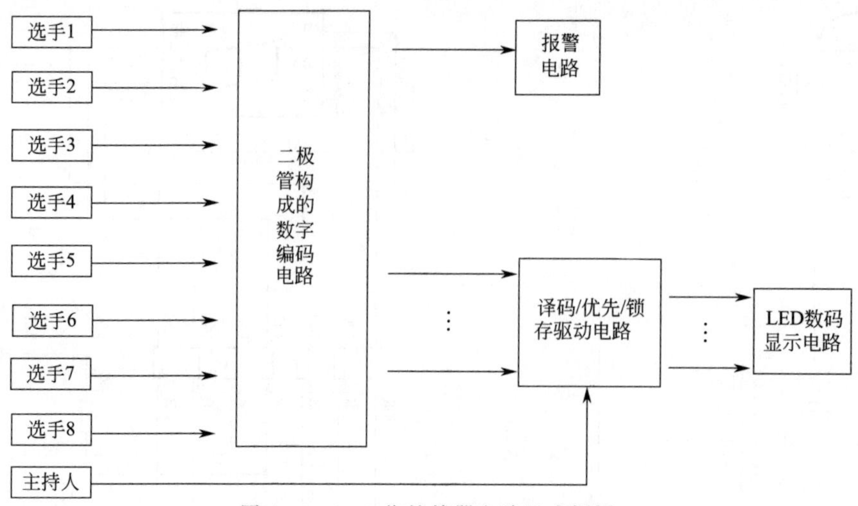

图 10-14-2　8 位抢答器电路组成框图

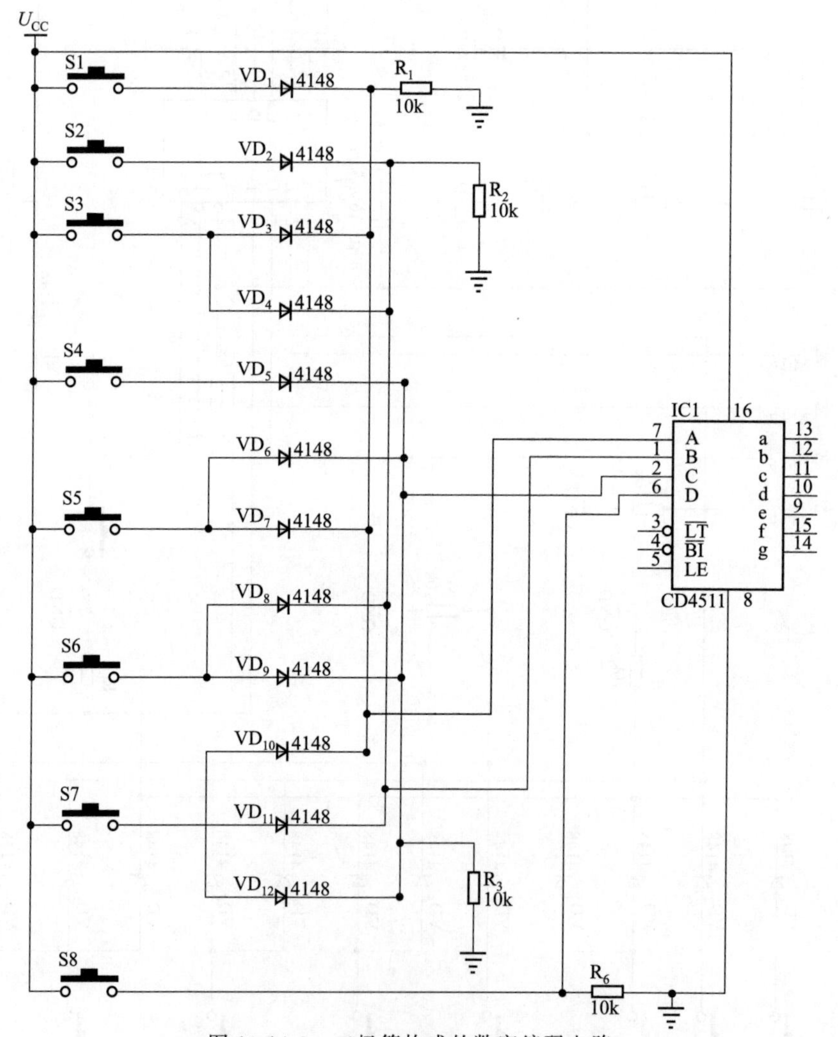

图 10-14-3　二极管构成的数字编码电路

成数字编码电路的真值表（表 10-14-1）和逻辑函数表达式：

$$A=S1+S3+S5+S7$$
$$B=S2+S3+S6+S7$$
$$C=S4+S5+S6+S7$$
$$D=S8$$

表 10-14-1　数字编码电路真值表

输入								输出			
$S1$	$S2$	$S3$	$S4$	$S5$	$S6$	$S7$	$S8$	D	C	B	A
1	0	0	0	0	0	0	0	0	0	0	1
0	1	0	0	0	0	0	0	0	0	1	0
0	0	1	0	0	0	0	0	0	0	1	1
0	0	0	1	0	0	0	0	0	1	0	0
0	0	0	0	1	0	0	0	0	1	0	1
0	0	0	0	0	1	0	0	0	1	1	0
0	0	0	0	0	0	1	0	0	1	1	1
0	0	0	0	0	0	0	1	1	0	0	0

② 锁存优先功能电路。抢答器须满足多位抢答者抢答要求，这就要求有一个完成先后判定的锁存优先电路锁存住第一个抢答信号，显示相应数码并拒绝后面抢答信号的输入干扰。CD4511 集成电路与 VT_1、R_7、R_8、VD_{13}、VD_{14} 组成的锁存优先功能电路（见图 10-14-4）可完成这一功能。

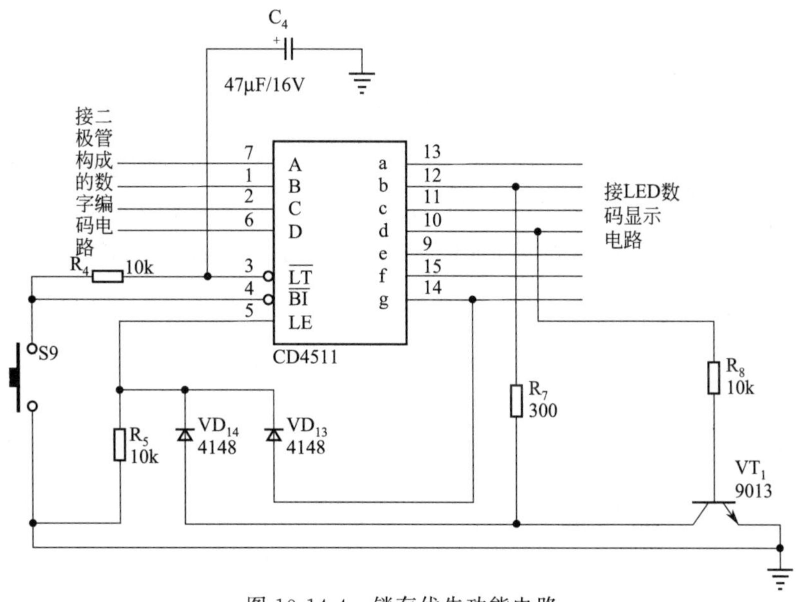

图 10-14-4　锁存优先功能电路

当抢答键都未按下时，因为 CD4511 的 BCD 码输入端都有接地电阻（10k），所以 BCD 码的输入端为“0000”，则 CD4511 的输出端 a、b、c、d、e、f 均为高电平，g 端为低电平。

抢答开始，当 S1～S8 任一键按下时，CD4511 的输出端根据按下的抢答按键的不同输出不同的高低电平，通过 g 端经 VD_{13} 反馈至 LE 端，可以实现对 2、3、4、5、6、8 的锁存，但是由于此时 g 为低电平，1 和 7 无法锁存，因此再选取 b 或 c 作为第二锁存信号。

如果利用 b 或 c 作为第二锁存信号，则显示 0 时也将锁存，这是不允许的，经过分析，选取显示 1、7 时为低电平，而显示 0 时为高电平的 d 或 e、f 作为第二锁存信号的控制信号，b 接 VT_1 的集电极，d 接 VT_1 的基极。当显示 1、7 时，b 为高电平，d 为低电平，VT_1 截止，d 经 VD_{14} 送 LE 锁存；当显示 0 时 b、d 均为高电平，VT_1 饱和导通，VD_{14} 的阳极为低电平，不用锁存。

③ 译码驱动及显示电路。二极管编码器实现了对开关信号的编码，并以 BCD 码的形式输出，为了能够将输出的 BCD 码显示为对应十进制数，需要用译码显示电路，选择常用的七段译码显示驱动器 CD4511 作为译码电路，如图 10-14-5 所示。

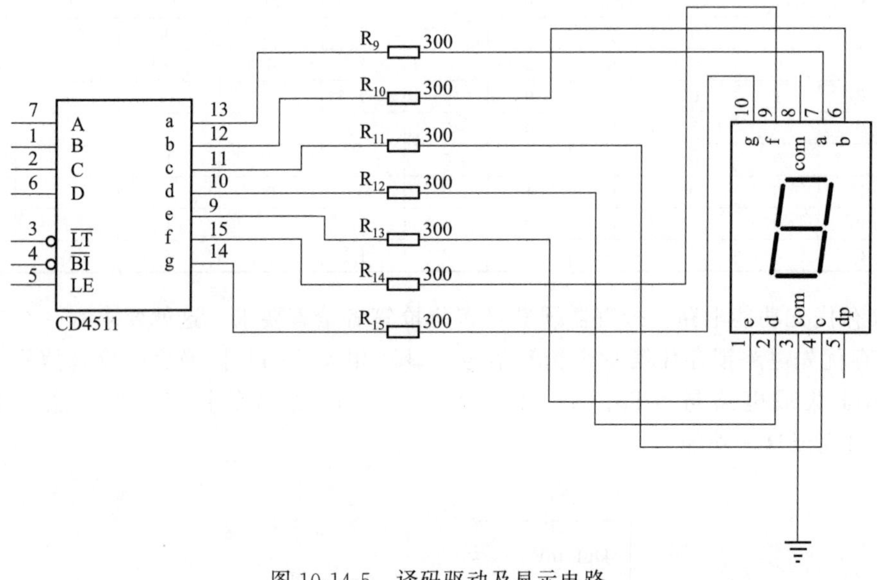

图 10-14-5　译码驱动及显示电路

④ 报警电路。图 10-14-6 所示为抢答器报警电路，由 NE555 构成多谐振荡器，扬声器或蜂鸣器通过 C3 接在 NE555 的 3 脚与地之间。R16 没有直接和电源相接，而是通过四只 1N4148 二极管接 CD4511 的 1、2、6、7 脚。任何抢答按键按下时，报警电路都能振荡发出响声。

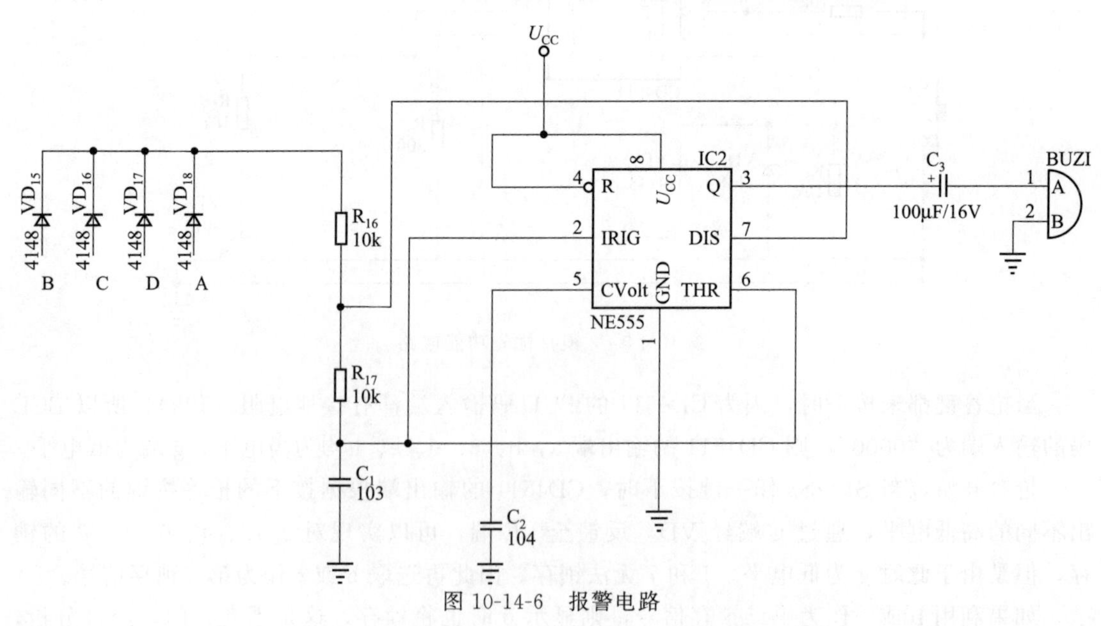

图 10-14-6　报警电路

10.14.2　制作并调试 8 位抢答器电路

所用元器件清单见表 10-14-2。

表 10-14-2　8 位抢答器电路元器件清单

元器件标号	元器件名称	型号或阻值	数量
R_1～R_6、R_{16}、R_{17}	电阻器	10 kΩ	8
R_8	电阻器	10 0kΩ	1
R_7、R_9～R_{15}	电阻器	300	8
VD_1～VD_{18}	二极管	1N4148	18
C_3	电解电容	100μF/16V	1
C_4	电解电容	47μF/16V	1
C_1	瓷片电容	103	1
C_2	瓷片电容	104	1
IC1	集成电路	CD4511	1
IC2	集成电路	NE555	1
VT_1	三极管	9013	1
BUZZ1	蜂鸣器	3V	1
DS1	数码管	共阴极	1
S1～S9	按键 6×6×5	—	9
—	万能板	8cm ×12cm	1 块
—	焊锡丝	—	若干
—	焊锡膏	—	1 盒
—	焊接用细导线	—	若干

操作步骤如下。

(1) 按工艺要求安装色环电阻器。

(2) 按工艺要求安装二极管、三极管。

(3) 按工艺要求安装电解电容器、瓷片电容器。

(4) 按工艺要求安装蜂鸣器、数码管和集成电路。

(5) 对安装好的元器件进行手工焊接。

(6) 检查焊点质量。

(7) 自检。在未通电情况下，务必使用万用表对装配好的电路板进行检测，避免连接线路短路、断路。

(8) 按下清零开关 S，数码管熄灭，然后显示 0。

(9) 选择开关 S1～S8 中的任何一个开关（如 S1）按下，数码管应显示 1，此时再按其他开关均无效。

(10) 按下清零开关 S9 后，重复上一步骤，依次检查各个按键是能正常显示相应的数字及锁存。

(11) 小组之间组织抢答，以检验电路抢答过程中能否正确优先显示。

电路元器件的装配与布局要求如下：

① 本电路包含编码电路、译码 \ 优先 \ 锁存电路、报警电路、译码驱动显示电路。可围绕每个功能模块电路的中心器件，遵循就近原则，均匀分布，整体布局即可。

② 按电路原理图的连接关系布线，布线应做到横平竖直，转角成直角，导线不能相互交叉，确需交叉的导线应在元器件体下穿过。

③ 元器件的装配工艺要求：电阻器采用水平安装方式，电阻体紧贴电路板，色环电阻的色环标志顺序方向一致，二极管的标志方向应正确；电容器采用垂直安装方式，电解电容器底部离开电路板1～2mm，注意正负极性，瓷片电容在离电路板4～6mm处插装焊接，三极管在离电路板4～6mm处插装焊接；集成电路插座应紧贴电路板进行插装焊接。

进行电路调试时，若电路板发生故障，可根据电路工作原理分析故障原因，通过测量关键点电位排除故障。可参考以下步骤检查电路：按键电路工作是否正常→报警电路工作是否正常→显示译码驱动电路工作是否正常→显示电路工作是否正常。

试分析思考以下故障并提出解决方法。故障一：数码管显示“8”字不变化；故障二：抢答器不锁存，抢答后显示的数字变化；故障三：数码管无显示或出现乱码。

逻辑门电路是组成数字电路的基本单元之一，最基本的逻辑门电路有“与”门、“或”门和“非”门。实践中通常采用集成门电路，常用的有“与非”门、“或非”门、“异或”门和CMOS传输门等。掌握各种门电路的逻辑功能和电气特性，对于正确使用数字电路十分重要。

组合逻辑电路的特点是无记忆功能，即任意时刻的输出状态只和当前输入状态有关，而和电路原来的输出状态无关。

组合逻辑电路的一般分析方法：写出逻辑表达式→化简和变换逻辑表达式→列出真值表→简述电路功能。组合逻辑电路的一般设计方法：列出真值表→写出逻辑表达式→化简和变换逻辑表达式→画出逻辑图。

常用的中规模组合逻辑电路模块有加法器、编码器、译码器、数据选择器和比较器等；加法器可以用来实现算术运算；编码器和译码器的功能相反，都设有使能控制端，便于多片连接扩展；数值比较器可用来比较数的大小。

第11章

时序逻辑电路

【知识目标】

① 掌握RS触发器、JK触发器、T触发器和D触发器的基本原理。

② 掌握同步时序逻辑电路的分析方法。

③ 掌握555定时器的基本原理及应用方法。

【技能目标】

① 能按照工艺要求进行焊接或者制作印制电路板。

② 能根据要求安装电路，实现电路的逻辑功能。

③ 能借助集成电路手册选用寄存器、计数器集成电路。

11.1 RS触发器

RS触发器的结构如图11-1-1所示，逻辑符号如图11-1-2所示，它由两个“与非”门交叉耦合连接而成，每个“与非”门的输出端接至另一个“与非”门的输入端。将输出端信号引入输入端称为反馈，触发器具有记忆功能就是反馈电路作用的结果。

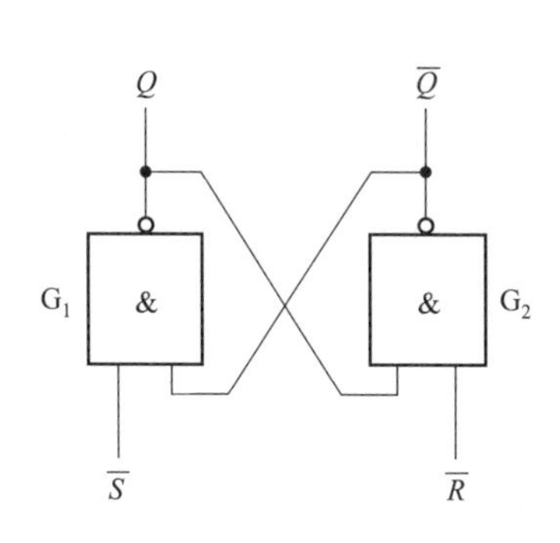

图11-1-1　RS触发器结构

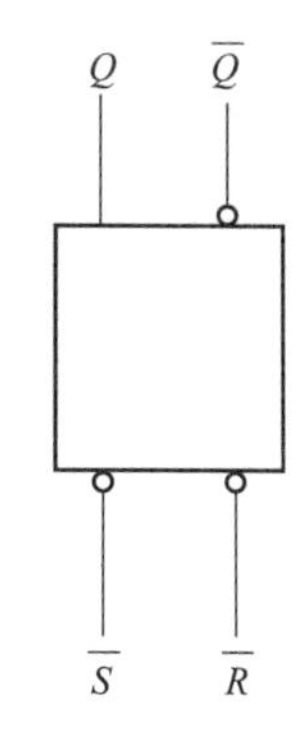

图11-1-2　RS触发器逻辑符号

RS触发器电路有两个具有相反逻辑状态的输出端Q和$\overline{Q}$，通常把$Q=1$，$\overline{Q}=0$的状态称为触发器的“1”状态，把$Q=0$，$\overline{Q}=1$状态称为触发器的“0”状态。表11-1-1所示为RS触发器的真值表。

表 11-1-1　RS 触发器的真值表

输入状态		输出	功能
$\overline{R}$	$\overline{S}$	Q_{n+1}	
0	0	*	不定态，应避免出现
0	1	0	复位(置 0)
1	0	1	置位(置 1)
1	1	Q_n	保持(记忆)状态

输入端 $\overline{R}$ 称为复位端，$\overline{S}$ 称为置位端。在输入端 $\overline{R}$ 为 0、$\overline{S}$ 为 1 时，输出为 0，如果此时两输入端都变为高电平，由于输出信号的反馈作用，两个“与非”门电路都会维持原来的状态不变。同理，输入端 $\overline{R}$ 为 1、$\overline{S}$ 为 0 时，输出为 1，如果此时两输入端都变为高电平，电路可维持“1”状态。

操作按钮或键盘时，在电路接通和分断的瞬间都会产生一系列抖动脉冲，这种现象可能会引起判断失误，为了避免这种现象的发生，可以利用 RS 触发器的记忆功能构成去抖动开关，能产生稳定的开关信号。用 RS 触发器组成的去抖动开关电路见图 11-1-3，两个输入端都通过电阻接高电平，从 Q 端输出信号。开关的一段接地，另一端在两输入端之间切换。每个输入端在开关接地后输入低电平，断开即输入高电平。开关在接通输入端的时候会存在抖动，依据 RS 触发器的工作原理可知，抖动时另一输入端始终维持稳定的高电平，所触发器只在记忆和正确输出两种状态之间变化，不会引起输出状态跟随输入的抖动而抖动。

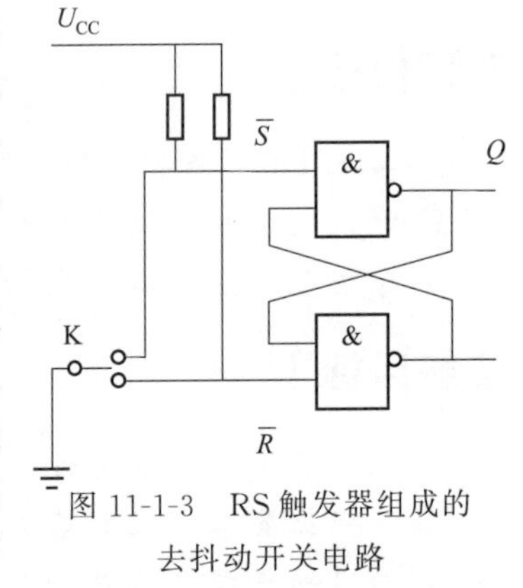

图 11-1-3　RS 触发器组成的去抖动开关电路

11.2　JK 触发器

JK 触发器（图 11-2-1）是功能最强、使用最多的触发器，也是构成计数器的基础。JK 触发器的状态变化取决于 CP 时钟信号的上升沿或下降沿到来时输入信号的状态，而在此之前或之后的输入信号状态对触发器没有影响。表 11-2-1 是 JK 触发器真值表：

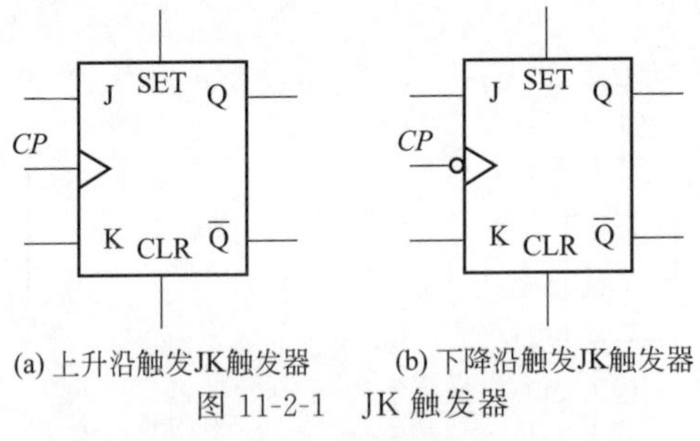

(a) 上升沿触发JK触发器　(b) 下降沿触发JK触发器
图 11-2-1　JK 触发器

表 11-2-1　JK 触发器真值表

J	K	Q^{n+1}	逻辑功能
0	0	Q^n	保持不变
0	1	0	置 0
1	0	1	置 1
1	1	$\overline{Q^n}$	状态翻转

11.3 T 触发器和 D 触发器

将 JK 触发器的 J、K 两输入端连接在一起，作为一个输入端 T，就构成一个 T 触发器。当 T 为 1 时，在时钟信号 CP 上升沿或下降沿将出现状态翻转；当 $T=0$ 时，触发器的状态保持不变。

利用 T 触发器可构成二进制计数器，见图 11-3-1。使用 4 个 T 触发器串联连接，从一个 T 触发器的 CP 输入端输入计数脉冲，上一个触发器的 Q 输出端接下一触发器的 CP 输入端。

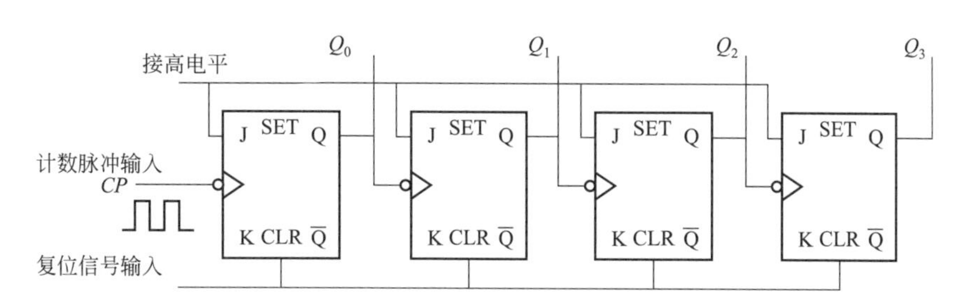

图 11-3-1 利用 T 触发器构成的 4 位二进制计数器

开始计数前可以清零，输入复位信号，使计数器状态为：$Q_3Q_2Q_1Q_0=0000$。

当第一个计数脉冲下降沿到来时，Q_0 状态翻转变为 1，后续的 T 触发器都未收到脉冲的下降沿信号，状态都维持不变，此时输出状态为：$Q_3Q_2Q_1Q_0=1000$。当第二个计数脉冲的下降沿到来时，Q_0 状态翻转变为 0，第二个 T 触发器接收到这个下降沿信号，状态发生翻转，而第三、四个 T 触发器状态维持不变，此时输出状态为：$Q_3Q_2Q_1Q_0=0100$。

在 RS 触发器的 R 和 S 两端之间加入一个非门（反相器），并将 S 作为唯一的信号输入端 D，同时引入时钟脉冲控制，就组成一个 D 触发器，图 11-3-2 所示是其图形符号。

当 CP 脉冲有效时，触发器的输出状态等同于输入状态，CP 无效时处于记忆状态，输出与输入无关，维持原来的状态。设 D 触发器的初始状态为 0，下降沿触发，根据图 11-3-3 所示画出 Q 端输出的信号波形，因为触发器的输出状态只取决于 CP 下降沿到来时 D 端的状态，而与此前或此后的 D 端状态无关，因此可以得到输出端的波形。

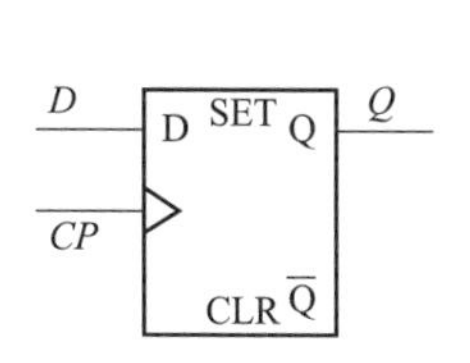

图 11-3-2 D 触发器的图形符号

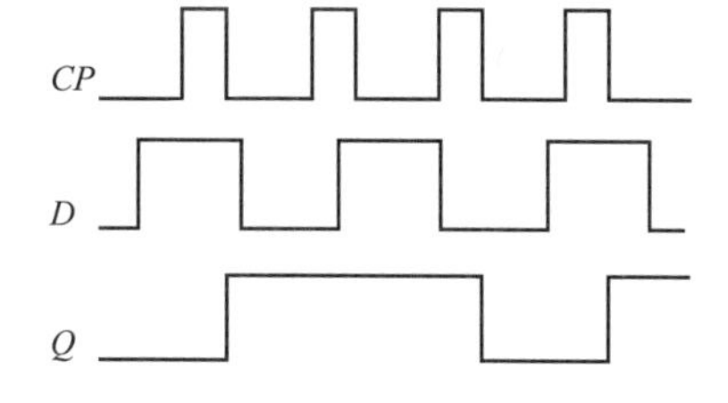

图 11-3-3 D 触发器波形图

11.4 寄存器

寄存器常用于临时性保存参与计算、输入、输出等的数据，通常用 D 触发器构成数据寄存器。因为一个触发器可以储存一位二进制数，所以用 N 个触发器就能组成一个能储存

N 位二进制数据的寄存器，其结构如图 11-4-1 所示。

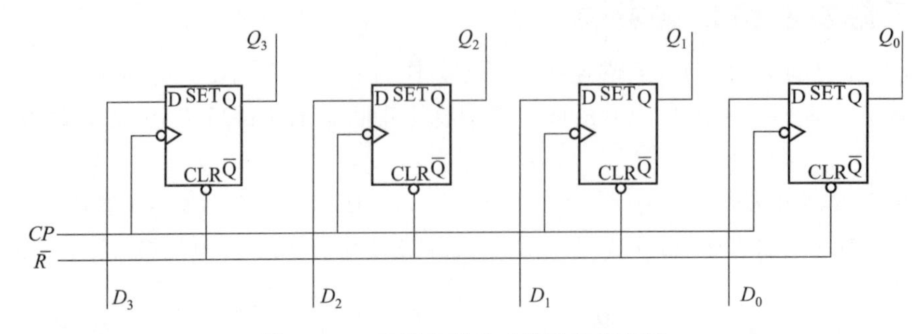

图 11-4-1　D 触发器构成的数据寄存器

当 $\overline{R}=0$ 时，各触发器立即复位，所有输出端均输出 0，完成后，设置 $\overline{R}=1$；从输入端 D_3 到 D_0 输入数据，每个输入端可输入一位二进制数码；在 CP 时钟信号的下降沿，触发器的输出端与输入端状态一致，此后输出端的状态维持不变，数据得到临时保存。

电子设备之间传送数据常采用串行方式，而数据的处理常采用并行方式，因此需要进行数据的串并行转换，可以采用移位寄存器实现这一功能。具有移位功能的数据寄存器称为移位寄存器，“移位”是指每输入一个时钟脉冲信号，寄存器的数据便移动一位。图 11-4-2 是一个由 4 个 D 触发器组成的左移位寄存器逻辑图，其中最低位 D 触发器的输入端是总输入端，最高位（第 3 位）D 触发器的输出端是数据的串行输出端。$Q_3Q_2Q_1Q_0$ 是并行数据输出口。每个高位触发器的输入端 D 与相邻低位触发器的输出端 Q 相连，CP 时钟信号同时控制 4 个触发器，所以当 CP 有效的瞬间，高位 D 触发器的输出状态与相连的低位触发器的输出状态相同。

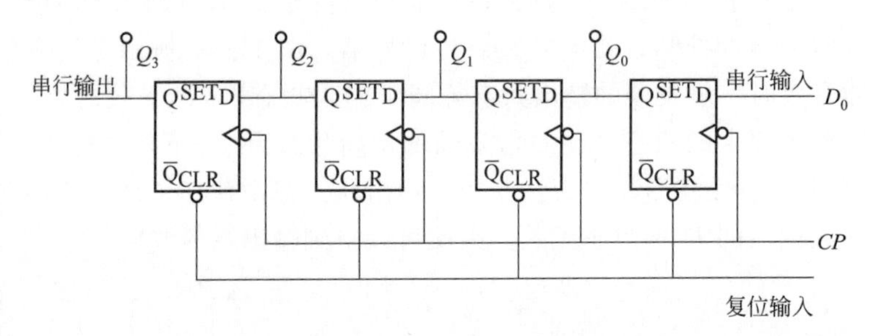

图 11-4-2　左移位寄存器逻辑图

若要将数据 1101 存入寄存器，首先输入复位信号实现清零，然后在每个 CP 下降沿到来之前依次在串行输入端输入数据 1101，各状态见表 11-4-1。

表 11-4-1　移位寄存器工作状态表

D_0 输入	CP 脉冲	Q_3	Q_2	Q_1	Q_0
1	1	0	0	0	1
1	2	0	0	1	1
0	3	0	1	1	0
1	4	1	1	0	1

74HC595 是一款常用的高速 8 位串行移位寄存器，基于 CMOS 工艺，电压 2～6V，带有存储寄存器和三态门电路。在 SH_CP 的上升沿，数据发生移位，而在 ST_CP 的上升沿，数据从每个寄存器传送到存储寄存器。如果两个时钟信号被绑定到一起，则移位寄存器

将会一直领先存储寄存器一个时钟脉冲。移位寄存器带有一个串行输入端（DS）和一个串行标准输出端（Q'_7），用于级联。当输出使能端（OE）为低电平时，存储寄存器中的数据可被正常输出；当输出使能端为高电平时，输出端为高阻态。图 11-4-3 所示为 74HC595 芯片引脚图。

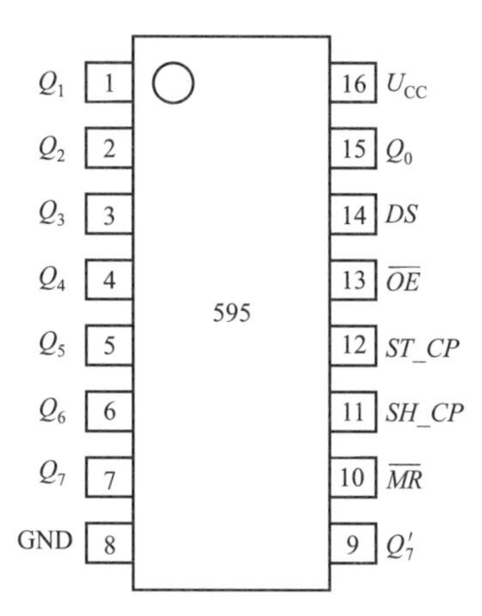

图 11-4-3　74HC595 芯片引脚图

11.5　同步时序逻辑电路的分析方法

同步时序逻辑电路的总的分析方法为：根据给定的电路，写出它的方程，列出状态转换真值表，画出状态转换图和时序图，而后得出它的功能。在同步时序逻辑电路中，由于所有触发器都由同一个时钟脉冲信号 CP 来触发，它只控制触发器的翻转时刻，而对触发器翻转到何种状态并无影响，所以在分析同步时序逻辑电路时可以不考虑时钟条件。

(1) 写方程式包括以下三种方程。

① 输出方程：时序逻辑电路的输出逻辑表达式，它通常为现态和输入信号的函数。

② 驱动方程：各触发器输入端的逻辑表达式。

③ 状态方程：将驱动方程代入相应触发器的特性方程中，便得到该触发器的状态方程。

(2) 列状态转换真值表。将电路现态的各种取值代入状态方程和输出方程中进行计算，求出相应的次态和输出值，从而列出状态转换真值表。如果现态的起始值已给定，则从给定值开始计算，如果没有给定，则可设定一个现态起始值依次进行计算。

(3) 逻辑功能的说明。根据状态转换真值表来说明电路的逻辑功能。

(4) 画状态转换图和时序图。状态转换图是指电路由现态转换到次态的示意图；时序图是在时钟脉冲 CP 作用下各触发器状态变化的波形图。

(5) 检验电路能否自启动。

下面分析图 11-5-1 所示电路的逻辑功能，并画出其状态转换图和时序图。

由上图可看出时钟脉冲 CP 加在每个触发器的时钟脉冲输入端上，因此这是一个同步时序逻辑电路，时钟方程可以不写。

① 写方程式。

输出方程：$Y=Q_2^nQ_0^n$

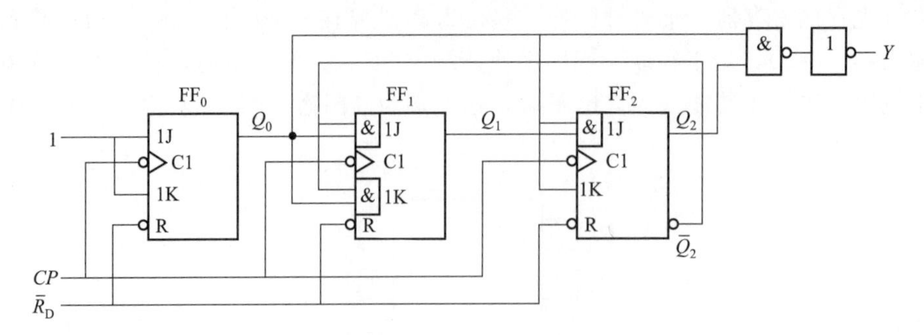

图 11-5-1　时序逻辑电路

驱动方程：
$$\begin{cases}J_0=K_0=1\\J_1=K_1=\overline{Q}_2^nQ_0^n\\J_2=Q_1^nQ_0^n，K_2=Q_0^n\end{cases}$$

状态方程：
$$\begin{cases}Q_0^{n+1}=J_0\overline{Q_0^n}+K_0\overline{Q_0^n}=1\overline{Q_0^n}+\overline{1}Q_0^n=\overline{Q_0^n}\\Q_1^{n+1}=J_1\overline{Q_1^n}+K_1\overline{Q_1^n}=\overline{Q_2^n}Q_0^n\oplus Q_1^n\\Q_2^{n+1}=J_2\overline{Q_2^n}+K_2\overline{Q_2^n}=Q_1^nQ_0^n\overline{Q_2^n}+\overline{Q_0^n}Q_2^n\end{cases}$$

② 列状态转换真值表。状态转换真值表的列法是：从第一个现态值“000”开始，代入状态方程，得次态值为“001”，代入输出方程，得输出为“0”。把得出的次态值“001”作为下一轮计算的“现态”值，继续计算下一轮的次态值和输出值，直到次态值又回到了第一个现态值“000”。见表 11-5-1。

表 11-5-1　状态转换真值表

现态			次态			输出
Q_2^n	Q_1^n	Q_0^n	Q_2^{n+1}	Q_1^{n+1}	Q_0^{n+1}	Y
0	0	0	0	0	1	0
0	0	1	0	1	0	0
0	1	1	0	1	1	0
0	1	0	1	0	0	0
1	0	0	1	0	1	0
1	0	1	0	0	0	1

电路在输入第 6 个计数脉冲 CP 后返回原来的状态，同时输出端 Y 输出一个进位脉冲。

③ 最后画状态转换图和时序图，分别如图 11-5-2 和图 11-5-3 所示。

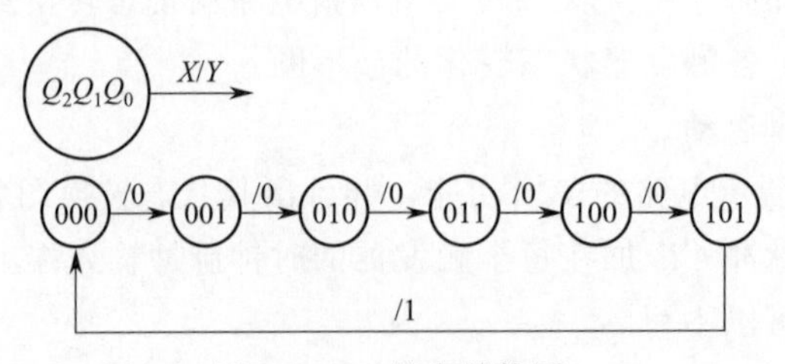

图 11-5-2　状态转换图

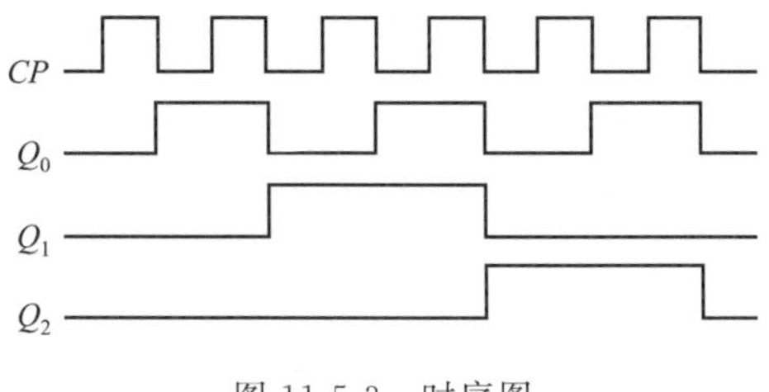

图 11-5-3　时序图

状态转换图的圆圈内表示电路的一个状态，即三个触发器的状态，箭头表示电路状态的转换方向。箭头线上方标注的 X/Y 为转换条件，X 为电路状态转换前输入变量的取值，Y 为输出值，由于本例没有输入变量，故 X 未标数值。

11.6　计数器

计数器是用以统计输入脉冲 CP 个数的电路。按计数进制可分为二进制计数器和非二进制计数器，非二进制计数器中最典型的是十进制计数器。按数字的增减趋势可分为加法计数器、减法计数器和可逆计数器，按计数器中触发器翻转是否与计数脉冲同步分为同步计数器和异步计数器。

11.6.1　二进制计数器

11.6.1.1　二进制异步计数器

① 二进制异步加法计数器。图 11-6-1 所示为由 4 个下降沿触发 JK 触发器组成的 4 位二进制异步加法计数器的逻辑图。图中 JK 触发器都接成 T 触发器（即 $J=K=1$）。最低位触发器 FF_0 的时钟脉冲输入端接计数脉冲 CP，其他触发器的时钟脉冲输入端接相邻低位触发器的 Q 端。

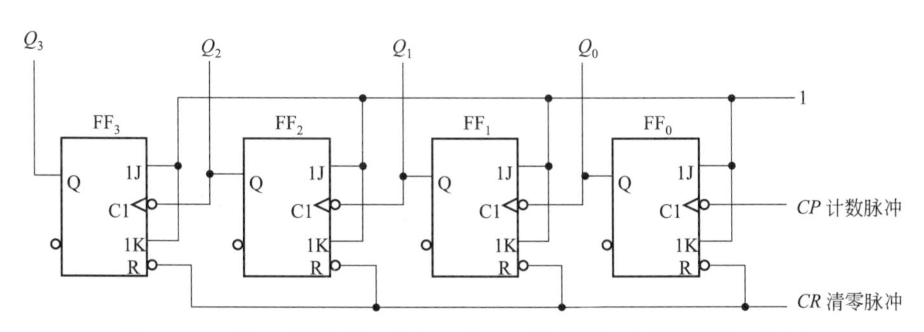

图 11-6-1　由 JK 触发器组成的 4 位二进制异步加法计数器的逻辑图

由于该电路的连线简单且规律性强，无需用前面介绍的分析步骤进行分析，只需作简单的观察与分析就可画出时序波形图或状态图，这种分析方法称为“观察法”。

用“观察法”作出该电路的时序图，如图 11-6-2 所示，状态图如图 11-6-3 所示。由状态图可见，从初态 0000（由清零脉冲所置）开始，每输入一个计数脉冲，计数器的状态按二进制加法规律加 1，所以是二进制加法计数器（4 位）。又因为该计数器有 0000～1111 共 16 个状态，所以也称十六进制（1 位）加法计数器或模 16（$M=16$）加法计数器。

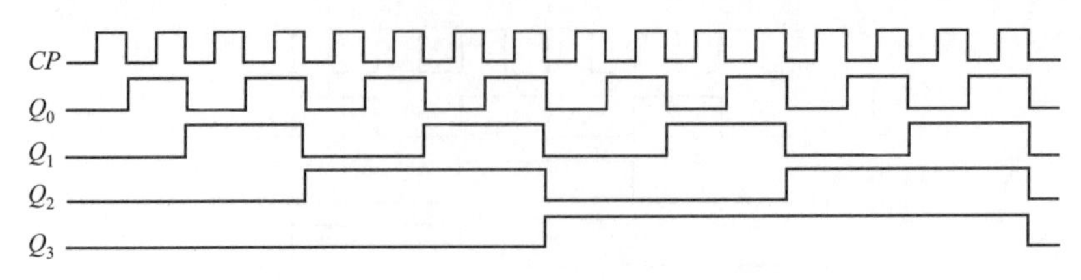

图 11-6-2　电路时序图

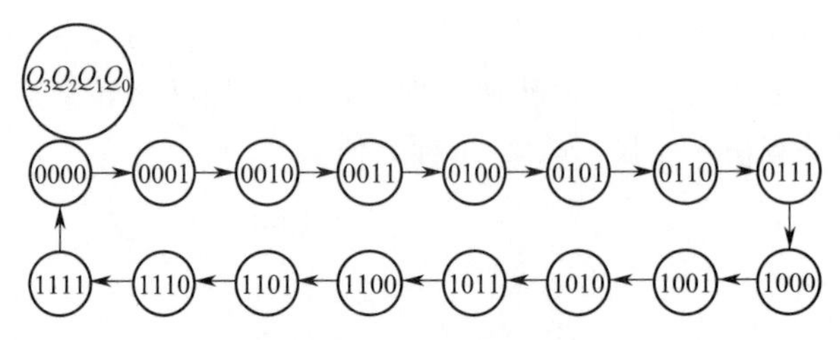

图 11-6-3　电路状态图

另外，从时序图可以看出，Q_0、Q_1、Q_2、Q_3 的周期分别是计数脉冲周期的 2 倍、4 倍、8 倍、16 倍，也就是说，Q_0、Q_1、Q_2、Q_3 分别对 CP 波形进行了二分频、四分频、八分频、十六分频，因而计数器也可作为分频器。

二进制异步计数器结构简单，通过改变级联触发器的个数，可以很方便地改变二进制计数器的位数，n 个触发器构成 n 位二进制计数器或模 2^n 计数器（或 2^n 分频器）。

② 二进制异步减法计数器。将图 11-6-1 所示电路中 FF_1、FF_2、FF_3 的时钟脉冲输入端改接到相邻低位触发器的 $\overline{Q}$ 端，可构成二进制异步减法计数器，其工作原理请读者自行分析。

图 11-6-4 所示是用 4 个上升沿触发 D 触发器组成的 4 位二进制异步减法计数器。其电路的时序图和状态图分别见图 11-6-5 和图 11-6-6。

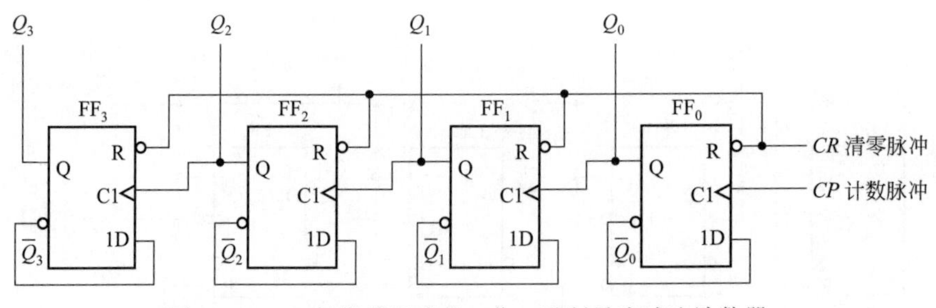

图 11-6-4　D 触发器组成的 4 位二进制异步减法计数器

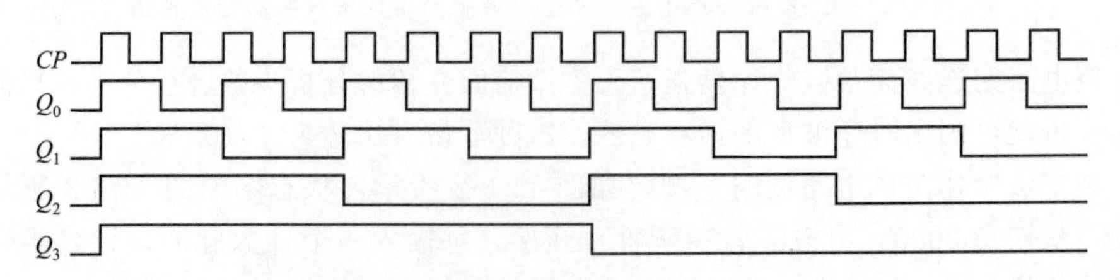

图 11-6-5　电路时序图

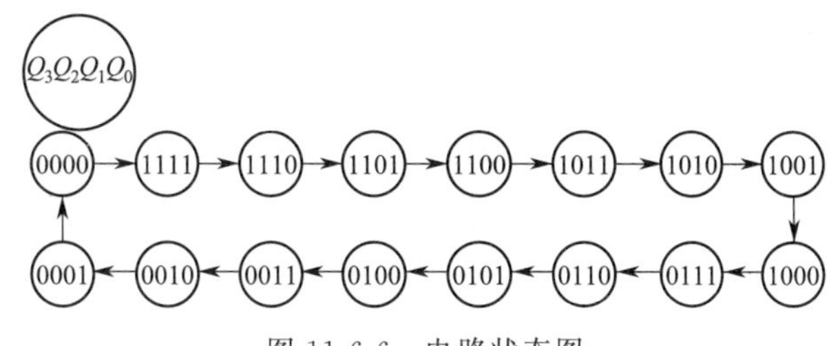

图 11-6-6　电路状态图

从图 11-6-1 和图 11-6-4 可见，用 JK 触发器和 D 触发器都可以很方便地组成二进制异步计数器，方法是先将触发器都接成 T′触发器，然后根据加、减计数方式及触发器是上升沿还是下降沿触发来决定各触发器之间的连接方式。

在二进制异步计数器中，高位触发器的状态翻转必须在相邻触发器产生进位信号（加计数）或借位信号（减计数）之后才能实现，所以异步计数器的工作速度较低。为了提高计数速度，可采用同步计数器。

11.6.1.2　二进制同步计数器。

① 二进制同步加法计数器。图 11-6-7 所示为由 4 个 JK 触发器组成的 4 位二进制同步加法计数器的逻辑图。图中各触发器的时钟脉冲输入端接同一计数脉冲 CP，显然这是一个同步时序电路。各触发器的驱动方程分别为：

$$J_0=K_0=1$$
$$J_1=K_1=Q_0$$
$$J_2=K_2=Q_0Q_1$$
$$J_3=K_3=Q_0Q_1Q_2$$

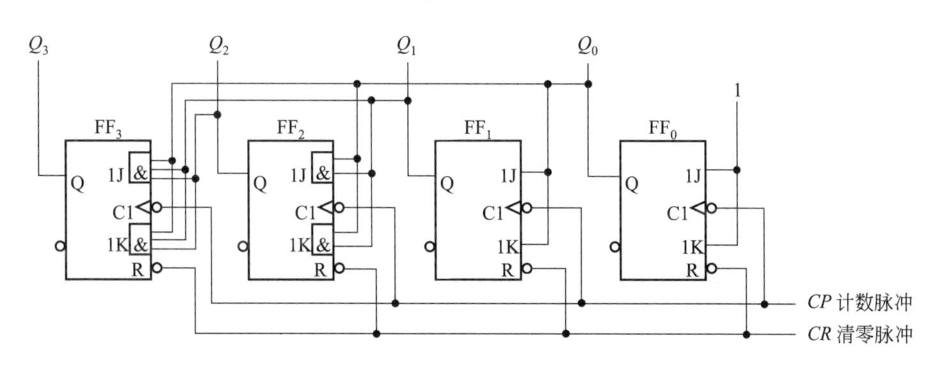

图 11-6-7　4 位二进制同步加法计数器的逻辑图

由于该电路的驱动方程规律性较强，也只需用“观察法”就可画出时序图。表 11-6-1 所示为 4 位二进制同步加法计数器的状态表。

表 11-6-1　4 位二进制同步加法计数器的状态表

计数脉冲序号	电路状态				等效十进制数
	Q_3	Q_2	Q_1	Q_0	
0	0	0	0	0	0
1	0	0	0	1	1
2	0	0	1	0	2

续表

计数脉冲序号	电路状态				等效十进制数
	Q_3	Q_2	Q_1	Q_0	
3	0	0	1	1	3
4	0	1	0	0	4
5	0	1	0	1	5
6	0	1	1	0	6
7	0	1	1	1	7
8	1	0	0	0	8
9	1	0	0	1	9
10	1	0	1	0	10
11	1	0	1	1	11
12	1	1	0	0	12
13	1	1	0	1	13
14	1	1	1	0	14
15	1	1	1	1	15
16	0	0	0	0	0

由于同步计数器的计数脉冲 CP 同时接到各位触发器的时钟脉冲输入端，当计数脉冲到来时，应该翻转的触发器同时翻转，所以速度比异步计数器高，但电路结构比异步计数器复杂。

② 二进制同步减法计数器。4 位二进制同步减法计数器的状态表如表 11-6-2 所示，分析其翻转规律并与 4 位二进制同步加法计数器相比较，很容易看出，只要将图 11-6-7 所示电路的各触发器的驱动方程改为以下方程即可：

$$J_0=K_0=1$$
$$J_1=K_1=\overline{Q_0}$$
$$J_2=K_2=\overline{Q_0}\,\overline{Q_1}$$
$$J_3=K_3=-\overline{Q_0}\,\overline{Q_1}\,\overline{Q_2}$$

表 11-6-2　4 位二进制同步减法计数器的状态表

计数脉冲序号	电路状态				等效十进制数
	Q_3	Q_2	Q_1	Q_0	
0	0	0	0	0	0
1	1	1	1	1	15
2	1	1	1	0	14
3	1	1	0	1	13
4	1	1	0	0	12
5	1	0	1	1	11
6	1	0	1	0	10
7	1	0	0	1	9
8	1	0	0	0	8
9	0	1	1	1	7
10	0	1	1	0	6
11	0	1	0	1	5
12	0	1	0	0	4
13	0	0	1	1	3
14	0	0	1	0	2
15	0	0	0	1	1
16	0	0	0	0	0

③ 二进制同步可逆计数器。既能作加计数又能作减计数的计数器称为可逆计数器。将前面介绍的 4 位二进制同步加法计数器和减法计数器合并起来，并引入加/减控制信号 X，便构成 4 位二进制同步可逆计数器，如图 11-6-8 所示。各触发器的驱动方程为：

$$J_0=K_0=1$$

$$J_1=K_1=XQ_0+\overline{X}\,\overline{Q_0}$$

$$J_2=K_2=XQ_0Q_1+\overline{X}\,\overline{Q_0}\,\overline{Q_1}$$

$$J_3=K_3=XQ_0Q_1Q_2+\overline{X}\,\overline{Q_0}\,\overline{Q_1}\,\overline{Q_2}$$

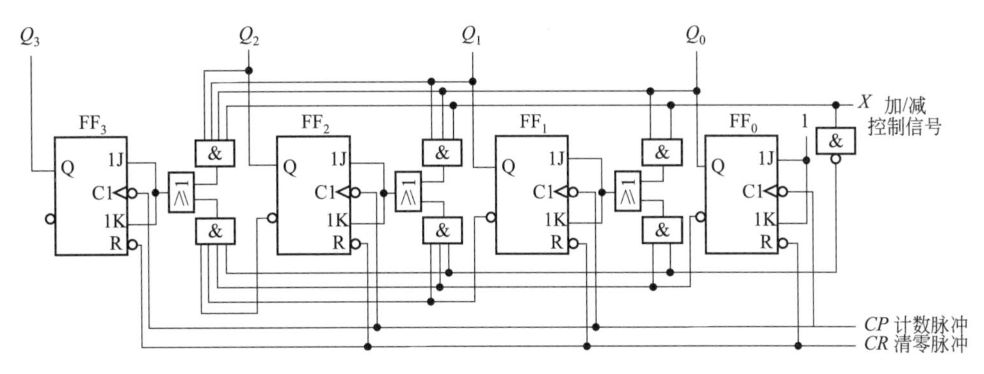

图 11-6-8　二进制同步可逆计数器的逻辑图

当控制信号 $X=1$ 时，$FF_1\sim FF_3$ 中的各 J、K 端分别与低位各触发器的 Q 端相连，作加法计数；当控制信号 $X=0$ 时，$FF_1\sim FF_3$ 中的各 J、K 端分别与低位各触发器的 $\overline{Q}$ 端相连，作减法计数，实现了可逆计数器的功能。

11.6.1.3　集成二进制计数器举例

（1）4 位二进制同步加法计数器 74161，功能表见表 11-6-3。

表 11-6-3　74161 的功能表

清零	预置	使能	时钟	预置数据输入	输出
RD	LD	EP　ET	CP	D_3　D_2　D_1　D_0	Q_3　Q_2　Q_1　Q_0
0	×	×　×	×	×　×　×　×	0　0　0　0
1	0	×　×	↑	d_3　d_2　d_1　d_0	d_3　d_2　d_1　d_0
1	1	0　×	×	×　×　×　×	保持
1	1	×　0	×	×　×　×　×	保持
1	1	1　1	↑	×　×　×　×	计数

74161 具有以下功能。

① 异步清零。当 $RD=0$ 时，不管其他输入端的状态如何，不论有无时钟脉冲 CP，计数器输出将被直接置零（$Q_3Q_2Q_1Q_0=0000$），称为异步清零。

② 同步并行预置数。当 $RD=1$、$LD=0$ 时，在输入时钟脉冲 CP 上升沿的作用下，并行输入端的数据 $d_3d_2d_1d_0$ 被置入计数器的输出端，即 $Q_3Q_2Q_1Q_0=d_3d_2d_1d_0$。由于这个操作要与 CP 上升沿同步，所以称为同步预置数。

③ 计数。当 $RD=LD=EP=ET=1$ 时，在 CP 端输入计数脉冲，计数器进行二进制加法计数。

④ 保持。当 $RD=LD=1$，且 $EP \cdot ET=0$ 时，计数器保持原来的状态不变。这时如果 $EP=0$、$ET=1$，则进位输出信号 RCO 保持不变；如果 $ET=0$，则不管 EP 状态如何，进位输出信号 RCO 都为低电平。

74161 的时序图见图 11-6-9。

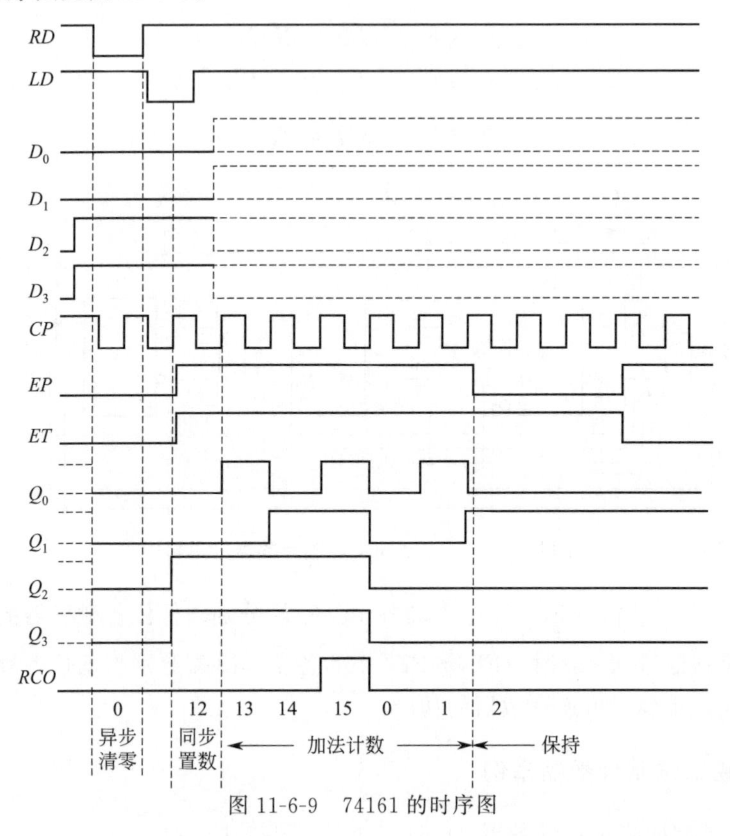

图 11-6-9 74161 的时序图

(2) 4 位二进制同步可逆计数器 74191。如图 11-6-10 所示，其中 LD 是异步预置数控制端，D_3、D_2、D_1、D_0 是预置数据输入端，EN 是使能端，低电平有效；$D/\overline{U}$ 是加/减控制端，为 0 时作加法计数，为 1 时作减法计数；MAX/MIN 是最大/最小输出端，RCO 是进位/借位输出端。

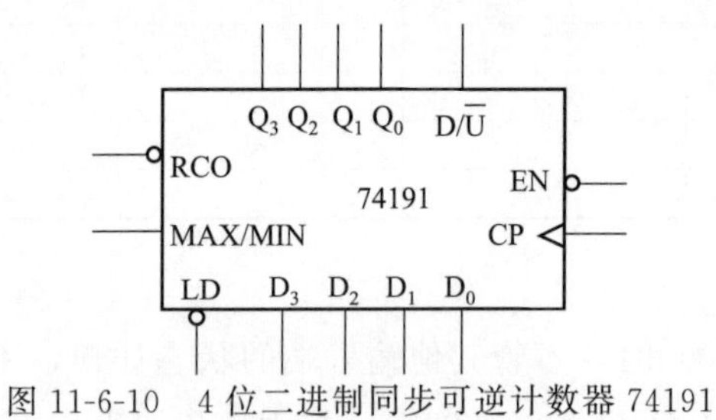

图 11-6-10 4 位二进制同步可逆计数器 74191

表 11-6-4 是 74191 的功能表。

表 11-6-4 74191 的功能表

预置	使能	加/减控制	时钟	预置数据输入	输出
LD	EN	$D/\overline{U}$	CP	D_3 D_2 D_1 D_0	Q_3 Q_2 Q_1 Q_0
0	×	×	×	d_3 d_2 d_1 d_0	d_3 d_2 d_1 d_0

续表

预置	使能	加/减控制	时钟	预置数据输入	输出
1	1	×	×	×　×　×　×	保持
1	0	0	↑	×　×　×　×	加法计数
1	0	1	↑	×　×　×　×	减法计数

74191 具有以下功能。

① 异步置数。当 $LD=0$ 时，不管其他输入端的状态如何，不论有无时钟脉冲 CP，并行输入端的数据 $d_3d_2d_1d_0$ 被直接置入计数器的输出端，即 $Q_3Q_2Q_1Q_0=d_3d_2d_1d_0$。由于该操作不受 CP 控制，所以称为异步置数。注意该计数器无清零端，需清零时可用预置数的方法置零。

② 保持。当 $LD=1$ 且 $EN=1$ 时，计数器保持原来的状态不变。

③ 计数。当 $LD=1$ 且 $EN=0$ 时，在 CP 端输入计数脉冲，计数器进行二进制计数。当 $D/\overline{U}=0$ 时作加法计数，当 $D/\overline{U}=1$ 时作减法计数。

11.6.2　非二进制计数器

（1）8421BCD 码同步十进制加法计数器。图 11-6-11 所示为由 4 个下降沿触发 JK 触发器组成的 8421BCD 码同步十进制加法计数器的逻辑图。下面用前面介绍的同步时序逻辑电路分析方法对该电路进行分析。

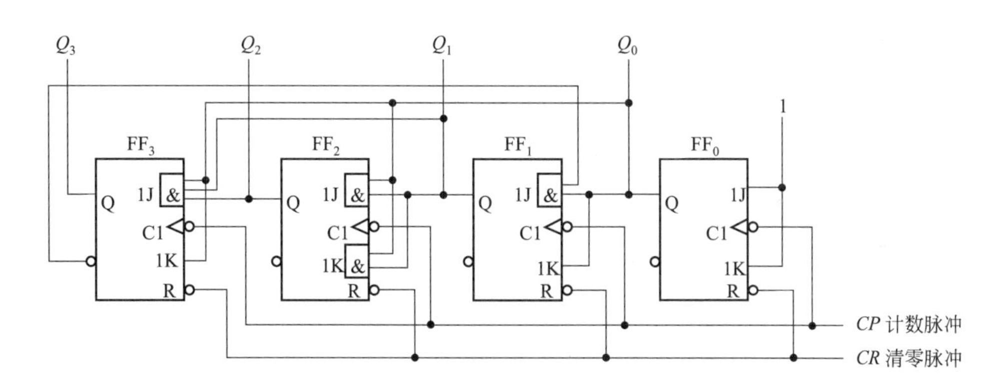

图 11-6-11　8421BCD 码同步十进制加法计数器的逻辑图

① 写出驱动方程：

$$J_0=1 \qquad K_0=1$$

$$J_1=\overline{Q_3^n}Q_0^n \qquad K_1=Q_0^n$$

$$J_2=Q_1^nQ_0^n \qquad K_2=Q_1^nQ_0^n$$

$$J_3=Q_2^nQ_1^nQ_0^n \qquad K_3=Q_0^n$$

② 写出 JK 触发器的特性方程：$Q^{n=1}=J\overline{Q^n}+\overline{K}Q^n$，然后将各驱动方程代入 JK 触发器的特性方程，得各触发器的次态方程：

$$Q_0^{n+1}=J_0\overline{Q_0^n}+\overline{K_0}Q_0^n=\overline{Q_0^n}$$

$$Q_1^{n+1}=J_1\overline{Q_1{}^n}+\overline{K_1}Q_1^n=\overline{Q_3^n}Q_0^n\overline{Q_1^n}+\overline{Q_0^n}Q_1^n$$

$$Q_2^{n+1}=J_2\overline{Q_2^n}+\overline{K_2}Q_2^n=Q_1^nQ_0^n\overline{Q_2^n}+\overline{Q_1^nQ_0^n}Q_2^n$$

$$Q_3^{n+1}=J_3\overline{Q_3^n}+\overline{K_3}Q_3^n=Q_2^nQ_1^nQ_0^n\overline{Q_3^n}+\overline{Q_0^n}Q_3^n$$

③ 作状态转换表。设初态为 $Q_3Q_2Q_1Q_0=0000$，代入次态方程进行计算，得状态转换表，如表 11-6-5 所示。

表 11-6-5　状态转换表

计数脉冲序号	现态				次态			
	Q_3^n	Q_2^n	Q_1^n	Q_0^n	Q_3^{n+1}	Q_2^{n+1}	Q_1^{n+1}	Q_0^{n+1}
0	0	0	0	0	0	0	0	1
1	0	0	0	1	0	0	1	0
2	0	0	1	0	0	0	1	1
3	0	0	1	1	0	1	0	0
4	0	1	0	0	0	1	0	1
5	0	1	0	1	0	1	1	0
6	0	1	1	0	0	1	1	1
7	0	1	1	1	1	0	0	0
8	1	0	0	0	1	0	0	1
9	1	0	0	1	0	0	0	0

④ 作状态图及时序图。根据状态转换表作出电路的状态图，见图 11-6-12，时序图如图 11-6-13 所示。

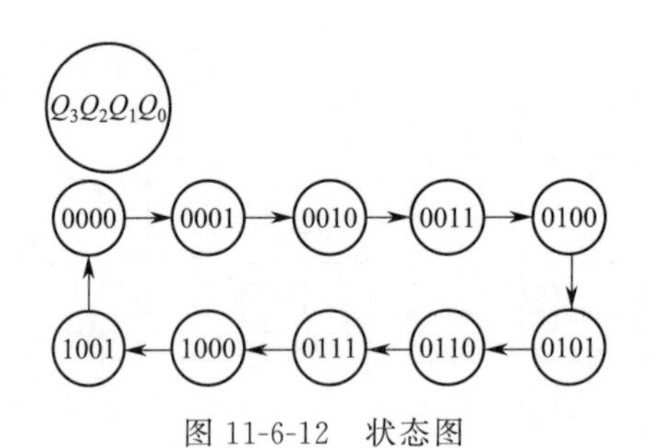

图 11-6-12　状态图

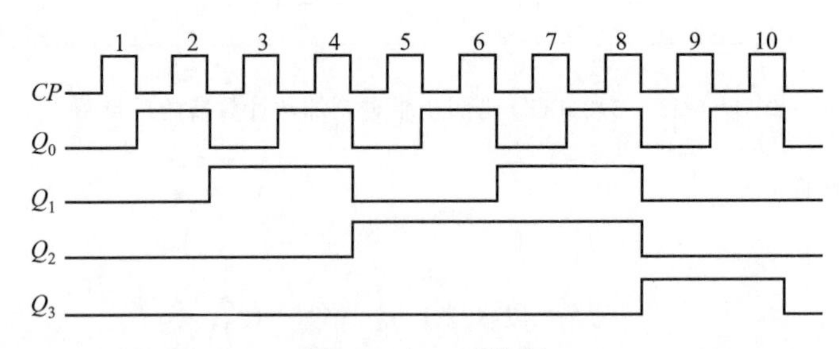

图 11-6-13　时序图

⑤ 检查电路能否自启动。由于图 11-6-11 所示的电路中有 4 个触发器，它们的状态组合共有 16 种，而在 8421BCD 码计数器中只用了 10 种，称为有效状态，其余 6 种状态称为无效状态。在实际应用中，当由于某种原因计数器进入无效状态时，如果计数器能在时钟信号作用下最终进入有效状态，我们就称该电路具有自启动能力。

用同样的分析方法分别求出 6 种无效状态下的次态，补充到状态图中，得到完整的状态转换图，见图 11-6-14，可见电路能够自启动。

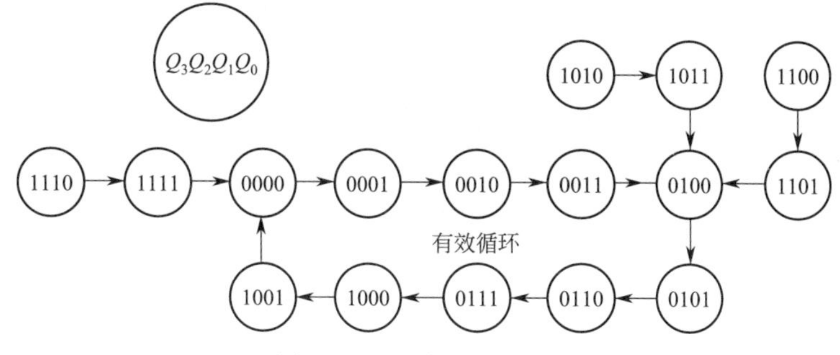

图 11-6-14　完整的状态图

（2）8421BCD 码十进制异步加法计数器。图 11-6-15 所示为由 4 个下降沿触发 JK 触发器组成的 8421BCD 码十进制异步加法计数器的逻辑图。用前面介绍的异步时序逻辑电路分析方法对该电路进行分析。

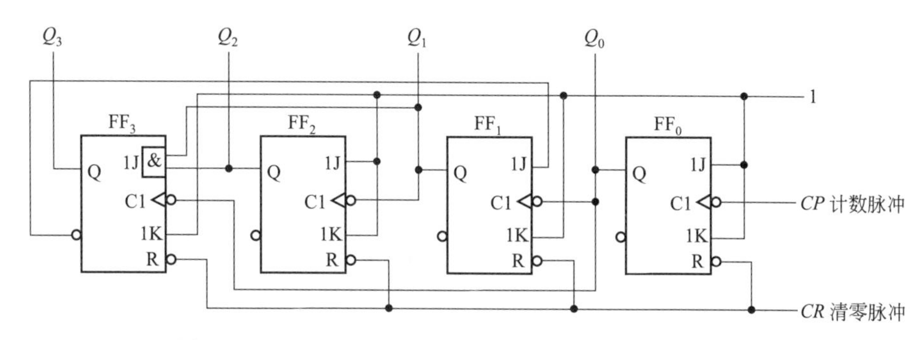

图 11-6-15　8421BCD 码十进制异步加法计数器的逻辑图

① 写出各逻辑方程式。

时钟方程：

$CP_0=CP$（时钟脉冲源的上升沿触发）

$CP_1=Q_0$（当 FF_0 的 Q_0 由 1→0 时，Q_1 才可能改变状态，否则 Q_1 将保持原状态不变）

$CP_2=Q_1$（当 FF_1 的 Q_1 由 1→0 时，Q_2 才可能改变状态，否则 Q_2 将保持原状态不变）

$CP_3=Q_0$（当 FF_0 的 Q_0 由 1→0 时，Q_3 才可能改变状态，否则 Q_3 将保持原状态不变）

各触发器的驱动方程：

$$J_0=1 \qquad K_0=1$$

$$J_1=\overline{Q_3^n} \qquad K_1=1$$

$$J_2=1 \qquad K_2=1$$

$$J_3=Q_2^nQ_1^n \qquad K_3=1$$

② 将各驱动方程代入 JK 触发器的特性方程，得各触发器的次态方程：

$$Q_0^{n+1}=J_0\overline{Q_0^n}+\overline{K_0}Q_0^n=\overline{Q_0^n} \qquad (CP\ 由\ 1\to0\ 时此式有效)$$

$$Q_1^{n+1}=J_1\overline{Q_1^n}+\overline{K_1}Q_1^n=\overline{Q_3^n}\ \overline{Q_1^n} \qquad (Q_0\ 由\ 1\to0\ 时此式有效)$$

$$Q_2^{n+1}=J_2\overline{Q_2^n}+\overline{K_2}Q_2^n=\overline{Q_2^n} \qquad (Q_1\ 由\ 1\to0\ 时此式有效)$$

$$Q_3^{n+1}=J_3\overline{Q_3^n}+\overline{K_3}Q_3^n=Q_2^nQ_1^n\ \overline{Q_3^n} \qquad (Q_0\ 由\ 1\to0\ 时此式有效)$$

③ 作状态转换表。设初态为 $Q_3Q_2Q_1Q_0=0000$，代入次态方程进行计算，得状态转换表，如表 11-6-6 所示。

表 11-6-6 状态转换表

计数脉冲序号	现态				次态				时钟脉冲			
	Q_3^n	Q_2^n	Q_1^n	Q_0^n	Q_3^{n+1}	Q_2^{n+1}	Q_1^{n+1}	Q_0^{n+1}	CP_3	CP_2	CP_1	CP_0
0	0	0	0	0	0	0	0	1	0	0	0	↓
1	0	0	0	1	0	0	1	0	↓	0	↓	↓
2	0	0	1	0	0	0	1	1	0	0	0	↓
3	0	0	1	1	0	1	0	0	↓	↓	↓	↓
4	0	1	0	0	0	1	0	1	0	0	0	↓
5	0	1	0	1	0	1	1	0	↓	0	↓	↓
6	0	1	1	0	0	1	1	1	0	0	0	↓
7	0	1	1	1	1	0	0	0	↓	↓	↓	↓
8	1	0	0	0	1	0	0	1	0	0	0	↓
9	1	0	0	1	0	0	0	0	↓	0	↓	↓

（3）典型集成十进制计数器简介。

① 8421BCD 码同步加法计数器 74160（图 11-6-16）。其功能表见表 11-6-7。

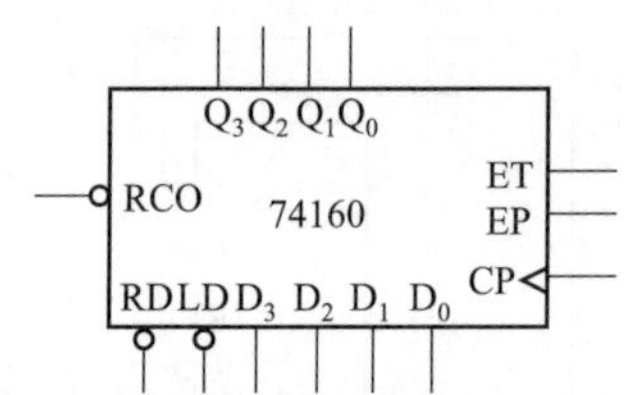

图 11-6-16 8421BCD 码同步加法计数器 74160

表 11-6-7 74160 的功能表

清零	预置	使能		时钟	预置数据输入				输出			
RD	LD	EP	ET	CP	D_3	D_2	D_1	D_0	Q_3	Q_2	Q_1	Q_0
0	×	×	×	×	×	×	×	×	0	0	0	0
1	0	×	×	↑	d_3	d_2	d_1	d_0	d_3	d_2	d_1	d_0
1	1	0	×	×	×	×	×	×	保持			
1	1	×	0	×	×	×	×	×	保持			
1	1	1	1	↑	×	×	×	×	十进制计数			

② 二-五-十进制异步加法计数器 74290（图 11-6-17），它包含一个独立的 1 位二进制计数器和一个独立的五进制异步计数器。二进制计数器的时钟输入端为 CP_1，输出端为 Q_0；五进制计数器的时钟输入端为 CP_2，输出端为 Q_1、Q_2、Q_3。如果将 Q_0 与 CP_2 相连，CP_1 作时钟脉冲输入端，Q_0～Q_3 作输出端，则为 8421BCD 码十进制计数器。表 11-6-8 是 74290 的功能表。

表 11-6-8 74290 的功能表

复位输入		置位输入		时钟	输出				工作模式
$R_0(1)$	$R_0(2)$	$R_9(1)$	$R_9(2)$	CP	Q_3	Q_2	Q_1	Q_0	
1	1	0	×	×	0	0	0	0	异步清零
1	1	×	0	×	0	0	0	0	
×	×	1	1	×	1	0	0	1	异步置数
0	×	0	×	↓	计数				加法计数
0	×	×	0	↓	计数				
×	0	0	×	↓	计数				
×	0	×	0	↓	计数				

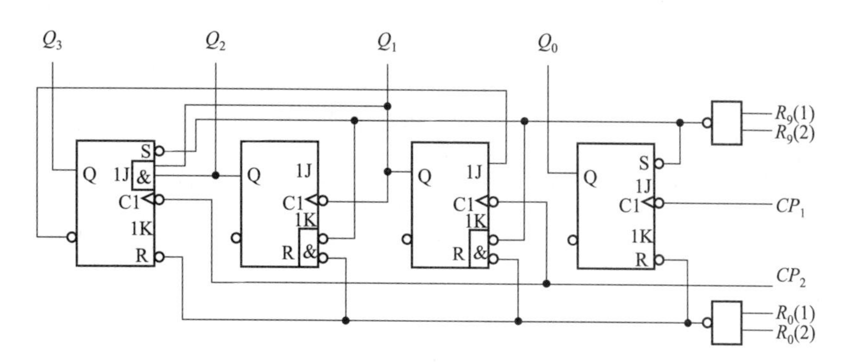

图 11-6-17 二-五-十进制异步加法计数器 74290

74290 的功能如下。

- 异步清零：当复位输入端 $R_0(1)=R_0(2)=1$，且置位输入 $R_9(1)\cdot R_9(2)=0$ 时，不论有无时钟脉冲 CP，计数器输出将被直接置零。
- 异步置数：当置位输入 $R_9(1)=R_9(2)=1$ 时，无论其他输入端状态如何，计数器输出将被直接置 9（即 $Q_3Q_2Q_1Q_0=1001$）。
- 计数：当 $R_0(1)\cdot R_0(2)=0$，且 $R_9(1)\cdot R_9(2)=0$ 时，在计数脉冲（下降沿）作用下进行二-五-十进制加法计数。

11.6.3 集成计数器的应用

（1）计数器级联。两个模 N 计数器级联，可实现 $N\times N$ 的计数器。

① 同步级联。图 11-6-18 所示是用两片 4 位二进制加法计数器 74161 采用同步级联方式构成的 8 位二进制同步加法计数器，模为 16×16=256。

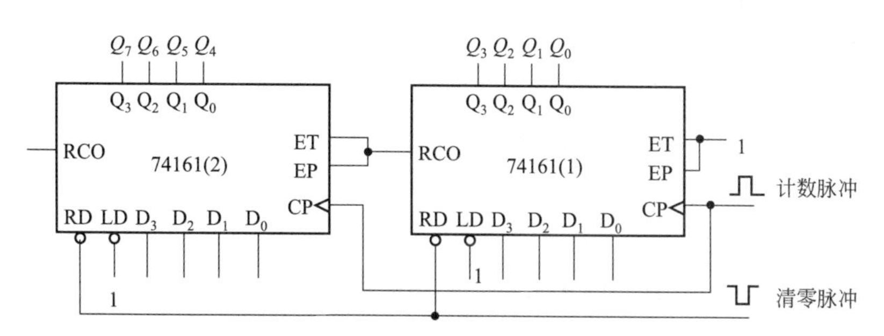

图 11-6-18 74161 同步级联组成 8 位二进制加法计数器

② 异步级联。用两片 74191 采用异步级联方式构成的 8 位二进制异步可逆计数器，如图 11-6-19 所示。

有的集成计数器没有进位/借位输出端，这时可根据具体情况，用计数器的输出信号 Q_3、Q_2、Q_1、Q_0 产生一个进位/借位，如用两片二-五-十进制异步加法计数器 74290 采用异步级联方式组成二位 8421BCD 码一百进制加法计数器，见图 11-6-20，模为 10×10=100。

（2）组成任意进制计数器。市场上能买到的集成计数器一般为二进制和 8421BCD 码十进制计数器，如果需要其他进制的计数器，可用现有的二进制或十进制计数器，通过其清零端或预置数端外加适当的门电路连接而成。

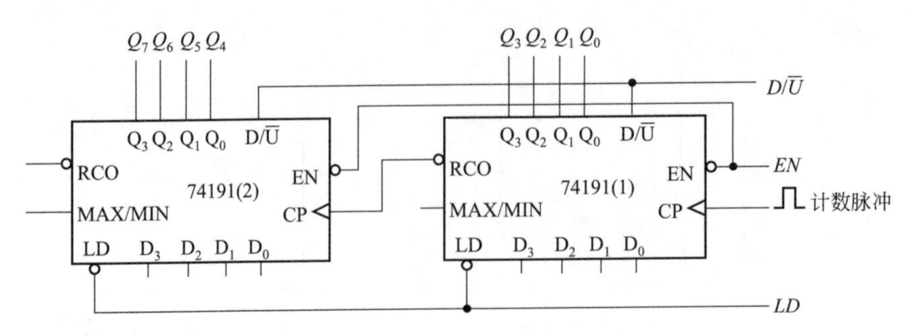

图 11-6-19　74191 异步级联组成 8 位二进制异步可逆计数器

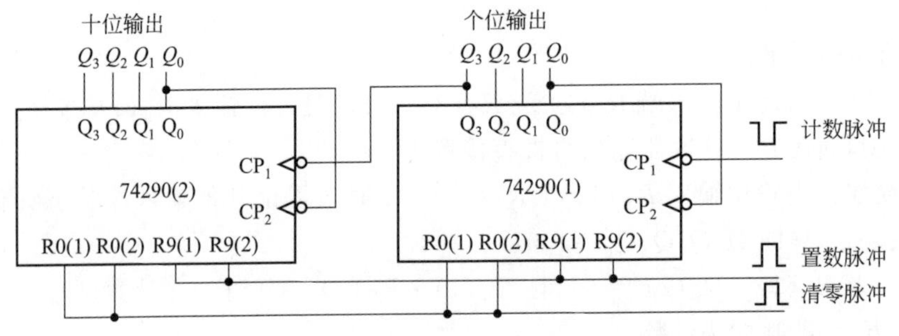

图 11-6-20　74290 异步级联组成 8421BCD 码一百进制加法计数器

① 异步清零法。适用于具有异步清零端的集成计数器。图 11-6-21 所示是用集成计数器 74161 和“与非”门组成的六进制计数器。

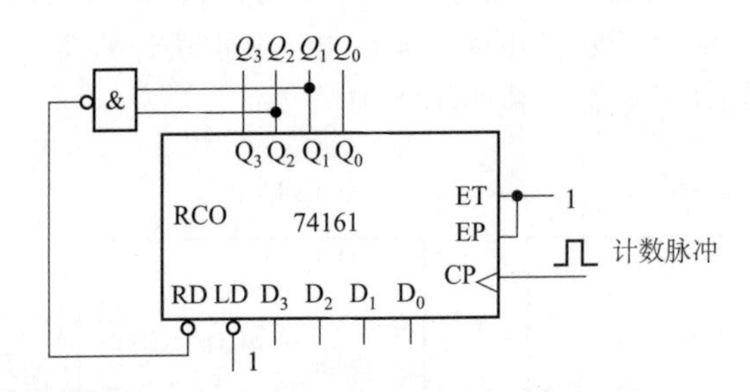

图 11-6-21　异步清零法组成的六进制计数器

② 同步清零法。适用于具有同步清零端的集成计数器。图 11-6-22 所示是用集成计数器 74163 和与“非门”组成的六进制计数器。

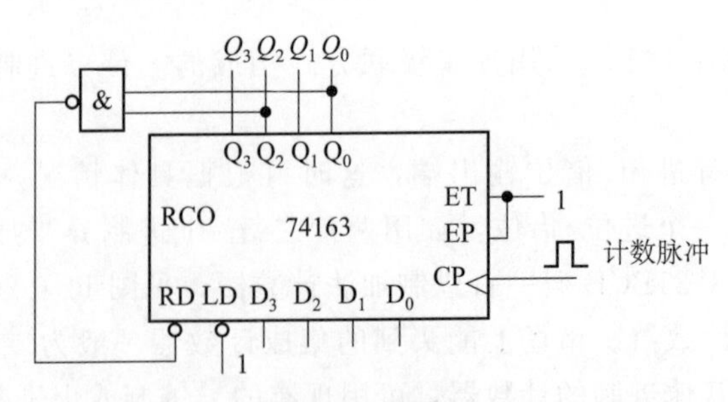

图 11-6-22　同步清零法组成的六进制计数器

③ 异步预置数法。适用于具有异步预置端的集成计数器。图 11-6-23 所示是用集成计数器 74191 和“与非门”组成的余 3 码十进制计数器。该电路的有效状态是 0011～1100，可作为余 3 码计数器。

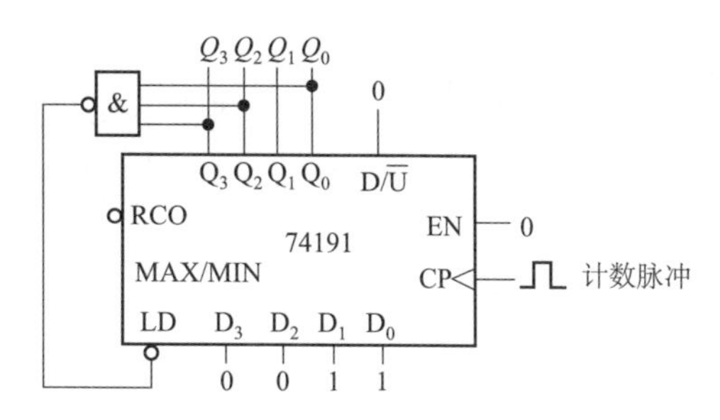

图 11-6-23　异步预置数法组成余 3 码十进制计数器

④ 同步预置数法。适用于具有同步预置端的集成计数器。图 11-6-24 所示是用集成计数器 74160 和“与非门”组成的七进制计数器。

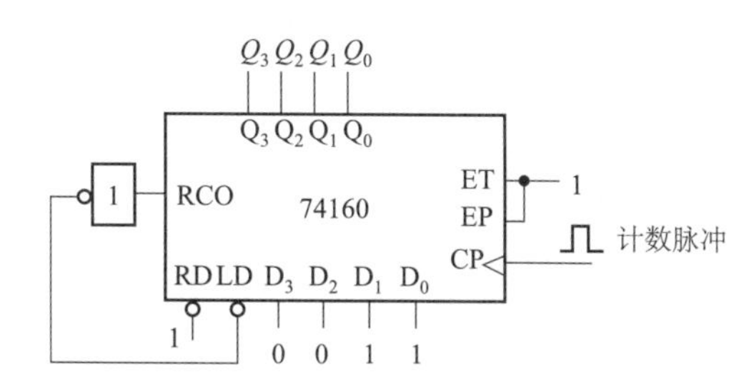

图 11-6-24　同步预置数法组成的七进制计数器

综上所述，改变集成计数器的模可用清零法，也可用预置数法，清零法比较简单，预置数法比较灵活，但不管用那种方法，都应首先搞清所用集成组件的清零端或预置端是异步还是同步工作方式，根据不同的工作方式选择合适的清零信号或预置信号。

例如用两片 74160 构成四十八进制计数器。先将两芯片采用同步级联方式连接成一百进制计数器，然后再借助 74160 异步清零功能，在输入第 48 个计数脉冲后，计数器输出状态为 0100 1000 时，高位片的 Q_2 和低位片的 Q_3 同时为 1，使“与非”门输出 0，加到两芯片异步清零端上，使计数器立即返回 00000000 状态，状态 0100 1000 仅在极短的瞬间出现，属于过渡状态，这样就组成了四十八进制计数器，如图 11-6-25 所示。

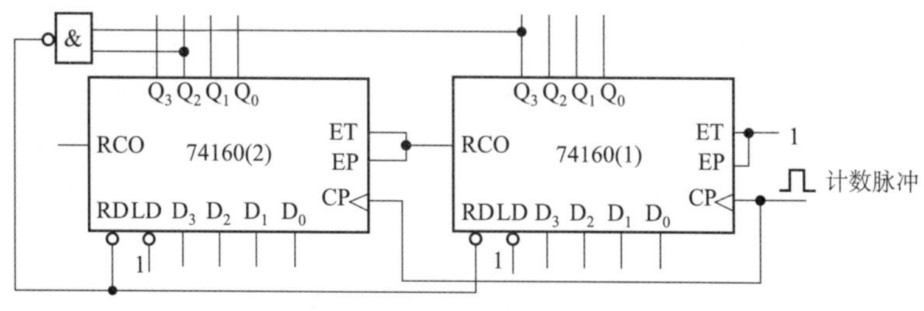

图 11-6-25　四十八进制计数器

(3) 组成分频器。前面提到，模 N 计数器进位输出端输出脉冲的频率是输入脉冲频率的 $1/N$，因此可用模 N 计数器组成 N 分频器。例如某石英晶体振荡器输出脉冲信号的频率为 32768Hz，用 74161 组成分频器，将其分成频率为 1Hz 的脉冲信号。因为 $32768=2^{15}$，经15级二分频就可获得频率为1Hz的脉冲信号。因此将四片74161级联，从高位片[74161(4)]的Q_2输出即可，如图11-6-26所示。

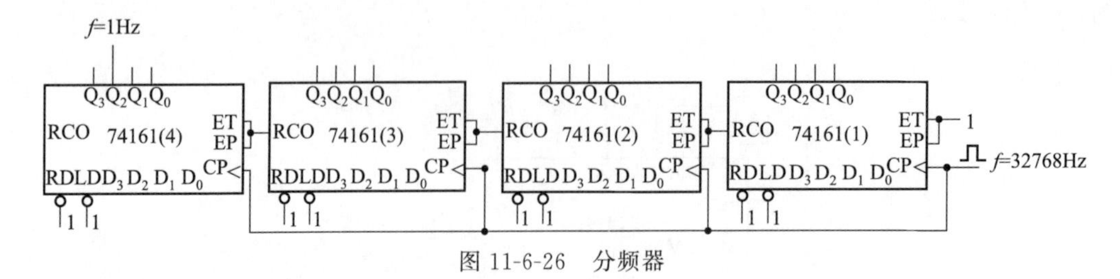

图 11-6-26　分频器

(4) 组成序列信号发生器。序列信号是在时钟脉冲作用下产生的一串周期性的二进制信号。图11-6-27是用74161及门电路构成的序列信号发生器。其中74161与G_1构成了一个模5计数器。在CP作用下，计数器的状态变化如表11-6-9所示，由于$Z=Q_0\overline{Q_2}$，因此这是一个01010序列信号发生器，序列长度$P=5$。

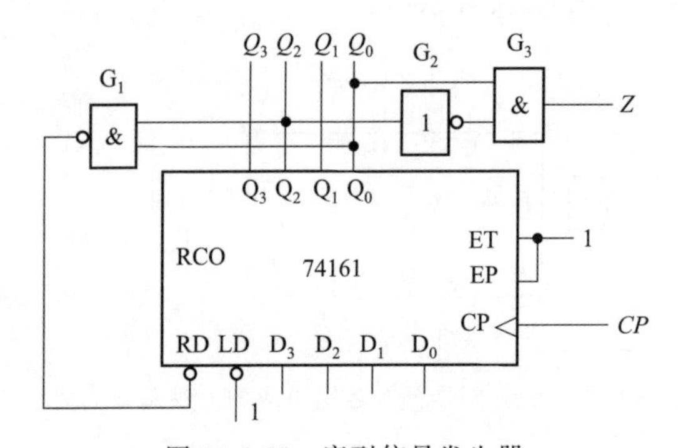

图 11-6-27　序列信号发生器

表 11-6-9　状态表

现态	次态	输出
Q_2^n　Q_1^n　Q_0^n	Q_2^{n+1}　Q_1^{n+1}　Q_0^{n+1}	Z
0　0　0	0　0　1	0
0　0　1	0　1　0	1
0　1　0	0　1　1	0
0　1　1	1　0　0	1
1　0　0	0　0　0	0

用计数器辅以数据选择器可以方便地构成各种序列信号发生器，选择适当的数据选择器，把欲产生的序列按规定的顺序加在数据选择器的数据输入端，把地址输入端与计数器的输出端适当地连接在一起，例如用计数器74161和数据选择器7451设计一个01100011序列发生器，序列长度$P=8$，用74161构成模8计数器，数据选择器74151产生所需序列，如图11-6-28所示。

(5) 组成脉冲分配器。脉冲分配器是数字系统中定时部件的组成部分，它在时钟脉冲作用下，顺序地使每个输出端输出节拍脉冲，用以协调系统各部分的工作。图11-6-29(a)所示为一个由计数器74161和译码器74138组成的脉冲分配器。74161构成模8计数器，输出状态$Q_2Q_1Q_0$在000～111之间循环变化，从而在译码器输出端Y_0～Y_7分别得到图11-6-29(b)所示的脉冲序列。

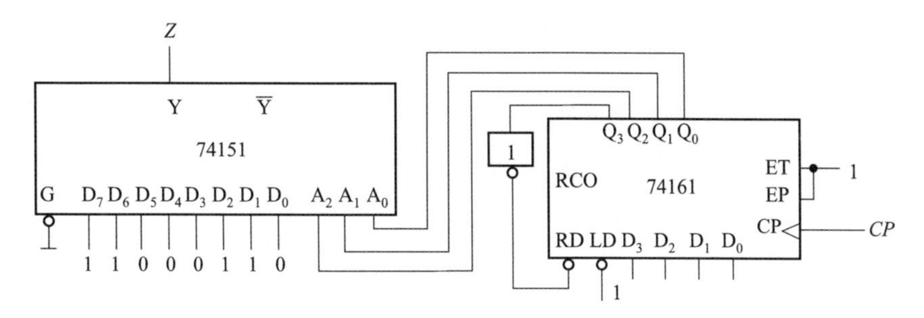

图 11-6-28　计数器和数据选择器组成序列信号发生器

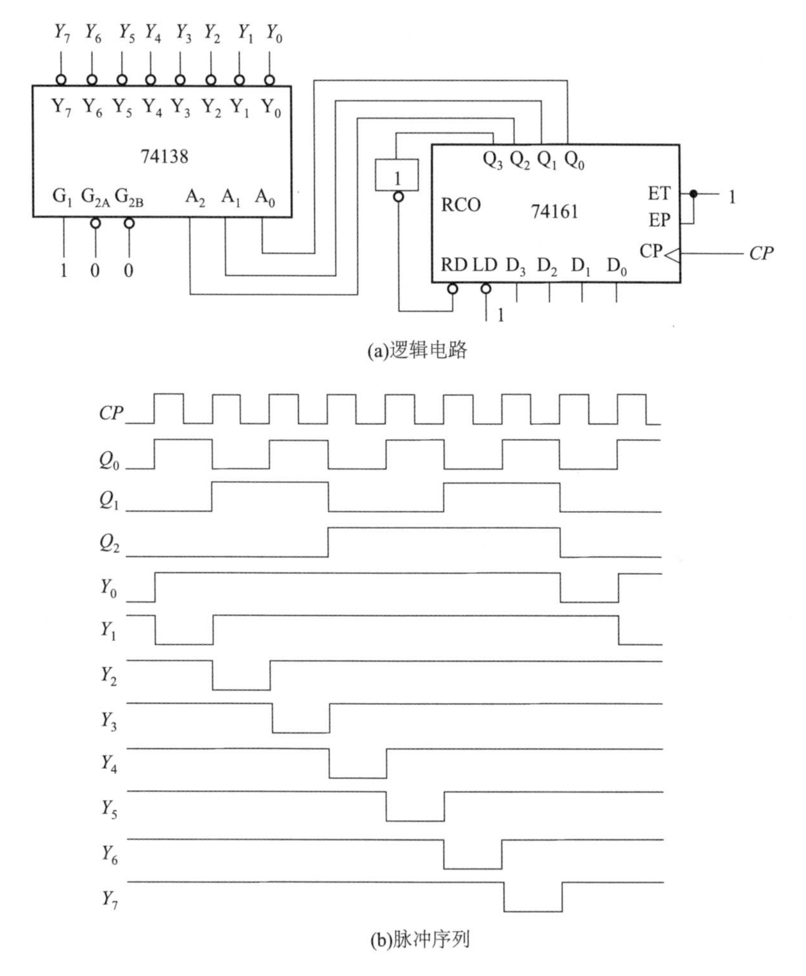

图 11-6-29　计数器 74161 和译码器 74138 组成脉冲分配器

11.7　555 定时器

555 定时器是一种集成电路芯片，常用于定时器、脉冲产生器和振荡电路。常用的 555 定时器有 TTL 定时器 5G555 和 CMOS 定时器 CC7555 等，二者外引脚编号和功能是一样的。图 11-7-1 所示为 555 定时器外引脚排列图，各引脚功能见表 11-7-1。

表 11-7-1　555 电路引脚说明

引脚	名称	功能
1	GND(地)	接地,低电平(0V)
2	TRIG(触发)	当此引脚电压降至 $U_{CC}/3$(或由控制端决定的阈值电压)时,输出端输出高电平
3	OUT(输出)	输出高电平或低电平
4	RST(复位)	当此引脚接高电平时,定时器工作;当此引脚接地时,芯片复位,输出低电平
5	CTRL(控制)	控制芯片的阈值电压
6	THR(阈值)	当此引脚电压升至 $2U_{CC}/3$(或由控制端决定的阈值电压)时,输出端输出低电平
7	DIS(放电)	用于给电容放电
8	U_{CC}(供电)	用于给芯片供电

555 定时器有三种工作模式：①单稳态模式，此模式为单次触发脉冲发生器模式应用范围包括定时器、反弹跳开关、轻触开关、分频器等；②无稳态模式，此模式下 555 定时器以振荡器方式工作，常被用于频闪灯、脉冲发生器、逻辑电路时钟、音调发生器、脉冲位置调制（PPM）电路等，如果使用热敏电阻作为定时电阻，则可构成温度传感器，其输出信号的频率由温度决定；③双稳态模式（或称施密特触发器模式），在 DIS 引脚空置且不外接电容的情况下，555 定时器的工作方式类似于一个 RS 触发器，可用于构成锁存开关。

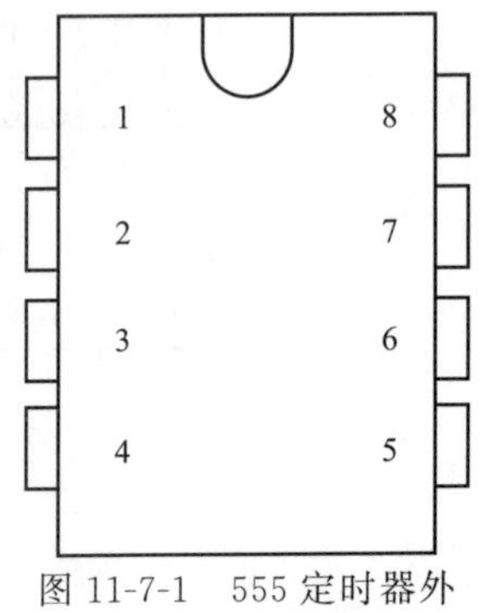

图 11-7-1　555 定时器外引脚排列图

在单稳态工作模式下，当触发输入电压降至 U_{CC} 的 1/3 时，555 定时器开始输出脉冲，当电容电压升至 U_{CC} 的 2/3 时输出脉冲停止，根据实际需要可通过改变 RC 网络的时间常数来调节输出脉宽。见图 11-7-2。

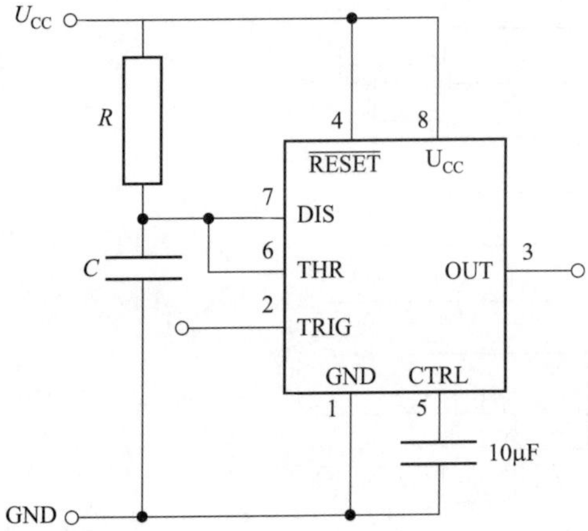

图 11-7-2　555 定时器单稳态工作模式

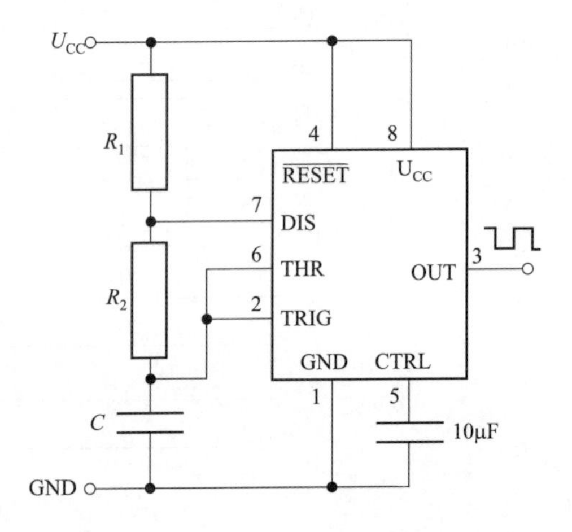

图 11-7-3　555 定时器无稳态工作模式

输出脉宽即电容电压充至 U_{CC} 的 2/3 时所需要的时间，由下式给出：

$$输出脉宽=RC\ \ln 3\approx 1.3RC$$

无稳态工作模式下（图 11-7-3），555 定时器可输出连续的特定频率的方波。电阻 R_1 接在 U_{CC} 与放电引脚（引脚 7）之间，电阻 R_2 接在引脚 7 与触发引脚（引脚 2）之间，引脚 2 与阈值引脚（引脚 6）短接。工作时电容通过 R_1 与 R_2 充电至 $2U_{CC}/3$，然后输出电压翻转，电容通过 R_2 放电至 $1U_{CC}/3$，之后电容重新充电，输出电压再次翻转。

无稳态模式下 555 定时器输出波形的频率由 R_1、R_2 与 C 决定：

$$f=\frac{1}{C(R_1+2R_2)\ln 2}$$

11.8　轻触双稳态开关电路制作调试实训

实训任务

① 制作轻触双稳态开关电路。

② 调试轻触双稳态开关电路。

实训目标

① 掌握轻触双稳态开关电路的原理。

② 掌握轻触双稳态开关电路的制作要领和调试步骤。

图 11-8-1 所示是使用 D 触发器组成的轻触双稳态开关电路，它是一种具有两种输出状态（高电平和低电平）的开关电路，用一个按钮开关控制输出状态之间的切换，可用于灯光装饰等场合。

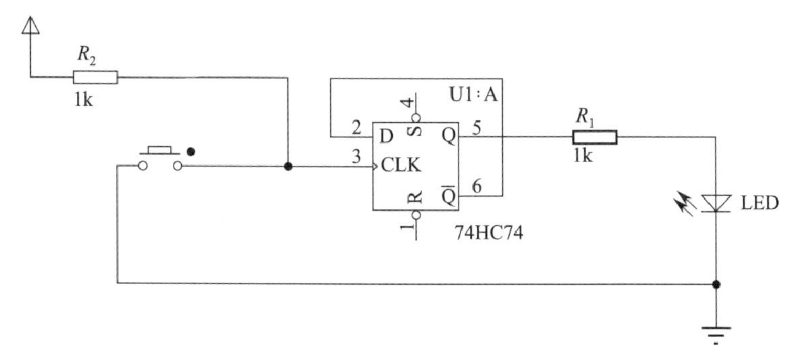

图 11-8-1　轻触双稳态开关电路

D 触发器的反相输出端接 D 输入端。上电时，Q 端输出低电平，反相输出端为高电平，则 D 输入端也为高电平，在时钟输入端电平由高向低跳变时，Q 端状态与输入端相同，变为高电平，实现一次状态切换，反相输出端为低电平，则 D 输入端为低电平，当下一时钟信号由高向低跳变时，输出转为高电平，如此反复循环，每一次时钟信号由高向低跳变，都会引起输出状态的翻转。

电路制作步骤如下。

（1）按工艺要求安装色环电阻器。

（2）按工艺要求安装 LED。

（3）按工艺要求安装电解电容器。

（4）按工艺要求安装集成电路 74HC74。

制作电路时必须按照电路原理图和元器件的外形尺寸、封装形式在万能板上均匀布局元器件，避免安装时相互影响；元器件排列要疏密均匀，电路走向应基本与电路原理图一致，一般由输入端开始向输出端呈一字形排列；互相连接的元器件应就近安放；每个安装孔只能插入一个元器件管脚，每个元器件要水平或垂直放置，不能斜放；大多数情况下，元器件都应水平安装在电路板的同一个面上；布线时应做到横平竖直，导线不能相互交叉，确需交叉的导线应从元器件体下穿过。

元器件的装配工艺要求如下：

◆ 电阻器采用水平安装方式，电阻体紧贴电路板，色环电阻的色环标志顺序方向要一致。

◆ 电容器采用垂直安装方式，电容器底部离开电路板 5mm，注意正负极性。

◆ 集成块需要先安装底座，焊接时注意引脚的顺序。

(5) 对安装好的元器件进行手工焊接。

(6) 检查焊点质量。

焊接完后，在接通电源前先用万用表检测电路是否接通，对照电路图从左向右，从上到下，逐个元器件进行检测，具体操作如下。

① 检测所有接地的管脚是否真正接到电源的负极。选择万用表的蜂鸣挡，用万用表的一个表笔接电路的公共接地端（电源的负极），另一个表笔接元器件的接地端，如果万用表的指针偏转很大，接近 0Ω 位置，并听到蜂鸣声，则说明接通；如果表指针不动或偏转较小，听不到蜂鸣声，则说明该元器件的接地端子没有和电源的负极接通。

② 检测所有接电源的管脚是否真正接到电源的正极。选择万用表的蜂鸣挡，用万用表的一个表笔接电源的正极，另一个表笔接元器件的电源管脚，如果万用表的指针偏转很大，接近 0Ω 位置，并听到蜂鸣声，说明管脚与电源接通，如果表指针不动或偏转较小，听不到蜂鸣声，则说明管脚没有和电源的正极接通。

③ 检测相互连接的元器件之间是否真正接通。选择万用表的蜂鸣挡，用万用表的一个表笔接元器件的一端，另一个表笔接和它相连的另一个元器件的端子，如果万用表的指针偏转很大，接近 0Ω 位置，并听到蜂鸣声，则说明接通，如果表指针不动或偏转较小，听不到蜂鸣声，则说明没有接通。按照此方法，依次检查各元器件是否接通。

一般情况下只要元器件完好，装配无误，通电以后本电路就能工作。如果电路工作不正常，则应通过测量电压和电流判断是集成电路的故障还是外围元器件的问题。通常情况下集成电路引脚的电压值有一点离散，但很小，如果偏离很大，先检查引脚外围元器件是否良好，最后再确定集成电路的好坏。

11.9 二十四进制计数器的制作调试实训

实训任务

① 绘制二十四进制计数器电路的焊接草图。

② 简述二十四进制计数器电路的工作过程。

实训目标

① 能分析二十四进制计数器电路的工作原理。

② 能分析 SN74HC4518 的工作原理。

③ 能熟练绘制二十四进制计数器电路。

二十四进制计数器电路如图 11-9-1 所示，第一个计数器的 EN 端固定接高电平，在每个 *CP* 时钟脉冲信号的上升沿执行加法计数，从 Q_0、Q_1、Q_2、Q_3 输出数据，计数到 10 时回零。为了在回零时能利用由高向低的信号跳变引发下一位计数器执行加法计数，第二个计数器的 *CP* 信号接低电平，第一个计数器的 Q_3 输出接第二位计数器的 EN 引脚，跳变时能实现累加计数。

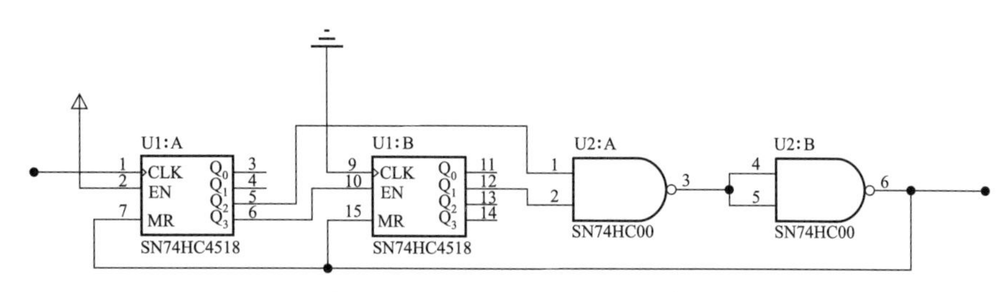

图 11-9-1　二十四进制计数器电路

当两个计数器计数总数是 24 时，电路应归零，同时输出一高电平脉冲。为了实现这个功能，用一个“与非”门电路检测第一计数器的 Q_2 引脚和第二计数器的 Q_1 引脚，同时出现高电平时（第一计数器达到 4，第二计数器达到 2，总数达到 24），第一个“与非”门输出低电平，第二个“与非”门起反相作用，对外输出高电平信号，同时使两个计数器清零。

本实训采用了集成模块 SN74HC4518 和 SN74HC00。集成模块 SN74HC4518 是双列 16 脚封装的双重 BCD 同步加法计数器，引脚排列见图 11-9-2。

SN74HC00 是一款四通道两输入“与非”门模块。引脚排列见图 11-9-3。

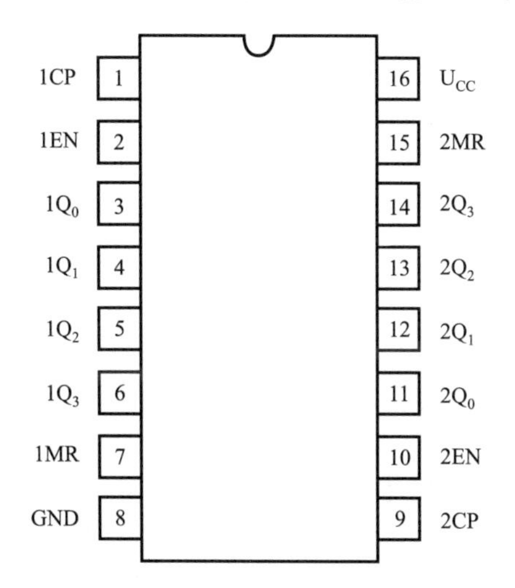

图 11-9-2　SN74HC4518 引脚排列

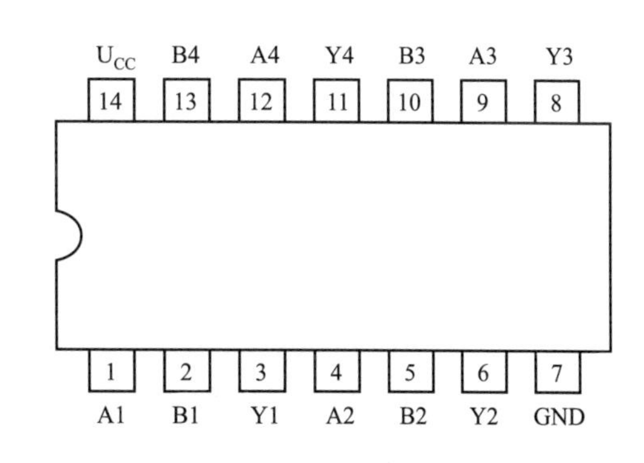

图 11-9-3　SN74HC00 引脚排列图

根据电路图，在万能焊接实验板上将上述元件合理排布，焊接固定，元件之间正确连接。注意 SN74HC4518 的第 16 脚接电源正极，第 8 脚接电源负极；SN74HC00 的第 14 脚接电源正极，第 7 脚接电源负极；芯片上不用的输入引脚全部接电源正极，不用的输出引脚悬空。焊接完成并检查无误后，将集成块插在插座上，电源电压应为 5V 左右，最高不能超过 6V。

接通电源，使用信号发生器向电路的CP输入端输入矩形波信号，信号的电压不能超过电路电源的电压，信号的频率设置为24Hz，验证输出端是否每秒输出一个脉冲信号。

11.10 数字钟的制作实训

实训任务

① 绘制数字钟电路的焊接草图。

② 简述数字钟电路的工作过程。

实训目标

① 能分析数字钟电路的工作原理。

② 能分析74LS 163、74LS 160、74LS 90、74LS112、74LS 48的工作原理。

③ 掌握绘制数字钟电路的步骤。

数字钟原理如图11-10-2所示。

本实训的数字电子钟的振荡电路由石英晶体、微调电容与集成反相器等元件构成，如图11-10-1所示。振荡器是数字钟的核心，用于产生标准频率信号，再由分频器分成“秒”时间脉冲。振荡器振荡频率的精度与稳定度基本上决定了数字钟的准确度。由于石英晶体的频率稳定度可达10^{-10}～10^{-11}，输出波形近似于正弦波，可用反相器整形而得到矩形脉冲输出。所以可获得频率非常稳定的振荡信号。

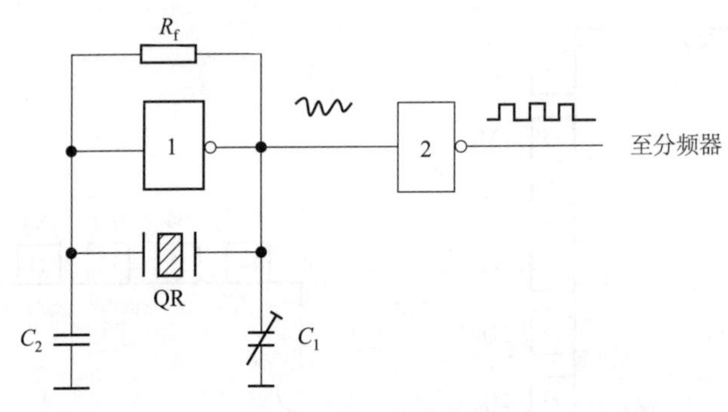

图11-10-1　振荡电路

图中1门、2门是反相器，1门用于振荡，2门用于缓冲整形。R_f为反馈电阻，为反相器提供偏置，使其工作在放大状态。R_f的值选取太大会使放大器偏置不稳，甚至不能正常工作，R_f值太小又会使反馈网络负担加重。图中C_1是频率微调电容，一般取5～35pF。C_2是温度特性校正电容，一般取20～40pF。电容C_1、C_2与晶体共同构成p型网络，以控制振荡频率，并使输入、输出之间相移180°。

时间标准信号的频率很高，要得到“秒”脉冲，需要用到分频电路。可用1片14位二进制计数器CD 4060进行214分频，再用D触发器完成一次分频，即可得到1Hz的“秒”脉冲信号（215次分频信号）见图11-10-3。也可采用6片异步二-五-十进制计数器74LS 90直接实现，见图11-10-4。

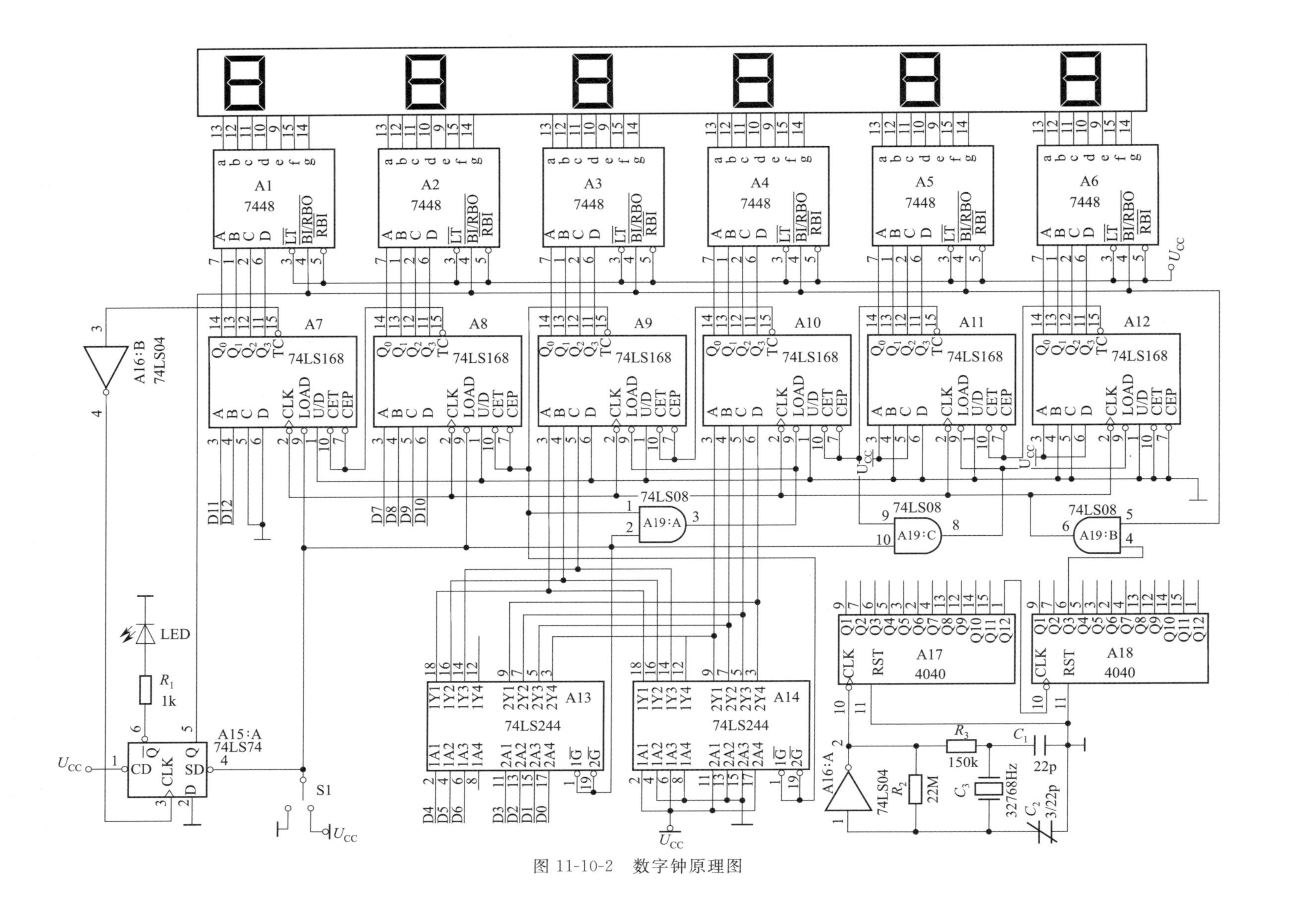

图 11-10-2　数字钟原理图

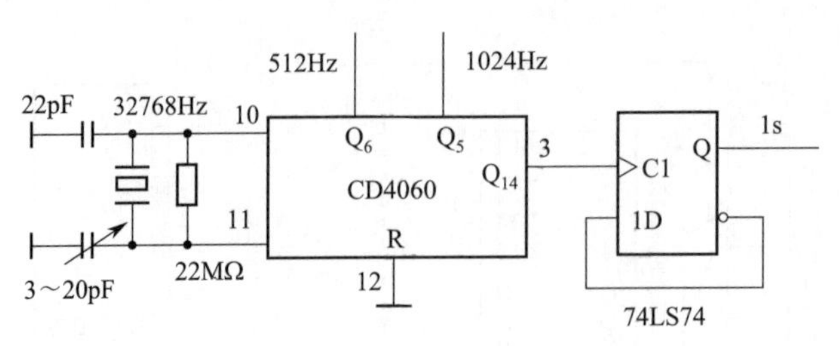

图 11-10-3　分频电路 1

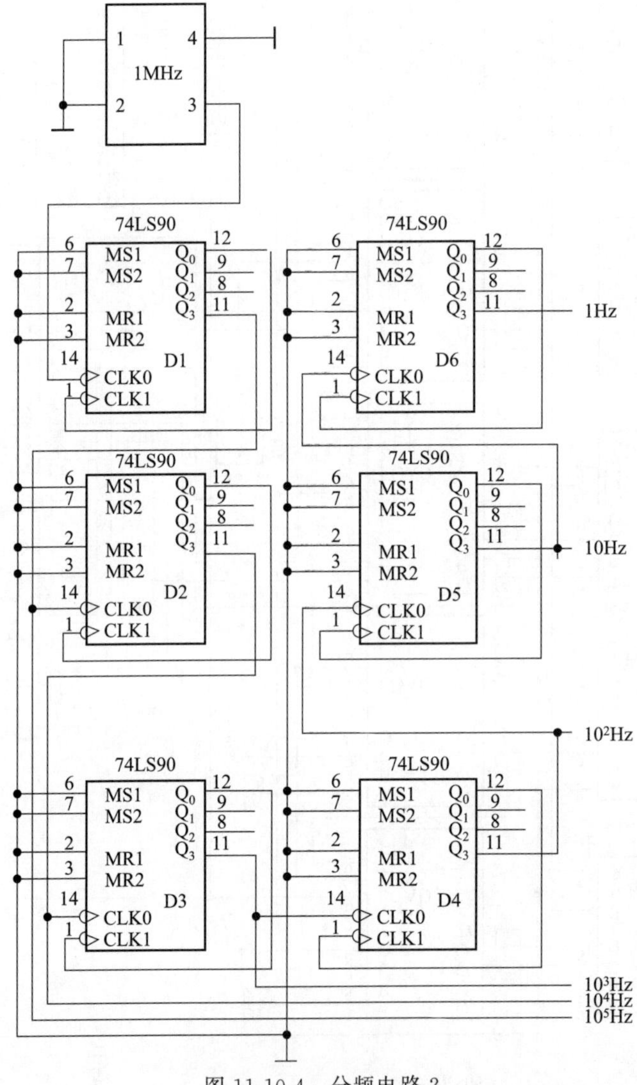

图 11-10-4　分频电路 2

（1）六十进制计数。“秒”计数器的电路形式很多，通常都是由一级十进制计数器和一级六进制计数器组成。图 11-10-5 所示是用两块中规模集成电路 74LS160 按反馈置零法串接而成的“秒”计数器。“秒”计数器的十位和个位输出脉冲除用作自身清零外，还作为“分”计数器的输入信号。本实验则是由 74LS163 与 74LS90 及门电路构成“秒”计数器电路。

“分”计数器与“秒”计数器相同。

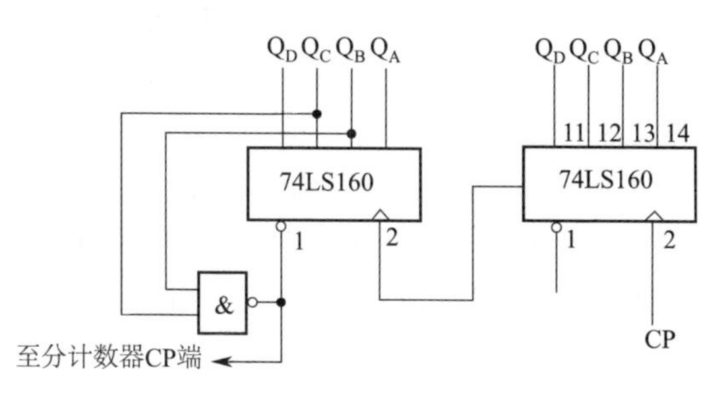

图 11-10-5　两块 74LS160 按反馈置零法串接而成的“秒”计数器

（2）二十四进制计数。图 11-10-6 所示为二十四进制计数器，由两片 74LS160 组成。也可用两块中规模集成电路 74LS161 和“与非”门构成。

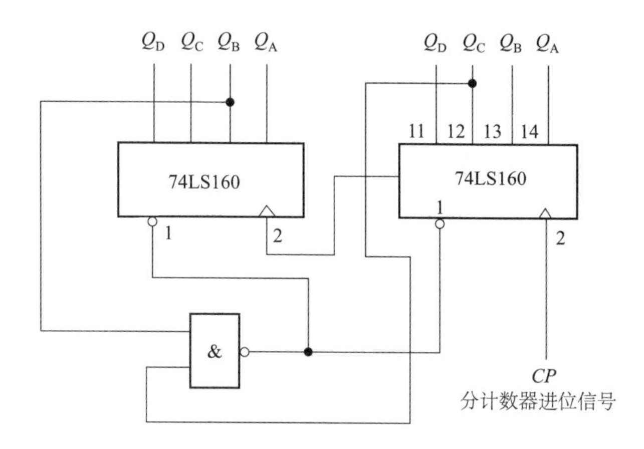

图 11-10-6　二十四进制计数器

（3）校准电路，校准电路是一个由基本 RS 触发器组成的单脉冲发生器，如图 11-10-7 所示。未按按钮 SB 时，“与非”门 G_2 的一个输入端接地，基本 RS 触发器处于 1 状态，即 $Q=1$，$\overline{Q}=0$，这时数字钟正常工作，“分”脉冲能进入“分”计数器，“时”脉冲也能进入“时”计数器。按下按钮 SB 时，“与非”门 G_1 的一个输入端接地，于是基本 RS 触发器翻转为 0 状态，$Q=0$，$\overline{Q}=1$。若所按的是校“分”的按钮，则“秒”脉冲可以直接进入“分”计数器，而“分”脉冲被阻止进入，因而便能较快地校准“分”计数器的计数值。若所按的是校“时”的按钮，则“秒”脉冲可以直接进入“时”计数器，而“时”脉冲被封锁，于是就能较快地对“时”计数值进行校准。校准后，将校正按钮释放，使其恢复原位，数字钟继续进行正常的计时工作。

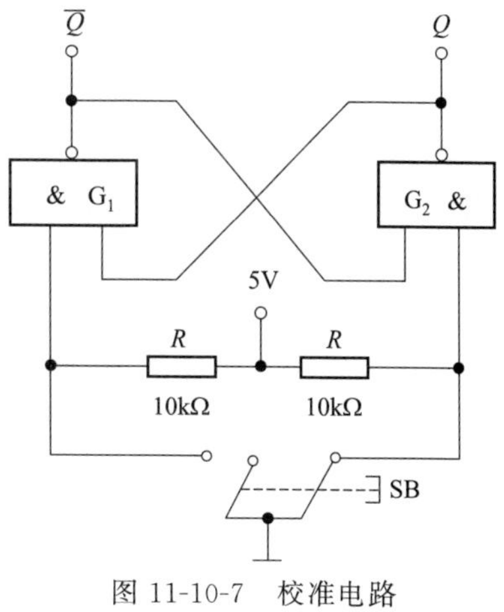

图 11-10-7　校准电路

数字钟电路中的 74LS90 的清零方式通常为异步清零，而且它的计数方式是异步的，即 CP 不是同时送到每个触发器。数字钟电路的 74LS163（见图 11-10-8）不但计数方式是同步的，而且清零方式也是同步的，即使控制端 $CLR=0$，也要等到下一个时钟脉冲的上升沿到来以后才能够清零。

图 11-10-9 所示为 74LS160 的引脚图，当清除端 $\overline{MR}$ 为低电平时，不管时钟端 CP 状态如何，都可完成清除功能。74LS160 的预置是同步的。当置入控制器 $\overline{PE}$ 为低电平时，在 CP 上升沿作用下，输出端 $Q_0 \sim Q_3$ 与数据输入端 $P_0 \sim P_3$ 一致。74LS160 的计数是同步的，靠 CP 同时加在四个触发器上而实现。当 CEP、CET 均为高电平时，在 CP 上升沿作用下，$Q_0 \sim Q_3$ 同时变化，从而消除了异步计数器中出现的计数尖峰。74LS160 有超前进位功能。当计数溢出时，进位输出端 TC 输出一个高电平脉冲。在不外加门电路的情况下，可级联成 N 位同步计数器。74LS160 功能表见表 11-10-1。

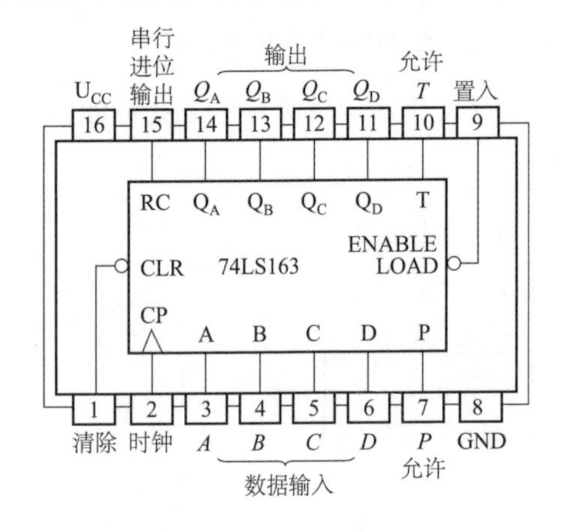

图 11-10-8 74LS163

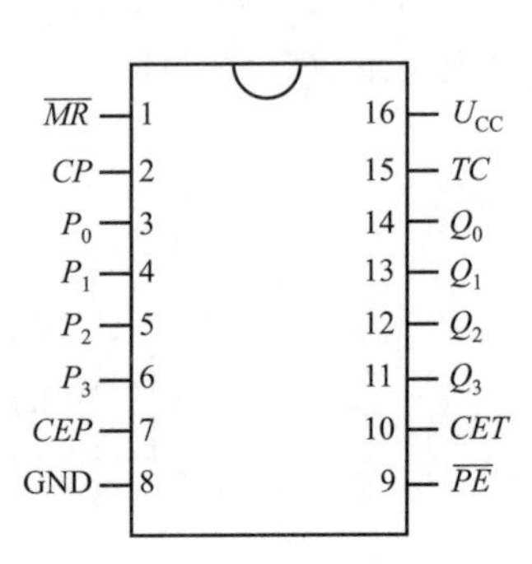

图 11-10-9 74LS160 引脚图

表 11-10-1 74LS160 功能表

输入									输出			
MR	PE	CET	CEP	CP	P_3	P_2	P_1	P_0	Q_3	Q_2	Q_1	Q_0
0	×	×	×	×	×	×	×	×	0	0	0	0
1	0	×	×	1	d_3	d_2	d_1	d_0	d_3	d_2	d_1	d_0
1	1	1	1	1	×	×	×	×	计数			
1	1	0	×	×	×	×	×	×	保持			
1	1	×	0	×	×	×	×	×	保持(TC=0)			

根据电路图，在万能焊接实验板上将上述元件合理排布，元件之间正确连接，然后对安装好的元器件进行手工焊接，焊接完后检查焊点质量。注意：①芯片上不用的输入引脚全部接电源正极，不用的输出引脚悬空；②焊接完成检查无误后才能将集成块插在插座上；③电源电压为 5V 左右，最高不能超过 6V。

然后断电检查电路的通断，检测所有接地的管脚是否真正接到电源的负极，所有接电源的管脚是否真正接到电源的正极，相互连接的元器件之间是否真正接通。

最后接通电源，使用信号发生器向电路的 CP 输入端输入矩形波信号，信号的电压不能超过电路电源的电压，信号的频率设置为 24Hz，验证输出端是否每秒输出一个脉冲信号。

时序逻辑电路在任何一个时刻的输出状态不仅取决于当前的输入信号，还与电路的原状

态有关。因此时序电路中必须含有具有记忆功能的存储器件，触发器是最常用的具有记忆功能的存储器件。描述时序逻辑电路逻辑功能的方法有状态转换真值表、状态转换图和时序图等。

时序逻辑电路的分析步骤一般为：逻辑图→时钟方程（异步）、驱动方程、输出方程→状态方程→状态转换真值表→状态转换图和时序图→逻辑功能。

计数器是一种简单而又最常用的时序逻辑器件，在计算机和其他数字系统中起着非常重要的作用。计数器不仅能用于统计输入时钟脉冲的个数，还能用于分频、定时、产生节拍脉冲等。利用已有的 M 进制集成计数器产品可以构成 N（任意）进制的计数器，采用的方法有异步清零法、同步清零法、异步置数法和同步置数法，具体应根据集成计数器的清零方式和置数方式来选择，当 $M>N$ 时，用 1 片 M 进制计数器即可；当 $M<N$ 时，要用多片 M 进制计数器组合起来才能构成 N 进制计数器。当需要扩大计数器的容量时，可将多片集成计数器进行级联。

第12章

数模与模数转换器

【知识目标】

① 了解 A/D 与 D/A 转换器的基本电路结构。

② 掌握 A/D 与 D/A 转换器的工作原理。

【技能目标】

① 掌握 A/D、D/A 转化器的解读、分析和简单设计。

② 掌握 A/D、D/A 转化器电路的实际应用。

在现代工业控制、通信、仪器仪表检测等领域，信号的处理无处不在，而常见的一些自然界中的物理信号，如温度、压力、位移等都属于模拟量，如果要通过计算机系统对这些模拟量进行控制、检测，需要一种能在数字信号和模拟信号之间起转换作用的电路，这就是数模与模数转换器（D/A 与 A/D 转换器），D/A 与 A/D 转换器已经成为计算机系统必不可少的一部分。

12.1 D/A 转换器

在自动控制领域，往往需要将数字量转换为模拟量，将二进制数字量转换为模拟量（电流或电压）的电路称为数模转换器或 D/A 转换器。

D/A 转换器实质上就是一个译码器（解码器），如图 12-1-1 所示。输出模拟电压 u_o 和输入数字量 D_n 之间成正比关系，设 U_{REF} 为参考电压，则 $u_o = D_n U_{REF}$。

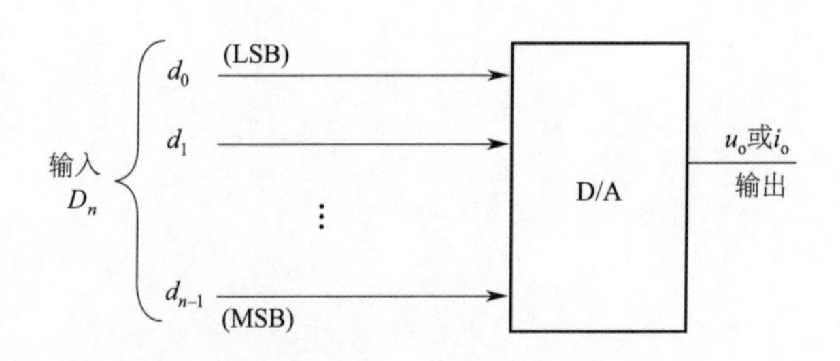

图 12-1-1　D/A 转换器方框图

将输入的每一位二进制代码按其权值大小转换成相应的模拟量，然后将代表各位的模拟量相加，则所得的总模拟量就与数字量成正比，这样就实现了数字量到模拟量的转换：

$$D_n = d_{n-1} \cdot 2^{n-1} + d_{n-2} \cdot 2^{n-2} + \cdots + d_1 \cdot 2^1 + d_0 \cdot 2^0 = \sum_{i=0}^{n-1} d_i 2^i$$

$$\begin{aligned} u_o &= 5D_n u_{REF} \\ &= d_{n-1} \cdot 2^{n-1} \cdot u_{REF} + d_{n-2} \cdot 2^{n-2} \cdot u_{REF} + \cdots + d_1 \cdot 2^1 \cdot u_{REF} + d_0 \cdot 2^0 \cdot u_{REF} \\ &= \sum_{i=0}^{n-1} d_i 2^i u_{REF} \end{aligned}$$

D/A 转换器电路框图见图 12-1-2，数字量以串行或并行方式输入，存储在数码缓冲寄存器中，寄存器输出的数字量驱动对应数位上的电子开关，将在解码网络中获得的相应数位权值送入求和电路，求和电路将各位权值相加，便得到与数字量对应的模拟量。

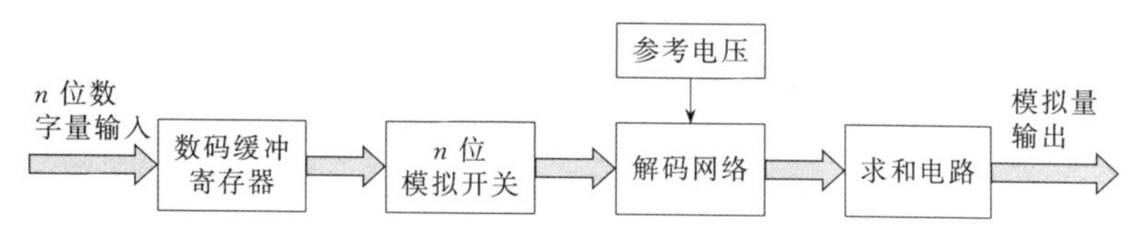

图 12-1-2　D/A 转换器电路框图

图 12-1-3 所示为一个 4 位电阻网络 D/A 转换电路，它由输入寄存器、电子开关、基准电压、电阻网络和运算放大器等模块组成。

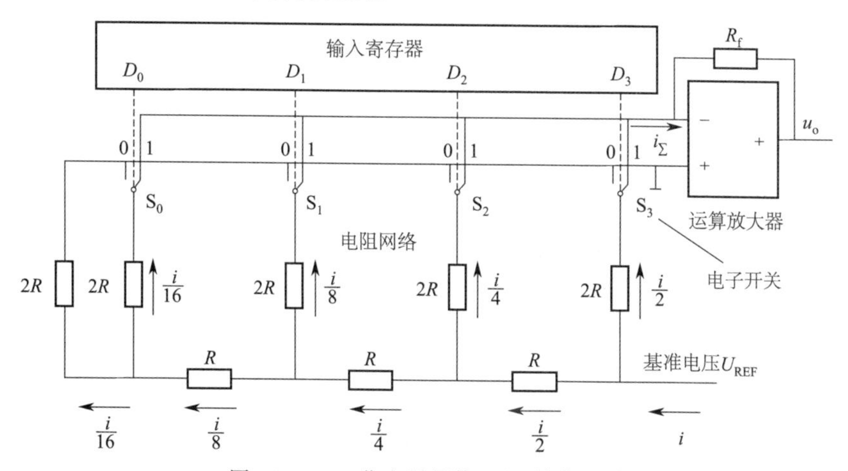

图 12-1-3　4 位电阻网络 D/A 转换电路

输入寄存器的数据 $D_0 \sim D_3$ 控制相应电子开关 $S_0 \sim S_3$ 的拨动方向，某位数据为 1 时，开关拨向右边，由基准电压产生的电流经电阻网络流向运算放大器。由运算放大器的“虚短”原理可知，正输入端接地，则负输入端电位为 0。经过电路计算可以知道，不论电子开关拨向哪边，流经 $D_0 \sim D_3$ 对应的各电阻的电流都分别为 $U_{REF}/16R$、$U_{REF}/8R$、$U_{REF}/4R$、$U_{REF}/2R$，所以流向运算放大器的电流：

$$\begin{aligned} i_\Sigma &= \frac{U_{REF}}{16R} \times D_0 + \frac{U_{REF}}{8R} \times D_1 + \frac{U_{REF}}{4R} \times D_2 + \frac{U_{REF}}{2R} \times D_3 \\ &= \frac{U_{REF}}{16R} \times (2^0 \times D_0 + 2^1 \times D_1 + 2^2 \times D_2 + 2^3 \times D_3) \end{aligned}$$

设运算放大器的反馈电阻 $R_f=R$，由放大器的工作原理可知：

$$u_o=-i_{\Sigma}\times R_f=-\frac{U_{REF}}{16R}\times(2^0\times D_0+2^1\times D_1+2^2\times D_2+2^3\times D_3)\times R$$

$$=-\frac{U_{REF}}{16}\times(2^0\times D_0+2^1\times D_1+2^2\times D_2+2^3\times D_3)$$

由上式可知，输出的模拟电压与输入的二进制数字量成正比，从而实现了模数转换。设参考电压 $U_{REF}=10$，输入的数字量是 1001，则输出的模拟电压为：

$$u_o=-\frac{U_{REF}}{16}\times(2^0\times D_0+2^1\times D_1+2^2\times D_2+2^3\times D_3)$$

$$=-\frac{10}{16}\times(2^0\times 1+2^1\times 0+2^2\times 0+2^3\times 1)$$

$$=-5.625(\mathrm{V})$$

4 位 D/A 转换器的输入数字量只有 0 到 15 共 16 个，输出电压也只能是 16 种，输出的变化不能是连续的，位数越多，能输入的数字量越多，输出的电压也越多，转换的精度就越高。实际工程应用中为了使用方便，数模转换常采用集成电路，如 D/A 转换芯片 AD7520，一种采用 CMOS 工艺的 10 位数模转换芯片，其转换电路如图 12-1-4 所示。

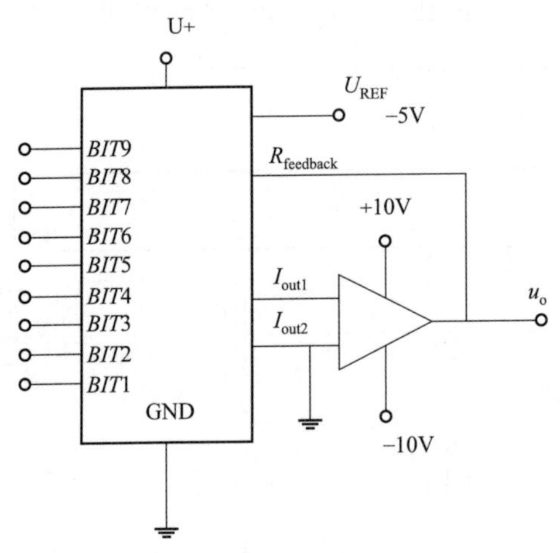

图 12-1-4　AD7520 数模转换电路

图中，$BIT1$ 到 $BIT10$ 是 10 位二进制数输入端口，GND 是接地端，I_{out1}、I_{out2} 是模拟电流输出端，$R_{feedback}$ 是反馈电阻，U＋是电源正极，U_{REF} 是参考电压输入端。AD7520 将输入的数字量转换为模拟电流输出，一般需要使用模拟电压，所以选用运算放大器将模拟电流变换为模拟电压输出。

D/A 转换器的主要技术指标如下。

① 分辨率。用来表征 D/A 转换器对输入微小量变化的敏感程度。可用输入数字量的位数 n 表示 D/A 转换器的分辨率，也可用 D/A 转换器的最小输出电压与最大输出电压之比来表示分辨率。分辨率越高，转换时对输入量的微小变化的反应越灵敏。而分辨率与输入数字量的位数有关，n 越大，分辨率越高。

② 转换精度。受电路元件参数误差、基准电压不稳定、运算放大器的零漂等因素的影响，D/A 转换器输出模拟电压的实际值与理想值之间存在误差，将静态转换误差的最大值

定义为转换精度。转换误差有比例系数误差、失调误差和非线性误差等。

③ 转换速度。当 D/A 转换器输入的数字量发生突变时，输出电压需要延时一段时间才能进入稳定值。通常用建立时间和转换速率来描述 D/A 转换器的转换速度。

建立时间是指从输入数字量的突变到输出电压稳定值在 $\pm 0.5LSB$ 范围内所需要的时间。

转换速率是指在大信号工作状态下输出电压的最大变化率。

④ 温度系数。在输入不变的情况下，输出模拟电压随温度变化产生的变化量。一般用满刻度输出条件下温度每升高 1℃，输出电压变化的百分数作为温度系数。

12.2　A/D 转换器

数字处理系统处理的各种数据，如电阻的阻值、光的强弱、温度的高低、压力的大小，一般都是模拟量，模拟量在进入数字电路之前需要先转换为数字量，实现这种功能的电路称为模数转换器或 A/D 转换器。

12.2.1　A/D 转换器工作原理

一般模数转换的过程包括取样、保持、量化、编码。图 12-2-1 所示为计数斜坡比较式模数转换器原理。

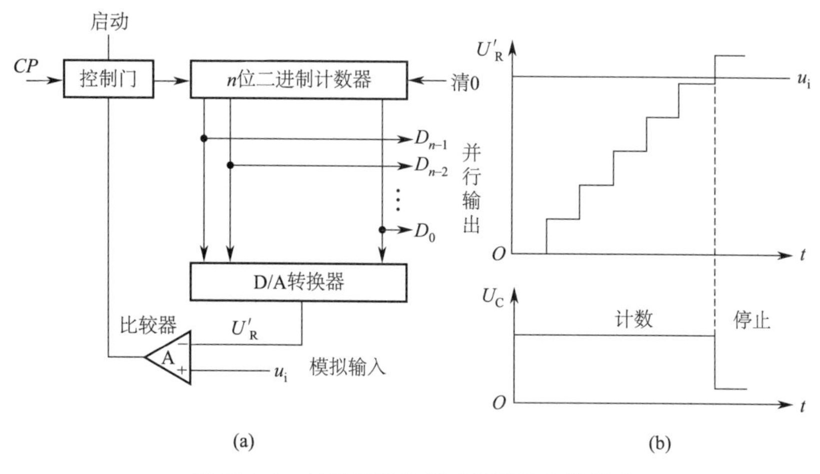

图 12-2-1　计数斜坡比较式模数转换器原理

① 取样与保持。取样（采样）是将时间上连续变化的信号转换为时间上离散的信号。即转换为一系列等间隔的脉冲，脉冲的幅度取决于输入模拟量。

如图 12-2-2 所示，取样开关由采样脉冲信号 $S(t)$ 控制，在 $S(t)$ 高电平期间，取样开关闭合，输入模拟信号 $u_1(t)$ 和输出模拟信号 $u_s(t)$ 相等。而在 $S(t)$ 低电平期间，取样开关断开，输出信号 $u_s(t)=0$。$S(t)$ 的频率越高，取得的信号经低通滤波器后越能真实复现输入信号。其中取样频率取决于奈奎斯特采样定理：在进行 A/D 信号转换过程中，当采样频率 f 大于信号中最高频率 f_{max} 的 2 倍时，采样之后的数字信号完整地保留了原始信号中的信息。一般实际应用中保证采样频率为信号最高频率的 5～10 倍。模拟信号经取样之后会得到一系列样值脉冲，这些脉冲的宽度很短，在下一个采样脉冲到来之前，应暂时保持所取得的样值脉冲，以便进行转换。因此，在取样电路之后需加保持电路，见图 12-2-3。

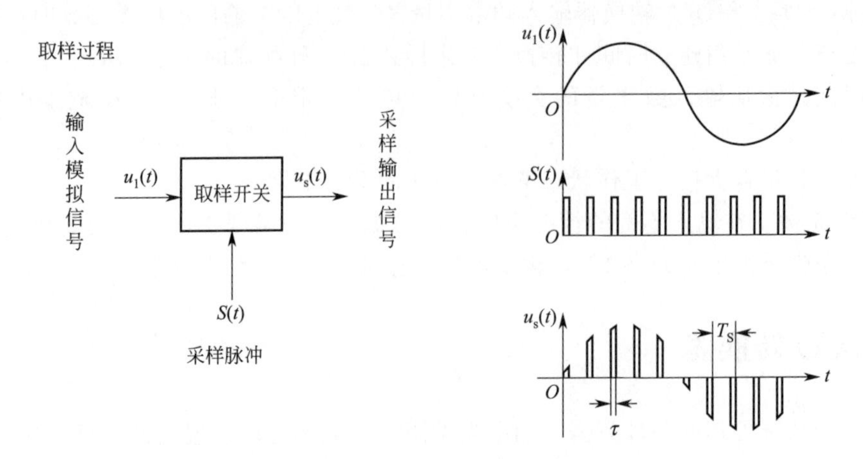

图 12-2-2　A/D 转换器取样过程

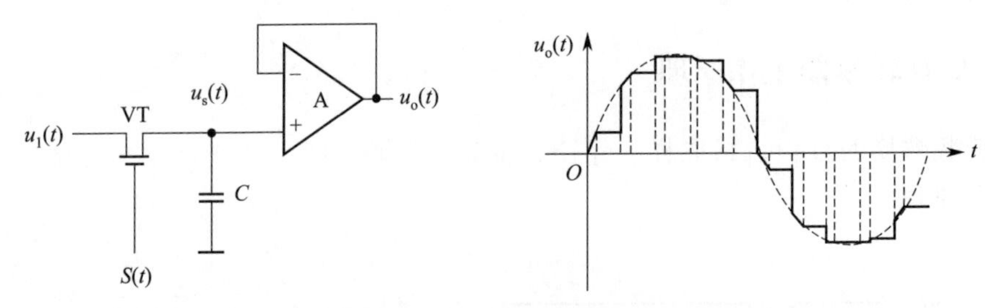

图 12-2-3　取样保持电路及输出波形

② 量化和编码。输入的模拟电压经过取样保持后，得到的波形是阶梯波，而阶梯波是一个可以连续取值的模拟量。因此，用数字量来表示连续变化的模拟量时就有一个类似于四舍五入的取值问题。将采样后的样值电平归化到与之接近的离散电平上，这个过程称为量化，制定的离散电平称为量化电平，见图 12-2-4。用二进制数码来表示各个量化电平的过程称为编码。两个量化电平之间的差值称为量化单位，位数越多，量化等级越细，量化单位就越小。

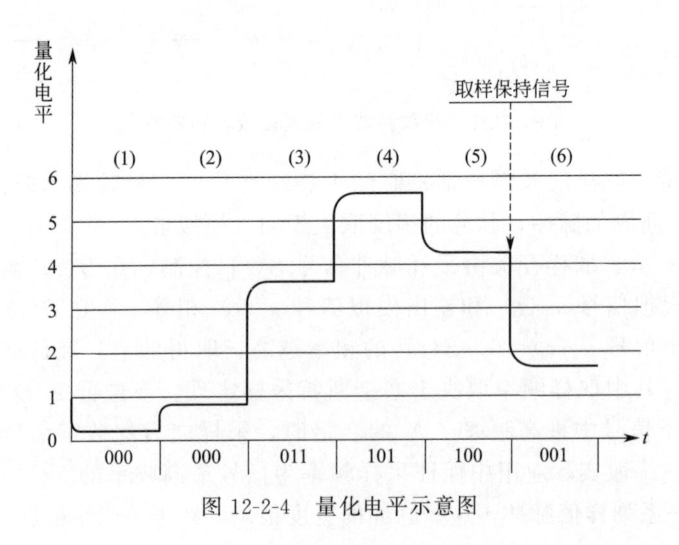

图 12-2-4　量化电平示意图

12.2.2 A/D 转换器的主要电路形式

A/D 转换器有直接转换法和间接转换法两大类。直接转换法是通过一套基准电压与取样保持电压进行比较，从而直接将模拟量转换成数字量。其特点是工作速度高，转换精度容易保证，调准也比较方便。直接转换法 A/D 转换器有计数器型。逐次比较型、并行比较型等。间接转换法是将取样后的模拟信号先转换成中间变量，然后再将中间变量转换成数字量，其特点是工作速度较低，但转换精度可以做得较高，且抗干扰性强，有单次积分型、双积分型等。

与数模转换电路一样，在工程实际中，为了使用的方便，常采用模数转换集成电路，如 ADC0809 芯片，它采用计数斜坡逐次比较式转换原理，转换时间为 100μs，分辨率为 8 位，输入模拟电压范围为 0～5V，可以输入 8 路模拟信号，但同时只能转换其中的 1 路，由地址信号控制选择，内部结构图见图 12-2-5。

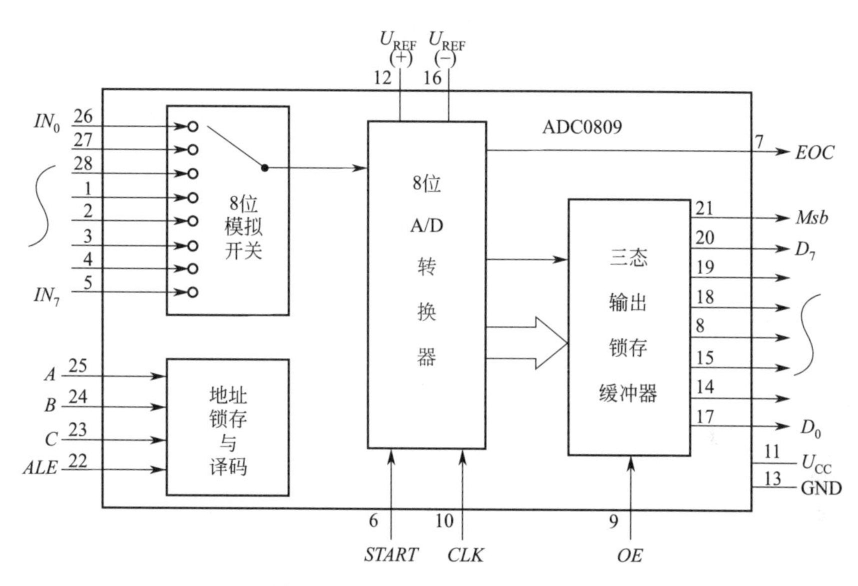

图 12-2-5 ADC0809 内部结构图

图中多路开关可选通 8 个模拟通道，允许 8 路模拟量分时输入，共用一个 A/D 转换器进行转换，这是一种经济的多路数据采集方法。地址锁存与译码电路完成对 A、B、C 三个地址位进行锁存和译码，其译码输出用于通道选择，其转换结果通过三态输出锁存器存放、输出。

对 ADC0809 主要引脚的功能说明如下：

$IN_7 \sim IN_0$——模拟量输入通道。

ALE——地址锁存允许信号，将 A、B、C 地址状态送入地址锁存器中。

$START$——转换启动信号。在 A/D 转换期间，$START$ 应保持低电平。本信号有时简写为 ST。

A，B，C——地址线。通道端口选择线，A 为低地址，C 为高地址。

CLK——时钟信号。ADC0809 的内部没有时钟电路，所需时钟信号由外界提供，因此有时钟信号引脚。通常使用频率为 500kHz 的时钟信号。

EOC——转换结束信号。$EOC=0$ 时正在进行转换，$EOC=1$ 时转换结束。该状态信号既可作为查询的状态标志，又可作为中断请求信号使用。

$D_7 \sim D_0$——数据输出线。为三态缓冲输出形式，可以和单片机的数据线直接相连。D_0 为最低位，D_7 为最高。

OE——输出允许信号。用于控制三态输出锁存器向单片机输出转换得到的数据。$OE=0$ 时输出数据线呈高阻，$OE=1$ 时输出转换得到的数据。

U_{CC}——$+5V$ 电源。

U_{REF}——参考电压，用来与输入的模拟信号进行比较，作为逐次逼近的基准。其典型值为 $U_{REF(+)}=+5V$，$U_{REF(-)}=-5V$。

12.2.3 AD 转换器的主要技术指标

① 分辨率。转换输出的二进制数码的位数越多，分辨率越高。如一个 8 位的分辨率为 $1/2^8=1/256$，当满量程为 5V 时，最小分辨电压约为 19.5mV。

② 转换精度。表示实际输出的数字量与理想输出数字量之间的差距。转换精度与分辨率、电路结构等多种因素有关。

③ 转换速度。完成一次 AD 转换所需要的时间称为转换速度，转换速度是衡量转换器性能的一个主要参数。

12.3 可控串联型稳压电源制作调试实训

实训任务

① 装接可控串联型稳压电源。

② 调试可控串联型稳压电源。

实训目标

① 学会装接可控串联型稳压电源。

② 掌握调试可控串联型稳压电源电路的要领。

串联型稳压电源具有灵敏度高、输出纹波小、电路较简单等优点，其电路构成主要包括电源变压器、整流电路、滤波电路、稳压电路，其中稳压电路又包括取样、比较放大、基准电压、调整放大等几部分。D/A 转换由单片机完成，单片机 D/A 转换出来的电压加在串联型稳压电源的基准电压输入脚上控制输出电压。图 12-3-1 所示为可控串联型稳压电源电路原理图。

桥式整流后输出的波形如图 12-3-2 所示。

滤波电路由 C_1 和 C_3 组成，滤波之后的信号波形如图 12-3-3 所示。

取样电路由 R_2、R_{P1} 和 R_5 组成，取样电压取自输出电压的一部分，若输出电压变化，取样的电压也会随之变化。

比较放大电路由运放 LM358 构成，作用是将稳压电路输出电压的变化量进行放大，然后再送到调整管的基极。如果放大电路的放大倍数比较大，则只要输出电压产生一点微小的变化，调整管的基极电压就会发生较大的变化，提高了稳压效果。

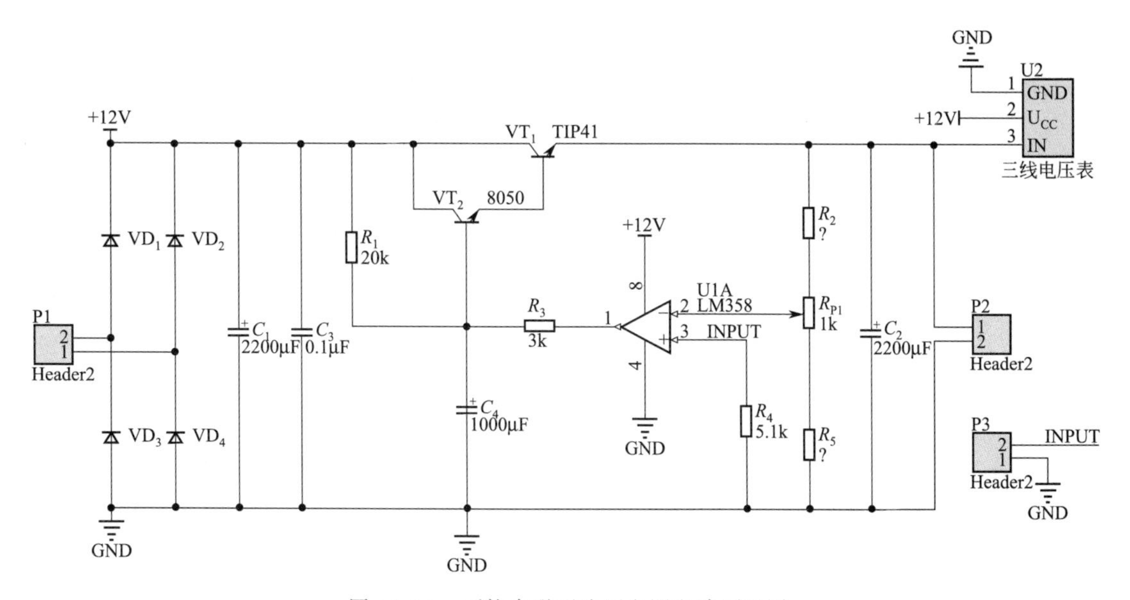

图 12-3-1　可控串联型稳压电源电路原理图

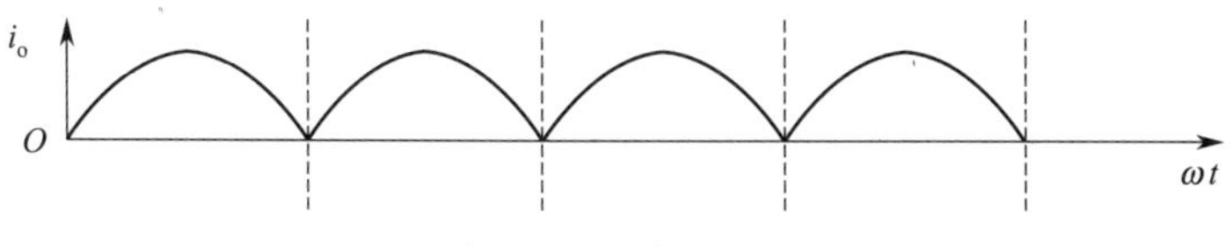

图 12-3-2　输出波形

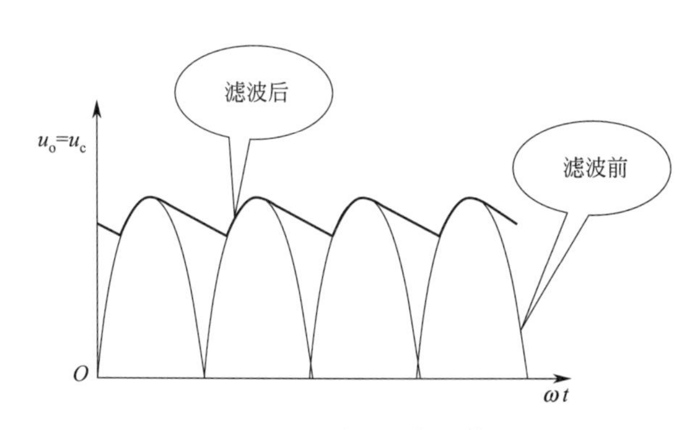

图 12-3-3　滤波后的信号波形图

基准电压电路由单片机 D/A 转换输出的电压作为基准电压，这里使用的单片机型号是 STM32F407VET6，为 12 位，因此输出控制量可以在 0～4095 之间调节，输出电压可在 0～3.3V 内变化。

调整放大电路由 VT_2 和 VT_1 构成。若比较放大电路输出电压下降，则稳压电路输出的直流电压下降；若比较放大电路输出电压上升，则稳压电路输出的直流电压上升。

LM358 内部包括两个独立的高增益双运算放大器，适合电压范围很宽的单电源使用，也适用于双电源工作模式。图 12-3-4 所示为 LM358 引脚功能图。

这里设基准电压为 3.3V，R_{P1} 为 1kΩ，要使输出电压在 5～10V 内可调，要计算 R_2 与 R_5 的取值。使用 LM358 构成比较器，比较取样得来的电压与基准电压。若取样电压大于基

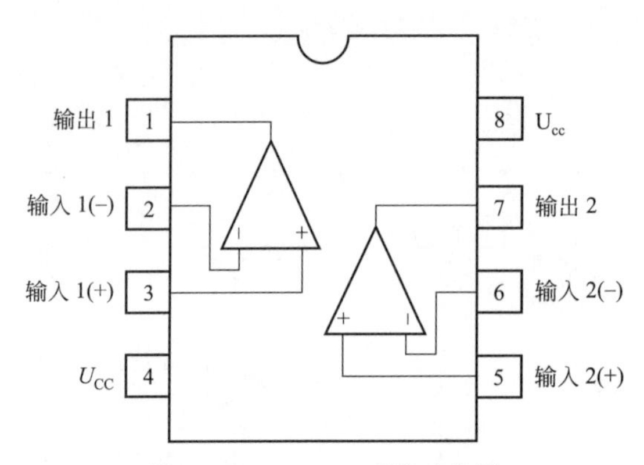

图 12-3-4　LM358 引脚功能图

准电压，LM358 的 1 脚输出低电平，稳压电路输出电压下降；若取样电压小于基准电压，LM358 的 1 脚输出高电平，稳压电路输出电压上升，因此 LM358 的 2 脚电压必定与 3 脚电压相等。

采用的元件清单见表 12-3-1。

表 12-3-1　元件清单

元件标记	规格	引脚	数量
C_1,C_2	2200μF	RB4	2
C_3	0.1μF	0.1μF	1
C_4	1000μF	RB3	1
VD_1,VD_2,VD_3,VD_4	1N4007	DO-41	4
P1,P2	Header 2	两位接线端子	2
P3	Header 2	HDR1X2	1
VT_1	TIP41	TO-220-AB	1
VT_2	8050	NPN 三极管	1
R_1	20k	AXIAL-0.4	1
R_2,R_5	1k	AXIAL-0.4	2
R_3	3k	AXIAL-0.4	1
R_4	5.1k	AXIAL-0.4	1
R_{P1}^{af}	1k	VR5	1
U1	LM358	DIP-8	1
U2	三线电压表	三线电压表	1

12.3.1 电路元器件的装配与布局

（1）按电路功能模块布局元器件，本电路包含桥式整流电路、滤波电路、稳压电路，以每个功能模块电路的中心器件为核心，遵循就近原则，均匀分布，整体布局。

（2）按电路原理图的连接关系布线，布线应做到横平竖直，转角成直角，导线不能相互交叉，确需交叉的导线应在元器件体下穿过。

（3）元器件的装配工艺要求：

- 电阻器采用水平安装方式，电阻体紧贴电路板，色环电阻的色环标志顺序方向一致，二极管的标志方向应正确。
- 电容器采用垂直安装方式，电解电容器底部离开电路板 1～2mm，注意正负极性。
- 三极管应在离电路板 4～6mm 处插装焊接。

- 集成电路插座应紧贴电路板进行插装焊接。

（4）根据前面所学的知识对元器件进行正确装配，操作步骤：

① 按工艺要求安装色环电阻器。

② 按工艺要求安装二极管、三极管。

③ 按工艺要求安装电解电容器。

12.3.2　可控串联型稳压电源焊接和检查

① 对安装好的元器件进行手工焊接。

② 检查焊点质量。

③ 在未通电情况下，使用万用表对装配好的电路板进行检测，注意避免连接线路短路、断路。

12.3.3　调试串联型稳压电源电路

按调试要求调试串联型稳压电源电路。

① 将变压器输出端接 P1 接口，极性自定。

② 在基准电压输出接口 P3 处输入基准电压，由单片机 D/A 转换器输出的 3.3V 电压接在 P3 接口上。

③ 调节 R_{P1}，将调节钮顺时针扭到底，看三线电压表显示的电压是否为 10V 或 5V，若为 10V，再逆时针扭到底，看三线电压表显示的电压是否为 5V。

A/D、D/A 转换器的主要技术参数是转换精度和转换速度。目前，A/D、D/A 转换器的发展趋势是高速度、高分辨率、易于与微型计算机通信。

D/A 转换器一般由数码缓冲寄存器、模拟电子开关、参考电压、解码网络以及求和电路等模块组成，在使用时应注意进行零点调节和满量程调节。D/A 转换器双极型输出电路与输入编码有关。

A/D 转换器的工作过程包括取样、保持、量化、编码等。

不同的 A/D 转换器有不同的特点，在要求转换速度高的场合，适合使用并行 A/D 转换器；在要求精度高的情况下，适合采用双积分型 A/D 转换器。

第 13 章

半导体存储器

半导体存储器是一种以半导体集成电路作为存储媒体的存储器。现在计算机的内存储器全部采用半导体存储器，内存储器俗称内存，包括只读存储器（ROM）和随机读写存储器（RAM）两大类。

【知识目标】

① 了解半导体存储器的分类。

② 了解半导体存储器的结构，掌握半导体存储器的工作原理。

③ 了解可编程 ROM。

④ 了解 RAM 容量的扩展。

【技能目标】

掌握只读存储器的应用。

13.1 只读存储器 ROM

13.1.1 ROM 的分类

只读存储器（ROM）在使用过程中只能读出存储的信息，而不能用通常的方法将信息写入。其分类如下：①掩膜式 ROM，用户不可对其编程，其内容已由厂家设定好，不能更改；②一次性可编程 ROM（Programmable ROM，简称 PROM），用户只能对其进行一次编程，写入后不能更改；③可擦可编程 PROM（Erasable PROM，简称 EPROM），其内容可用紫外线擦除，用户可对其进行多次编程；④电擦除的 PROM（Electrically Erasable PROM，简称 EEPROM），能以字节为单位擦除和改写。

13.1.2 ROM 的结构及工作原理

图 13-1-1 所示是 ROM 的内部结构示意图，它由地址译码器和存储矩阵两个主要部分组成。

存储矩阵是存储器的主体，含有大量的存储单元。一个存储单元只能存储一位二进制数码“0”或“1”。通常数据和指令是用一定位数的二进制数来表示的，这个二进制数称为字，

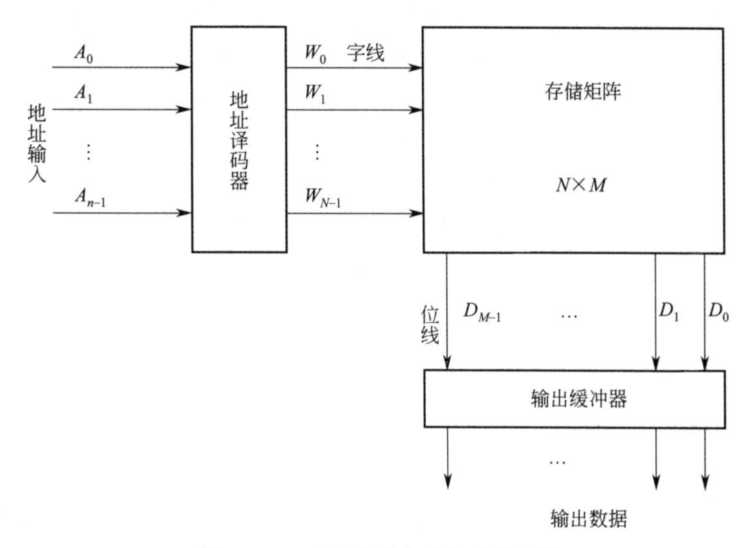

图 13-1-1　ROM 的内部结构示意图

字的位数称为字长。存储器中以字为单位进行存储，即利用一组存储单元存储一个字。在存储器中，为了存入和取出信息的方便，必须给每组存储单元（字单元）以确定的标号，这个标号称为地址，不同的字单元具有不同的地址，在写入和读出信息时，按照地址来选择要读写的字单元。在图 13-1-2 中，$W_0 \sim W_{N-1}$ 称为字单元的地址选择线，简称字线；而 $D_0 \sim D_{M-1}$ 称为输出信息的数据线，简称位线。存储矩阵有 N 条字线和 M 条位线，$N \times M$ 表示存储器的存储容量，即存储单元数。存储容量越大，存储的信息量就越多，存储功能也就越强。因此，存储容量是存储器的主要技术指标之一。

地址译码器的作用是根据输入的地址代码从 $W_0 \sim W_{N-1}$ 字线中选择一条字线，以确定与地址代码相对应的一组存储单元的位置，选择哪一条字线决定于输入的地址代码，任何时刻只能有一条字线被选中，被选中的那条字线所对应的一组存储单元中的数据经位线 $D_0 \sim D_{M-1}$ 输出。

输出端的缓冲器用来提高带负载能力，并将输出的高、低电平变换为标准的逻辑电平。通常由三态门组成输出缓冲器。

13.1.3　ROM 的应用

ROM 常用于固化微机 BIOS（因其在 ROM 中，又称 ROM BIOS）、工控软件、字符点阵。打印机、显示器中的字符都由点阵组成，如 ASCII 字符用 7×5、7×9 点阵，汉字用 24×24、32×32 点阵，这些点阵数据放在 ROM 中，称为字符库（汉字库），或称字模。当用于固化微机 BIOS 时，利用其电可改写的特点，可以方便地升级（update）BIOS，这样既保持了 BIOS 的非易失性和只读性，又方便了改写（改写需要一定的信号时序条件，因此仍具有只读性）。EEROM、EEPROM 的读取时间较长，从其中读取参数或执行程序的速度较慢，在微机中可以将 ROM 中的 BIOS 复制到主存 DRAM（EDO RAM 或 SDRAM）的某部分中执行，该部分 DRAM 是 ROM 的映像或称为影子，叫做 Shadow RAM（影子内存）。

13.1.4　可编程 ROM

可编程 ROM（PROM）在出厂时各个存储单元皆为 1 或皆为 0。用户使用时通过编程的方法使 PROM 存储所需要的数据，但只能编写一次，第一次写入的信息被永久性保存起来。PROM 的典型产品是“双极性熔丝结构”，如果我们想改写某些单元，则可以给这些单元通以足够大的电流，并维持一定的时间，原先的熔丝即可熔断，这样就达到了改写某些位的效果。另外一类经典的 PROM 为使用“肖特基二极管”的 PROM，出厂时其中的二极管处于反向截止状态，还是用大电流的方法将反向电压加在“肖特基二极管”上，造成其永久性击穿即可。可编程只读存储器是在 1956 年由美国华裔科学家周文俊发明的。PROM 的总体结构、工作原理和使用方法都与掩膜式 ROM 相同，不同的是 PROM 器件出厂时在存储矩阵的每个交叉点上均设置了二极管，并且有快速熔断丝与二极管串连。

13.1.5 可擦可编程 ROM

可擦可编程 ROM（EPROM）由以色列工程师 Dov Frohman 发明，是一种断电后仍能保留数据的计算机储存芯片，它是一组浮栅晶体管，一旦编程完成后，只能用强紫外线照射来擦除。通过封装顶部的玻璃窗口很容易识别 EPROM，将 EPROM 的玻璃窗口对准阳光直射一段时间就可以擦除存储的信息。由于 EPROM 操作不便，现在主板上 BIOS ROM 芯片都采用 EEPROM。EEPROM 以字节为最小修改单位，不用将数据全部擦掉就可写入，由于在写入数据时仍要利用特定的编程电压，需用厂商提供的专用程序，所以属于双电压芯片。

13.2 随机读写存储器 RAM

13.2.1 RAM 的分类

根据制造工艺的不同，随机读写存储器 RAM 可分为双极型和 MOS 型两类。双极型存储器具有存取速度快、集成度较低、功耗较大、成本较高等特点，适用于对速度要求较高的高速缓冲存储器；MOS 型存储器具有集成度高、功耗低、价格低等特点，适用于内存储器。

MOS 型存储器按信息存放方式又可分为 SRAM 和 DRAM。SRAM 存储电路以双稳态触发器为基础，状态稳定，只要不掉电信息就不会丢失，其优点是不需要刷新，控制电路简单，但集成度较低，适用于不需要大存储容量的计算机系统。DRAM 的存储矩阵由动态 MOS 存储单元组成。动态 MOS 存储单元利用 MOS 管的栅极电容来存储信息，但由于栅极电容的容量很小，而漏电流又不可能绝对等于 0，所以电荷保存的时间有限，为了避免存储信息的丢失，必须定时给电容补充漏掉的电荷，通常把这种操作称为“刷新”或“再生”，因此 DRAM 内部要有刷新控制电路，其操作也比静态 RAM 复杂。尽管如此，由于 DRAM 存储单元的结构能做得非常简单，所用元件少，功耗低，已成为大容量 RAM 的主流产品。

13.2.2 RAM 的基本结构及工作原理

RAM 又叫随机存取存储器，所谓“随机存取”，指的是当存储器中的数据被读取或写入时，所需要的时间与这段信息所在的位置或所写入的位置无关。当电源关闭时 RAM 不能保留数据，如果需要保存数据，就必须把它们写入一个存储设备中（例如硬盘）。RAM 和 ROM 相比，最大区别是 RAM 在断电以后保存在里面的数据会自动消失，而 ROM 不会自动消失，可以长时间断电保存。随机存取存储器对环境中的静电非常敏感，静电会干扰存储器内的电荷，导致数据流失，甚至烧坏电路。所以触碰随机存取存储器前，应先用手触摸金属接地。

RAM 电路由地址译码器、存储矩阵和读写控制电路三部分组成，存储矩阵由触发器排列而成，每个触发器能存储一位数据（0 或 1）。通常将每一组存储单元编为一个地址，存放一个“字”；每个字的位数等于这一组单元的数目。存储器的容量以“字数×位数”表示。地址译码器将每个输入的地址代码译成高（或低）电平信号，从存储矩阵中选中一组单元，使之与读写控制电路接通。在读写控制信号的配合下，将数据读出或写入。

13.2.3 RAM 容量的扩展

① 位扩展（即字长扩展）。位扩展是将多片存储器经适当的连接，组成位数增多、字数不变的存储器，方法是用同一地址信号控制 n 个相同字数的 RAM。例如将 256×1 的 RAM 扩展为 256×8 的 RAM，将 8 块 256×1 的 RAM 的所有地址线和 CS（片选线）分别对应并接在一起，而每一片的位输出作为整个 RAM 输出的一位。例如 256×8 的 RAM 需 256×1 的 RAM 芯片数为：

$$N=\frac{\text{总存储容量}}{\text{一片存储容量}}=\frac{256\times8}{256\times1}=8$$

连接如图 13-2-1 所示。

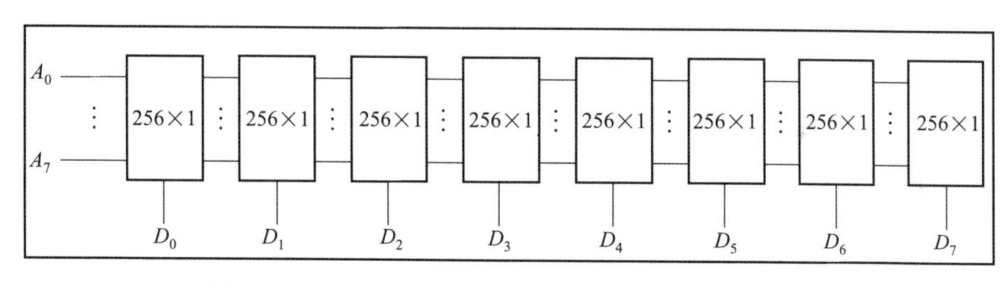

图 13-2-1 将 256×1 的 RAM 扩展为 256×8 的 RAM

② 字扩展。字扩展是将多片存储器经适当的连接，组成字数更多，而位数不变的存储器。例如 1024×8 的 RAM 扩展为 4096×8 的 RAM，共需四片 1024×8 的 RAM 芯片。1024×8 的 RAM 有 10 根地址输入线 $A_9\sim A_0$。4096×8 的 RAM 有 12 根地址输入线 $A_{11}\sim A_0$，见表 13-2-1。

表 13-2-1 地址输入线 $A_{11}\sim A_0$

$A_{11}A_{10}$	$A_9\sim A_0$	工作芯片	寻址范围
00	0000000000	1	000H～3FFH
01	…	2	400H～7FFH
10	…	3	800H～BFFH
11	1111111111	4	C00H～FFFH

选用 2-4 线译码器，将输入接高位地址线 A_{11}、A_{10}，输出分别控制四片 RAM 的片选端，连接见图 13-2-2。

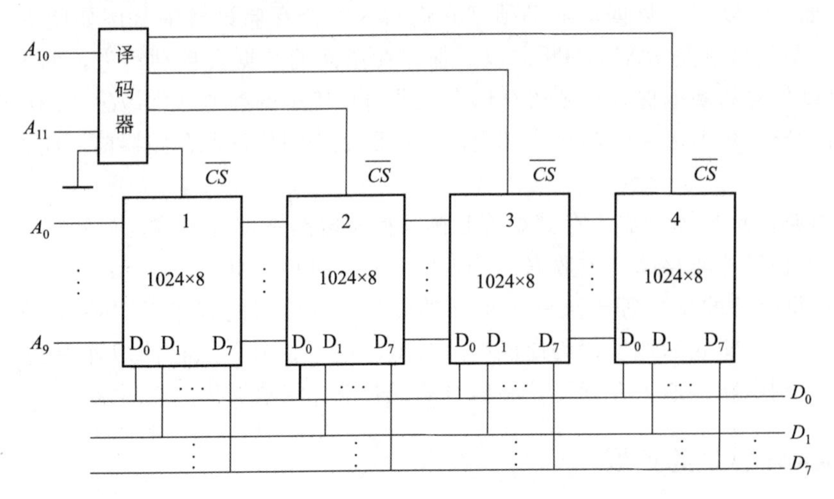

图 13-2-2　由 1024×8 的 RAM 扩展为 4096×8 的 RAM

③ 字位扩展。将 1024×4 的 RAM 扩展为 2048×8 的 RAM，位扩展需两片芯片，字扩展需两片芯片，共需四片芯片。字扩展只需增加一条地址输入线 A_{10}。用一个反相器便能实现对两片 RAM 片选端的控制。字扩展是对存储器输入端口的扩展，位扩展是对存储器输出端口的扩展，连接见图 13-2-3。

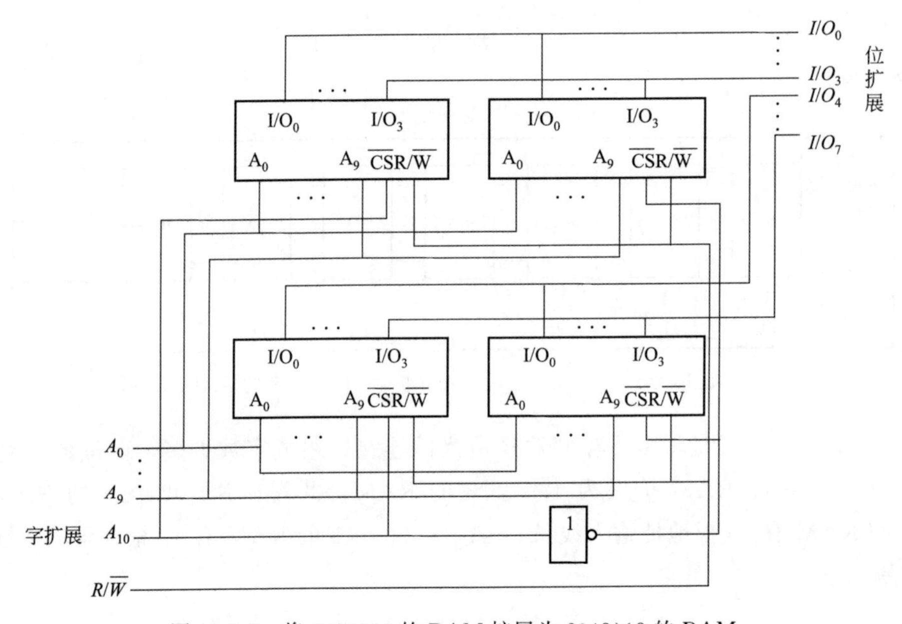

图 13-2-3　将 1024×4 的 RAM 扩展为 2048×8 的 RAM

本章小结

半导体存储器由许多存储单元组成，每个存储单元可存储一位二进制数。根据存取功能的不同，半导体存储器分为只读存储器（ROM）和随机存取存储器（RAM），两者的存储单元结构不同。ROM 属于大规模组合逻辑电路，RAM 属于大规模时序逻辑电路。ROM 用于存放固定不变的数据，存储内容不能随意改写，工作时只能根据地址码读出数据，断电后其数据不会丢失。ROM 有固定 ROM（又称掩膜式 ROM）和可编程 ROM 之分。固定 ROM 由制造商在制造芯片时通过掩膜技术向芯片写入数据，而可编程 ROM 则由用户向芯片写入数据。可编程 ROM 又分为一次可编程的 PROM 和可重复改写、重复编程的 EPROM 和 EEPROM，EPROM 为电写入紫外擦除型，EEPROM 为电写入电擦除型，后者比前者快捷方便。可编程 ROM 都要用专用的编程器对芯片进行编程。RAM 由存储矩阵、译码器和读/写控制电路组成，它可以读出数据或改写存储的数据，其读、写数据的速度很快，因此多用于需要经常更换数据的场合，最典型的应用就是计算机中的内存。但是 RAM 断电后数据将丢失。RAM 可进行位扩展或字扩展，也可位、字同时扩展。通过扩展，可由多片小容量的 RAM 构成大容量的 RAM。

参考文献

[1] 童诗白，华成英．模拟电子技术基础．5版．北京：高等教育出版社，2015.

[2] 闫石．数字电子技术基础．6版．北京：高等教育出版社，2016.

[3] 刘积学，朱勇．模拟电子线路实验与课程设计．合肥：中国科学技术大学出版社，2016.

[4] 康华光，陈大钦，张林．电子技术基础：模拟部分．6版．北京：高等教育出版社，2013.

[5] 康华光．电子技术基础：数字部分．6版．北京：高等教育出版社．2013.